全国本科院校机械类创新型应用人才培养规划教材

"十一五"浙江省重点教材建设项目

机械工程基础

潘玉良 周建军 编著

内 容 简 介

本书面向电子工程、通信工程、自动控制、工业外贸、工程管理、经济管理、财务管理、工业会计、电子商务、物流管理等非机械类专业本科学生的工程基础课程教学，旨在培养学生工程技术基础和实践知识能力，传授机械制造的基础知识，使读者对机械产品从设计到成品的完整生产流程有一个初步的认识。全书共分17章，涉及工程材料、机械识图、零件毛坯工艺及零件机制工艺四方面基础知识。考虑到授课对象，本书设置导入案例、教学目标和教学要求，增加读者的兴趣，明确目的和要求。本书提供与教材配套的电子课件。

本书适用于教学时数为34～68的教学计划，同时也可供大专、高职非机械类专业学生以及相关工程管理技术人员了解机械工程基础知识时使用。

图书在版编目(CIP)数据

机械工程基础/潘玉良，周建军编著. —北京：北京大学出版社，2013.2
(全国本科院校机械类创新型应用人才培养规划教材)
ISBN 978-7-301-21853-2

Ⅰ.①机… Ⅱ.①潘…②周… Ⅲ.①机械工程—高等学校—教材 Ⅳ.①TH

中国版本图书馆CIP数据核字(2012)第308939号

书　　名：机械工程基础
著作责任者：潘玉良　周建军　编著
责 任 编 辑：童君鑫
标 准 书 号：ISBN 978-7-301-21853-2/TH·0325
出 版 发 行：北京大学出版社
地　　址：北京市海淀区成府路205号　100871
网　　址：http://www.pup.cn　新浪官方微博：@北京大学出版社
电 子 信 箱：pup_6@163.com
电　　话：邮购部62752015　发行部62750672　编辑部62750667　出版部62754962
印　刷　者：三河市北燕印装有限公司
经　销　者：新华书店
787毫米×1092毫米　16开本　17印张　387千字
2013年2月第1版　2013年2月第1次印刷
定　　价：34.00元

前　　言

“机械工程基础”是一门面向非机械类学生开设的综合性工程基础课程。本课程主要讲解工程材料、机械识图、零件毛坯工艺和零件机制工艺四大方面的知识，使学生了解各类机械产品的生产特点、应用范围和经济性，了解新材料和先进制造技术的发展趋势，使读者对机械产品的完整制造流程有一个初步的认识。

本书适用于理论学时为34～68的教学计划，全书共17章，编写充分考虑了课程的特点与授课对象，章节前编写了教学目标和教学要求，同时编制了与本书配套的电子课件，部分章节还设置了导入案例和阅读材料，充分体现了章节重点，大大提升学生学习兴趣。

本书的适用对象为高等院校非机械类专业理论教学(如电子工程、通信工程、自动控制、工业外贸、工程管理、经济管理、财务管理、工业会计、电子商务、物流管理等专业)，也可供大专、高职非机械类专业学生以及相关工程管理技术人员了解机械工程基础知识时使用。

本书由潘玉良、周建军编著，其中潘玉良编写第1～6章和第12～14章，周建军编写第7～11章和第15～17章，全书由潘玉良统稿。

本书编写得到了浙江省教育厅、杭州电子科技大学以及杭州师范大学各单位的大力支持，在编写中孟爱华、张巨勇等老师付出了大量劳动，最后在凌在盈、林阿斌、傅丹丹和张亚平等人员协助下完成了图形制作、文本编排和校对等工作，在此一起表示感谢。

由于编者水平有限，书中不足之处在所难免，敬请读者批评指正。

编　者

2012年11月

目　　录

绪　　论

建立于牛顿力学基础上的机械工程科学在人类工业化进程中起着重要的作用。人类文明的历史与机械工程学科的发展密切相关，机械工程学科的形成得益于机械制造技术的诞生和进步，机械制造技术的进步促进了制造业的兴起和发展。

制造是人类科学理念物化的过程。工具是机械的前身，人类最早制造和使用的工具是石器。在距今20～30万年前的旧石器时代，中华祖先们就能制作粗糙的石器工具。在金属加工方面，商周时期的冶铸技术在世界文明史上独树一帜，冷锻工艺作为我国锻造技术的杰出成就，在商代就已经使用，如河南安阳殷墟出土的金箔就是经过冷锻并经退火处理而成的。春秋战国时期，青铜铸造、纹饰技术继续提高，并出现了金属失蜡铸造、叠铸等新技术。秦汉时期的机械已趋成熟，其工艺技术领先于当时的世界各国。

古代机械工程技术的发展推动了学术研究，也相继出现了不少工程技术方面的巨著。明代伟大的科学家宋应星所著的《天工开物》被誉为"17世纪的工艺百科全书"，在中国乃至世界科技史上都占有重要位置。

15～16世纪以前，世界机械工程发展缓慢。但在长期的实践中，积累了相当多的经验和技术，成为后来机械工程发展的重要基础。17世纪以后，在欧洲，许多高才艺的机械匠师和有生产理念的知识人才致力于改进各产业所需的工作机械和研制新型动力机械——蒸汽机。18世纪以前的机械匠师全凭经验、直觉和手艺进行机械制作，与科学几乎不发生联系。

18世纪后期，瓦特改进蒸汽机引发了第一次工业革命，产生了近代工业化生产方式，蒸汽机的应用从采矿业推广到纺织、冶金等行业，制作机械的材料由木材转为金属，逐步形成了制造企业的雏形——工场式生产，逐步以机器生产取代手工劳作。在新兴的资本主义经济的促进下，机械制造业开始形成，开创了以机器为主导地位的制造业新纪元。

19世纪中叶，电磁场理论的建立为发电机和电动机的产生奠定了基础，从而迎来了电气技术飞速发展的新时代。以电力作为动力源，使机械结构发生了重大变革，互换性原理和公差配合制度应运而生。

20世纪初，内燃机的发明引发了制造业的又一次革命，由福特·斯隆开创了流水线大批量生产模式。泰勒科学管理理论的产生，导致了制造技术的过细分工和制造系统的功能分解以及制造成本的大幅降低。第二次世界大战以后，微电子技术、电子计算机和集成电路的出现，以及运筹学、现代控制论、系统工程等基础理论和软科学的产生和发展，推动机械工程制造技术产生了一次飞跃。受市场多样化、个性化的牵引和商业竞争加剧的影响，传统的大批量生产难以满足市场多变的需要，多品种、中小批量生产日渐成为制造业的主流。机械工程制造技术向高质量生产和柔性生产的方向发展，引发了生产模式和管理技术的革命。

20世纪80年代以来，信息产业的崛起和通信技术的发展加速了全球化进程。为了适应新的形势，在机械工程领域提出了许多新的制造理念和生产模式，如计算机集成制造、丰田生产模式(精益生产)、智能制造、快速原型制造、并行工程、协同设计和协同制造等。进入21世纪，机械工程科学技术正向数字化、微型化、综合化、智能化、网络化、绿色化、精密化、仿生化、极端化等方向发展。

机械工程学科的主要研究领域包括机械的基础理论、各类机械产品及系统的设计理论与方法、制造原理与技术、检测控制理论与技术、自动化技术、性能分析与实验、过程控制与管理等。

1. 产品生产过程

生产过程是由原材料转化为成品时，各个相互关联的劳动过程的总和。其基本内容是人的劳动过程，即劳动者使用一定的劳动工具，按照合理的加工方法使劳动对象(如毛坯或工件、组件或部件)成为具有使用价值的产品并投放于市场的全过程。

图0.1是产品生产过程组成框图，从图中可以看出，制造企业根据市场需求设计产品，根据生产能力进行原材料、标准件的外购，协作件的外加工以及通过本企业进行零件的生产制造，将各零件(部件)装配成为产品。在此过程中，质量检验和控制保证企业内部上下工序，以及与企业与用户的关系。制造企业、供应厂商和用户成为一种组织体，组成生产系统。通过生产系统将生产过程和管理过程有机地结合成整体。用户在生产系统中起到为企业提供产品需求信息的作用。

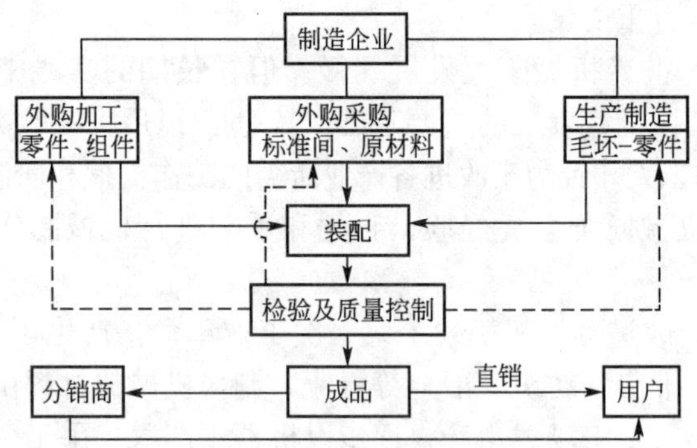

图0.1 产品生产过程组成框图

供应商作为其组成部分与生产厂家建立利益共享的合作伙伴关系，他们不仅要按时制造和提交质量合格的材料和零部件，而且在一定范围内还要参与由他们生产的那部分产品零部件的开发和设计。现代产品的生产特点是将生产、管理和消费人群有机地结合起来，形成了活跃的市场经济。

2. 机械制造工艺

在产品生产过程中，将各种原材料通过改变其形状、尺寸、性能或相对位置，使之成为机械产品成品或半成品的方法和过程称为机械制造工艺。机械制造工艺流程是由原材料和能源的提供、毛坯和零件成形、机械加工、材料改性与处理、装配与包装、质量检测与控制等多个工艺环节组成。

按其功能的不同，可将机械制造工艺分为如下3个阶段。

零件毛坯的成形准备阶段，包括原材料切割、焊接、铸造、锻压加工成形等。

机械切削加工阶段，包括车削、钻削、铣削、刨削、镗削、磨削加工等。

表面改性处理阶段，包括热处理、电镀、化学镀、热喷涂、涂装等。

在现代机械制造工艺中，上述阶段的划分逐渐变得模糊、交叉，甚至合而为一，如粉末冶金和注射成形工艺，则将毛坯准备与加工成形过程合而为一，直接由原材料转变为成品的制造工艺。

检测和控制工艺环节附属于各个机械制造工艺过程，保证各个工艺过程的技术水平和质量；最后将零件装配成部件，再将总装零件、部件、外协件、标准件等一起装配成为最终产品。

3. 制造技术与经济性

人类社会进行物质生产必不可少的两个方面是技术与经济，两者紧密联系，既相互促进又相互制约。经济发展的需要是技术进步的动机和方向，而技术进步又是促进经济发展的重要条件和手段。技术进步，特别是机械制造技术的发展，为人类更好地利用自然、改造自然、创造物质财富、提高产品质量和劳动生产率提供更为先进的装备。它是推动经济发展的重要基础和支柱，对促进国民经济发展和改善人民的物质生活都有着十分重要的意义。

当今世界，是否具备高度发达的制造业已成为衡量一个国家综合国力的重要标志。世界上发达国家诸如美国、日本、德国等，其综合国力之所以强大，最重要的原因是拥有世界一流的制造业。

在研究机械制造技术课题时，要从经济方面对它提出要求和指出方向，并取得尽可能大的经济效果；在考虑经济发展时，应为促进制造技术的进步开辟新的领域，尽量采用先进的技术手段和加工方法，以发挥最大的技术效果，更好地促进经济的发展。正确处理好技术先进和经济合理两者之间的关系，使机械制造的发展做到既在技术上先进，又在经济上合理，而且是在技术先进条件下的经济合理，在经济合理基础上的技术先进，这就要求机械制造企业的管理人员和工程技术人员必须既懂技术，又懂经济。换言之，工程技术人员要有经济的头脑，经营管理人员要懂得工程技术。

现代工业生产必须采用先进的生产技术，同时应用现代科学经营方法，二者结合，才能获得最佳的生产经营效果。经济管理专业开设工业生产技术基础课程，就是为使未来的经营管理人员掌握必需的工业生产技术知识，以适应社会的需要，在未来的经营管理工作中能按照生产过程本身的客观规律有效地组织生产、组织经营活动。

4. 生产类型与工艺特征

生产制造的任务概括起来就是低成本、高效率制造出高质量的产品。具体来说，把材料或毛坯转变成一定形状和尺寸的零件；同时达到规定的形状精度、尺寸精度和表面质量；整个制造过程在综合考虑零件精度、生产效率、制造成本条件下进行。

不同的工业企业在产品结构、生产方法、设备条件、生产规模、专业化程度等方面，都有各自不同的特点。为了有效地组织生产和计划管理，就必须按一定的标准对生产过程进行分类，这就是生产类型。生产类型反映企业的工艺技术水平、生产组织方法和管理组织的特点，又在很大程度上决定了企业的技术经济效益。

最能反映生产类型的依据是产品生产的重复程度和生产的专业化程度，一般可将生产过程分为大量生产、成批生产和单件生产 3 种类型。

从表 0－1 中可以看出，工艺特征随着生产类型的变化而变化，很显然，不同生产类型的生产管理也是不相同的。大量生产类型由于产品产量大、品种少、相对稳定，故在生产计划与控制工作中，以保证生产连续地、不间断地进行为重点。此类企业的获利手段主要是依靠降低成本。成批生产的特点是轮番生产，生产管理工件的重点应放在合理安排批量上，做好生产的成套性和提高设备利用率之间的平衡。单件生产的产品种类复杂多变，因此生产计划应具有较高的灵活性，其管理重点是要及时解决不时出现的生产“瓶颈”，使生产通畅。

表 0－1　不同生产类型的工艺特征

比较项目 \ 生产类型		单件生产	成批生产			大量生产
			小批	中批	大批	
零件年产量/(件/年)	重型零件	＜5	5～100	100～300	300～1000	＞1000
	中型零件	＜10	10～200	200～500	500～5000	＞5000
	轻型零件	＜100	100～500	500～5000	5000～50000	＞50000
产品特征		品种多，各品种数量小、品种变化大。很少有订货产品	品种较多，各品种数量较大。一般为自行设计的定型产品			均为标准产品。可为用户提供变型产品
机床设备		通用的(万能型)设备	大部分通用，部分为专用			高效率的专用设备
毛坯成形方法		砂型铸件和自由锻件	常采用金属模铸件和胎模锻件、模锻件			机器造型和压力铸造件，模锻和滚锻件
物料库存	原材料	库存量少。通常接订单后才采购	库存量中等。部分材料接订单后采购，部分则有储备			存库大量。按生产计划做好储备
	成品	很少	变动不定			变动。一般直接发运给销售系统
对工人的技术要求		技术熟练	技术比较熟练			调整工技术熟练，操作工熟练程度要求较低
在线管理人员		生产线上管理人员数量多，职能管理人员较少	生产线上管理人员数量较多，是管理力量的关键。职能管理人员较单件生产多			生产线上管理人员仍很关键，但职能管理人员增多

生产类型对企业的生产经营有着重要的意义。生产类型不同时，所采用的加工方法、工艺装备和工艺过程等都有很大的差别。例如，单件小批生产多采用通用的机床、刀具、

夹具和量具，毛坯常用手工造型的砂型铸件、自由锻件或轧制型材，对工人的技术要求较高；而大批大量生产则与此相反，多采用专用设备和自动生产线，毛坯常用机器造型的铸件或模锻件，以求达到高生产率和低成本的目的。

近 200 年来，在市场需求不断变化的驱动下，制造业的生产规模沿着“小批量→少品种、大批量→多品种、变批量”的方向发展。在科学技术高速发展的推动下，制造业的资源配置沿着“劳动密集→设备密集→信息密集→知识密集”的方向发展。与之相适应，制造技术的生产方式沿着“手工→机械化→单机自动化→刚性流水自动化→柔性自动化→智能自动化”的方向发展，从而推动了制造业的不断发展，促进了制造业的不断进步。

第1章 金属及金属材料的性能

教学目标

了解金属材料的特征，掌握金属材料的常用分类方法，了解金属材料的晶体结构与结晶过程；理解合金及其基本相和组织，金属材料的力学性能。

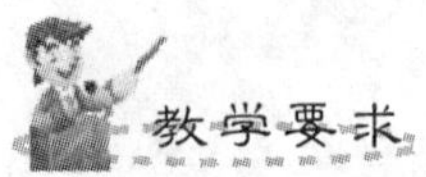

教学要求

知识要点	能力要求
金属材料	了解金属材料特征，掌握金属材料分类方法
金属晶体的结构与结晶	认识金属材料的常见晶格类型、金属材料的结晶过程，理解材料晶粒大小对性能的影响
合金	理解合金的定义，理解合金的基本相和组织
金属的力学性能	理解常见金属材料力学性能，了解金属材料力学性能测定方法

导入案例

推动人类文明发展的金属元素——铁

铁矿石是地壳主要组成成分之一，铁在自然界中分布极为广泛，但人类发现和利用铁却比黄金和铜要晚。原因是天然单质状态的铁在地球上非常稀少，它极易氧化，加上熔点比铜高很多，使得它比铜难于熔炼。人类最早发现的铁是从天空落下来的陨石，是铁和镍、钴等金属的混合物。在熔化铁矿石的方法尚未问世前，人类无法大量获得生铁，因此，铁一直被视为一种带有神秘性的最珍贵的金属。

1973 年在我国河北省出土了一件商代铁刃青铜钺，这表明我国早在 3300 多年以前的东周就认识了铁，熟悉了铁的锻造性能，并把握了铁与青铜在性质上的差别，把铁铸在铜兵器的刃部，加强了兵器的坚韧性。铁的发现和大规模使用，是人类发展史上的一个光辉里程碑，它把人类从石器时代、铜器时代带到了铁器时代，推动了人类文明的发展。至今铁仍然是现代工业的基础，它是人类进步、发展必不可少的金属材料。

1.1　金属概述

1.1.1　金属的特征

金属在固态下以金属键相结合，具有特殊的光泽、不透明；富有延展性和良好的导电性、导热性；密度较大，熔点较高。非金属在固态下以共价键、离子键或分子键的方式结合，基本不具有延展性和导电性，传热性也差，密度较小，熔点相对较低。而两者最根本的区别是金属具有正的电阻温度系数，即金属的电阻随着温度的升高而增大，而非金属的电阻却随着温度的升高而降低，即具有负的温度系数。

少数金属与非金属有时很难划分，如锑虽然是金属，但它却具有一些非金属的性质：性脆、易挥发等。石墨是非金属，但具有灰黑色的金属光泽，是电的良导体。硅是非金属，但也具有金属光泽，硅既不是导体也不是绝缘体，而是半导体。除了碳、硅外，硼、碲、硒也具有金属的特性。所以也把这些元素称为半金属。

1.1.2　金属的分类

目前发现的金属元素有 80 多种。人们根据用途、成分、密度等对其进行分类。

1. 按化学组成分类

金属可分为两大类(也是常用的分类方法)。

黑色金属：Fe、Cr、Mn 及其它们的合金，如生铁、钢等。

有色金属：除 Fe、Cr、Mn 以外所有的金属及合金。

一般金属都呈银白色，只有少数金属具有特殊的颜色。所以黑色金属的外观颜色并非呈黑色，只是分类时的一种叫法而已。尽管黑色金属只有 Fe、Cr、Mn 3 种基本元素，但从产量和用量及用途涉及的范围看，黑色金属的用量和用途远比有色金属多且广。所有有色金属产品的产量之和也远无法与黑色金属产量比。虽然有色金属的产量不如黑色金属高，但它的某些特性是黑色金属所不能替代的。

2. 按成分纯度分类

金属可分为纯金属和合金两种。纯金属是指仅由一种金属元素组成的金属物质，纯铜、纯铁、纯金等。合金是在一种金属元素基础上加入其他金属或非金属组成的金属物质，如铜和锌组成的黄铜、铁和碳组成的钢、铸铁等。

3. 按加工深度分类

各种金属及合金按其加工深度可分为冶炼产品、加工产品和铸造产品等。

冶炼产品：经冶炼、浇铸而成的金属产品，如生铁、铁合金、钢锭及各种有色纯金属及有色合金锭等。冶炼产品不能直接使用，它们只是加工产品和铸造产品的生产原料。

加工产品：冶炼产品经压力加工后制成的金属成材产品。如板、管、棒、线、带、丝、箔等型材。

铸造产品：冶炼后直接浇注或冶炼产品重新熔化、调整成分后浇注成的零件毛坯或结构件。如机床的床身、汽车发动机的气缸盖、气缸体、阀门的阀体等。

1.2 金属材料的晶体结构与结晶

一切固态物质按其内部原子(离子)排列的特征可分为晶体和非晶体两大类。晶体的特点之一是其中的原子(或离子)做有规则的排列；而非晶体中的原子是无规则地堆砌在一起的。普通玻璃、沥青、松香等物质是非晶体；而所有的固态金属与合金都是晶体。晶体中的原子是按一定规则排列的，如图 1.1(a)所示，为便于理解和描述，常用一些假想的连线连接各原子的中心，而把原子看作一个点，这样形成的几何图形称为晶格，如图 1.1(b)所示。一种晶格反映出一定的排列规律。为研究方便，通常取晶格的一个基本单元——晶胞，如图 1.1(c)来描述晶体的构造。晶胞在空间的堆积就构成了晶格。

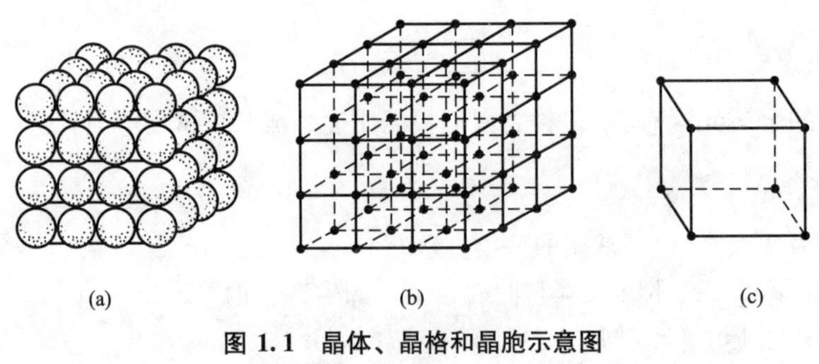

图 1.1 晶体、晶格和晶胞示意图

(a) 晶体；(b) 晶格；(c) 晶胞

1.2.1　常见金属材料的晶体结构

1. 纯金属的晶体结构

晶体结构的类型有很多种，但绝大多数金属属于以下 3 种晶格形式。

1) 体心立方晶格

如图 1.2(a)所示，其晶胞是一个立方体。原子排列在立方体的各节点上和立方体的中心。具有这种晶格的金属有铬、钼、钨、钒和 α - Fe(纯铁在 912℃以下称 α - Fe)等。

2) 面心立方晶格

如图 1.2(b)所示，其晶胞也是一个立方体。除各节点处排列着原子外，在立方体每个面的中心也排列着原子。具有这种晶格的金属有铝、铜、镍、铅、金、银和 γ - Fe(纯铁在 912～1390℃之间称 γ - Fe)等。

3) 密排六方晶格

如图 1.2(c)所示，其晶胞是一个六棱柱。除各节点处和上下底面中心排列着原子外，在上下底面之间还排列着 3 个原子。具有这种晶格的金属有镁、锌、镉和铍等。

晶胞的大小用晶格常数来表示；立方晶格只需要一个晶格常数 a 即可，如图 1.2(a)和图 1.2(b)所示；密排六方晶格则需要 c 和 a 两个晶格常数，如图 1.2(c)所示。

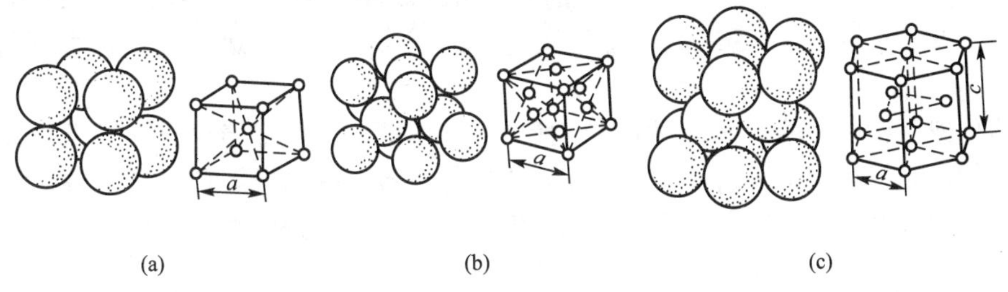

(a)　(b)　(c)

图 1.2　晶胞的形式

(a) 体心立方晶胞；(b) 面心立方晶胞；(c) 密排六方晶胞

以上讨论的是一种理想的晶体结构。而实际纯金属晶体中，虽原子排列基本上是有规律的，但在局部区域总是存在着各种不同的缺陷。晶体缺陷对金属材料的性能有很大影响，且金属中发生的许多理化现象与晶体缺陷密切相关。

金属的晶格缺陷很多，常见有原子空位和间隙原子，如图 1.3 所示，除此之外还有位错、晶界等。

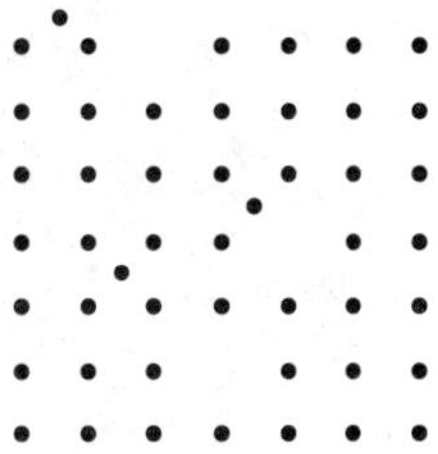

图 1.3　晶体缺陷

2. 合金的晶体结构

纯金属一般都具有良好的导电性和导热性，但强度、硬度低，价格贵。而合金可以通过不同元素的搭配及元素含量的变化，使合金的性能在较宽的范围内变动，从而满足工业上的广泛需要。

合金的种类虽然很多，但其晶体结构可归纳为 3 类，即固溶体、金属化合物和机械混合物。

1) 固溶体

合金在固态下溶质原子溶入溶剂，仍保持溶剂晶格的叫固溶体。

按溶质原子在溶剂晶格中所占据的位置，固溶体可分为置换固溶体和间隙固溶体两种。置换固溶体中溶质原子置换了溶剂晶格的部分原子，间隙固溶体的溶质原子则嵌在溶剂原子间的某些空隙中，如图 1.4 所示。

由于置换固溶体中溶剂原子与溶质原子的尺寸不同，以及间隙固溶体中溶质原子一般均比溶剂晶格的空隙尺寸大，因而引起固溶体的晶格畸变，如图 1.5 所示。晶格畸变将使合金的强度、硬度和电阻值升高，而塑性、韧性下降，这种由于溶质原子的溶入，使基体金属(溶剂)的强度、硬度升高的现象，叫做固溶强化。

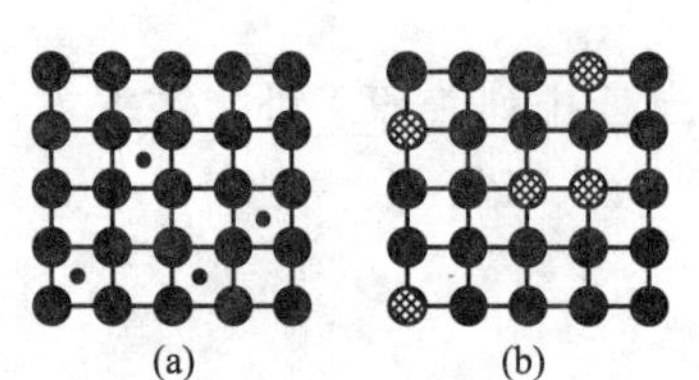

图 1.4　间隙固溶体与置换固溶体

●=溶剂原子　◎=溶质原子(置换)

•=溶质原子(间隙)

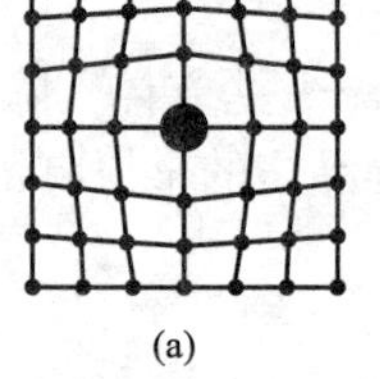

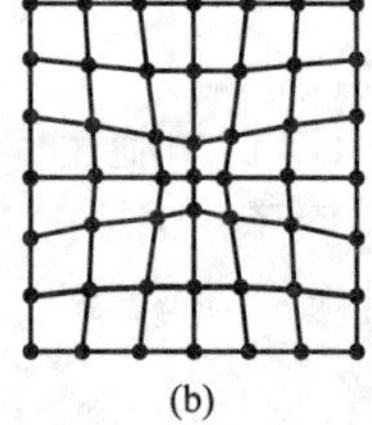

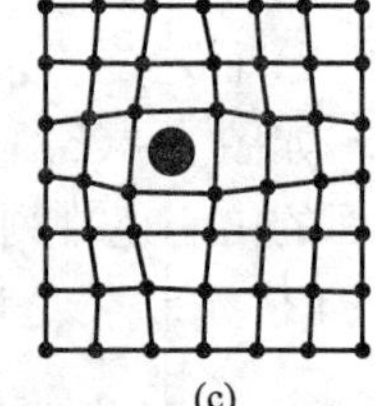

图 1.5　固溶体的晶格畸变

2) 金属化合物

组成合金的元素相互化合形成一种新的晶格组成金属化合物。这种化合物通常可用分子式表示。如 Mg_2Si、CuZn、Cu_2Al、Fe_3C 等。金属化合物的特点是熔点高、硬度高而脆性大。

3) 机械混合物

由两种或两种以上的组元或固溶体组成，或者由固溶体与金属化合物组成的合金，称机械混合物，其中组元、固溶体或金属化合物均保持各自的晶格类型。在显微镜下可以分辨出不同的组成部分。机械混合物的性能决定于各自组成部分的性能和相对数量，还决定于它们的大小、形状和分布。

1.2.2　金属的结晶

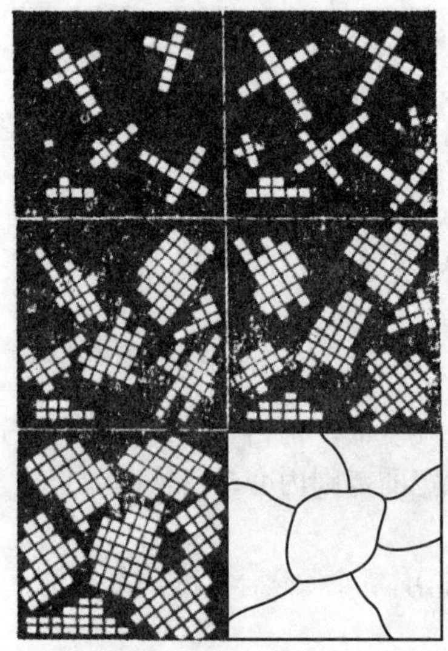

图 1.6　晶体结晶过程

1. 结晶的概念

金属从液体状态变为晶体状态(固态)的过程称为结晶。从原子排列的情况来看，结晶就是原子从排列不规则状态(液态)变为规则排列状态的过程。

实验证明，结晶过程首先是从液体中形成一些称之为结晶核心的细小晶体开始，然后再按形成的晶核朝各自不同的位向不断长大。同时在液体中又产生新的结晶核心，并逐渐长大，直至液体全部消失为止。换言之，晶体的结晶是形核、长大，从局部到整体的过程，如图 1.6 所示。

结晶的开始阶段，各晶核的长大不受限制，此后由于晶核的不断长大，在它们的接触处将被迫停止生长。全部凝固后，便形成了许许多多位向不同、外形不规则的多晶体构造。

金属结晶时，都存在着一个平衡结晶温度 T_0，这时，液体中的原子结晶到晶体上的数目，等于晶体上的原子溶入液体中的数目。从宏观范围来看，此时既不结晶，也不熔化，液体和晶体处于动平衡状态。只有冷却到低于平衡温度时才能有效地进行结晶。因此，实际结晶温度 T_1 总是低于平衡结晶温度的。两者之差(T_0-T_1)称为过冷度 ΔT。过冷度的大小与冷却速度有关，冷却速度越快，过冷度亦越大。

金属的实际结晶温度可用热分析法进行测定。将熔化的金属以缓慢的速度进行冷却，同时记录下温度随时间的变化规律，绘出如图 1.7 所示的冷却曲线。金属结晶时放出的结晶潜热，补偿了冷却时向外散出的热量，冷却曲线上暂时出现水平线段，即温度保持不变的恒温现象。该温度即为实际结晶温度 T_1。当散热极其缓慢，即冷却速度极其缓慢时，实际结晶温度与平衡结晶温度趋于一致。

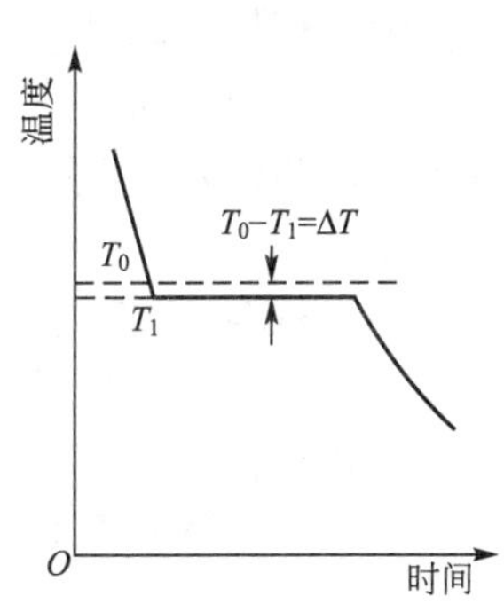

图 1.7 纯金属的冷却曲线

结晶条件不同，晶粒的大小差别也很大。粗晶粒组织用眼睛就可分辨出来，而细晶粒组织必须通过金相显微镜才能分辨出来。在金相显微镜下观察到的金属晶粒的类别、大小、形态、相对数量和分布，通常称为显微组织。

金属晶粒的大小对其性能有很大的影响。一般情况下金属的强度、塑性和韧性都随晶粒的细化而提高。因此，在生产中常采取以下两种细化晶粒的措施以改善力学性能。

1) 加大冷却速度

增加冷却速度可增大过冷度，使晶核生成速率的增长大于晶粒长大速率的增长，因而使晶粒细化。但增加冷却速度受铸件的大小、形状的限制。

2) 变质处理

在液态金属中加少量变质剂(又称孕育剂)作为人工晶核，以增加晶核数，从而使晶粒细化。此外，在结晶过程中采用机械振动、电磁振动，作用超声波等均可起到细化晶粒的效果。

2. 金属的同素异晶转变(重结晶)

有些金属在固态下存在着两种以上的晶体结构。这些金属在加热或冷却时，随温度的变化晶格类型也随之发生变化。晶体在固态下由一种晶格类型转变为另一种晶格类型的现象称“同素异构转变”。具有“同素异构转变”的金属有：铁、钛、锰、锡、铬、钨等。

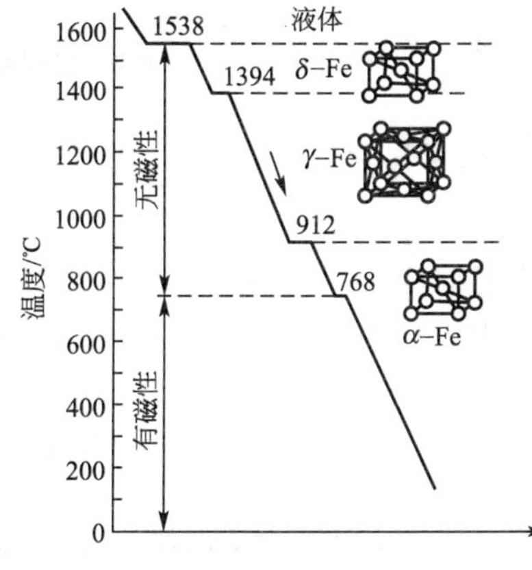

图 1.8 纯铁的同素异晶转变

图 1.8 表示纯铁的同素异晶转变。纯铁的同素异构转变可用下列转换式表示：

$$\delta-\mathrm{Fe}\xrightleftharpoons{1394℃}\gamma-\mathrm{Fe}\xrightleftharpoons{912℃}\alpha-\mathrm{Fe} \quad (1-1)$$

同素异晶转变与液态金属的结晶相似，也是一个结晶过程，也必然通过原子的重新排列来完成，遵守结晶的一般规律，即有一定的转变温度，转变时需要过冷，转变过程也是通过生核和晶核长大来完成的。只不过是固态到固态的结晶，过冷度较大，组织更细，易在金属中引起较大的内应力。

1.3 合金及其基本相和组织

金属材料按纯度分为纯金属材料和合金材料两大类。

纯金属材料：仅由一种金属元素(含少量杂质元素)组成的材料称纯金属材料。

合金：由两种或两种以上的金属与金属(或金属与非金属)组成的具有金属特性的物质称合金。由两种元素组成的合金称二元合金，由 3 种或 3 种以上元素组成的合金称三元合金或多元合金。

纯金属材料种类有限，制取困难，强度、硬度较低，性能单一，无法满足工程构件性能的要求。而合金价格低，生产工艺简单，通过不同组元的相互组合可生产出成千上万种性能各异的材料，能满足日常使用和科研的需要。所以在实际使用中，合金使用量远比纯金属要多，应用范围也更广。

1.3.1 组元、相、组织

1）组元

组成合金的最基本单元称组元。它可以是原子、离子或分子。例如：钢是由 Fe 和 Fe_3C 两种组元组成的；生铁是由 Fe 和 C 两种组元组成的。

2）相

相是指物体中成分一致、结构相同并有界面隔开的独立均匀部分。物体中的相有单相，也有多相。如冰水混合物中冰和水之间有界面分开，冰是一个独立的均匀部分，水也是一个独立的均匀部分，即冰水混合物是由一个固相和一个液相组成的物质。铜镍合金是由镍溶解在铜中或铜溶解在镍中的固溶体，它是一个单相。室温平衡状态下获得的钢是由铁素体和渗碳体两个相组成的。

3）组织

可以直接用肉眼观察到的或借助于放大镜、显微镜观察到的材料内部的微观形貌统称组织。用肉眼或放大镜能观察到的形貌称宏观组织；需要借助显微镜才能观察到的形貌称微观组织。

上面三者的关系为：组元决定相；相的种类、大小、形态及在空间的分布形式决定组织。而金属材料的组织直接影响材料的性能。

1.3.2 合金中的基本相

液体状态下的金属，各组元间可相互溶解形成单一均匀的相。结晶后则可能存在多种不同的固相。由于其他原子的进入，合金的相比纯金属的相要复杂得多。合金基本相结构有以下几类。

1. 固溶体

固溶体是指溶质组元溶于溶剂晶格中而形成的单一均匀固体。固溶体的概念与溶液的概念相似，只不过溶液是液相的，固溶体是固相的。金属晶体形成固溶体后，溶剂晶格保持不变，溶质原子溶入到溶剂晶格中。溶质原子溶入溶剂晶格的形式通常有两种：溶入到溶剂晶格的间隙中，形成间隙固溶体；溶质原子替换溶剂原子，形成置换固溶体。如图 1.9 所示为固溶体结构示意图。

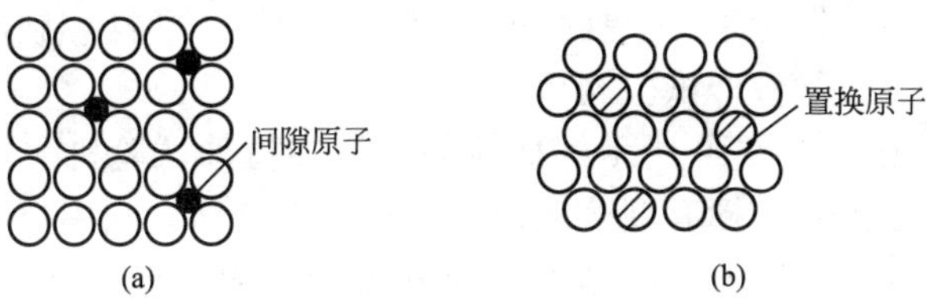

图 1.9　固溶体结构示意图

(a) 间隙固溶体；(b) 置换固溶体

通常一些直径较小的溶质原子像氮、碳、硼、硅等，容易溶解在金属晶体中形成间隙固溶体，如钢中的铁素体、奥氏体等就是间隙固溶体。当溶质原子与溶剂原子直径相差不大，且两种元素的理化性能比较接近时，就会形成置换固溶体，比如白铜和含锌量小于30％的黄铜都是置换固溶体。

固溶强化：不论是间隙固溶体还是置换固溶体都会使晶体的晶格发生畸变。晶格畸变使金属材料的变形变得困难，从而增加了材料的强度、硬度。于是人们就经常在生产中利用固溶来提高材料的强硬度。这种方法称固溶强化。

2. 金属化合物

合金中的组元发生化学反应形成新的具有金属特性的相，这种新生成的相称金属化合物。金属化合物的组成可以用化学分子式表示，如 Fe_3C(渗碳体)、WC(碳化钨)等。金属化合物具有高的熔点、耐磨性和热硬性。这些性能特点是制造工具、模具及高温下工作的零部件必须具备的。另外，少量的金属化合物分布在固溶体或纯金属的基体上能显著提高金属的强度、硬度，实现了弥散强化的效果。

3. 单质

由单一元素组成的相即为单质。单质的性能与形成该单质的元素相同。

纯金属中的相均为单质，合金中也可以存在单质相，如铸铁中游离态的石墨等。

合金的组织就是由上述基本相结构决定的。改变材料的成分，能改变相结构；不同的加工工艺也能改变相的大小及在空间的分布形态。相的结构、大小及在空间的分布形态直接决定了材料的内部组织。在实际生产中人们通过改变材料的成分或采用不同的加工工艺来改变材料相的结构和组织结构，从而达到改变材料性能的目的。

1.4　金属材料的力学性能

金属材料是使用最广泛的工程材料，为了合理地使用和加工金属材料，必须了解其在使用中的性能。本教材主要讲解机械工程方面的知识，在此金属材料的性能以力学性能和工艺性能为主，而材料的工艺性能将在以后的相关章节中展开介绍。

当加工成零件的材料不能满足使用要求时，它就不能正常地工作。

在通常的机械零件设计中选择材料时，往往以其力学性能为主要依据。材料的力学性能又称力学性能，即材料在外力作用下所显现的特性。

1.4.1 静载荷下的力学性能

静载荷下材料的力学性能主要包括强度、刚度、弹性、塑性和硬度。除硬度可用硬度计测试外，其余皆可通过静拉伸试验测得。

材料拉伸试验是用如图 1.10 所示标准拉伸试棒在拉伸试验机上拉伸，试样受力从零开始，随着载荷逐步增大，试棒有规律地伸长，直至被拉断。利用拉力和试棒伸长的数值变化可绘制出力-伸长图，如图 1.11 所示。当外力低于 P_e 时，变形与拉力成正比，属弹性变形范围。达到 P_s 时，变形大大增加，而外力并无明显变化，称屈服。以后所产生的变形为塑性变形，而且变形量与外力不成比例关系，达到 P_b，即最大载荷时，试样局部截面上直径缩小，称颈缩。由于颈缩部位明显地伸长，总拉力开始下降，直至颈缩区断裂。

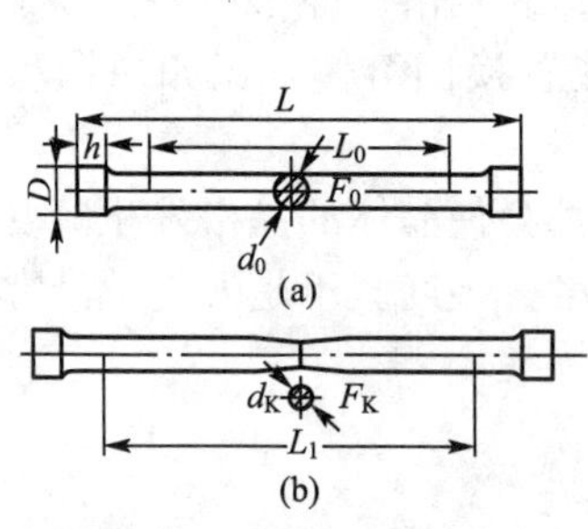

图 1.10 标准拉伸试棒

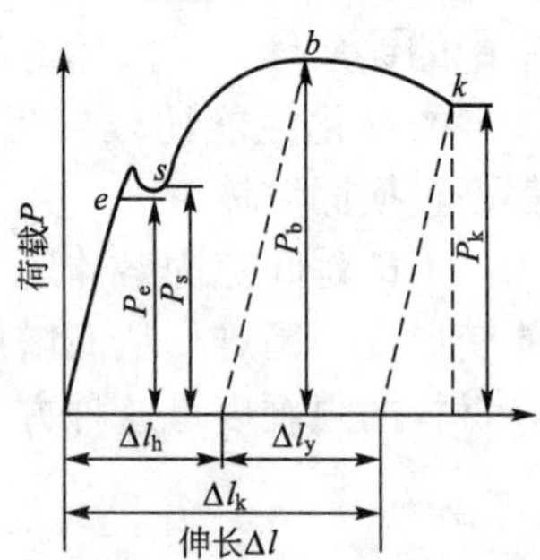

图 1.11 低碳钢拉伸曲线

1. 强度

金属材料在外力的作用下抵抗变形和断裂的能力称为强度。按照外力性质不同，强度又可分为抗拉强度、屈服强度、抗压强度、抗剪强度和抗弯强度等。

在拉伸时，抗拉强度、屈服强度是最基本的强度指标。

如果用试棒的原始截面积 F_0(mm^2)去除拉力 P(N)，则得到应力 σ：

$$\sigma=\frac{P}{F_0} \tag{1-2}$$

如果用试棒的原始长度 L_0 去除伸长量 ΔL，则得到应变 ε：

$$\varepsilon=\frac{\Delta L}{L_0} \tag{1-3}$$

根据 σ 和 ε 则可画出应力-应变曲线，其形状与拉伸曲线相似，只是坐标不同而已。在应力-应变图上可直接读出材料承受静载荷下的强度指标。按照拉伸过程中出现的弹性变形、弹塑性变形及断裂等阶段，强度指标有弹性极限、屈服极限和强度极限。

1) 弹性极限

材料在外力作用下，能保持弹性变形的最大应力，以 σ_e(MPa)表示：

$$\sigma_e=\frac{P_e}{F_0} \tag{1-4}$$

式中：P_e——弹性极限载荷(N)。

2) 屈服极限(屈服强度)

材料在外力作用下开始产生屈服时的应力，以 σ_s(MPa)表示：

$$\sigma_s=\frac{P_s}{F_0} \tag{1-5}$$

式中：P_s——屈服极限载荷(N)。

除低碳钢和中碳钢等少数合金有屈服现象外，许多金属材料没有明显的屈服现象(如高强度钢等)。因此，对这些材料，规定以产生 0.2%塑性变形时的应力作为屈服强度，以 $\sigma_{0.2}$(MPa)表示：

$$\sigma_{0.2}=\frac{P_{0.2}}{F_0} \tag{1-6}$$

式中：$P_{0.2}$——产生 0.2%残余变形时的载荷(N)。

机器零件在工作中一般是不允许产生塑性变形的，所以屈服强度 σ_s 是金属材料最重要的力学性能指标之一，也是绝大多数零件设计时的依据。脆性材料(如灰口铸铁)拉伸时几乎不发生塑性变形，不仅没有屈服现象，也不产生颈缩，断裂是突然发生的，最大载荷即是断裂载荷。

3) 强度极限(抗拉强度)

材料在拉力的作用下，断裂时能承受的最大应力，以 σ_b(MPa)表示：

$$\sigma_b=\frac{P_b}{F_0} \tag{1-7}$$

式中：P_b——试样所能承受的最大载荷(N)。

强度极限 σ_b 是材料的主要性能指标，也是设计和选材的重要依据之一，同时它还是脆性材料的零件设计的依据。

2. 刚度

外力作用下材料在弹性变形范围内抵抗变形的能力称为刚度。刚度的大小常用弹性变形范围内应力与应变的比 E(弹性模量)表示：

$$E=\frac{\sigma}{\varepsilon} \tag{1-8}$$

一般地，零件都在弹性变形状态下工作。但对于要求弹性变形小的零件，如柴油机曲轴、精密机床主轴等，应选 E 大的材料。在室温下，钢的弹性模量 E 大都在 190000～220000(N/mm^2)。

3. 塑性

在外力作用下材料产生永久变形而不被破坏的能力称为塑性。塑性常用延伸率 δ 和断面收缩率 ψ 表示：

$$\delta=\frac{\Delta l}{L_0}\times 100\%=\frac{L_k-L_0}{L_0}\times 100\% \tag{1-9}$$

$$\psi=\frac{\Delta F}{F_0}\times 100\%=\frac{F_0-F_k}{F_0}\times 100\% \tag{1-10}$$

式中：L_0——试棒的原始长度(mm)；

L_k——试棒拉断后的长度(mm)；

F_0——试棒原始截面积(mm^2)；

F_k——试棒断口处的截面积(mm^2)。

δ 和 ψ 越大，表示材料的塑性越好。工程上一般把 $\delta>5\%$的材料称为塑性材料，如低碳钢、防锈铝合金等；$\delta<5\%$的材料称为脆性材料，如铸铁。良好的塑性是顺利地进行压力加工的重要条件。

4. 硬度

材料在被更硬的物体压入时表现出的抵抗能力称为硬度。压痕深度或压痕单位面积上所承受的载荷均可作为衡量硬度的指标。广泛应用的有布氏硬度、洛氏硬度。

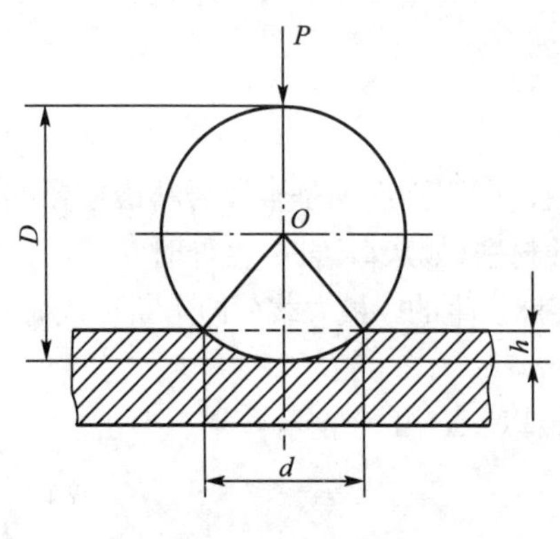

图 1.12　布氏硬度测试原理

1）布氏硬度

用规定的载荷 P 把直径为 D 的淬硬钢球或硬质合金球压入试样表面，保持一定时间再卸除载荷后，以压痕单位球面积上所承受的压力表示材料的硬度，用符号 HBS(W)表示，习惯用单位为 kgf/mm²，但不需要标出。当压头采用淬硬钢球时硬度用 HBS 标注，当压头采用硬质合金球时硬度用 HBW 标注。测试原理如图 1.12 所示。布氏硬度测试材料的硬度值，数据比较准确，但不能测太薄和硬度较高的材料。

$$\mathrm{HBS(W)}=\frac{P}{F}=\frac{P}{\pi Dh} \tag{1-11}$$

式中：F——压痕球面积。

2）洛氏硬度

洛氏硬度用压痕深度表示。常用的两类压头是 120°锥角的金刚石和直径为 1.588mm (1/16 英寸)的淬硬钢球。广泛应用的洛氏硬度测试法有 HRA、HRB 和 HRC 3 种。

洛氏硬度试验的原理如图 1.13 所示。先加预载荷 P_1，使压头与试样表面紧密接触，并压到 h_0 的位置，作为衡量压入深度的起点。后加主载荷 P_2，使压头继续压入到深度 h_1 然后卸除 P_2 而保留 P_1，h_2 是试样弹性变形的恢复高度，h 则是压头在主载荷作用下压入金属表面的深度。因此，h 值的大小可以衡量材料对局部表面塑性变形的抗力，即材料的硬度 h 值越小，则材料越硬。洛氏硬度测量简单、迅速，可测薄和硬的材料，但准确度不如布氏硬度测试方法。

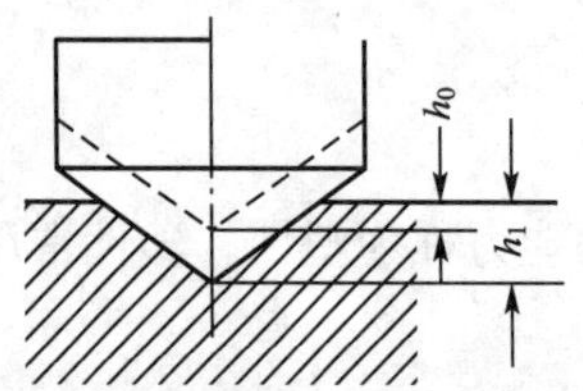

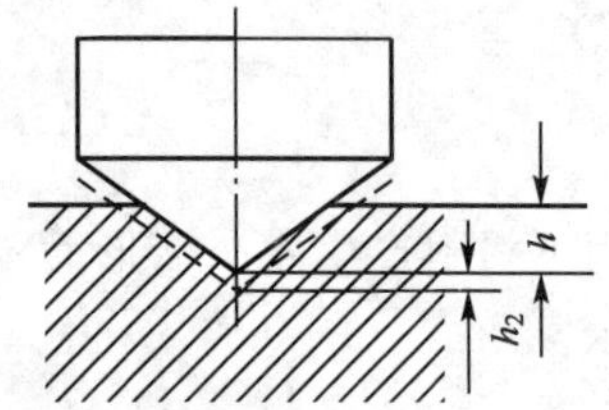

图 1.13　洛氏硬度试验的原理

除布氏、洛氏硬度外，还有维氏硬度试验 HV、肖氏硬度试验 HS 及显微硬度试验等。工程上为了实用需要，制订了一些硬度之间的换算关系表格，以供查用。

硬度也是重要的力学性能指标，它影响到材料的耐磨性。一般说来，硬度越高，耐磨性也越好。

实践表明，一些材料的布氏硬度 HBS 和强度极限 σ_b 之间存在着近似关系。例如，对于普通碳素钢、普通低合金钢和调质钢，其近似关系为 $\sigma_b \approx 0.35\mathrm{HBS}$。因此，可以根据 HBS 粗略地估算出材料的 σ_b。

鉴于硬度测定简单易行，且不破坏零件，因此，生产中常通过测定硬度来检查热处理零件的力学性能。

1.4.2　动载荷下的力学性能

1. 冲击韧性

材料抵抗冲击载荷的能力称为冲击韧性，简称韧性。

不少机器零件在工作时要承受冲击载荷，如火车挂钩、锻锤的锤头和锤杆、冲床的连杆和曲轴、锻模、冲模等。对于这些零件，如果仍用静载荷作用下的强度指标来进行设计计算，就很难保证零件工作时的安全性，必须根据材料的韧性来设计。

韧性的大小是以材料受冲击破坏时单位截面积上所消耗的能量来衡量的。工程上通常用摆锤一次冲击试验加以测定，其原理如图 1.14 所示。

将被测材料按标准尺寸做成试样(图 1.14(a))，按图将试样安放在试验机支座上(图 1.14(b))，使具有重量为 G 的摆锤自高度 H_1 处落下，冲断试样，此时，摆锤对试样所做的功为 $A_k=G(H_1-H_2)$，单位为 J。

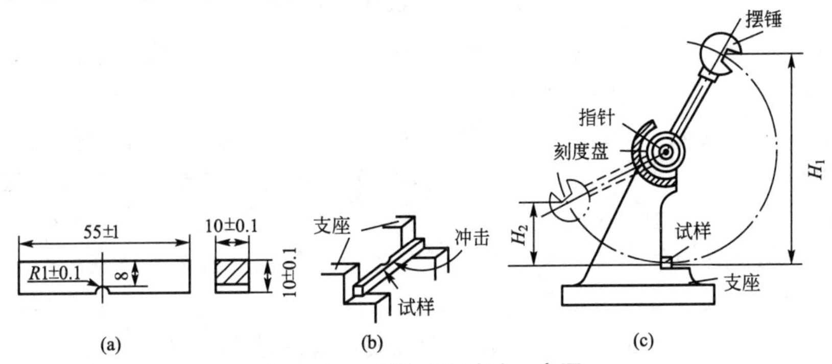

图 1.14　摆锤冲击试验示意图

(a) 冲击试样；(b) 试样安放；(c) 冲击试验机

A_k除以试样断口处的截面积 $F(cm^2)$，即得冲击韧性 $a_k(J/cm^2)$：

$$a_k=\frac{A_k}{F}=\frac{G(H_2-H_1)}{F} \tag{1-12}$$

冲击韧性的大小除了取决于材料本身外，还受试样的尺寸、缺口形状和试验温度等因素的影响。

2. 疲劳强度

很多零件在工作过程中受到方向、大小反复变化的交变应力作用，如轴、弹簧、齿轮、滚动轴承等。在交变应力的长期作用下，零件会在远小于屈服极限的应力下断裂，即疲劳断裂。它与静载荷下的断裂不同，无论是塑性材料还是脆性材料，断裂都是突然发生的，之前并没有明显的塑性变形，因此具有很大的危险性。据统计，在承受交变应力作用的零件中，大部分是由于疲劳而损坏的。

交变应力 σ 与断裂前应力循环次数 N 之间的关系通常用疲劳试验得到的疲劳曲线来描述，如图 1.15 所示。

曲线表明，当应力低于某一值时，材料可经受无限次应力循环而不断裂，此应力值叫做疲劳强度或疲劳极限。当应力循环对称时，疲劳极限用 σ_{-1}表示。一般规定对钢铁材料零件，如 N 达 10^7 次，仍不发生疲劳断裂，就可认为能经受无限次应力循环而不发生疲劳断裂。对有色金属零件 $N=10^8$ 次。

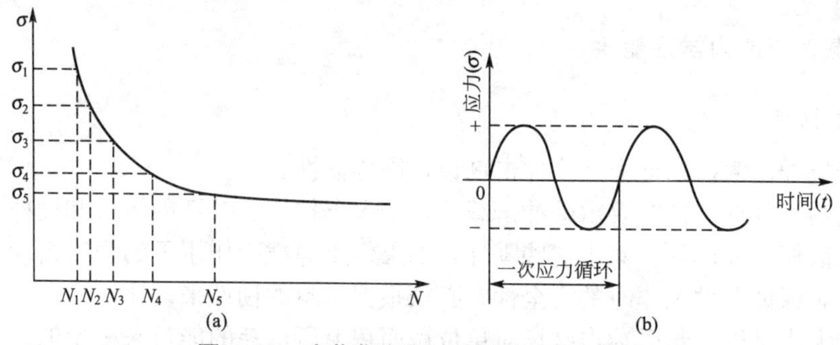

图 1.15　疲劳曲线和对称循环交变应力图

(a)疲劳曲线；(b) 对称循环交变应办

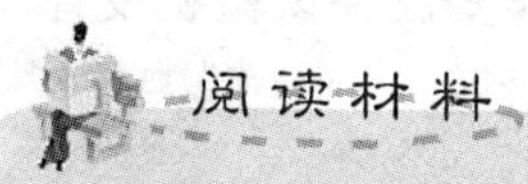

"合成橡胶密封圈"弹性

1986 年 1 月 28 日，美国挑战者号航天飞机上午 11 时 38 分耸立在发射架上，点火升空直飞天穹，看台上一片欢腾。但航天飞机飞到 73 秒时，空中突然传来一声闷响，只见挑战者号顷刻之间爆裂成一团桔红色火球，碎片拖着火焰和白烟四散飘飞，坠落到大西洋。挑战者号发生爆炸，全世界为之震惊。7 名宇航员殉难，损失高达 12 亿美元。事故的罪魁祸首竟然是合成橡胶密封圈的弹性不够。

由于每一枚火箭助推器都要在填装数百万磅的固态助推燃料后送往卡纳维拉尔角发射基地，因为没有铁路可以运输 126 英尺长的物体，所以，瑟奥科尔公司不得不把火箭分成几部分用船运到佛罗里达，再在发射现场进行组装。钢圈看上去很结实，很牢固，但点火后，每个部分由于受到巨大压力，都会像气球一样被'吹涨'起来。这样，就需要在各部分的接合处采用松紧带来防止热气跑出火箭。密封任务由两条名为"O 圈"的橡胶带完成，它们可以随着钢圈一起扩张，并能弥合缝隙。如果这两条橡胶带与钢圈脱离哪怕 0.2 秒，助推器的燃料就会发生泄漏，固态火箭助推器就会爆炸。

"挑战者"发射那天，天气非常寒冷。气温降低后，这些"O 圈"就变得非常坚硬，伸缩就很困难。坚硬的"O 圈"伸缩的速度变慢，密封的效果就大打折扣。虽然那可能只是零点几秒的时间，那也正是这零点几秒的时间，把一次本应成功的发射变成了灾难。

思　考　题

(1) 金属的结晶过程是怎样的，晶粒的大小对力学性能有何影响？如何获得细晶组织？

(2) 什么是同素异晶转变，纯铁的同素异晶转变温度为多少？它与结晶有何区别？

第2章
铁碳合金

了解铁碳合金的平衡组织、性能，读懂铁碳合金平衡图，掌握铁碳合金的分类方法，理解碳质量分数和组织、性能之间的关系。

知识要点	能力要求
铁碳合金平衡组织	了解铁碳合金平衡组织的种类及性能
铁碳合金相图	读懂碳合金相图，理解相图中的重要点、重要线以及各相区的含义
铁碳合金	掌握铁碳合金分类，理解铁碳合金成分、组织和性能之间的关系

导入案例

黑色金属

黑色金属和有色金属这名字，常常使人误会，以为黑色金属一定是黑的，其实不然。黑色金属只有3种：铁、锰、铬。而它们三者都不是黑色的。纯铁是银白色的；锰是银白色的；铬是灰白色的。因为铁的表面常常生锈，盖着一层黑色的四氧化三铁与棕褐色的三氧化二铁的混合物，看去就是黑色的。所以人们称之为“黑色金属”。常说的“黑色冶金工业”，主要是指钢铁工业。因为最常见的合金钢是锰钢与铬钢，这样，人们把锰与铬也算成是“黑色金属”了。

以铁和碳为基本元素组成的合金称铁碳合金。铁碳合金是目前应用最广、用量最多的金属材料。工程上使用的铁碳合金，碳的质量分数范围在0.0218%～6.69%之间。根据碳质量分数含量不同，铁碳合金又被划分为3大类，它们分别是工业纯铁(碳质量分数≤0.0218%)；碳钢(碳质量分数在0.0218%～2.11%之间)和生铁(碳质量分数在2.11%～6.69%之间)。

铁碳合金在结晶时的冷却速度不同得到的合金组织和性能也会不同。通常把在极其缓慢冷却条件下结晶所得到的组织称铁碳合金的平衡组织；在快速冷却条件下得到的组织称非平衡组织。

2.1　铁碳合金的平衡组织

铁碳合金在极其缓慢的冷却条件下得到的平衡组织主要有5种，它们分别是以下几种。

(1) 铁素体F(图2.1(a))：碳溶解在体心立方铁晶格内的间隙固溶体，最大溶解度0.0218%。因为铁素体的含碳量很低，所以它的性能与纯铁的基本相同，即强度、硬度较低，塑性韧性较好。

(2) 奥氏体A(图2.1(b))：碳溶解在面心立方铁晶格内的间隙固溶体，最大溶解度2.11%，只存在在727℃以上。奥氏体具有良好的塑性，所以人们常把钢加热到奥氏体区域再对其进行压力加工。

(3) 渗碳体Fe_3C：铁与碳形成的金属化合物称渗碳体，分子式为Fe_3C，C的质量分数为6.69%。渗碳体又硬又脆，不能单独使用。少量渗碳体分布在钢中，能提高钢的强度和硬度，钢的塑性韧性略有下降；当钢中渗碳体含量较多时，在强度硬度增加的同时，塑

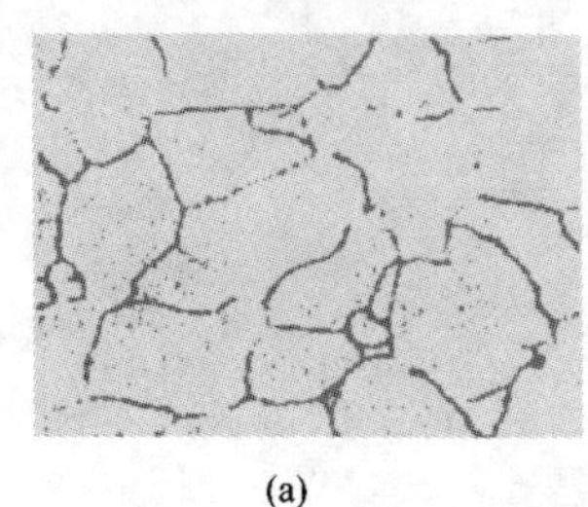

(a)

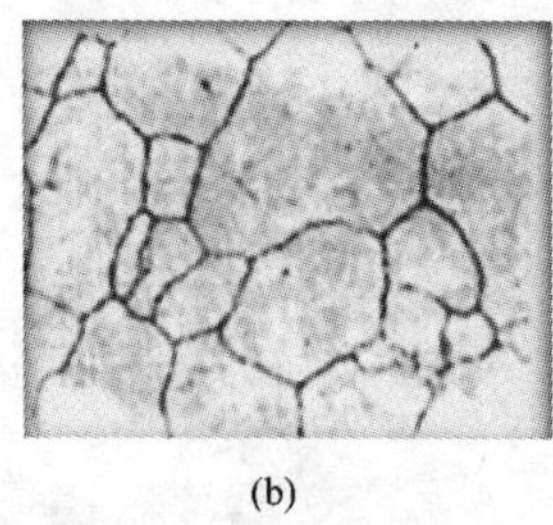

(b)

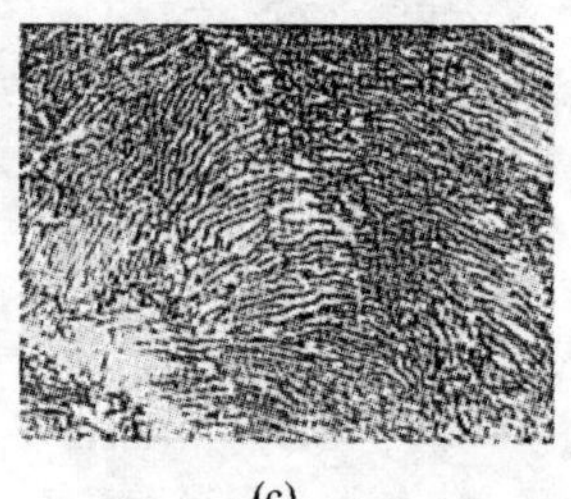

(c)

图2.1　铁碳平衡组织

(a) 铁素体；(b) 奥氏体；(c) 珠光体

性韧性急剧下降。

(4) 珠光体 P(图 2.1(c))：奥氏体冷却到 727℃以下时发生共析反应，析出层片状的铁素体和渗碳体混合物，这个混合物称珠光体。珠光体的含碳量为 0.77%，性能特点是有较高的强度、适中的硬度和一定的塑性。

(5) 莱氏体 L_α：从液体金属中结晶出渗碳体与奥氏体的机械混合物称莱氏体。莱氏体的含碳量为 4.3%。因奥氏体只存在在 727℃以上，温度降到 727℃以下时要转变为珠光体。因此，室温莱氏体是由珠光体和渗碳体组成的。莱氏体中渗碳体的含量约为 64%，所以它的性能接近渗碳体的性能，即硬度高、脆性大。

上述 5 种组织在空间的组合和分布形式决定了铁碳合金的性能。如：珠光体和室温莱氏体都是铁素体和渗碳体的混合物，但珠光体中渗碳体含量少，莱氏体中渗碳体含量多，渗碳体的分布形式也不同，于是这两种组织性能差异就很大。这说明相的种类、数量及空间分布形式都会影响材料的性能，而且它们的种类、数量和分布形态与合金的成分、温度密切相关。为了研究合金中“相-成分-温度”之间的关系，人们绘制了“成分-温度-相”的关系图。这样的图称“合金相图”或“合金状态图”。

2.2　铁碳合金状态图

铁碳合金状态图是专门用来描述铁碳合金中“成分、温度、相”三者的关系图。材料科学家通过各种实验仪器和设备，对不同成分和不同温度下铁碳合金的相结构和组织结构进行观察、研究，得到了铁碳合金“成分-温度-相”的关系图，如图 2.2 所示。

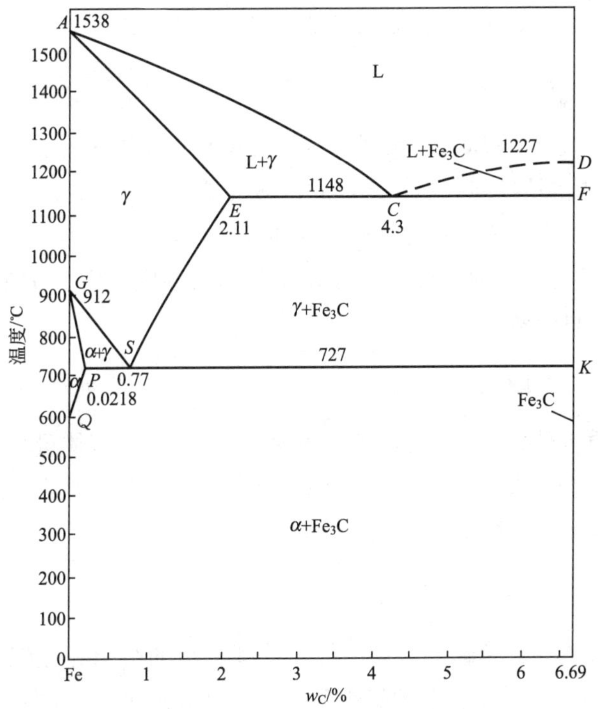

图 2.2　铁碳相图（Fe－Fe_3C 相图）

铁碳合金状态图以温度作为纵坐标，碳质量百分数作为横坐标(左边界为 0；右边界为 6.69%)，图中各点、线和区均有特定的含义。

1. 重要的点

A 点：纯铁的结晶温度，温度为 1538℃。

C 点：共晶点，成分：*C*＝4.3%，温度 *T*＝1148℃。合金在这个点上发生共晶反应，即同时从液体金属中结晶出奥氏体和渗碳体两个固相。这种固相混合物叫莱氏体。

S 点：共析点，成分：*C*＝0.77%；温度 *T*＝727℃。碳钢中奥氏体只出现在 727℃以上，当温度降到 727℃以下后，奥氏体转变为铁素体，同时析出渗碳体。这个转变称共析转变，转变得到的产物叫珠光体。

P 点：碳在体心立方铁中的最大溶解度点，温度：912℃，成分：*C*＝0.0218%。当合金中的含碳量超过该值时，碳在合金中就以渗碳体的形式出现。

2. 重要的线

液相线：*AC*、*CD* 线。在 *AC*、*CD* 线以上的金属均为液相。

共晶线：*ECF* 线。温度为 1148℃。合金冷却时只要与该线相遇，剩余的金属液就发生共晶反应，生成莱氏体。如果是加热时，则到了该线以上固体开始向液体转变。

共析线：*PSK* 线，温度为 727℃。合金冷却到这个温度时，奥氏体全部发生共析反应生成珠光体。加热时，珠光体分解，生成奥氏体。

DFK 线：相图中最右侧的纵线。在这条线上，铁碳合金为单一的渗碳体相，即渗碳体的含量达到 100%。该线的碳质量百分数为 6.69%。

3. 重要的相区

(1) 奥氏体区：由点 *NJESGN* 围成的区域为单相奥氏体区。

(2) 铁素体区：由 *GPQ* 与纵坐标围成的区域为单相铁素体区。

(3) 渗碳体区：相图的右边界为单相渗碳体区。

PSK 线以下的其他区域为铁素体和渗碳体两相共存区。两个相在合金中的百分含量取决于合金的碳质量百分数。

4. 碳质量分数与相的关系

在室温下，碳质量分数为 0%时，渗碳体含量也为 0，铁素体量为 100%；但碳质量分数为 6.69%时，渗碳体含量＝100%，铁素体量＝0，如图 2.3 所示。其他成分下铁素体 F 和渗碳体 Fe_3C 的相对百分含量可通过计算得到。

5. 碳质量分数与组织和性能的关系

随着碳质量分数增加，渗碳体含量增加，铁碳合金的组织和性能也发生相应的变化。当碳质量分数为 0.77%，铁碳合金的组织为 100%的珠光体，碳质量分数为 4.3%，莱氏体组织为 100%，如图 2.4 所示。

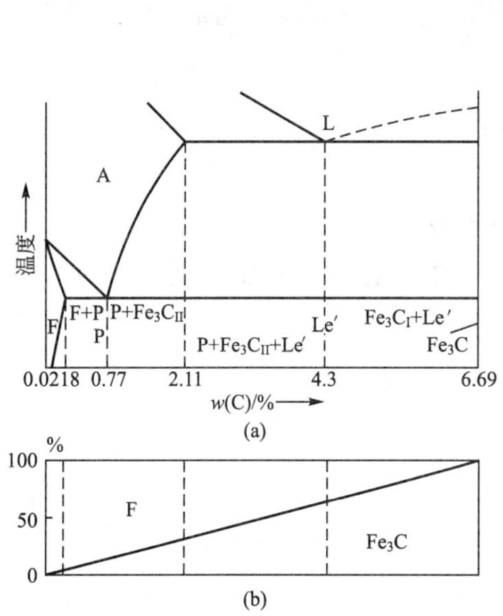

图 2.3　铁素体渗碳体相对量与含碳量的关系

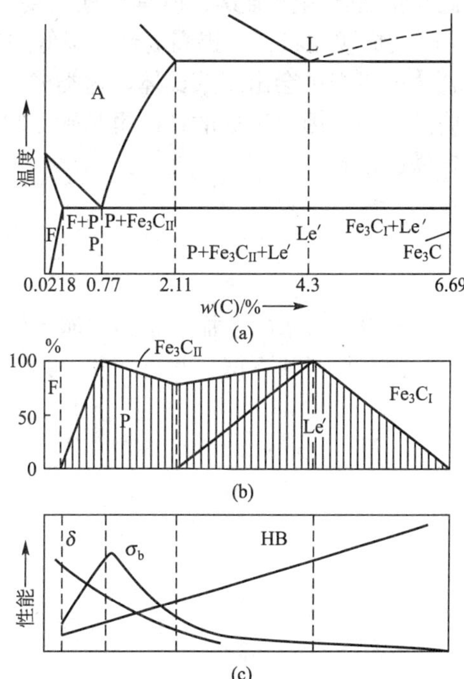

图 2.4　铁碳合金组织组成物与含碳量和性能的关系

2.3　铁碳合金的分类

根据组织组成物的不同，常温下的铁碳合金可被分为 3 大类。铁碳合金的分类、组织、名称和成分范围见表 2－1。

表 2－1　铁碳合金的分类、组织、名称和成分范围

种类	工业纯铁	钢			生　铁		
		亚共析钢	共析钢	过共析钢	亚共晶生铁	共晶生铁	过共晶生铁
C/％	≤0.0218	＞0.0218～0.77	0.77	＞0.77～2.11	＞2.11～＜4.3	4.3	＞4.3～6.69
组织	F	F＋P	P	P＋Fe_3C_{II}	P＋Fe_3C＋Lα'	Lα'	Lα'＋Fe_3C

由图 2.4 和表 2－1 可知：当铁碳合金中的组织为 100％的铁素体组织时，称这类铁碳合金为工业纯铁。工业纯铁塑性好、强度较低，一般只用于制作电气工程产品。亚共析钢的组织为铁素体＋珠光体，且随含碳量的增加，珠光体量增加，铁素体量减少，钢的强度也是随珠光体量增加而提高。当钢的组织全部为珠光体时，称这种铁碳合金为共析钢。亚共析钢和共析钢常用于生产各类机械零件和结构件。过共析钢为珠光体＋Fe_3C_{II}的组织，随着含碳量的增加Fe_3C_{II}也会增加，钢的强度将进一步提高并达到最高值。当含碳量超过 0.9％时钢中出现网状的Fe_3C_{II}，此时钢的硬度仍会增加，但强度会下降，脆性也随之增

加。此类钢适合制作工具、模具等硬度要求高的零件，但需通过工艺手段将出现的网状 Fe_3C_{II} 改变成颗粒状，以提高韧性、降低加工时的硬度。铁碳合金中的含碳量超过 2.11% 后，合金的组织中会出现莱氏体，这类成分的铁碳合金被称为生铁。莱氏体和渗碳体都是硬而脆的组织，因此生铁的性能也是硬而脆。生铁不能进行压力加工，通常它们只用作炼钢或铸铁的原料。

思　考　题

(1) 随着含碳量的增加，钢的性能有何变化，为什么？

(2) 什么是亚共析钢、共析钢和过共析钢，这 3 类钢在室温下的组织有什么不同？

第3章 热处理工艺

明确热处理的目的、意义，了解钢的常用热处理工艺，理解常规热处理工艺使用方法，了解钢的表面热处理工艺种类、特点及应用。

知识要点	能力要求
钢的整体热处理	认识钢的退火、正火、淬火和回火基本热处理工艺，明确其作用、功能
热处理基本应用	正确理解预备热处理和最终热处理的基本应用
钢的表面热处理	了解钢的表面热处理工艺，包括表面淬火和表面化学热处理工艺，明确其作用、用途

导入案例

马氏体"Martensite"

在钢的热处理组织中，"马氏体"的大名如雷贯耳，那么说到阿道夫·马滕斯没有几个人知道，其实马氏体的"马"指的就是他了。马氏体"Martensite"是淬火钢中的一种组织，非常坚硬、耐磨。Adolf Martens (1850—1914)，这位被称作马滕斯的先生是一位德国的冶金学家。早年作为一名工程师从事铁路桥梁的建设工作，并接触到了正在兴起的材料检验方法。他用自制的显微镜观察铁的金相组织，并在1878年发表了《铁的显微镜研究》，阐述金属断口形态以及抛光、酸浸后的金相组织，并预言显微镜研究必将成为最有用的分析方法之一。他曾经担任了柏林皇家大学附属机械工艺研究所所长，在那里建立了第一流的金相试验室。1895年国际材料试验学会成立，他担任了副主席一职。

3.1　热处理工艺概念

热处理是利用加热和冷却的方法来改变金属的内部组织，从而改善和提高其性能的一种工艺。通过热处理可充分发挥金属材料的潜力，延长机器零件的使用寿命也可以节约金属材料，因此很多零件都要进行热处理。

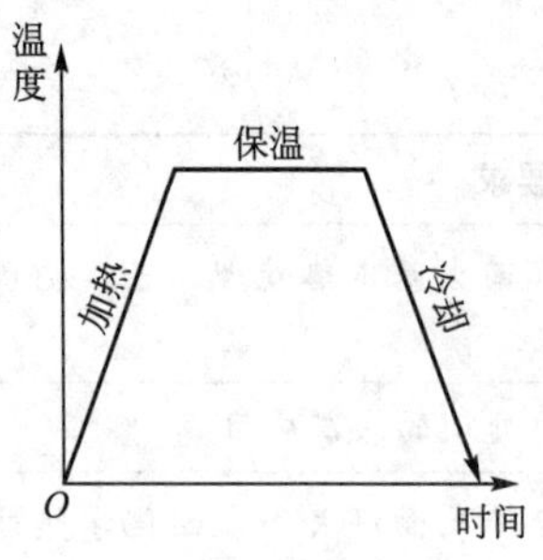

图3.1　热处理工艺曲线

较常用的热处理工艺有淬火、回火、退火、正火和表面热处理。

热处理操作由加热、保温、冷却3个阶段组成。

加热是把需要热处理的工件置于加热炉中，加热到所需的温度。

保温则在该温度下保持一定的时间，使工件热透。

冷却是将加热好的工件置于适当的介质中进行冷却，以获得所需的内部材料组织。

将以上3个阶段绘在时间、温度坐标上，则构成如图3.1所示的热处理工艺曲线。

3.2　碳钢的基本热处理工艺

1. 退火

将钢加热至适当温度，保温后缓慢冷却，以获得接近于平衡组织的热处理工艺。具体目的如下。

降低钢的硬度，提高塑性，以利于切削加工及冷变形加工；消除钢中的残余内应力，以防工件变形和开裂；改善组织，细化晶粒，改变钢的性能或为以后的热处理做准备。

常用的退火方法有完全退火、球化退火、等温退火和去应力退火等。

1）完全退火

将钢加热到 A_{c3} 以上30～50℃，保温一定时间，然后随炉缓慢冷却(或埋在砂中或石灰中冷却)至600℃以下，最后空冷。完全退火可获得接近平衡状态的组织，主要用于亚共析成分的各种碳钢和合金钢的铸、锻件及热轧型材，有时也用于焊接结构。

2）球化退火

将钢加热到 A_{c1} 以上20～30℃，保温一定时间缓慢冷却，使渗碳体成为颗粒状的热处理工艺称球化退火。球化退火主要用于过共析钢，如碳素工具钢、合金量具钢、轴承钢等。其目的是使钢中渗碳体球化，以降低钢的硬度。

3）等温退火

等温退火的作用等同于完全退火，可获得比完全退火更为均匀的组织，缩短退火时间，提高效率。

4）去应力退火

将钢加热到 A_{c1} 以下100～200℃，钢的组织不发生变化，主要用于消除铸、锻、焊工件的残余应力，减少变形，稳定尺寸。

5）扩散退火(均匀化退火)

将钢加热到略低于固相线温度，长时间保温(10～15h)，然后随炉冷却，使钢的化学成分和组织均匀化。主要用于质量要求高的合金钢铸锭、铸件或锻件。

2. 正火

将钢加热到 A_{c3} 或 A_{ccm} 以上30～50℃，保温适当时间，出炉后在空气中冷却的热处理工艺称为正火。

正火与退火的主要差别是正火的冷却速度比退火稍快，故正火钢的组织比较细小，强度和硬度也高。生产周期短、能耗少。

正火主要应用于以下几方面：普通结构零件进行最终热处理；低碳钢和低合金结构钢的切削加工性能进行改善；消除高碳钢中网状渗碳体，降低硬度改善加工性能，提高力学性能。

3. 淬火

淬火是将钢加热至 A_{c3} 或 A_{c1} 以上，保温一定时间，快速冷却获得坚硬耐磨的马氏体或下贝氏体组织的热处理工艺。

关键是两个方面：①掌握好加热温度；②控制好冷却速度。

根据材料碳的含量确定钢的淬火加热温度。零件的冷却速度要合理控制，过快可能导致零件开裂，过慢组织转变不彻底，得不到完整的期望组织。

在淬火工艺中淬透性和淬硬性是两个概念不同而关键的指标。

淬透性是钢在淬火后，获得淬硬层深度的能力。淬硬层愈深，则表明钢的淬透性越好。如果淬硬层深至心部，则表明材料全部淬透。淬硬层深度，通常以获取50%马氏体组织位置来测定。机械制造中许多大截面零件和在动载荷下工作的重要零件，以及承受静压力的重要工件如螺栓、拉杆、锤杆等，常要求零件的表面和心部的力学性能一致，此时应选用能全部淬透的钢。焊接件一般不选用淬透性高的钢，否则易在焊缝热影响区内出现淬火组织，造成焊件变形和裂纹。

淬硬性是钢淬火时能达到的最高硬度，主要取决于淬火组织中马氏体的碳含量。淬透性好的钢，其淬硬性不一定好，反之亦然。如低碳合金钢淬透性好，但其淬硬性都不高。

4. 回火

钢制零件经淬火工艺后，硬度虽大大提高，但不稳定的组织和因素也增加，因此淬火不能直接作为零件的最终处理。由此产生了回火工艺。

将淬火后的钢件加热至 A_{c1} 以下某一温度，保温一定的时间后，冷至室温的热处理工艺称为回火。

回火的主要目的如下：减少或消除淬火应力；稳定工件尺寸，防止工件变形与开裂；获得工件所需的组织和性能。

根据钢件的性能要求确定回火温度。

(1) 低温回火(150～250℃)：回火后得到的组织是回火马氏体，硬度高(58～64HRC)和耐磨性高。用于刀具、量具、模具、滚动轴承等淬火零件的后处理。

(2) 中温回火(350～500℃)：回火后得到的组织是回火屈氏体，弹性高、韧性高，硬度为 35～45HRC 的零件。主要用于各类大截面弹簧、热锻模等淬火零件的后处理。

(3) 高温回火(500～650℃)：回火后得到的组织是回火索氏体，强度高，塑性、韧性好，也称综合力学性能好，零件硬度为 25～35HRC。广泛应用于连杆、齿轮、轴类等重要零件。在生产上通常将淬火与高温回火相结合的热处理称为调质处理。

淬火钢在 250～400℃和 500～650℃两个温度范围内回火时，会出现冲击韧性明显下降的现象，称为回火脆性，前者称为低温回火脆性或第一类回火脆性，后者称为高温回火脆性或第二类回火脆性，主要发生在某些合金钢。

3.3 热处理工艺应用

1. 预备热处理

预备热处理主要用于改善材料切削和冷加工工艺性能或为最终热处理前做组织调整。通常情况下预备热处理具体工艺的选用与钢材的含碳量密切相关，具体预备热处理工艺的常规选用见表 3-1。

表 3-1　预备热处理工艺的常规选用

工艺选用目的	亚共析钢		共析、过共析钢	应　用
	低、中碳钢	高碳钢		
降低硬度、改善锻压和机械加工性能	正火	完全退火或等温退火	正火＋球化退火	铸件、锻件、热轧型材

2. 最终热处理

钢的最终热处理通常与零件最终的使用性能直接相关，因此性能要求不同的零件，最终热处理完全不相同。表 3-2 所示的是最终热处理的目的、工艺、材料及应用的相互关系。

表 3-2　最终热处理的目的、工艺、材料及应用

零件最终力学性能要求(整体)	常用工艺	主要适用材料	零件应用举例
硬度、耐磨性为主	淬火＋低温回火	工具钢、高碳钢	刃具、量具、模具等
弹性、韧性为主	淬火＋中温回火	弹簧钢，中、高碳钢	弹簧等弹性零件
机械综合性能为主	淬火＋高温回火(调质)	调质钢、中碳钢	重要的机件，如轴、连杆、齿轮等
无特殊要求(一般)	正火	低、中碳钢	不重要的机件，非传力的齿轮、轴、销等

3.4　钢的表面热处理工艺简介

在机械制造业中，许多零件性能的要求表里是不一致的。如齿轮的齿表面要求硬度高、耐磨，但对单齿而言，它的根部需要的是强度和韧性，以便适应波动扭力的冲击。因此，这类零件表面应具有高的硬度、耐磨性和疲劳强度，而心部又要具有足够的强度和韧性。为达到上述性能要求，生产上广泛应用表面热处理工艺，即表面淬火和表面化学热处理。

3.4.1　表面淬火

表面淬火的原理是对钢件表层迅速加热至淬火温度，而心部温度仍保持在临界温度以下，然后快速冷却，使钢的表面组织为淬硬组织，心部仍为原始组织。采用以上原理使钢制零件表面硬度高、心部强韧性好的工艺均为表面淬火工艺。

根据淬火时加热方法的不同，主要有火焰加热表面淬火和感应加热表面淬火、激光加热表面淬火和电子束加热表面淬火。

1. 火焰加热表面淬火

使用燃气火焰喷向工件表面，将工件表面迅速加热至淬火温度，并立即喷水冷却的淬火工艺，称为火焰加热表面淬火，如图 3.2 所示。

2. 感应加热表面淬火

感应加热表面淬火将淬火的零件放入高频感应线圈中，如图 3.3 所示。

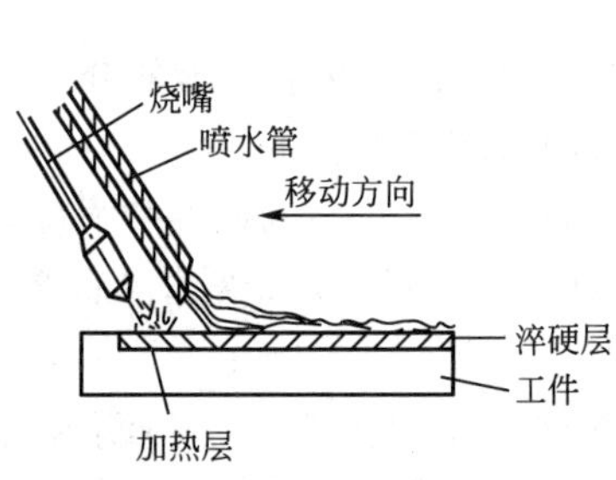

图 3.2　火焰加热表面淬火

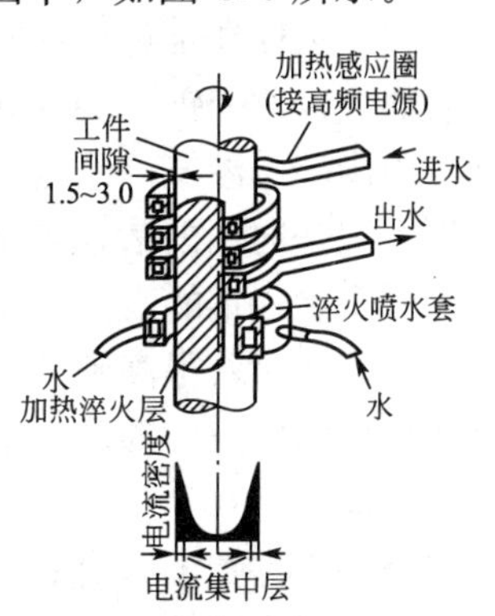

图 3.3　感应加热表面淬火

当线圈通一定频率的交流电时，工件产生感应电流，由于集肤效应，电流产生的热效应迅速使工作表层加热，只需几秒钟即可使零件表面温度升至850～1000℃，而心部温度没有太大变化。随即喷水冷却便可使表面淬硬。

3. 激光和电子束加热表面淬火

激光加热表面淬火是20世纪70年代初发展起来的一种高能量束射流的表面强化方法。而电子束加热表面淬火是20世纪80年代末国际材料热处理领域的新工艺。两种方法有许多相同的特点。利用高能激光束或高能电子束扫描工件表面使工件表面迅速加热到钢的临界温度点以上，而当能量束离开工件表面时，由于基体金属的大量吸热使零件表面迅速降温急剧冷却，从而实现了无冷却介质也可获得淬硬表面组织。图3.4所示为激光加热表面淬火，图3.5所示为电子束加热表面淬火。

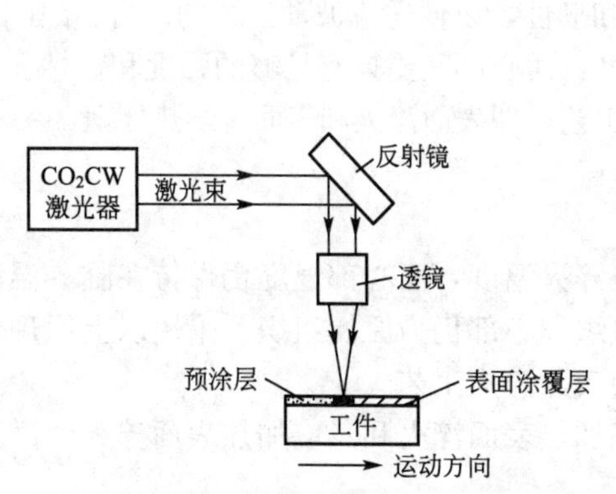

图 3.4 激光加热表面淬火

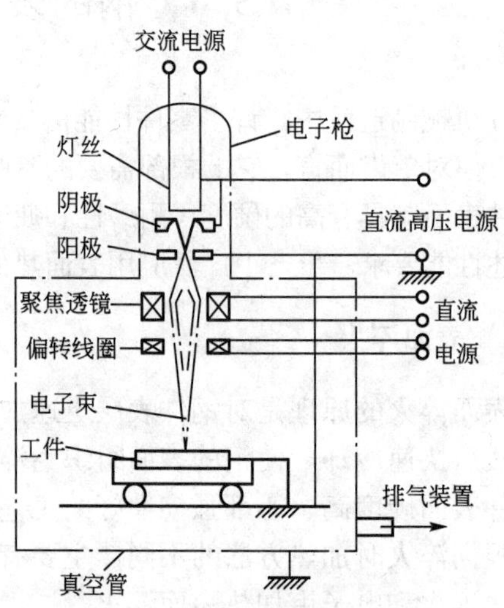

图 3.5 电子束加热表面淬火

采用高能量束实现的表面淬火工艺相比常规工艺，获得的淬硬组织更细，硬度、耐磨性更高，且能适应形状复杂工件的内外表层处理。

3.4.2 表面化学热处理

钢的表面化学热处理是将钢件放入一定的活性介质中加热和保温，使介质中的活性原子渗入工件表面，以改变钢件表面化学成分、组织和性能的热处理。根据渗入元素不同，化学热处理分为渗碳、渗氮、碳氮共渗等。

表面渗碳处理是向钢的表层渗入碳原子的过程。将工件置于含碳的介质中加热和保温，使活性碳原子渗入钢的表面，以达到提高钢表面含碳量的目的。渗碳后的工件经淬火及低温回火后，表面可获得高硬度、高耐磨性，而心部具有较高的韧性和强度。

根据渗碳介质的状态，渗碳方法可分为气体渗碳、固体渗碳和液体渗碳3种。其中最常用的是气体渗碳。

气体渗碳是将工件置于密封的渗碳炉中，加热到900～950℃，然后滴入煤油、丙酮、甲醇等渗碳剂。高温下渗碳剂分解出活性碳原子，并渗入高温奥氏体中，依靠碳浓度差不断从表面向内部扩展形成渗碳层。工件渗碳后，其表面碳含量可达0.85%～1.05%。

渗碳钢的碳含量一般小于0.25%，常用的钢号有15、20、20CrMnTi等，主要用于制造表面耐磨而心部抗冲击的零件，如汽车、拖拉机中的变速齿轮，内燃机上的凸轮轴，机床的变速齿轮等。

表面渗氮(氮化)处理是向钢的表面渗入氮原子的过程。其目的也是提高工件表面硬度、耐磨性、耐蚀性及疲劳极限。

渗氮的工艺过程是将工件置于渗氮介质中，加热至500～550℃保温，渗氮介质分解出活性氮原子渗入工件表层形成坚硬而稳定的氮化物层，氮化层一般不超过0.6～0.7mm，氮化几乎是加工工艺路线中的最后一道工序，最多进行精磨或研磨。

氮化用钢通常是含有A1、Cr、Mo等元素的合金钢，最典型的钢是38CrMoAl，氮化后硬度可达HV1000以上。工件氮化后，表面形成高度弥散、硬度极高的氮化物，具有极高的硬度和耐磨性，不需再进行热处理。但为保证心部具有良好的综合力学性能，氮化前需进行调质处理。渗氮处理广泛用于要求耐磨且变形小的零件，如精密齿轮、精密机床主轴等。

渗氮工艺根据活性氮原子[N]产生的方式不同又有气体渗氮和离子渗氮。

气体渗氮通过加热分解氨气(NH_3)，获取活性氮原子[N]；离子渗氮通过高压分离出氮离子，在电场作用下氮离子以极大速度轰击工件表面实现渗氮过程，速度快、工件变形小、效果好。

思 考 题

(1) 何谓预备热处理？何谓最终热处理？其作用分别如何？

(2) 渗碳的主要目的是什么？什么情况下会用到渗碳工艺？

第4章 工业用钢

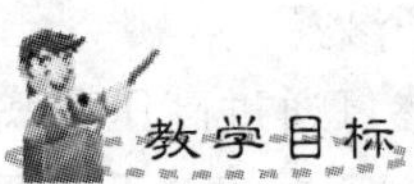

明确工业用钢的成分范围，了解工业用钢的常用分类方法和钢号表示方法，熟悉常用结构钢和工具钢牌号及用途。

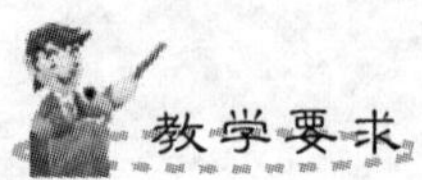

知识要点	能力要求
工业用钢基本知识	掌握钢的成分、性能、类别、牌号之间的内在联系
工业用结构钢	掌握碳素结构钢、合金结构钢的一般应用原则，了解常用钢号的性能和用途
工业用工具钢	掌握碳素工具钢、合金工具钢的一般应用原则，了解常用钢号的性能和用途

导入案例

18－8 不锈钢

19 世纪最伟大的发现之一就是如何炼钢。钢就是铁元素和含量受控碳元素的混合物，易生产且非常强硬，广泛应用在各类机器上。但普通钢有一个很大的问题，易生锈。1912 年，英国冶金专家亨利·布雷尔利，在偶然的一次机会发现，把铬与钢熔合在一起的合金具有抵抗生锈的能力，于是就用它来生产来复枪的枪管。实际上他的贡献是提供了一个 18％的铬加上 8％的镍的配方。1941 年他成功的采用 18－8 钢材造出餐刀和餐叉。从此，18－8 钢材以“不锈钢”而出名。18－8 的经典配方直至现今仍然在奥氏体不锈钢和耐热钢的牌号中清晰明辨。

以铁碳为主要元素，且碳的含量在 0.0218％～2.11％之间，所组成的铁碳合金称钢，钢包括碳钢和合金钢两大类。钢经压力加工，制成具有一定形状和尺寸的型材，这种型材称“钢材”。在工业生产和日常生活中钢材的地位和作用极为重要。机械制造中钢材的使用量占全部材料用量的 60％以上，日常生活中钢材的用途也很广。尽管近年来钢铁材料受到工程塑料、陶瓷材料和一些轻有色金属的挑战，但在许多方面钢材地位仍是不可替代的。

4.1　钢的分类及钢号表示法

4.1.1　钢的分类

到目前为止，钢的品种已达上千种。为了方便经营管理和使用，有必要对钢进行分类。钢的分类方法有很多，常见的分类方法为综合分类法，具体如下，如图 4.1 所示。

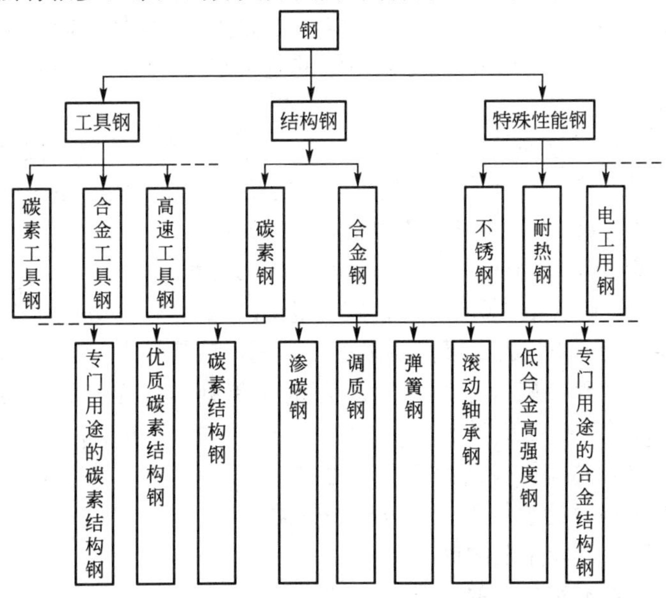

图 4.1　工业用钢分类图

1. 按用途分类

(1) 结构钢：包括碳素结构钢、合金结构钢等及一些专门用途的结构钢。

(2) 工具钢：包括碳素工具钢、合金工具钢、高速工具钢及硬质合金。

(3) 特殊性能钢：包括不锈钢、耐热钢、电工用钢、磁钢等。

2. 按钢的成分分类

(1) 按钢中是否含有合金元素，钢被分为碳素钢和合金钢两类。碳素钢中除了铁、碳以外只含少量的硅、锰、磷、硫等杂质元素(也叫常存元素)；合金钢则是在碳素钢的基础上人为地加进去了一些其他元素。这些人为添加的元素称为合金元素。钢中常加的合金元素有镍、铬、锰、硅、钼、钛、铝、铌、稀土等。

(2) 按钢中含碳量的高低分，钢可被分为低碳钢(C≤0.25%)、中碳钢(C>0.25%～0.60%)和高碳钢(C≥6.0%)。

(3) 按钢中合金元素的总量分，合金钢可分为低合金钢(合金元素总量≤3%)、中合金钢(合金元素总量在3%～10%之间)和高合金钢(合金元素总量≥10%)。

3. 按钢的品质分类

钢的品质是按钢中有害杂质元素的含量进行分类的。通常碳钢中所含的杂质元素主要有磷、硫、硅、锰。

磷溶于铁素体，使钢的强度、硬度增加，塑性、韧性降低。特别是在低温下影响更显著，这种现象称为“冷脆性”。当含磷量达到0.1%时，影响已很严重。因此，钢的含磷量必须加以限制。硫在钢中与铁化合生成FeS，并生成共晶体(FeS+Fe)，其熔点为985℃，多存在于晶界。当钢在1000～1200℃进行锻造或轧制时，由于共晶体熔化而使晶粒分离，导致钢沿晶界开裂，这种现象称为“热脆性”。因此，硫的含量也必须加以限制。但在易切削钢中为改善切削性能，磷的含量可达0.08%～0.15%，硫的含量可达0.15%～0.30%。硅溶于铁素体中，使钢的强度、硬度增加。通常碳钢中硅含量较少(<0.35%～0.4%)，对性能的影响不大。锰能溶于铁素体，也能溶于渗碳体，能使钢的强度、硬度增加。此外，锰还与硫化合成MnS，减少硫对钢的危害作用。但在碳钢中含量较少(0.4%～0.8%)，影响不显著。

可以看出磷、硫含量过高，对钢的危害极大。因此，钢的品质是按钢中磷、硫杂质元素的含量进行分类的。磷、硫杂质元素越少，钢的品质越好。钢的品质可分为以下几类。

(1) 普通钢：磷含量≤0.050%，硫含量≤0.045%。

(2) 优质钢：磷含量≤0.035%，硫含量≤0.035%。

(3) 高级优质钢：磷含量≤0.035%；硫含量≤0.030%；高级优质钢在钢号后加“A”表示，例如：含碳量为0.9%的高级优质碳素工具钢，其牌号表示为“T9A”。

(4) 特级优质钢：磷、硫及杂质元素的含量控制更严，特级优质碳素结构钢的S≤0.020%、P≤0.025%。特级优质钢在钢号后加符号“E”表示，例如：平均含碳量为0.45%的特级优质碳素结构钢，其牌号表示为“45E”。

此外，对钢在冶炼时的脱氧程度也进行了分类。

(1) 镇静钢：脱氧比较完全的钢。

(2) 沸腾钢：脱氧不完全的钢。

(3) 半镇静钢：脱氧程度介于镇静钢和沸腾钢之间的钢。

但在日常经营管理工作中，钢是按综合方法进行分类的。钢的综合分类法主要是按用途、成分和品质来分类。

4.1.2 钢号表示方法

中国的钢号表示方法，根据国家标准《钢铁产品牌号表示方法》GB/T 221—2008 中规定，钢号采用汉语拼音字母、化学元素符号及阿拉伯数字相结合的方法表示。钢的名称、用途、特性和工艺方法用字母表示；钢中主要化学元素含量(质量分数)采用阿拉伯数字表示。如 T8A 表示含碳量为 0.8%的高级优质碳素工具钢；3Cr17 表示含碳为 0.3%、含铬 17%的不锈钢；Q235 表示屈服强度为 235MPa 的碳素结构钢；GCr15 中的“G”表示滚动轴承钢。ML20 中“ML”表示铆螺钢；H2Cr13 中的“H”是焊接用钢。

国家根据钢铁及合金产品有关生产、使用、统计、设计、物资管理等要求，参考 ISO/T 7003：1990 和 ASTM ES27—1995 等国外标准，结合我国钢铁及合金生产、使用特点，还制定了 GB/T 17616—1998《钢铁及合金牌号统一数字代号体系》国家标准。

为了防止钢种被混淆，各类钢都有自己特定的钢号表示法或专用符号。表 4-1 是部分专门用途钢的符号及其在钢号中的位置。

表 4-1 部分专门用途钢的符号及其在钢号中的位置(摘自 GB/T 221—2008)

名　　称	采用的汉字及汉语拼音		采用符号	字体	符号位置
	汉字	汉语拼音			
压力容器用钢	容	RONG	R	大写	牌号尾部
焊接用钢	焊	HAN	H	大写	牌号头部
易切削钢	易	YI	Y	大写	牌号头部
机车车辆用钢	机轴	JIZHOU	JZ	大写	牌号头部
汽车大梁用钢	梁	LIANG	L	大写	牌号尾部
桥梁用钢	桥	QIAO	Q	小写	牌号尾部
锅炉用钢	锅	GUO	G	小写	牌号尾部
钢轨钢	轨	GUI	U	大写	牌号头部
铆螺钢	铆螺	MAO LUO	ML	大写	牌号头部
电工用热轧硅钢	电热	DIAN RE	DR	大写	牌号中部
电工用冷轧无取向硅钢	无	WU	W	大写	牌号中部
电工用冷轧取向硅钢	取	QU	Q	大写	牌号中部
电磁纯铁	电铁	DIAN TIE	DT	大写	牌号头部

4.2 工业用结构钢

工业用结构钢有一个庞大的结构体系，它包括了碳素结构钢、优质碳素结构钢、低合金高强度结构钢以及合金结构钢等主要用于机械结构和零件的数千个钢的品种，下面分别加以介绍。

4.2.1　碳素结构钢

碳素结构钢简称碳钢。钢中除了铁、碳及少量的杂质元素外不含特意加入的合金元素。碳素结构钢属于普通钢，对磷、硫及杂质元素的控制较宽。可用于普通结构件和专门用途结构件，如桥梁用钢、建筑钢筋用钢等。

1. 碳素结构钢的牌号与成分

国家标准《GB 700—2006 碳素结构钢》规定：碳素结构钢的牌号由“Q＋数字＋质量等级符号－字母＋脱氧方法符号组成”，如 Q235－B. F，钢号前面的“Q”表示屈服点，中间的数字表示钢的屈服强度值大小(单位：MPa)。同一强度等级的钢质量不同(磷、硫含量不同)时，用字母 A、B、C、D 加以区别。A 级钢的质量等级最低，D 级钢的质量等级最高。钢号尾部的字母表示钢的脱氧程度。F——沸腾钢，Z——镇静钢，TZ——特殊镇静钢。一般情况下，镇静钢、特殊镇静钢的符号不在牌号中标出。具体的牌号及化学成分见表 4－2。

表 4－2　碳素结构钢牌号及化学成分(摘自 GB 700—2006)

<table>
<tr><th rowspan="2">牌号</th><th rowspan="2">统一数字代号[a]</th><th rowspan="2">等级</th><th rowspan="2">厚度(或直径)/mm</th><th rowspan="2">脱氧方法</th><th colspan="5">化学成分(质量分数)/%，不大于</th></tr>
<tr><th>C</th><th>Si</th><th>Mn</th><th>P</th><th>S</th></tr>
<tr><td>Q195</td><td>U11952</td><td>—</td><td>—</td><td>F，Z</td><td>0.12</td><td>0.30</td><td>0.5</td><td>0.035</td><td>0.04</td></tr>
<tr><td rowspan="2">Q215</td><td>U12152</td><td>A</td><td rowspan="2">—</td><td rowspan="2">F，Z</td><td rowspan="2">0.15</td><td rowspan="2">0.35</td><td rowspan="2">1.20</td><td rowspan="2">0.045</td><td>0.05</td></tr>
<tr><td>U12155</td><td>B</td><td>0.045</td></tr>
<tr><td rowspan="4">Q235</td><td>U12352</td><td>A</td><td rowspan="4">—</td><td rowspan="2">F，Z</td><td>0.22</td><td rowspan="4">0.35</td><td rowspan="4">1.40</td><td rowspan="2">0.045</td><td>0.05</td></tr>
<tr><td>U12355</td><td>B</td><td>0.20[b]</td><td>0.045</td></tr>
<tr><td>U12358</td><td>C</td><td>Z</td><td rowspan="2">0.17</td><td>0.040</td><td>0.040</td></tr>
<tr><td>U12359</td><td>D</td><td>TZ</td><td>0.035</td><td>0.035</td></tr>
<tr><td rowspan="5">Q275</td><td>U12752</td><td>A</td><td>—</td><td>F，Z</td><td>0.24</td><td rowspan="5">0.35</td><td rowspan="5">1.50</td><td>0.045</td><td>0.050</td></tr>
<tr><td rowspan="2">U12755</td><td rowspan="2">B</td><td>≤40</td><td rowspan="2">Z</td><td>0.21</td><td rowspan="2">0.045</td><td rowspan="2">0.045</td></tr>
<tr><td>≤40</td><td>0.22</td></tr>
<tr><td>U12758</td><td>C</td><td rowspan="2">—</td><td>Z</td><td rowspan="2">0.20</td><td>0.040</td><td>0.040</td></tr>
<tr><td>U12759</td><td>D</td><td>TZ</td><td>0.035</td><td>0.035</td></tr>
</table>

2. 碳素结构钢的性能及用途

按含碳量分，所有碳素结构钢均属于低碳钢；硅、锰含量也较低。所以钢的塑性、韧性、焊接性、冷弯性能等都比较好；强度、硬度较低。通常被制成钢板、钢管、线材、钢筋及各种型钢等。主要用于建筑构件、工程结构件和一些受力不大的机械零件等。各牌号钢的性能及用途见表 4－3。

表 4-3 各牌号钢的性能及用途

牌号	抗拉强度 σ_b	钢材厚度(直径)≤16/mm		性能特点	用途举例
		屈服强度 σ_s	伸长率 δ_5		
		不小于			
Q195	315～430	195	33	塑性、韧性、焊接性、和压力加性好，强度低	用于承受载荷不大的结构件和零件。如：垫块、铆钉、焊管、冲压件及焊接件等
Q215	335～450	215	31	塑性比 Q195 低，其他性能与 Q195 相似	可制成薄钢板、钢丝网、螺栓、垫圈及焊接件及强度要求不高的机械零件
Q235	370～500	235	26	良好的塑韧性、焊接性和冷冲压性；一定的强度	这类钢的用途很广，可制作钢筋、钢板、型钢、线材、支架、焊接件及机械零件等
Q275	410～540	275	27	较高的强硬度，一定的耐磨性、焊接性能和切削加工性	用于钢筋混凝土结构配筋、钢结构件、一些强度较高的零件及标准件和农用型钢

碳素结构钢多数以热轧状态供应。成分及性能按 GB 700—2006 规定执行。钢的力学性能也可以通过锻造或热处理进行调整。一些需要进行冷压力加工的产品，钢的工艺性能也必须达到标准规定的要求。

4.2.2 低合金高强度结构钢

低合金高强度结构钢的含碳量都在 0.25%以下，属于低碳钢。同时钢中还加入了总量不超过 3%的合金元素。所添加的合金元素以 Mn 和 Si 为主，其次是 V、Ti、Nb、Al、Cu、Re、N 等。

1. 低合金高强度结构钢的牌号与成分

低合金高强度结构钢的牌号表示法与碳素结构钢相同。但两种钢的屈服强度值不同。碳素结构钢的最大屈服强度值为 275MPa，而低合金高强度结构钢的最小屈服强度值是 345MPa。所以，两种钢的牌号并不会混淆。

GB/T 1591—2008《低合金高强度结构钢》给该类钢设立了 8 个牌号，它们分别是 Q345、Q390、Q420T、Q460、Q500、Q550、Q620 和 Q690。具体的牌号与成分见表 4-4。

表 4-4　低合金高强度结构钢牌号与成分(摘自：GB/T 1591—2008)

牌号	质量等级	化学成分[ab](质量分数)(%)														
		C	Si	Mn	P	S	Nb	V	Ti	Cr	Ni	Cu	N	Mo	B	Ala
		不大于														
	A				0.035	0.035										—
	B	0.20			0.035	0.035										
Q345	C		0.50	1.70	0.030	0.030	0.07	0.15	0.20	0.30	0.50	0.30	0.012	0.10	—	
	D	0.18			0.030	0.025										0.015
	E				0.025	0.020										
	A				0.035	0.035										—
	B				0.035	0.035										
Q390	C	0.20	0.50	1.70	0.030	0.030	0.07	0.20	0.20	0.30	0.50	0.30	0.015	0.10	—	
	D				0.030	0.025										0.015
	E				0.025	0.020										
	A				0.035	0.035										—
	B				0.035	0.035										
Q420	C	0.20	0.50	1.70	0.030	0.030	0.07	0.20	0.20	0.30	0.80	0.30	0.015	0.20	—	
	D				0.030	0.025										0.015
	E				0.025	0.020										
	C				0.030	0.030										
Q460	D	0.20	0.60	1.80	0.030	0.025	0.11	0.20	0.20	0.30	0.80	0.55	0.015	0.20	0.004	0.015
	E				0.025	0.020										
	C				0.030	0.030										
Q500	D	0.18	0.60	1.80	0.030	0.025	0.11	0.12	0.20	0.60	0.80	0.55	0.015	0.20	0.004	0.015
	E				0.025	0.020										
	C				0.030	0.030										
Q550	D	0.18	0.60	2.00	0.030	0.025	0.11	0.12	0.20	0.80	0.80	0.80	0.015	0.30	0.004	0.015
	E				0.025	0.020										
	C				0.030	0.030										
Q620	D	0.18	0.60	2.00	0.030	0.025	0.11	0.12	0.20	1.00	0.80	0.80	0.015	0.30	0.004	0.015
	E				0.025	0.020										
	C				0.030	0.030										
Q690	D	0.18	0.60	2.00	0.030	0.025	0.11	0.12	0.20	1.00	0.80	0.80	0.015	0.30	0.004	0.015
	E				0.025	0.020										

a 型材及棒材 P、S 含量可提高 0.005%，其中 A 级钢上限可为 0.045%

b 当细化晶粒元素组合加入时，20(Nb+V+Ti)≤0.22%，20(Mo+Cr)≤0.30%

2. 低合金高强度结构钢的性能及用途

低合金高强度结构钢加入的合金元素主要起强化作用。所以与相同含碳量的碳素结构钢比，低合金高强度结构钢的强度、硬度可提高 50%左右，并且仍能保持高的塑性、韧性和良好的焊接性能。另外，低合金高强度结构钢抵抗大气腐蚀的能力也比碳素结构钢好；冷压力加工性也好，经压力加工后不容易产生裂纹。GB/T 1591—2008 中规定了低合金高强度结构钢必须达到的性能指标(表 4-5)。

由于低合金高强度结构钢生产过程简单、成本低，又具有良好力学性能和压力加工性能，所以该类钢在生活和生产领域中的应用也越来越广。它们被加工成钢板、钢带、钢管及各种各样的型材。

表 4-5　低合金高强度结构钢的性能(摘自：GB/T 1591—2008)

牌号	质量等级	屈服强度 σ_s(MPa)				抗拉强度 σ_b(MPa)	伸长率 %	冲击吸收功 A_{kv}(J) 12mm～150mm				180°冷弯试验 d=弯心直径 a=试样厚度	
技术要求		厚度(直径)/mm						20℃	0℃	−20℃	−40℃		
		≤16	>16～40	>40～63	>63～80	≤40mm	≤40mm	不小于				钢材厚度(直径)(mm)	
		不小于					不小于					≤16	>16～100
Q345	A	345	325	315	305	470～630	20	34	34	34	34	$d=2a$	$d=3a$
	B												
	C						21						
	D												
	E												
Q390	A	390	370	350	330	490～650	20	34	34	34	34	$d=2a$	$d=3a$
	B												
	C												
	D												
	E												
Q420	A	420	400	380	360	520～680	19	34	34	34	34	$d=2a$	$d=3a$
	B												
	C												
	D												
	E												
Q460	C	460	440	420	400	550～720	17		34	34	34	$d=2a$	$d=3a$
	D												
	E												
Q500	C	500	480	470	450	610～770	17		55	47	31		
	D												
	E												
Q550	C	550	530	520	500	670～830	16		55	47	31		
	D												
	E												
Q620	C	620	600	590	570	710～880	15		55	47	31		
	D												
	E												
Q690	C	690	670	660	640	770～940	14		55	47	31		
	D												
	E												

Q345：广泛用于建筑材料、造船工业、桥梁、矿山设备、铁路车辆及石化生产等领域。

Q390、Q420：用于中高压锅炉和中高压石油化工容器、大型船舶、桥梁、起重机等一些需要承受高载荷的大型焊接构件。

Q460、Q500：该牌号的钢经淬火后可用于大型挖掘机、起重运输机械、石油钻井平台的零件和构件。

Q550、Q620、Q690：牌号材料强度、韧性好且有较好的焊接工艺性能，常应用于液压支架、矿山机械工程等设备制造。

4.2.3　优质碳素结构钢

优质碳素结构钢与碳素结构钢一样，钢中除了铁、碳及少量的杂质元素外不含特意加入的合金元素。但优质碳素结构钢的磷、硫含量及杂质元素总量控制较严，其品质要优于碳素结构钢；钢的含碳量范围大，包括了低碳钢、中碳钢和高碳钢。所以，不同牌号的优质碳素结构钢力学性能差异大，钢的适用范围也更广泛。

1. 优质碳素结构钢的牌号与成分

优质碳素结构钢的牌号用两位数字表示，它表示钢中平均碳含量的万分值。例如："40"表示平均碳含量为0.40%的优质碳素结构钢；"45"表示平均碳含量为0.45%的优质碳素结构钢。两个相邻牌号的钢，平均含碳之差为0.05%(08号钢除外)。优质碳素结构钢大部分是镇静钢，只有少数含碳量较低的钢冶炼时不进行脱氧。脱氧程度的表示方法与碳素结构钢完全相同。国家标准《GB/T 699—2008 优质碳素结构钢》根据钢中含锰量的高低，把优质碳素结构钢分为"普通含锰量优质碳素结构钢"（含锰量不超过0.8%）和"较高含锰量优质碳素结构钢"（Mn>0.7%～1.2%）两组。"较高含锰量组"的钢在牌号后加"Mn"以示区别，如45Mn，以区别普通含锰量的45号钢。在含碳量相同时，较高含锰量组钢的强度、硬度比普通含锰量的钢要高，塑性略低，韧性基本保持不变。

2. 优质碳素结构钢的性能及用途

优质碳素结构钢的含碳量范围在0.05%～0.85%之间。含碳量不同，性能和用途也各不相同。各牌号力学性能指示特点及用途见表4-6。

表4-6　各牌号力学性能指示特点及用途

钢号	化学成分的质量分数/%					力学性能				
	C	Si	Mn	P	S	σ_b /MPa	σ_s /MPa	δ_s /%	ψ /%	a_k/ (J/cm²)
						不少于				
08F	0.05～0.11	≤0.03	0.25～0.50	≤0.035	≤0.035	295	175	35	60	—
10F	0.07～0.13	≤0.07	0.25～0.50	≤0.035	≤0.035	315	185	33	55	—
15F	0.12～0.18	≤0.07	0.25～0.50	≤0.035	≤0.035	355	205	29	55	—
08	0.05～0.11	0.17～0.37	0.35～0.65	≤0.035	≤0.035	325	195	33	60	—
10	0.07～0.13	0.17～0.37	0.35～0.65	≤0.035	≤0.035	335	205	31	55	—

（续）

钢号	化学成分的质量分数/%					力学性能				
	C	Si	Mn	P	S	σ_b /MPa	σ_s /MPa	δ_s /%	ψ /%	a_k/ (J/cm^2)
						不少于				
15	0.12～0.18	0.17～0.37	0.35～0.65	≤0.035	≤0.035	375	225	27	55	—
20	0.17～0.23	0.17～0.37	0.35～0.65	≤0.035	≤0.035	410	245	25	55	—
25	0.22～0.29	0.17～0.37	0.50～0.80	≤0.035	≤0.035	450	275	23	50	71
30	0.27～0.34	0.17～0.37	0.50～0.80	≤0.035	≤0.035	490	295	21	50	63
35	0.32～0.39	0.17～0.37	0.50～0.80	≤0.035	≤0.035	530	315	20	45	55
40	0.37～0.44	0.17～0.37	0.50～0.80	≤0.035	≤0.035	570	335	19	45	47
45	0.42～0.50	0.17～0.37	0.50～0.80	≤0.035	≤0.035	600	355	16	40	39
50	0.47～0.55	0.17～0.37	0.50～0.80	≤0.035	≤0.035	630	375	14	40	31
55	0.52～0.60	0.17～0.37	0.50～0.80	≤0.035	≤0.035	645	380	13	35	—
60	0.57～0.65	0.17～0.37	0.50～0.80	≤0.035	≤0.035	675	400	12	35	—
65	0.62～0.70	0.17～0.37	0.50～0.80	≤0.035	≤0.035	695	410	10	30	—
70	0.67～0.75	0.17～0.37	0.50～0.80	≤0.035	≤0.035	715	420	9	30	—
75	0.72～0.80	0.17～0.37	0.50～0.80	≤0.035	≤0.035	1080	880	7	30	—
80	0.77～0.85	0.17～0.37	0.50～0.80	≤0.035	≤0.035	1080	930	6	30	—
85	0.82～0.90	0.17～0.37	0.50～0.80	≤0.035	≤0.035	1130	980	6	30	—
15Mn	0.12～0.18	0.17～0.37	0.70～1.00	≤0.035	≤0.035	410	245	26	55	—
20Mn	0.17～0.23	0.17～0.37	0.70～I.00	≤0.035	≤0.035	450	275	24	50	—
25Mn	0.22～0.29	0.17～0.37	0.70～1.00	≤0.035	≤0.035	490	295	22	50	71
30Mn	0.27～0.34	0.17～0.37	0.70～1.00	≤0.035	≤0.035	540	315	20	45	63
35M13	0.32～0.39	0.17～0.37	0.70～1.00	≤0.035	≤0.035	560	335	18	45	55
40M13	0.37～0.44	0.17～0.37	0.70～1.00	≤0.035	≤0.035	590	355	17	45	47
45Mn	0.42～0.50	0.17～0.37	0.70～1.00	≤0.035	≤0.035	620	375	15	40	39
50Mn	0.48～0.56	0.17～0.37	0.70～1.00	≤0.035	≤0.035	645	390	13	40	31
60Mn	0.57～0.65	0.17～0.37	0.70～1.00	≤0.035	≤0.035	695	410	11	35	—
65M13	0.62～0.70	0.17～0.37	0.90～1.20	≤0.035	≤0.035	735	430	9	30	—
70M13	0.67～0.75	0.17～0.37	0.90～1.20	≤0.035	≤0.035	785	450	8	30	—

1）08 钢和 10 钢

这两类钢的含碳量很低，钢的强度低，塑性、韧性好；良好的冲压性、拉伸和弯曲性能及良好的焊接性能。可在常温下进行变形、镦粗；也可进行热冲、冷冲、模压成形等。它们是冲压用钢的首选品种。

08Al 是深冲压专用钢，无时效敏感性。08 钢和 08F 钢，一般轧制成薄钢板后用于冲制容器。如：冲压成油桶、高级搪瓷制品坯；也可制作成管子；用于垫片等心部强度要求不高的渗碳和氰化零件；作电焊条等。

10 和 10F 钢，可用于制造厚度在 4mm 以下的冷冲压制品，如炮弹壳、深冲器皿等；也可制造锅炉用钢管、油桶顶盖及制成钢带、钢丝、焊接件、拉杆、卡头、垫片、垫圈 、铆钉和机械零件等。

2）15、20、25 钢

15、20、25 钢都是低碳钢，也称渗碳钢。强度硬度低，塑性韧性好，经表面渗碳或氰化处理后可获得外硬内韧的性能。用于制造受力不大、塑韧性要求好、表面又要求耐磨的零件。

15 和 15F 钢，用于制造机械上的渗碳零件、紧固零件、冲锻模件及不需热处理的低负荷零件，如螺栓、螺钉、螺母、法兰盘及各种容器等。

20 钢，用于受力不大而需要有一定韧性的各种机械零件，如拉杆、轴套、螺钉、起重机挂钩；在非腐蚀介质中使用的中高压管子、导管；制造心部强度要求不太高、表面硬度要求较高的渗碳及氰化零件，如轴套、链条的滚子、轴、汽车拖拉机的齿轮、链轮等。

25 钢，用作热锻和热冲压的机械零件；表面需经过渗碳或氰化的机床零件；以及各种重型和中型机械中受载荷不大的轴、凸轮、活塞销、垫圈、螺栓、螺帽等。

因 20 钢和 25 钢在制成零件前常常需要经过渗碳处理，所以这两种钢也被称为碳素渗碳钢。

3）30～60 钢

这个含碳量范围的钢属于中碳钢。强硬度随着含碳量的增加而增加，塑韧性则随含碳量增加显著下降。

30 钢，具有一定的强度和硬度，塑性和焊接性较好，钢材经调质处理后能获得较好的综合力学性能。用于制造受力不大、载面尺寸小的零件，如化工机械设备中的螺钉、套筒、轴、键等；也可作渗碳件、氰化件和冷镦件、锻件等。

35 钢，性能与 30 钢相似，焊接性能一般。广泛用于制造负荷较大、载面尺寸较小的机械零件，如各种标准件、轴、曲轴、连杆等。

40 钢和 45 钢是优质碳素结构钢中应用最广的两种钢。它们具有良好的综合力学性能，经调质处理后可进一步提高钢的性能。焊接性能不太好，焊接前需要加热，焊接后需经过退火处理以消除焊接应力。用于制造机器中受力较大的运动件，如传动轴、连杆、齿轮、齿条、销、曲轴等。因 40 钢和 45 钢在制成零件后常常需要经过调质处理，所以这种钢又被称为碳素调质钢。

50、55、60 钢，强度和弹性极限较高，塑性、韧性较低。主要用于制造强度要求高的曲轴、拉杆、农机中的掘土犁铧、铲子，制作钢丝绳以及弹簧圈、扁弹簧等。

4）65～85 钢

含碳量在 0.6%以上的钢属于高碳钢，钢的强硬度高、塑韧性低；随着含碳量的增加，钢的耐磨性增加；淬透性低、切削性能差。

65 钢、70 钢是应用最广的碳素弹簧钢，经适当的热处理后能获得较高的强度和弹性、一定的耐疲劳性。主要用于制作弹簧垫圈、U 形卡子、气门弹簧及车轮圈、犁铧、钢丝、钢丝绳等。

75、80、85钢，强度、硬度比65、70钢好，弹性稍差。可用于制作螺旋弹簧、钢丝、汽车和拖拉机中的板簧及农业机械中的零件等。

5）较高含锰量组的优质碳素结构钢

15Mn、20Mn、25钢的淬透性比15钢、20钢好，切削性能也有所提高，焊接性和低温下的冲击韧性良好。经渗碳处理后可用于制造受心部冲击力作用、表面又受摩擦力作用的零件，如：凸轮轴、活塞销、齿轮等。也可制成标准件、结构件和压力容器件等。

30Mn～50Mn钢，综合力学性能好，焊接性差。这类钢经调质处理后可用于制造受力复杂的机械零件，如：曲轴、连杆、齿轮万向节轴、离合器盘等。

60Mn～70Mn钢，强度高、弹性好、焊接性差。经“淬火＋中温回火”后可制成弹簧、发条、钢轨等产品。

4.2.4 合金结构钢

合金结构钢是在优质碳素结构钢的基础上加入一种或数种合金元素后制得。钢中常加的合金元素有Cr、Ni、Mn、Si、V、Ti、B、Mo、W、Nb、Al、Cu、Re、N等。钢中加入合金元素后，可以使钢的强度和韧性得到提高；另一个重要作用是提高钢的淬透性，使零件经过热处理后能在整个截面上获得均匀一致的性能；W、Mo、V、Nb等可提高钢的热稳定性和红硬性，还可以提高钢的耐磨性，钢的耐疲劳性及长期安全使用的性能也得以提高。

1. 合金结构钢的钢号表示法

合金钢的钢号由“两位数字＋元素符号＋数字＋…”表示。钢号头部的两位数字表示钢的碳含量，以平均碳含量的万分值表示，后面跟随主添加合金元素符号及该元素在钢中的百分含量。合金元素的含量＜1.5％时，一般只标出元素符号，而不标明含量，如“55Si2Mn”中，Mn的含量＜1.5％，不表示出它的具体含量。少数微量合金元素例外，如“20CrH”和“20Cr1H”，前者铬含量为0.70％～1.10％，后者为0.85％～1.25％，而其余成分都相同，为防止这两种钢混淆，在其中的一个钢号的Cr元素后标上数字“1”。滚动轴承钢的含Cr量是用千分数表示的，如“GCr15”Cr的质量分数为1.5％。

钢的用途、质量等级等在钢号的头部或尾部用字母表示。如保证淬透性的钢在钢号尾部加“H”，如“20CrH”；高级优质钢在钢号尾部加“A”，如“50CrVA”；特级优质钢在钢号尾部加“E”，如“40CrE”，等等。

根据用途不同，合金结构钢又可以分为渗碳钢、调质钢、弹簧钢、滚动轴承钢和专门用途钢等。

2. 渗碳钢

用于制造渗碳零件的钢称渗碳钢。一些零件在工作时不但要承受冲击载荷，同时还要承受剧烈摩擦，如凸轮、活塞环、传动齿轮等。在这种恶劣条件下工作的零件需要具有坚硬的耐磨表层和柔韧的心部。低碳钢经“渗碳(渗氮或碳氮共渗)＋淬火＋低温回火”后便可获得外硬内韧的性能特点。

渗碳钢的含碳量在0.10％～0.25％之间。低碳是为了保证零件心部有足够的塑性和韧性。通过渗碳使零件表层的含碳量达到0.8％左右，以提高零件的耐磨性。渗碳钢有“碳素渗碳钢”和“合金渗碳钢”两类。常用合金渗碳钢的牌号、成分、性能要求及用途见表4-7。

表 4-7 常用合金渗碳钢的牌号、成分、性能要求及用途

类别	牌号	化学成分/%								试样尺寸/mm	热处理温度/℃				力学性能					用途举例
		C	Si	Mn	Cr	Ni	V	Ti	其他		渗碳	第一次淬火	第二次淬火	回火冷却介质	σ_b/MPa	σ_S/MPa	δ_5/%	ψ/%	α_k/(J/cm^2)	
低淬透性钢	20Cr	0.18~0.24	0.17~0.37	0.50~0.80	0.17~1.00					15	930	850 水油	780~820 水油	200 水、空	≥835	≥540	≥10	≥40	≥60	截面不大的齿轮、凸轮、滑轮、活塞环、联轴器等
	20Mn2	0.17~0.24	0.17~0.37	1.40~1.80						15	930	850 水油		200 水、空	≥780	≥590	≥10	≥40	≥60	用于代替 20Cr 钢
	20MnV	0.17~0.24	0.17~0.37	1.30~1.60			0.07~0.12			15	930	880 水油		200 水、空	≥785	≥590	≥10	≥40	≥70	活塞销、齿轮、自行车链条、高压容器的焊接件等
	20CrV	0.17~0.24	0.17~0.37	0.50~0.80	1.35~0.65		0.10~0.20			15	930	880 水油	800 水空	200 水、空	≥835	≥590	≥12	≥45	≥70	适用于尺寸较小、表面硬度要求高的齿轮、蜗轮等
中淬透性钢	15CrMn	0.12~0.18	0.17~0.37	1.10~1.40	0.40~0.70					15	930	880 水油		200 水、空	≥785	≥590	≥12	≥50	≥60	用于要求淬透性、硬度及耐磨性好的齿轮、塑料模具及汽轮机封汽轴套等
	20CrMnTi	0.17~0.23	0.17~0.37	0.80~1.10	1.00~1.30			0.04~0.10		15	930	880 水油	970 油	200 水、空	≥1080	≥835	≥10	≥45	≥70	应用较广的钢，用于截面尺寸小于 30mm 的各种齿轮、主轴、齿圈等
	20SiMn2MoV	0.17~0.23	0.90~1.20	2.20~2.60			0.05~0.12		M_0: 0.30~0.40	试样	930	900 油		200 水、空	≥1470		≥10	≥45	≥55	工艺性能良好。可制造形状复杂的零件
高淬透性钢	25SiMn2M0V	0.22~0.28	0.90~1.20	2.20~2.60			0.05~0.12		M_0: 0.30~0.40	15	930	900 水油		200 水、空	≥835	—	≥10	≥40	≥47	性能、用途基本与 20SiMn2MoV 相同
	12Cr2Ni4	0.10~0.16	0.17~0.37	0.30~0.60	1.25~1.65	3.25~3.65				15	930	860 水油	780 油	200 水、空	≥1080	≥835	≥10	≥50	≥71	强度、韧性高。用于制造高载荷的大型渗碳件
	18Cr2Ni4WA	0.13~0.19	0.17~0.37	0.30~0.60	1.35~1.65	4.00~4.50			W: 0.80~1.20	15	930	950 水油	850 空	200 水、空	≥1180	≥835	≥10	≥45	≥78	强硬度、塑韧性都较好。可制造模数较大的齿轮、曲轴、传动轴等

·44·

3. 调质钢

经过调质处理后使用的钢称调质钢。钢的含碳量在 0.25%～0.50%之间。这个含碳量的钢具有良好的综合力学性能，即有高的强度、良好的韧性。经调质处理后，零件的综合力学性能将进一步提高。调质钢主要用于制造承受载荷较大和受交变力作用的轴、连杆、紧固件等。碳素调质钢只能用于制造截面尺寸较小的零件，根据淬透性大小不同，合金调质钢用途也有所区别。常用合金调质钢的牌号、成分、性能及用途见表 4-8。

4. 弹簧钢

弹簧钢主要用于制作弹簧等弹性元件的钢称弹簧钢。弹簧在工作时要承受拉力、压力、弯曲力、冲击力等多种形式的应力作用，因此要求制作弹簧的钢必须具有较高弹性极限和疲劳强度，又要有一定的塑性和韧性。为了获得这样的性能，碳素弹簧钢的含碳量高达 0.6%～0.9%；合金弹簧钢的含碳量一般在 0.4%～0.7%之间。弹簧钢中加入的合金元素有：Si、Mn、Cr、V、Mo 等。Si、Mn、Cr 可增加钢热处理的淬透性、提高钢的强度和弹性，Si 提高钢的屈强比，W、Mo、V 可细化晶粒消除第二类回火脆性。

弹簧品种多、形状各异，加工成形方法也不同。弹簧的加工成形方式主要有两种：冷成形和热成形。

冷成形：在常温下进行加工成形，然后经“淬火＋中温回火”处理制成所需的产品；或先进行热处理获得回火屈氏体，再冷卷成弹簧后经过去应力退火，完成产品的生产。

热成形：将钢加热到 950～980℃的温度下绕制成弹簧，然后直接进行“淬火＋中温回火”处理，再进行表面喷丸处理，以提高弹簧的表面质量和硬度。

常用弹簧钢的牌号、成分、性能要求及用途见表 4-9。

5. 滚动轴承钢

主要用于制造滚动轴承内、外套圈及滚动体的钢称滚动轴承钢。滚动轴承在工作时要承受高压力、高摩擦力及每分钟达万次以上的交变载荷力作用，同时还会受腐蚀介质的腐蚀。所以要求材料必须具有高而均匀的硬度和耐磨性、高的弹性和耐疲劳性、一定的韧性和耐腐蚀性。为了保证轴承钢具有高的硬度和耐磨性，钢的含碳量可高达 0.95%～1.15%；S、P 含量控制很严；并含有 0.50%～1.65%的铬元素以增加钢的韧性、淬透性、耐疲劳性和耐腐蚀性。轴承钢的热处理工艺较复杂，一般要经过“球化退火—淬火(及冷处理)—低温回火—时效处理”等多道工序。球化退火是为了改善钢的切削性能，并为以后的淬火做好组织准备；淬火和低温回火是为了获得高硬度、高耐磨性并具有一定韧性的回火马氏体组织；时效处理是为了提高零件的尺寸稳定性。

滚动轴承钢根据性能特点不同又分为：高碳铬轴承钢、渗碳轴承钢、不锈轴承钢及高温轴承钢等。常用牌号、成分、性能特点及用途见表 4-10。

6. 易切削钢

在钢中加入 P、S、Pb、Se、Ca 等元素后可以大大改善钢的切削加工性能，从而提高生产效率、降低加工成本；加工后产品的尺寸精度高、表面质量好。仪器仪表零件、小型螺丝、螺钉、手表、打印机上齿轮等均选用易切削钢。

表 4-8 常用合金调质钢的牌号、成分、性能及用途

类别	牌号	化学成分/%							试样尺寸/mm	热处理温度/℃		力学性能					用途举例
		C	Si	Mn	Cr	Ni	Mo	其他		淬火冷却介质	回火冷却介质	σ_b/MPa	σ_s/MPa	δ_5/%	ϕ/%	α_k/(J/cm^2)	
低淬透性钢	40Cr	0.37～0.44	0.17～0.37	0.50～0.80	0.80～1.10				25	850 油	520 水、油	≥980	≥785	≥9	≥45	≥47	良好的综合力学性能，用于制造中速、中载的零件，如齿轮、花键、套筒、轴等
	42SiMn	0.39～0.45	1.10～1.40	1.10～1.40					25	880 水	590 水	≥885	≥735	≥15	≥40	≥47	强度、耐磨性比 40Cr 略高，用于中速、重载的零件
	45MnB	0.42～0.49	0.17～0.37	1.10～1.40				B: 0.0005～0.0035	25	850 油	500 水空	≥980	≥785	≥10	≥45	≥47	用于制造拖拉机、汽车及其他通用机器中的中小零件，如半轴、转向轴、花键等
中淬透性钢	40CrMn	0.37～0.45	0.17～0.37	0.90～1.20	0.90～1.20				25	840 油	550 水、油	≥980	≥835	≥9	≥45	≥47	淬透性好，强度高，制造高速、高弯曲负荷条件下的轴、齿轮、高压容器盖板的螺栓等
	40CrNi	0.37～0.44	0.17～0.37	0.50～0.80	0.45～0.75	1.00～1.40			25	820 油	500 水、油	≥980	≥785	≥10	≥45	≥55	具有高强度、高韧性和高的淬透性，用于制造冷冲压且载面尺寸较大的重要调质零件
	42CrMo	0.38～0.45	0.17～0.37	0.50～0.80	0.90～1.20		0.15～0.25		25	850 油	560 水、油	≥1080	≥930	≥12	≥45	≥63	耐疲劳强度、低温冲击韧度好，用于制造强度要求高、断面尺寸大的零件
高淬透性钢	45CrNi	0.42～0.49	0.17～0.37	0.50～0.80	0.45～0.75	1.00～1.40			25	820 油	500 水、油	≥980	≥785	≥10	≥40	≥55	有高强度、高韧性、高淬透性，制造重要的调质件，如内燃机曲轴等
	40CrNiMoA	0.37～0.44	0.17～0.37	0.50～0.80	0.60～0.90	1.25～1.65	0.15～0.25		25	850 油	600 水、油	≥980	≥835	≥12	≥55	≥78	有很高的韧性，耐一定的温度，制作大截面、高负荷的轴类零件、齿轮等
	45CrNiMoVA	0.42～0.49	0.17～0.37	0.50～0.80	0.80～1.10	1.30～1.80	0.20～0.30	V: 0.10～0.20	25	860 油	460 油	≥1470	≥1330	≥7	≥35	≥31	强度高、淬透性高，主要用来制造在震动载荷条件下工作的减震零件，如各种重型车的弹性轴、扭力轴等

表 4-9 常用弹簧钢的牌号、成分、性能要求及用途

类别	牌号	化学成分/%									热处理温度/℃		力学性能					用途举例
		C	Si	Mn	Cr	其他	P ≤	S ≤	N ≤	Cu ≤	淬火	回火	σ_b/MPa	σ_s/MPa	δ_5/%	δ_{10}/%	ψ/%	
碳素弹簧钢	65	0.62～0.70	0.17～0.37	0.50～0.80	≤0.25		0.035	0.035	0.25	0.25	840	500	≥1000	≥800	—	≥9	≥35	主要用于制造气门弹簧、弹簧圈、弹簧垫片、琴钢丝等
碳素弹簧钢	70	0.62～0.75	0.17～0.37	0.10～1.40	≤0.25		0.035	0.035	0.25	0.25	830	480	≥1050	≥850	—	≥8	≥30	淬透性较低，用于制造截面不大的弹簧、扁弹簧、琴钢丝等
碳素弹簧钢	85	0.82～0.90	0.17～0.37	0.50～0.80	≤0.25		0.035	0.035	0.25	0.25	820	480	≥1150	≥1000	—	≥8	≥30	制造截面和受力不太高的振动弹簧，如铁道车辆等的扁形弹簧
碳素弹簧钢	65Mn	0.62～0.70	0.17～0.37	0.90～1.20	≤0.25		0.35	0.35	0.25	0.25	830	540	≥1000	≥800	—	≥8	≥30	强度高、脆性较大，用于各种扁弹簧、圆弹簧、发条、螺旋弹簧等
合金弹簧钢	55Si2Mn	0.52～0.60	1.50～2.00	0.60～0.90	≤0.35		0.035	0.035	0.035	0.032	870	480	≥1300	≥1200	—	≥6	≥30	有较高的强度、弹性，可制作高压力下工作的螺旋弹簧、气封簧
合金弹簧钢	60Si2Mn	0.56～0.64	1.50～2.00	0.60～0.90	≤0.35		0.035	0.035	0.35	0.25	870	480	≥1300	≥1200	—	≥5	≥25	用于铁道车辆、汽车和拖拉机上的板弹簧、螺旋弹簧、安全弹簧，重型机械上的减振器摩擦片等
合金弹簧钢	55CrMnA	0.52～0.60	0.17～0.37	0.65～0.95	0.65～0.95		0.030	0.030	0.35	0.25	830～860	460～510	≥1250	$\sigma_{0.2}$ ≥1100	≥9	—	≥20	具有高的强度、塑性和韧性，用于制造大负荷、大直径的螺旋弹簧
合金弹簧钢	60CrMnA	0.56～0.64	0.17～0.37	0.70～1.00	0.70～1.00		0.030	0.030	0.35	0.25	830～860	460～520	≥1250	$\sigma_{0.2}$ ≥1100	≥9	—	≥20	性能和用途与 55CrMnA 相似
合金弹簧钢	50CrVA	0.46～0.54	0.17～0.37	0.50～0.80	0.80～1.10	V：0.10～0.20	0.030	0.030	0.35	0.25	850	500	≥1300	≥1150	≥10	—	≥40	强度、塑韧性好，用于制造受力大、截面尺寸大的重要零件
合金弹簧钢	60CrMnBA	0.56～0.64	0.17～0.37	0.70～1.00	0.70～1.00	B：0.0005～0.004	0.030	0.030	0.35	0.25	830～860	460～520	≥1250	$\sigma_{0.2}$ ≥1100	≥9	—	≥20	用途与 55CrMnA 相似，淬透性更好

易切削钢的牌号用字母“Y＋两位数字＋元素符号＋数字＋…”表示，如Y12、Y15、Y15Pb、Y40Mn等。Y12表示含碳量为0.12%的易切削钢；Y40Mn表示含碳量为0.40%、含锰量小于1.5%的易切削钢，等等。

7. 非调质结构钢

无需经过调质处理却能达到调质钢的力学性能，这样的钢称“非调质钢”。

非调质钢是通过控制轧制温度和冷却速度，使钢中的碳化物、氮化物呈弥散状析出，从而在提高强度的同时仍保持良好的塑性和韧性。

非调质钢的钢号是在牌号前加字母“F”表示，牌号中的其他内容与合金结构钢相同。如“F35MnVN”表示含碳量为0.35%、Mn、V、N含量均小于1.5%的非调质结构钢；“YF35MnVS”表示含碳量为0.35%、Mn、V、S含量均小于1.5%的易切削非调质结构钢。

非调质钢中含有微量的钒或氮。主要的牌号有F45V、F35MnVN、F40MnV等。可用于制造螺母、螺栓、齿轮、轴、杆等机械零件。

4.3　工业用工具钢

4.3.1　碳素工具钢

碳素工具钢简称碳工钢。钢中除了铁、碳及少量的杂质元素外不含特意加入的合金元素。钢的磷、硫含量及杂质元素总量控制较严，均为优质钢或高级优质钢。

1. 碳素工具钢的牌号及成分

碳素工具钢的牌号主要由“T＋数字”组成。“T”表示碳素工具钢，数字表示碳含量，以平均碳含量的千分之几表示。例如，“T8”表示平均碳含量为0.8%的碳素工具钢。若钢中的锰含量较高时，则在钢号的数字后加“Mn”，例如，“T8Mn”。若为高级优质钢，则在钢号最后加字母“A”以示区别，例如“T8A”、“T8MnA”。

碳工钢的含碳量范围在0.65%～1.35%之间，含硅量不超过0.35%。优质钢的P≤0.035%、S≤0.030%；高级优质钢的P≤0.030%、S≤0.020%。

2. 碳素工具钢的性能与用途

碳素工具钢因其含碳量高，经“淬火＋低温回火”处理后可获得高的硬度和耐磨性，但淬透性和红硬性较差。主要用于制造截面尺寸较小的、工作温度不太高的工具等。碳素工具钢各牌号性能和用途见表4-11。

4.3.2　合金工具钢和高速工具钢

1. 牌号表示法

当平均碳含量＜1.0%时，合金工具钢的钢号用“1位数＋元素符号＋合金元素的百分含量＋…”表示。如：9SiCr、3Cr2W8V，最前面一位数表示钢中含碳量的千分之几。

表 4-10 常用轴承钢的牌号、成分、性能特点及用途

类别	牌号	化学成分/%									性能特点	用途举例
		C	Si	Mn	Cr	Mo	Ni	Cu	P≤	S≤		
高碳铬轴承钢	GCr15	0.95~1.05	0.15~0.35	0.25~0.45	1.40~1.65	≤0.10	≤0.03	≤0.25	0.025	0.025	综合性能良好；经淬火和回火后可获得高而均匀的硬度；有良好的耐疲劳性；切削加工性一般	用于制造壁厚≤12mm、外径≤250mm 的各种轴承，如内燃机、轧钢机、钻机等转动轴上的轴套、滚子等
	G15CrSiMn	0.95~1.05	0.45~0.75	0.95~1.25	1.40~1.65	≤1.0	≤0.03	≤0.25	0.025	0.025	耐磨性、接触疲劳性、弹性好，切削加工性稍差，焊接性差，有回火脆性	用于制造大型轴承的钢球、滚子、轴套，还可以制造模具等要求高耐磨性的零件
	GCr15SiMo	0.95~1.05	0.65~0.85	0.20~0.40	1.40~1.70	0.30~0.40	≤0.03	≤0.25	0.027	0.020	这是一种新型的高淬透性轴承钢，综合性能良好。具有高的淬硬性，及高的抗接触疲劳性	用于制造特大型、重载荷的轴承
渗碳轴承钢	G20CrMo	0.17~0.23	0.20~0.35	0.65~0.95	0.35~0.65	0.08~0.15		≤0.25	0.030	0.030	经渗碳后表面可获得较高的耐磨性，而心部则仍保持良好的韧性，还具有较高的热强性	适用于制造有冲击力作用下工作的轴承及零件
	G20Cr2Ni4A	0.17~0.23	0.15~0.40	0.30~0.40	1.25~1.75		3.25~3.75	≤0.25	0.020	0.020	经渗碳处理后钢的表面可获得相当高的硬度，心部仍保持好的韧性，可抗强烈的冲击负荷	用于制造耐冲击载荷的大型轴承、齿轮、轴等零件
不锈轴承钢	9Cr18	0.90~1.00	≤0.80	≤0.80	17.0~19.0				0.035	0.030	这是一种高碳马氏体不锈钢，具有高的硬度和耐磨性及优良的耐腐蚀性	用于制造在海水、蒸馏水等腐蚀性介质中工作的轴承等零件
	9Cr18Mo	0.95~1.10	≤0.80	≤0.80	16.0~18.0	0.40~0.70			0.035	0.030	高碳高铬马氏体不锈钢，具有高的硬度、耐腐蚀性，回火稳定性好	用于制造强氧化气氛中工作的轴承等机械零件
高温轴承钢	Cr4Mo4V	0.75~0.85	≤0.35	≤0.35	3.75~4.25	4.00~4.50	V：0.90~1.10		0.025	0.020	具有较好的高温尺寸稳定性、高温硬度、高温接触疲劳性能	用于制造工作温度在 315℃以下的轴承
	G13Cr4Mo4Ni4V	0.11~0.15	0.15~0.25	0.15~0.35	4.00~4.25	4.00~4.50	3.20~3.60 V：13~1.33	≤0.10	0.015	0.010	具有优异的高温接触疲劳性能、高温韧性；良好的耐腐蚀性	用于制造高温下工作的零件，如航空发动机的主轴及轴承等

表 4-11 碳素工具钢各牌号性能和用途

牌号	化学成分/%			试样硬度值		性能特点	用途举例
	C	Si	Mn	退火状态 HBW≤	淬火状态 HRC≥		
T7 T7A	0.75～0.84	≤0.35	≤0.40	187	62	具有较好的韧性和硬度	可用于制作承受撞击力的工具，如冲头、钻头、手用大锤等
T8 T8A	0.80～0.90	≤0.35	≤0.40	187	62	塑性、强度低，硬度较高	用于制作木工用铣刀、形状简单的模子和冲头、弹簧片、销子等
T8Mn T8MnA			0.40～0.60	187	62	塑性、强度低，淬透性较好	制作不受强烈冲击的工具，如锯条、铆钉冲模、锉刀等
T9 T9A	0.85～0.94	≤0.35	≤0.40	192	62	性能和 T8 钢相似	用途与 T8Mn 类似
T10 T10A	0.95～1.04	≤0.35	≤0.40	197	62	耐磨性较 T8 钢高，韧性差	可制作木工工具、手工工具、拉丝模、扩孔刀、刨刀等
T11 T11A	1.05～1.14	≤0.35	≤0.40	207	62	高硬度、高耐磨性、一定的韧性	用于制作截面尺寸不大的冷冲模、木工工具、锯、丝锥等
T12 T12A	1.15～1.24	≤0.35	≤0.40	207	62	硬度、耐磨性好，韧性低	制造不受冲击力作用的板牙、刮刀、刀片、锯、小型冲头等
T13 T13A	1.25～1.35	≤0.35	≤0.40	217	62	硬度极高、耐磨、韧性差	适合制造不受冲击力作用的工具，如刮刀、锉刀、雕刻刀等

当钢中的平均碳含量≥1.0%时，钢号直接用“元素符号+合金元素的百分含量+…”表示。例如 Cr12、CrWMn，此时不能直接从牌号中看出钢的碳含量。合金元素含量的表示方法，基本上与合金结构钢相同。少数铬含量较低的钢用“Cr03”、“Cr06”表示。“03”、“06”分别表示平均含 Cr 量是 0.3%、0.6%。

高速工具钢一般不在牌号中表示出碳的百分含量，直接用“元素符号+合金元素的百分含量+…”表示，例：“W18Cr4V”。当钢中其他合金元素和含量都相同，只有含碳量不同，则碳含量高的钢在牌号前加“C”，例：“W6Mo5Cr4V2”和“CW6Mo5Cr4V2”。前者含碳量在 0.80%～0.90%之间，后者含碳量在 0.95%～1.05%之间，其他各元素的成分指标均相同。

表 4－12 部分合金工具钢和高速工具钢的牌号、化学成分及用途

类别	牌号	化学成分/%											硬度值		特点及用途举例
		C	Si	Mn	Cr	W	V	Mo	Ni	Co	P	S	交货状态/HBW	淬火试样/HRC	
											≤				
刃具、量具钢	9SiCr	0.85～0.95	1.20～1.60	0.30～0.60	0.95～1.25							0.030	241～197	≥62	有高的淬硬性和回火稳定性，适合制造低速切削的刀具，如钻头等
刃具、量具钢	Cr06	1.30～1.45	≤0.40	≤0.40	0.50～0.70							0.030	241～197	≥64	硬度高、耐磨性好，用于制造负荷低、刃部要求锋利的手术刀等
刃具、量具钢	Cr2	0.95～1.10	≤0.40	≤0.40	1.30～1.65							0.030	229～179	≥62	用于制造量规、块规、卡板、螺纹塞规等
冷作模具钢	Cr12	2.00～2.30	≤0.40	≤0.40	11.50～13.00						≤1.00	0.030	269～217	≥60	耐磨性好、韧性较差，用于制造高耐磨的冷冲模及冲头、拉丝模等
冷作模具钢	CrWMn	0.95～1.05	≤0.40	0.80～1.10	0.90～1.20	1.20～1.40						0.030	255～207	≥62	有一定的硬度和耐磨性，用于制造形状复杂的高精度冲模及板牙等
冷作模具钢	Cr4W2MoV	1.12～1.25	0.40～0.70	≤0.40	3.50～4.00	1.90～2.60	0.80～1.10	0.80～1.20				0.030	≤269	≥60	较好的耐磨性和尺寸稳定性，用于制造各种冲模、冷镦模、搓丝板等
热作模具钢	5CrMnMo	0.50～0.60	0.25～0.60	1.20～1.60	0.60～0.90		0.15～0.30					0.030	241～197	—	有良好的强度、韧性，用于制作强度和耐磨性高的锻模
热作模具钢	5Cr4W5MoV	0.40～0.50	≤0.40	≤0.40	3.40～4.40	4.50～5.30	0.70～1.10	1.50～2.10				0.030	≤269	—	有高的红硬性、高温强度，用于制造热冲模、锻模及热挤压模等
塑料模具钢	3Cr2Mo	0.28～0.40	0.20～0.80	0.60～1.00	1.40～2.00			0.30～0.55				0.030	—		有较好的热强性，用于制造形状复杂、表面经镜面抛光的塑料模具
塑料模具钢	3Cr2NiMo	0.32～0.40	0.20～0.40	0.60～0.80	1.70～2.00				0.25～0.40	0.85～1.15		0.030	—	—	硬度和耐热性比 3Cr2Mo 更好，用于制造大型精密型塑料模具
高速工具钢	W18Cr4V	0.70～0.80	0.20～0.40	0.10～0.40	3.80～4.40	17.50～19.00	1.00～1.40	≤0.30				0.030	退火：<255	≥63	耐磨性好、塑性差，制造各种切削刀具，高温下使用的轴承、弹簧等
高速工具钢	W6Mo5Cr4V2	0.80～0.90	0.20～0.45	0.15～0.40	3.80～4.40	5.50～6.75	1.75～2.20	4.50～5.50				0.030	退火：<255	≥64（盐浴炉）	耐磨、热塑性好，用于制造大型刀具、挤压模具等
高速工具钢	CW6Mo5Cr4V2	0.95～1.05	0.20～0.45	0.65～0.95	0.15～0.40	5.50～6.75	1.75～2.20	4.50～5.50				0.030	退火：≤255	≥65	硬度和耐磨性很高，磨削加工困难，用于制造金属切削刀具

2. 合金工具钢的性能特点和用途

工具的工作条件一般都比较恶劣。刃具在工作时要承受剧烈摩擦和冲击，在切削金属时，由摩擦产生的热量可使刀具刃部的温度升高到500℃以上。模具工作时受力复杂，除了受静力作用外，还承受强烈冲击。量具对材料的耐磨性和尺寸稳定性要求较高。所以工具钢一般应具备以下的性能。

(1) 高的硬度和耐磨性。工具钢经热处理后，硬度要求达到60HRC以上，以保证材料有良好的耐磨性。为此，大部分工具钢的含碳在1%左右，最高可达2.3%。

(2) 高的红硬性。所谓红硬性是指当工具在工作时温度升到较高时仍能保持高硬度的特性(>60HRC)。W、Mo、V、Ti、Nb等元素可显著提高钢的红硬性。

(3) 足够的强度、塑性和韧性。量具钢还必须有良好的尺寸稳定性。所以钢中加入了Cr、Mn、Si等元素，以提高钢的淬透性、强度、韧性和尺寸稳定性。

合金工具钢的用途主要有3个方面：制作刃具、模具和量具。根据用途不同，合金工具钢又分为量具钢、刃具钢、冷作模具钢、热作模具钢、塑料模具钢等。

量具钢、刃具钢：主要用于制造切削用刀具、板牙、丝锥、钻头、铰刀及各种测量工具，如量规、块规、塞规、卡尺等。

冷作模具钢：用于制造冷状态下使用的拉丝模、弯曲模、冲裁模等。实际工作温度一般不超过200～300℃。这种钢对硬度、强度、耐磨性和韧性要求较高。

热作模具钢：主要用来制作热锻模、热挤压模、热铸模具等。需要材料具备较高的强度、韧性、高温耐磨性和良好的热稳定性及抗热疲劳性。

塑料模具钢：主要用于生产塑料制品的模具。要求钢有一定的强度、耐磨性、耐热性，和较高的模具表面粗糙度等级。

3. 高速工具钢的性能特点和用途

高速工具钢又称锋钢或风钢，钢中含有W、Mo、Cr、V等元素，合金元素的总量超过10%，属高碳、高合金工具钢。钢的硬度、红硬性、耐磨性很高，有足够的强度和一定的塑性。用来制造高速切削用的刀具。部分合金工具钢和高速工具钢的牌号、化学成分及用途见表4-12。

思　考　题

(1) 钢中的硫、磷杂质给钢的性能带来什么危害，原因是什么？

(2) 举例说明下列各种材料的应用：T7、T10A、T12、65Mn、40、08F、ZG230-450。

第5章 有色金属材料及合金

了解铜及铜合金、铝及铝合金和其他有色金属的分类、编号及用途。

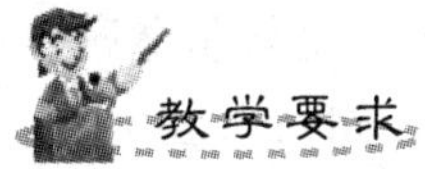

知识要点	能力要求
铝及其合金	了解铝及其合金的分类、力学性能、常规工艺及其一般用途
铜及其合金	了解铜及其合金的分类、力学性能、常规工艺及其一般用途
其他有色金属	了解钛、镁、锌及其合金的特性及简易用途，认识滑动轴承合金的成分、功能、生产工艺及用途

导入案例

铝的传说

传说在古罗马，有一天，一个陌生人去拜见罗马皇帝泰比里厄斯，献上一只金属杯子，杯子像银子一样闪闪发光，但是重量很轻。这个皇帝表面上表示感谢，心里却害怕这种光彩夺目的新金属会使他的金银财宝贬值，就下令把这个人斩了。这种新金属就是现在大家非常熟悉的铝。aluminum一词就是从古罗马语alumen(明矾)衍生而来的。而法国皇帝拿破仑三世，为显示自己的富有和尊贵，命令官员给自己制造一顶比黄金更名贵的王冠——铝王冠。他戴上铝王冠，神气十足地接受百官的朝拜。拿破仑三世在举行盛大宴会时，只有他使用一套铝质餐具，而他人只能用金制、银制餐具。在化学界，铝也被看成最贵重的。英国皇家学会为了表彰门捷列夫对化学的杰出贡献，不惜重金制作了一只铝杯，赠送给门捷列夫。

除铁、铬、锰及其他的合金外，其他所有的金属与合金都称有色金属。有色金属的种类很多，自然界存在的有色金属元素种类，目前已知的有70多种。根据金属的密度、储量、价格等的不同，有色金属被分为5大类。它们分别是：轻有色金属(密度≤4.5kg/cm^{2}的铝、镁、钙、钾、钠、锂、铍等)、重有色金属(密度＞4.5kg/cm^{2}的铜、锌、铅、锡、锑、钴、汞等)、贵金属(主要指金、银、铂、铑等)、半金属(指性能介于金属与非金属之间的元素，如硅、硼、碲、硒等)和稀有金属(指地球上资源较少的金属，如稀有轻金属、稀有放射性金属、稀有分散金属、稀有难熔金属和稀土金属)。

在数十种有色金属中，常用的纯有色金属只有10余种，它们是铝、铜、铅、锌、锡、锑、钛、镍、汞、镁、钨等。

5.1 铝及其铝合金

铝是地壳中储量最丰富的元素之一，约占地壳总重量的7.45%，它的产量和消耗量也居有色金属的首位，在全部的金属材料中仅次于钢铁，居第二位。铝是航空、航天、电力等行业不可或缺的材料，它可与硅、铜、镁、锌等形成合金。一些铝合金还可以通过热处理进行强化。按零件成形工艺不同，铝合金又被分为变形铝合金和铸造铝合金两大类。变形铝合金是采用压力加工方法生产零件，铸造铝合金则通过液态成形工艺生产零件。

5.1.1 纯铝

铝含量不低于99.00%时，工业上称纯铝，纯铝的颜色为银白色。

1. 纯铝的主要性能

(1) 密度：纯铝的密度为2.698g/cm^3，约是铜密度的1/3。用铝制作零部件可大大减轻设备的自重，所以是航天、航空工业的重要材料之一。

(2) 熔点：纯铝的熔点不高，约660.4℃。因此铝不能在太高的温度下工作，工作温度高了，零件会软化。

(3) 良好的导电性、导热性：导电性能仅次于银、金、铜居第 4 位，是重要的导电、导热材料。常用于制作导线、散热器、热交换器等。

(4) 良好的耐腐蚀性能：铝可以耐大气、氨气、硫酸、磷酸等介质的腐蚀。可以制作浓硝酸等的容器。但不耐盐酸、碱、氨水的腐蚀。

(5) 力学性能：强度、硬度低，塑性好。纯铝有很好的延展性，可以制成箔材，拉成很细的丝。

(6) 其他性能：纯铝具有面心立方晶体结构，显弱磁性，受冲击时不会产生火花、耐低温、加工性能良好。

2. 工业用纯铝锭的分类及牌号

铝锭的牌号一般用元素符号“Al＋铝的百分含量”表示。

重熔用铝锭。牌号有 Al99.90、Al99.85、Al99.70A、Al99.70、Al99.60 、Al99.50、Al99.00。铝锭的含铝量必须大于等于牌号中的数值。同一牌号的铝锭，如 Al99.70A 和 Al99.70，前者的杂质含量更低。重熔用铝锭经重熔后可被轧制成板、线、棒等。用作食品包装、工业生产等方面用的材料。

作脱氧剂和合金添加剂用的铝锭。牌号有 Al98.0、Al95.0 等。

重熔用电工铝锭。牌号用“Al＋铝的百分含量＋E”表示，如 Al99.70E、Al99.65E。主要用于制造电线、电缆等导电材料。

此外，还有精铝锭(Al99.996、Al99.95 等)、铝稀土合金锭、细晶铝锭、高纯铝锭等。

5.1.2 变形铝合金

变形铝合金的牌号由 4 位数字(含字母)组成，如 5B05。

第一位数字表示变形铝合金的组别，具体含义见表 5-1。

表 5-1 变形铝合金第一位数字含义

第一位数字	1	2	3	4	5	6	7
纯铝/主添加元素	纯铝	Cu	Mn	Si	Mg	Mg、Si	Zn

第二位字母或数字表示该合金是否经过改型。

A：表示未经过改型的原始合金；B～Y：依次表示经过第 n 次改型。

第三、四位数没有特别的意义，仅用来区分同一组合金中不同的牌号。

1. 铝镁系、铝锰系合金

牌号有 3A21、5A33、5A12、5A06、5A02、5A01 等。

铝镁和铝锰合金具有较好的耐腐蚀性，经过表面钝化处理后耐腐蚀性可进一步得到提高，所以这类铝合金也称“防锈铝合金”。

铝镁、铝锰两个系列的合金是单相合金，有良好的耐腐蚀性，但不能通过热处理强化。只能采用固溶强化或加工硬化；塑性和焊接性能良好，强度、硬度中等，适合作建筑及装饰用材料，汽车、火车、飞机、船舶上的衣帽钩、行李架、油箱、低压油管等。

2. 铝铜系合金

牌号有 2A01、2A04、2A08、2A09、2A10、2A20 等。

由于铜的固溶强化作用，铝铜、铝铜镁系合金有较高的强硬度，经过“淬火＋时效”处理后可进一步提高其强度和硬度，俗称“硬铝合金”。

铝铜系合金的主要特点是强度、硬度较高，良好的塑性，且有一定的耐热性能；缺点是耐腐蚀性能差。为了提高材料的耐腐蚀性，可在零件的表面包纯铝层以提高耐蚀性；可用于制造飞机的梁、长桁、操纵滑轮，内燃机活塞、气缸盖、铆钉及其他较大载荷的零件。

3. 铝锌系合金

牌号有 7A03、7A04、7A09、7A10、7A15、7003 等。

铝锌系合金也叫高强度铝合金或超硬铝合金。合金中除了锌外，往往还含有一定数量的铜、镁、锰等元素。经“淬火＋人工时效”后，可使合金的强度接近中碳钢的等级。

铝锌系合金的显著特点是强度、硬度高，缺点是耐腐蚀性差、耐热性差，工作温度不能超过 120℃，需采用包纯铝方法提高零件的防腐性能；主要用于制造飞机的大梁、肋骨、空气螺旋桨及其他重量要求轻、强度要求高的机器零件。

4. 铝镁硅系合金

牌号有 6A02、6B02、6061、6063、6063A、6067 等。6063A 比 6063 的含镁量略高，杂质含量略低。

合金中镁和硅发生化学反应生成 Mg2Si，在合金中起固溶强化作用。铝镁硅系合金也有较高的强度和硬度。这种合金常通过锻压的方法生产零件，所以又叫锻铝。

锻铝的主要特点是有较高的强度、硬度，一定的耐热性能，良好的压力加工性能和切削加工性能，但焊接性和耐腐蚀性较差。

铝镁硅系合金主要用于机械制造方面。可制作形状复杂、受力大且工作温度较高的零件，如内燃机活塞、活塞套等。变形铝合金各新旧牌号名称及对照见表 5－2。

表 5－2　变形铝合金各新旧牌号名称及对照

新牌号	旧牌号	旧名称	新牌号	旧牌号	旧名称	新牌号	旧牌号	旧名称
1A99	LG5	高纯铝	2A01	LY1	硬铝	3A21	LF21	防锈铝
1A97	LG4	高纯铝	2A02	LY2	硬铝	5A02	LF2	防锈铝
1A93	LG3	高纯铝	2A10	LY10	硬铝	5A06	LF6	防锈铝
1A85	LG1	高纯铝	2B11	LY8	硬铝	5A43	LF43	防锈铝
1070A	L1	工业纯铝	7A03	LC3	超硬铝	2A14	LD10	锻铝
1060	L2	工业纯铝	7A10	LC10	超硬铝	6061	LD30	锻铝
1050A	L3	工业纯铝	7003	LC12	超硬铝	6B02	LD2－1	锻铝
1035	L4	工业纯铝	7003	LC12	超硬铝	6070	LD2－2	锻铝

5.1.3　铸造铝合金

用于直接成形获得产品的铝合金称铸造铝合金，也叫生铝。

牌号用“Z＋元素符号＋该合金元素的百分含量＋元素符号＋该合金元素的百分含量＋…”表示。

Z——铸造的汉语拼音。当所加合金元素的百分含量小于1.5%时，牌号中不标出该元素的含量。

铸造铝合金按成分分为铝-硅系合金、铝-铜系合金、铝-镁系合金和铝-锌系合金等。

牌号有 ZAlSi2、ZAlSi7Mg、ZAlSi5Cu1Mg、ZAlSi5ZnMg、ZAlCu4、ZAlMg10、ZAlZn6Mn 等。

铝-硅系合金的特点是铸造性能好，铸件的致密度高，耐磨性、耐腐蚀性较好。可用于制造形状复杂的大型零件及薄壁件。如汽缸体、汽缸套、风扇叶片、电风扇底座等。

铝-铜系合金的特点是耐热性好、硬度高、切削性能和焊接性能尚可。缺点是铸造性能较差，耐腐蚀性也不太好。主要用于制造柴油发动机的活塞、气缸盖等。

铝-镁系合金的耐腐蚀性能好、切削性能良好，常温下的力学性能也较好。缺点是铸造性能不太好。主要用于在腐蚀介质中工作的铸件。

铝-锌系合金的特点是强度较高、焊接性能良好。缺点是耐腐蚀性较差。可用来制造日常生活用品、仪器的零件等。

5.1.4　铝材

由铝或铝合金经压力加工生产得到的材料称铝材。用于生产铝材的材料有纯铝、高纯铝和各类变形铝合金。铝材的品种有板、带、管、线、丝、箔、棒和型材。规格用铝材主要断面的尺寸来表示。铝板用厚(mm)×宽(mm)×长(mm)表示；铝圆管的规格用外径(mm)×壁厚(mm)表示；棒、线等用直径表示。

铝板、铝带：板的厚度范围在0.2～160mm之间，铝带的厚度范围在0.2～6.0mm之间。品种有光面板、花纹板、波纹板、复合板、涂层板。铝板、铝带的表面状态分为：不包铝、正常包铝、工艺包铝等。

铝箔：铝箔厚度在0.006～0.200mm之间，可用于食品、药品的包装；作电容器等。

铝管：有无缝管和有缝管两种。按形状分有圆管、方管、矩形管、椭圆形管、多边形管等。按生产方法分有：热挤压管、冷拉管等。

铝型材：铝型材按成分不同被分为4类。A类——硬质型材，由2×××(铝-铜系合金)和7×××(铝-锌系合金)生产得到；B类——高镁型材，由5×××(铝-镁系合金)和3×××(铝-锰系合金)生产得到；C类——精密型材，由6×××(锻铝合金)生产得到；D类——软质型材，由其他(纯)铝及铝合金生产得到。铝型材的形状和规格表示法比较复杂，需要时可查阅有关手册。

铝材的交货状态有：热轧状态、硬状态、半硬状态、1/4硬、特硬等若干种。在订货时除了写明材质、规格型号外，还需注明交货状态、表面状态等技术要求。表5-3是常见的几种交货状态代号及新、旧代号对照。

表 5-3　铝材常见的几种交货状态代号及新、旧代号对照

交货状态名称	新代号	旧代号	交货状态名称	新代号	旧代号
退火(焖火)	0	M	硬 4	H×2	Y4
热作(轧)	H112 或 F	R	特硬	H×9	T
硬状态	H×8	Y	淬火+自然时效	T4	CZ
硬 1	H×6	Y1	淬火+人工时效	T6	CS
硬 2	H×4	Y2	热作+淬火+人工时效	T5	RCS

5.2　铜及其铜合金

铜是人开发利用最早的金属之一。在地壳中的含量不多，只占地壳总量的 0.01%左右。铜能与锌、锡、铅、镍等形成黄铜、青铜、白铜等合金。纯铜和铜合金是工业生产、科学研究和国防工业的重要材料。

5.2.1　纯铜

纯铜是玫瑰红色金属，表面形成氧化铜膜后呈紫色，故工业纯铜常称紫铜或电解铜。密度为 8.96g/cm^3，属于有色重金属，熔点 1083℃。纯铜导电性很好，大量用于制造电线、电缆、电刷等；导热性好，常用来制造需防磁性干扰的磁学仪器、仪表，如罗盘、航空仪表等；工业纯铜的强度不高(σ_b=200～250MPa)、硬度较低(40～50HB)，具有面心立方晶格，塑性极好(δ=45%～50%)，易于热压和冷压力加工，可制成管、棒、线、条、带、板、箔等铜材；一般通过塑性变形加工硬化强化。

粗铜，由转炉等方法生产得到，供精炼用。牌号有：Cu99.40、Cu99.00、Cu98.50、Cu97.50。牌号中的数字表示产品最低含铜量，具体的成分、交货要求等可参阅冶金部标准：YB/T 70—2005。

电解阴极铜，由粗铜通过电解法获取，分高纯阴极铜和标准阴极铜两种。标准阴极铜，“铜+银”的含量要求达到 99.95%以上，高纯阴极铜铜的含量在 99.99%以上。

电工用铜，牌号有：T1、T2、T3、TU1、TU2，主要为电导体原材料。TU1、TU2 为无氧铜，由电解阴极铜精炼而成，铜中含量氧≤0.0010%，主要用于电真空行业。

5.2.2　黄铜

黄铜是以锌为主加元素的铜合金，呈黄色，故名黄铜。只有铜和锌两种元素组成的二元合金称普通黄铜或简单黄铜；在铜锌二元合金基础上再加入其他元素组成的合金称为复杂黄铜或特殊黄铜。

黄铜具有良好的强度、塑性、耐磨性、耐腐蚀性，且色泽美丽。是工农业生产、国防工业和日常生活的重要材料之一。

1. 黄铜的牌号表示法

1) 普通黄铜牌号表示

普通黄铜用“H＋两位数字表示”，H——汉语拼音“黄”的第一个字母，两位数表示黄铜的百分含量，如H90、H85、H70、H62、H59等。

普通黄铜铸造产品用“ZCuZn＋数字”表示，数字表示锌的百分含量。

2）复杂黄铜牌号表示

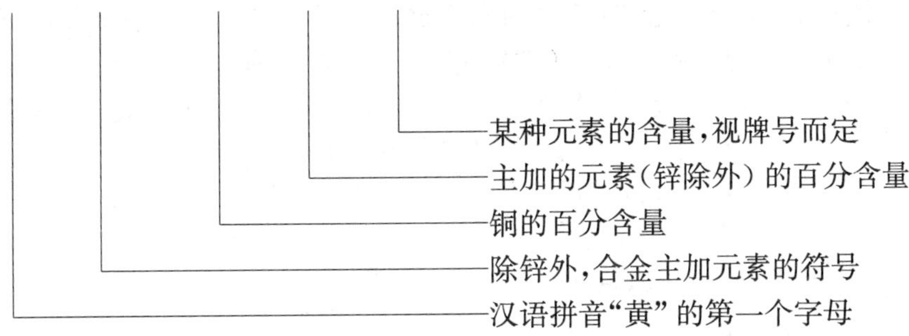

如HPb89－2、HAl77－2、HMn62－3－3－0.7、HSn70－1、HSi80－3等。

3）铸造黄铜牌号表示

铸造黄铜用“ZCu＋Zn＋百分含量＋元素符号＋百分含量＋…”表示，如ZCuZn38、ZCuZn31Al2、ZCuZn25Al16Fe3Mn3、等。只含有Cu、Zn元素的为普通铸造黄铜，有3种及以上元素的为复杂铸造黄铜。

2. 普通黄铜的性能与用途

普通黄铜的性能与锌含量有关，随着含锌量的增加，黄铜的强度、硬度增加，颜色也随含锌量的增加而逐渐由红黄色转为淡黄色。当含锌量在30%时塑性达到最大值；含锌量为40%左右时强度达到最大。普通黄铜的含锌量范围在4%～41%之间，其牌号、性能和用途如下。

H96、H90：强度低，导电性、导热性好，适合制造导电零件、各种热交换器、冷凝器和散热器等。

H85、H80：有一定的强度和塑性，具有黄金般的色泽，冷、热加工性能良好。是制作工艺品的理想材料，也可制作电工产品、仪器、仪表中的零件。

H70：俗称“三七”黄铜，是黄铜中塑性最好的一种，强度也较高。可拉制或深冲压成各种形状复杂的零件。是制造弹壳的首选材料，所以这种黄铜也叫“弹壳黄铜”。

H62、H59：也叫“四六”黄铜。有高的强度、一定的韧性，耐腐蚀性也较好，可进行热塑性变形，冷压力加工性能差。适合制造机械零件、螺母、垫圈、弹簧等。

3. 复杂黄铜

复杂黄铜以所加合金元素的种类命名。主要产品有：铅黄铜、铝黄铜、锰黄铜、锡黄铜、硅黄铜等。

在黄铜中加入其他的合金元素后可以改善黄铜的某些性能。如：铅黄铜比普通黄铜有更好的耐腐蚀性、耐磨性，切削性能好。可用于制作耐腐蚀零件、精密零件(如钟表零件)等。硅黄铜的铸造性能、耐腐蚀性好。锡黄铜有良好的耐磨性和耐腐蚀性，能耐大气、海水等的腐蚀，常用于制造海船上的零件，所以也称“海军黄铜”。

黄铜在常温下发生塑性变形后，经过一定的时间会自动开裂，这种现象称为黄铜的自裂。含锌量越高，自裂现象越严重。因此黄铜在运输、保管中要尽量避免其发生变形。黄铜发生变形后，可用退火的方法来消除变形产生的内应力，从而防止黄铜自裂。

5.2.3 青铜

除锌、镍外，铜与其他元素形成的合金均称青铜。青铜分为锡青铜和无锡青铜两大类。青铜以所加合金元素的种类进行命名，如铜-锡合金称“锡青铜”、铜-铝合金称“铝青铜”、其他还有“铍青铜”、“硅青铜”、“锰青铜”等。

青铜的牌号用“Q+元素符号+数字－数字－…”表示。Q——青铜汉语拼音的第一个字母，后面紧跟主加元素的符号及其百分含量。“－”后的数字表示合金中其他元素的含量。具体是何种元素的含量需查阅产品的成分组成。

铸造青铜的牌号表示法与铸造黄铜的牌号表示法相同。铸造青铜有 ZCuPb15Sn8、ZCuSn3Zn8Pb6Ni1、ZCuAl9Mn2 等。

1. 锡青铜

锡青铜呈青色，是人类开发利用最早的合金材料。锡青铜中除了锡外，通常还含有少量的锌、铅、铁等元素。这些元素的存在可以提高材料的强度，改善铸造性能。含锡量超过 8%以后，材料的塑性会急剧下降。常用的牌号有 QSn4－3、QSn4－4－2.5、QSn6.5－0.1 等。

锡青铜的特点是耐腐蚀性比纯铜和黄铜都好，不论在潮湿的空气中还是在蒸汽、海水中都有很好的抗腐蚀能力。锡青铜的耐磨性、弹性和切削性能都比较好。可用于制造飞机、汽车、其他工业设备中的耐磨、耐腐蚀、弹性零件，如弹簧、齿轮、滑动轴承、阀门等。

2. 铝青铜

由于锡在地壳中的含量少、价格高，为此人们研制了无锡青铜用以代替锡青铜，铝青铜是用量最大的无锡青铜。牌号有 QAl5、QAL7、QAl9－2、QAl9－4 等。

铝青铜塑性好，适合冷压力加工，强度、硬度、耐磨性与含铝量有关，10%左右时强度最大，还能通过热处理强化。适合制造重负荷的齿轮、涡轮、滑动轴承的轴套及其他耐腐蚀零件。

3. 铍青铜

铍青铜是青铜中价格最贵的一种，也是最优秀的弹性材料之一。牌号有 QBe2、QBe1.9－0.1 等。

铍青铜具有很好的弹性、耐疲劳性、耐磨性、抗腐蚀性；还有良好的导电性、导热性、耐寒性；无磁性，受冲击不产生火花，较高的强度。主要用于制作各种精密仪器、仪表的弹簧及弹性元件，电焊机的焊接电极，钟表、罗盘的零件，及火药制造车间的工具等。

5.2.4 白铜

铜与镍的合金称白铜。合金的颜色随含镍量的增加逐渐由红变白。

普通白铜的牌号用“B+数字”表示。B——“白铜”汉语拼音的第一个字母；数字表示合金中“Ni+Co”的百分含量。

复杂白铜用“B+元素符号+数字-数字-…”表示。

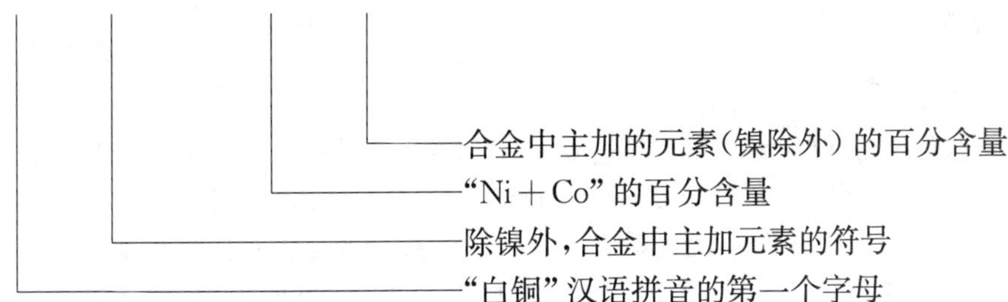

只有铜-镍两种元素的称普通白铜或白铜；在普通白铜中再加入其他元素的合金，以主加合金元素的种类进行命名。加铁的合金称“铁白铜”，加锌的称“锌白铜”、加铝的称“铝白铜”、加锰的称“锰白铜”、加铅的称“铅锌白铜”等。

各类白铜牌号举例：B0.6、B19、B30、BFe10-1-1、BMn40-1.5、BZn15-20、BAl13-3等。

铜和镍形成置换固溶体，以任何铜镍比配制的白铜均为单相固溶体。所以，白铜不能通过热处理强化。

白铜的性能比较特殊，有些是其他材料所不具备的。白铜呈面心立方晶格，所以塑性很好，可拉制成直径比头发丝还细的线；白铜的耐腐蚀性是所有铜合金中最好的，可耐烧碱、硫酸、海水等的腐蚀；白铜不但耐热性好，耐低温性也很好，尤其是铝白铜，在-180℃时仍可保持良好的力学性能；白铜有高的电阻、低的电阻温度系数，可作为标准电阻和精密电阻的材料；锌白铜有美丽的银白色，是著名的仿银材料，所以也称它们为“德银”或“中国银”；锰白铜还能产生温差电动势，可作热电偶的补偿导线。

白铜的用途有以下几方面：做弹性元件、耐磨耐蚀件；做电阻等电子元件；做仪器仪表及医疗器械；做热电偶的补偿导线；制作工艺品；等等。

5.3 其他有色金属

5.3.1 钛

钛的开发利用很迟，20世纪50年代后才开始应用到工业生产中。按有色金属分类，钛属于稀有轻金属。但实际上钛在地壳中的储量并不少，在所有元素中钛的储量排第10位，仅次于氧、硅、铝、铁、钙、钠、钾、镁、氢。在金属材料中它可挤身前四位。

1. 钛的性能与用途

钛呈银白色，密度约4.5g/cm^3。纯钛的强度接近低碳钢、钛合金的强度则可达到甚至超过中碳钢，钛合金的塑性、韧性也较好。这使钛成了航天、航空工业的理想材料，被广泛地用于飞机发动机、起落架及航天器、火箭、导弹的零部件。

纯钛的熔点1668℃，不但耐热性好且低温韧性良好，工作温度范围宽，还可通过热处理改变性能，钛有很好的耐腐蚀性，对抗大气、海水、蒸汽、碱、酸、盐等介质的腐蚀能力与不锈钢相当。在化工行业常被用来制作液体输送管道、阀门等。在人体内能抵抗分泌物的腐蚀且无毒、生理相容性好，是重要的人体植入材料，用作人造关节、心脏瓣膜、头盖骨等。

2. 钛产品

钛产品包括海绵钛、铸造钛及钛合金、钛及钛合金的加工产品。

海绵钛的牌号用“MHT-100”、“MHT-125”、“MHT-200”等表示。MHT——海绵钛符号，牌号后面的数字是该牌号海绵钛的最大布氏硬度值。

铸造钛的牌号用“ZTi1”、“ZTi2”、“ZTiAl5Sn2.5”表示。Z——铸造钛，“Ti1”、“Ti2”中的数字表示钛的纯度，数字越小，纯度越高；ZTiAl5Sn2.5 为铸造钛合金。

钛的加工产品有板、管、棒、饼、环、箔。规格也是以主要断面的尺寸作为其规格。

5.3.2 锌、镁

1. 锌

锌的密度为 7.14g/cm³，熔点为 419.5℃。锌的化学性质活泼，在常温下的空气中，表面生成一层薄而致密的碱式碳酸锌膜，可阻止进一步氧化。所以锌可作为镀层材料，覆盖在钢的表面，起防锈作用。

锌脆性较大，所以纯锌很少单独作为工程材料使用，但它能和许多有色金属形成合金，如制成黄铜、超硬铝等。

锌的电极电位较低，适合作干电池的负极，另外也是印花、照相制板和胶印印刷板等的重要材料。

锌材料的产品主要是板、饼和粉。

2. 镁

镁的密度为 1.738g/cm³，是密度最小的金属材料。熔点为 650℃。镁的化学性质极活泼，在空气中遇火会剧烈燃烧，是生产焰火的重要原料。

镁与锌一样脆性大，无法单独作为工程材料使用，工业上使用的一般都是镁合金。主要有镁-铝-锌合金、镁-锌合金、镁-锰合金等。

镁合金是航空器、航天器和火箭导弹制造工业中使用的最轻金属结构材料。此外还广泛用于轻量化汽车结构零部件，也常用作单反照相机、手机和笔记本电脑等的壳体材料。

5.3.3 铅、锡、锑及轴承合金

1. 铅

铅的密度为 11.34g/cm³，属于重有色金属。熔点低，在 327℃时就会熔化。铅的硬度很低，只有 4HBS，是常用金属材料中最软的一种。强度不高、塑性好，可以拉成细线。铅能吸收 X 射线和 γ 射线，是较好的防辐射材料。铅对人体有害，应避免通过饮食和呼吸进入人体。

铅的主要用途有：制弹头，作防辐射服装、保险丝，配制合金等。

产品有：各种铅锭、铅板、铅管、铅棒及铅丝。

2. 锡

锡呈银白色略带黄色，熔点 232℃。锡的化学性能稳定，对人体无害，镀锡板成了食品和药品最常用的包装材料。锡的强度、硬度低，塑性好，再结晶温度低，在常温下就可以把锡碾制成薄片。在 18℃时会发生同素异构转变。18℃以上是 β 锡，呈正方体晶格，密度为 7.3g/cm^3；18℃以下是 α 锡，呈金刚石型晶体结构，密度为 5.84 g/cm^3。β 锡与 α 锡的密度差很大，在发生相变时会产生很大的内应力，这个内应力足以使锡制品破裂成粉末。因发生同素异构转变而使锡制品成粉状，这种现象称“锡疫”。为了防止发生“锡疫”，存放锡制品的环境温度不能太低。

锡的主要用途：做食品、药品的包装物和容器，配制保险丝，配制各种合金，做电子产品的焊接材料。

锡的产品有锡锭、锡板、锡箔、各类焊料。

3. 锑

纯锑的密度为 6.7g/cm^3、熔点为 630℃、硬而脆，不能单独用做工程材料使用。锑最大的特点是结晶时不产生收缩现象，热膨胀系数为负值。印刷用铅字的原料中加入锑，字形变得清晰。在轴承合金中加锑，可提高轴承合金的耐磨性。

4. 轴承合金

轴承合金又称轴瓦合金。用于制造滑动轴承的材料。轴承合金的组织是在软相基体上均匀分布着硬相质点，或硬相基体上均匀分布着软相质点。轴承合金具有如下性能：良好的耐磨性能和减磨性能；有一定的抗压强度和硬度，有足够的疲劳强度和承载能力；塑性和冲击韧性良好；具有良好的抗咬合性；良好的顺应性；好的嵌镶性；还具有良好的导热性、耐蚀性和小的热膨胀系数。

一般通过铸造工艺生产零件。合金中的主要元素有锡、铅、锑、铜等。常用的牌号有锡基轴承合金 ZSnSb11Cu6、ZSnSb4Cu4；铅基轴承合金 ZPbSb16Sn16Cu2、ZPbSb15Sn5；铜基轴承合金 ZCuPb30；等等。

思　考　题

(1) 何谓青铜、黄铜，它们各可分为哪几类？

(2) 为什么通常采用铝合金作为零件结构，而纯铝往往只能作为导线、散热器和铝合金的生产原料？

第6章 其他工程材料简介

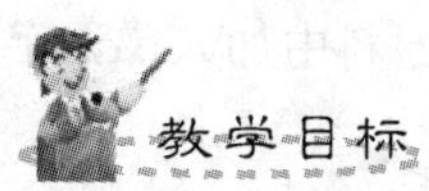

了解其他常用工程材料的分类、功能特色及其在工业界的应用。

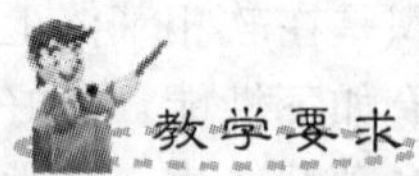

知识要点	能力要求
有机工程材料	了解高分子化合物的组成、合成方法及分类方法，认识常用高分子材料
无机工程材料	了解陶瓷材料的晶体结构、性能特点，着重认识陶瓷材料的应用
复合材料	认识复合材料，了解其功能特点和应用
功能材料	了解其他各类功能材料及其作用

导入案例

用途广阔的陶瓷热喷涂层

热喷涂技术是材料科学领域内表面工程学的重要组成部分，它是一种表面强化和表面改性的技术。热喷涂技术主要用于高温、耐磨、耐腐蚀等部件的预保护，功能涂层的制备及对失效部件的修复等。

陶瓷材料具有离子键或共价键结构，材料性能表现为高熔点、高刚度、高化学稳定性、高绝缘绝热能力、低热膨胀系数、低摩擦系数，在金属基体上制备陶瓷涂层，能把金属材料的特点和陶瓷材料的特点有机地结合起来，获得异常优越的综合性能。

目前，热喷涂陶瓷涂层技术的应用广泛。常见有：①热障涂层：在零件上涂敷绝热性好的高熔点陶瓷涂层，用于航空发动机、舰船及陆用燃气轮机、民用内燃机、增压涡轮等高温部件的绝热处理；②抗高温黏着磨损涂层：在热处理炉辊、支承辊、烧结炉辊等表面热喷涂陶瓷涂层，提高零件的耐高温、抗氧化、抗黏着能力；③耐磨损耐腐蚀涂层：如化工厂用高压往复式计量泵柱塞，采用喷涂 $Al_2O_3-TiO_2$ 复合涂层代替镀铬工艺，寿命提高了 6 倍；④功能涂层：在 0.1mm 的铁片上喷涂 30μm 的 $BaTiO_3$ 涂层，其介电常数超过了 6000，已广泛应用于瓷片电容器生产，等离子喷涂形成的 Al_2O_3 涂层在厚度不到 1mm 时，能够在 1300℃的高温下耐电压 2500V 以上，满足了高温电绝缘的要求。在钛合金基体上喷涂 50～75μm 羟基磷灰石等生物活性陶瓷，可作为人工骨骼材料加以利用。

6.1　有机工程材料

有机工程材料是指以高分子化合物为主要成分的材料。高分子化合物是指分子量很大的有机化合物，又称做聚合物或高聚物。其分子量一般在 5000 以上。如聚氯乙烯的分子量在 2～16 万之间。而普通的无机物或有机物的分子量一般都在几百以下。如水(H_2O)的分子量为 18。高分子化合物分为天然的和人工合成的两种。天然的有松香、纤维素、蛋白质、蚕丝、天然橡胶等。人工合成的有各种塑料、合成橡胶、合成纤维等。工程上使用的高分子材料主要是人工合成的。

6.1.1　高分子化合物的组成

高分子化合物的分子量虽然很大，但它的组成都比较简单。通常由碳(C)、氢(H)、氮(N)、氧(O)、硫(S)等元素组成，而且主要是碳氢化合物及其衍生物，并且是以这些简单化合物为结构单元重复链接而成。如由乙烯合成的聚乙烯：

$$nCH_2=CH_2 \longrightarrow H-(CH_2-CH_2)-_n H \qquad (6-1)$$

高分子化合物的分子是很长的，像链条，称之为大分子链。其中构成聚合物的简单化合物称为单体；重复排列的结构单元称为链节；链节重复的次数 n 称为聚合度。如聚乙烯的单体为乙烯，链节为—CH_2—CH_2—。大分子链可以由一种或几种单体聚合而成。

高分子化合物的分子量(M)是链节的分子量(M_0)与聚合度(n)的乘积。即

$$M=M_0\times n \tag{6-2}$$

高分子材料是由大量大分子链聚集而成的，但大分子链的长短并不一样，该现象称为分子量的分散性。通常所说的高分子材料的分子量是指平均分子量。平均分子量的大小及分布情况对高分子材料的性能有较大的影响。

6.1.2　高分子化合物的合成

由单体聚合成高分子化合物的方法称为合成，高分子化合物的合成反应有加聚和缩聚两种。

1. 加聚反应

由一种或几种单体聚合生成高聚物的反应称为加聚反应。这种高聚物的化学结构与单体的结构相同。由同一种单体加聚生成的高聚物称为均聚物，如聚乙烯、聚苯烯、聚丙烯等。由两种以上不同单体加聚生成的高聚物称之为共聚物，如 ABS 塑料。加聚反应是当前高分子合成工业的基础，大约有 80%的高分子材料是利用加聚反应生产的。

2. 缩聚反应

由一种或几种单体聚合生成高聚物的同时还生成如 H_2O、HX 等副产物的反应称为缩聚反应。这种高聚物的链节结构与单体不同，当缩聚反应的单体为一种时为均缩聚反应，反之缩聚反应的单体为多种时为共缩聚反应。

常见的缩聚物有酚醛树脂、尼龙、环氧树脂、聚酰亚胺等。如氨基已酸经缩聚反应生成聚酸胺 6(尼龙 6)及副产物水。

目前，对性能要求严格和特殊的新型耐热高分子材料大都采用缩聚反应的方法制成。

6.1.3　高分子材料的分类

1. 按性能和用途分类

(1) 塑料：在室温下有一定形状，强度较大，受力后能发生一定形变的聚合物。

(2) 橡胶：在室温下具有高弹性，既在很小的外力作用下，变形很大，可达原长的十余倍，外力去除后可以恢复原来的形状。

(3) 纤维：在室温下分子的轴向强度很大，受力后形变较小，在一定的温度范围内力学性能变化不大的聚合物。

塑料、橡胶和纤维 3 类高聚物很难严格区分，可用不同的加工方式制成不同的种类，聚氯乙烯是典型的塑料，但也可以抽成纤维(氯纶)。有时把聚合后未经加工成形的聚合物称为树脂，以区分加工后的塑料或纤维制品，如电木未固化前称酚醛树脂，涤纶纤维未纺丝之前称涤纶树脂。

2. 按聚合反应的类型分类

(1) 加聚物：单体经加聚合成高聚物，链节的化学结构与单体的分子式相同，如聚乙烯和聚氯乙烯等。

(2) 缩聚物：单体经缩聚合成高聚物，聚合过程中有小分子副产物析出，链节的化学

结构与单体的化学结构不完全相同，如酚醛树脂等。

3. 按聚合物主链上的化学组成分类

（1）碳链聚合物：主链由碳原子一种元素组成，即—C—C—C—C—C—。

（2）杂链聚合物：主链除碳外还有其他元素，如—C—C—N—C—C—N—。

（3）元素有机聚合物：主链由氧和其他元素组成，如—O—Si—O—Si—。

6.1.4　常用的高分子材料

1. 塑料

塑料是在玻璃态使用的高分子材料。它以有机合成树脂为中，加入某些添加剂，在一定温度和压力作用下加工成形。在现代化工业中得到了广泛的应用。

1）塑料的组成

塑料是由合成树脂和某些添加剂组成。

树脂是塑料的主要组成物，它在塑料中起粘结作用，并决定了塑料的基本性能。大多数塑料是以所用树脂的名称命名的。如聚乙烯塑料是以聚乙烯树脂为主要组成物命名的。

添加剂是为了改善塑料的某些性能而特意加入的物质。常用的添加剂有填料、稳定剂、增塑剂、固化剂和着色剂等。填料的主要作用是提高强度等性能指标，以扩大使用。如加入纤维可提高塑料的强度；加入铝粉可以提高塑料对光的反射能力防老化。稳定剂的作用是提高树脂的抗热和抗光能力，延长其使用寿命。增塑剂是用来增加树脂的可塑性和柔软性的物质。如在聚氯乙烯树脂中加入邻苯二甲酸二丁酯可使其变得像橡胶一样柔软。固化剂的作用是使热固性塑料受热时产生交联变为体型结构。着色剂作用是改变塑料的颜色，以满足美观和装饰的要求。

2）塑料的分类

按热性能分：热塑性塑料和热固性塑料两类。

热塑性塑料在加热时可熔融，并可多次反复加热使用。如聚乙烯、聚氯乙烯、聚丙烯、聚酰胺，聚四氟乙烯、ABS 塑料、聚甲基丙酸甲酯(有机玻璃)等塑料。可采用注射、挤压、吹塑等方法加工成形。

热固性塑料经一次成形后，受热不变形、不软化，无法用溶剂溶解，不能重复使用。如酚醛塑料、氨基塑料、有机硅塑料和环氧塑料等。可用模压、层压或浇铸等工艺加工成形。

塑料按应用范围分为：通用塑料、工程塑料和特种塑料。

通用塑料是产量大、价格低、应用最广泛的塑料，如聚乙烯、聚氯乙烯、聚丙烯、氨基塑料等。它们占塑料总产量的 70%以上，多用于生活用品和农业薄膜等。工程塑料主要作为结构材料在机械设备和工程结构中使用的塑料。主要有聚酰胺、聚甲醛、有机玻璃、聚碳酸酯、ABS 塑料、聚砜、氟塑料等。它们的力学性能较高，耐热、耐腐蚀性能也比较好，是目前重点发展的塑料品种。特种塑料是指具有某些特殊性能的塑料，如耐高温、耐腐蚀等。这塑料的产量低、价格高，仅用于特殊使用的场合，如聚四氟乙烯、聚酰亚胺等。

常用塑料的性能特点及应用见表 6－1。

表 6-1 常用塑料的性能特点及应用

塑料名称	性能特点	应用实例
聚乙烯(PE)	绝缘，耐腐蚀性高；低压 PE：熔点高，力学性能高；高压 PE：透明性高，塑性好	耐蚀件，绝缘件，涂层，薄膜
聚氯乙烯(PVC)	耐蚀、绝缘；易老化	耐蚀件，化工零件，薄膜
聚丙烯(PP)	力学性能优于 PE，耐热性高，可在 120℃下使用，无毒，耐蚀，绝缘，耐磨性差	医疗器械，生活用品，各种机械零件
聚苯乙烯(PS)	耐腐蚀，绝缘，无色透明，着色性好，吸水性极小，性脆易燃且易被溶剂溶解	绝缘件，仪表外壳，日用装饰品
ABS 塑料	耐冲击，综合力学性能好，尺寸稳定，耐蚀，绝缘，但耐热性不高	一般零件，耐磨件，传动件
聚酰胺(尼龙)(PA)	坚韧，耐磨，耐疲劳，耐蚀，无毒，吸水性强，尺寸稳定性低	一般零件，干摩擦耐磨件，传动件
聚四氟乙烯(PTFE)	耐腐蚀，绝缘，摩擦系数小，不粘水，可在－180～250℃范围内长期使用，又称塑料王	减磨件，耐蚀件，密封件，绝缘件
有机玻璃(PMMA)	透明性高，力学性能、加工性能好，耐磨性差，能溶于某些有机溶剂	光学镜片，仪表外壳及防护罩
酚醛塑料(PF)	较好的机械强度，电绝缘性好，兼有耐热、耐蚀等性能	各种绝缘件、耐蚀件，水润滑轴承
环氧塑料(EP)	强度高，韧性好，具有良好的化学稳定性、绝缘性和耐热耐寒性能	塑料模具，船体，绝缘件
有机硅塑料	绝缘，电阻高，耐热，可在 100～200℃范围内长期使用，耐低温	耐热件，绝缘件

2. 橡胶

橡胶是具有轻度交联的线型高聚物，它的突出特点是在很宽的温度范围(－40～120℃)处于高弹态。在较小的外力作用下，能产生很大的变形，外力去除后，能恢复到原来的状态。纯弹性体的性能随温度变化很大，如高温发粘、低温变脆，必须加入各种配合剂，经硫化处理后，才能制成各种橡胶制品。硫化前的橡胶称为生胶。橡胶的配合剂有硫化剂、硫化促进剂、防老剂、软化剂、填充剂、发泡剂和着色剂等。

橡胶具有储能、耐磨、隔音、绝缘等性能，广泛用于制造密封件、减震件、轮胎、电线电缆和传动件等。

按橡胶应用范围分为通用橡胶和特种橡胶；按其原材料的来源分为天然橡胶和合成橡胶。

天然橡胶是由热带植物橡胶树流出的乳胶加工而成，它是轻度交联的线型高分子聚合物，即生胶。天然橡胶是综合性能最好的橡胶之一，但由于原料的缘故，产量比例逐年降低。

合成橡胶是由石油、天然气等为原材料人工合成的，具有类似橡胶性能的高聚物。主要有丁苯橡胶、顺丁橡胶、异戊橡胶、氯丁橡胶、丁基橡胶、乙丙橡胶和丁腈橡胶 7 大种。其中产量最大的是丁苯橡胶，占橡胶总产量的 60%～70%；发展最快的是顺丁橡胶。

3. 合成纤维

凡能保持长度比本身直径大 100 倍的均匀条状或丝状的高分子材料称为纤维，包括天然纤维和化学纤维。化学纤维又分为人造纤维和合成纤维。人造纤维是利用自然界的纤维加工制成的，如叫“人造丝”、“人造棉”的粘胶纤维和硝化纤维、醋酸纤维等。合成纤维以石油、煤、天然气为原料制成，其发展速度很快，以下是常用的 6 个品种。

(1) 涤纶俗称的确良，强度高、耐磨、耐蚀，易洗快干是很好的衣料。

(2) 尼龙又称锦纶，强度大、耐磨性好、弹性高，缺点是耐光性差。

(3) 晴纶，国外叫奥纶、开司米纶，柔软、轻盈、保暖，有人造羊毛之称。

(4) 维纶的原料易得，成本低，性能与棉花相似且强度高。缺点是弹性较差，织物易皱。

(5) 丙纶是后起之秀，以轻、牢、耐磨著称。缺点是可染性差，日晒易老化。

(6) 氯纶耐燃、保暖、耐晒、耐磨，弹性好，但染色性差，热收缩大。

4. 胶粘剂

常用的胶粘剂有环氧胶粘剂、改性酚醛胶粘剂、聚氨酯胶粘剂、α-氰基丙烯酸酯胶和厌氧胶等。

环氧胶粘剂其主要成分是环氧树脂，配方很多，应用最广的是双酚 A 型，性能较全面，俗称“万能胶”。

改性酚醛胶粘剂的耐热性、耐老化性好，粘结强度高，使用时需加其他树脂改性。

聚氨酯胶粘剂的柔韧性好，可低温使用，但不耐热，强度低，通常作非结构胶使用。

α-氰基丙烯酸酯胶是常温快速固化胶粘剂，又称“瞬干胶”，粘结性能好，但耐热性和耐溶剂性较差。

厌氧胶是一种常温下有氧时不能固化，当氧气排除后即能迅速固化的胶。主要成分是甲基丙烯酸的双酯，根据使用条件加入引发剂。其具有良好的流动性和密封性，耐蚀性和耐热冷性均比较好。主要用于螺纹的密封，因强度不高仍可拆卸。也可用于堵塞铸件的砂眼和构件细缝。

6.2 无机工程材料

无机工程材料主要是陶瓷类材料，应用十分广泛。尤其在近几十年来它已突破了传统陶瓷的应用范围，成为现代工业中不可缺少的材料之一。

传统陶瓷是以粘土、石英、长石作为原料制成的，是日用陶瓷、建筑陶瓷、绝缘陶瓷、耐酸陶瓷等的主要原料。近代陶瓷是化学合成陶瓷，是经人工提炼纯度较高的金属氧化物、碳化物、氮化物、硅酸盐等化合物，经配料、烧结而成的陶瓷材料。近代陶瓷能满足现代飞跃发展的科学技术对材料的特殊性能要求。例如，内燃机的火花塞要耐高温并具有较好的绝缘性及耐腐蚀性；火箭等材料，要求能耐受 5000～10000℃的高温，要满足这些性能，唯有现代陶瓷。

陶瓷材料由于熔点高、硬度高、无塑性，加工工艺性差。当前常用的成形工艺是粉末冶金法，即原料通过粉碎—配料混合—压制成形—高温烧结制成产品。

6.2.1　陶瓷材料的组织、结构特点

陶瓷是由金属元素和非金属元素化合物构成的多晶材料。其显微组织是由晶相、玻璃相和气相组成的。

1. 晶相

晶相是陶瓷的最基本组成部分，它决定了陶瓷材料的基本性能。金属晶体结构是由金属键结合而成的，而陶瓷晶体则是以离子键或共价键为主结合形成的离子晶体(如 Al_2O_3、MgO)或共价晶体(如 SiC、BN)。由于离子键或共价键具有很强的方向性，且键能很大，致使陶瓷材料具有高硬高强很脆。组成陶瓷晶体相的主要晶体结构有氧化物结构和硅酸盐结构。

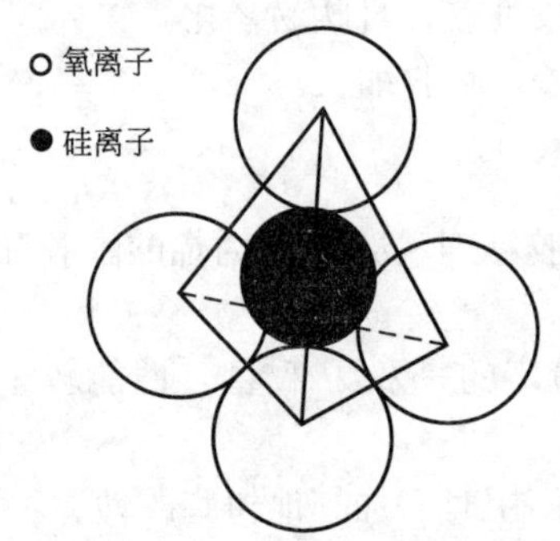

图 6.1　硅氧四面体结构

氧化物结构的特点是较大的氧离子紧密排列成晶体结构，较小的正离子填充其空隙内。它是以离子键为主的晶体，一般形成 AB 型(如 CaO)、AB_2 型(如 TiO_2)等结构。

构成硅酸盐结构的基本单元是硅氧四面体，如图 6.1 所示，一个硅被 4 个氧离子所包围。可以数个连在一起，呈岛状；也可以很多连在一起，呈链状；还可以形成立体结构，呈骨架状。此外，陶瓷材料的晶相可以不止一个。因此，常将晶相进一步划分为主晶相、次晶相、第三相等。

如普通电瓷的主晶相是 $3Al_2O_3 \cdot 2SiO_2$ 为主要成分的莫来石晶体，次晶相为石英晶体。

2. 玻璃相

玻璃相是一种非晶态的固体。它是陶瓷材料内各种成分在高温烧结时产生物理、化学反应的结果。玻璃相的主要作用是把陶瓷中分散的晶体粘结起来，其次可充填气孔使陶瓷致密，还可抑制晶粒长大等。

3. 气相

气相就是陶瓷中的气孔，通常陶瓷中的残留气孔量为 5%～10%。气孔的数量、形状、分布对陶瓷的性能也会产生很大的影响。气孔会导致应力集中，又是裂纹源，降低材料的强度。因此，工业陶瓷力求气孔小、数量少、分布均匀。

6.2.2　陶瓷的基本性能

由于离子键和共价键具有明显的方向性且键能很大，又有同性相斥的特点，导致陶瓷材料的滑移系很少且又存在大量的气孔，因而无塑性、抗冲击性能差，是典型的脆性材料，这也是陶瓷材料的最大弱点。它在断裂前没有预兆，所以使用的安全性差。

陶瓷材料具有很高的硬度和弹性模量及抗压强度，但抗拉强度较低。

陶瓷材料基本上是由稳定的氧化物或碳化物组成，因而其化学稳定性好，对酸、碱、

盐等都有极好的抗腐蚀能力，并具有很好的高温强度和耐热性。

陶瓷材料的导电能力可以在很大的范围内变化，大部分陶瓷可作绝缘材料，有的可作半导体材料，还可作压电材料、磁性材料。利用陶瓷的光学性能，可作激光材料、光学材料等。陶瓷材料还可以用来制作某些人体器官。总之，陶瓷作为功能材料有广泛的前途。

6.2.3 常用的工业陶瓷

1. 普通陶瓷

普通陶瓷就是粘土类陶瓷，它以高岭土、长石、石英为原料制成的。它的产量大，应用广。除日用陶器、瓷器外，大量用于建筑工业、耐蚀性要求不高的化学工业等。

2. 氧化铝陶瓷

它是以 Al_2O_3 为主要成分的陶瓷，其含量大于45%，也称高铝陶瓷。Al_2O_3 含量大于90%时称为刚玉。氧化铝瓷熔点高、耐高温，并有较高的强度、硬度及耐磨性，但脆性大，其力学性能随氧化铝含量的增加而提高，被广泛用于制造耐高温材料、刀具材料和电绝缘材料。

3. 碳化硅陶瓷

碳化硅陶瓷具有优异的高温强度，其抗弯强度在1400℃时仍有500MPa以上，是目前高温强度最高的陶瓷。此外，它还具有良好的热稳定性、耐磨性、耐蚀性及抗蠕变性。主要用于制造热电偶套管、炉管、火箭喷嘴、高温轴承和热交换器及砂轮、磨料等。

4. 氮化硅陶瓷

氮化硅是键能很高的共价晶体，稳定性极强，除氢氟酸外，能耐各种酸和碱的腐蚀，也能抵抗熔融有色金属的侵蚀。此外，氮化硅陶瓷还具有良好的耐磨性，摩擦系数和热膨胀系数小，且有自润滑性。可用于制造耐磨、耐腐蚀、耐高温、绝缘及切削刀具等零部件。

6.3 复合材料

复合材料是由两种以上化学性质不同的材料组合而成的。它保留了组成材料各自的优点，获得单一材料无法具备的优良综合性能，有的性能指标还要超过各组成材料性能的总和，它是人们按照性能要求而设计的一种新型工程材料。

近年来，由于现代科学技术发展的需要，结构材料向着质轻、强度高、耐高温等方面发展，从而也促进了复合材料的飞速发展。复合材料一般是由强度高、模量大的脆性增强材料和低强度、低模量、韧性好的基体材料构成。

按增强剂的种类和形状，复合材料可分为纤维增强、层合、颗粒复合3种类型，目前使用最多的是纤维复合材料。

下面我们分别对纤维增强复合材料、层状增强复合材料和颗粒增强复合材料3种材料进行介绍。

6.3.1 纤维增强复合材料

纤维增强复合材料是以树脂、塑料、橡胶或金属为基体，主要以强度很高的无机纤维为增强材料。这种材料既有树脂的化学性能和电性能且具有比重小易加工等特点，又有无机纤维的高模量、高强度的性能，因而得到了广泛的应用。

常用的增强纤维有玻璃纤维、碳(石墨)纤维、硼纤维、晶须和有机合成纤维等。

1. 玻璃纤维增强复合材料

玻璃纤维增强复合材料又称玻璃钢，它以玻璃纤维及制品为增强剂，以树脂为粘接材料制成的。

以尼龙、聚烯烃类、聚苯乙烯类等热塑性树脂为粘结剂制成的热塑性玻璃钢，具有较高的力学、介电、耐热和抗老化性能，工艺性能好。可用于制造轴承、齿轮、仪表盘、壳体、叶片等零件。以环氧树脂、酚醛树脂、有机硅树脂等热固性塑料为粘结剂制成的热固性玻璃钢，具有密度小、强度高、介电性能和耐腐蚀性能好、成形工艺性好等优点，被用于制造车身、船体、直升机旋翼等。但其弹性模量小、刚性差、容易变形。

2. 碳纤维增强复合材料

这种材料是以碳纤维或其织物为增强剂，以树脂、金属、陶瓷等为粘结剂制成的。目前有碳纤维树脂、碳纤维碳、碳纤维金属、碳纤维陶瓷复合材料等。其中，以碳纤维树脂复合材料应用最为广泛。碳纤维树脂复合材料中采用的有环氧、酚醛、聚四氟乙烯等树脂。它与玻璃纤维相比有更优越的性能。其抗拉强度高于玻璃纤维，弹性模量是玻璃纤维的4～6倍。玻璃纤维在300℃以上时，强度会逐渐下降，而碳纤维却具有良好的高温性能。

玻璃钢在潮湿的环境中强度损失15%，而碳纤维增强复合材料几乎没有影响。在抗高温老化实验中，其强度损失也比玻璃纤维小得多。碳纤维增强复合材料还具有优良的减磨性、耐蚀性、导热性和较高的冲击强度和疲劳强度。

碳纤维增强复合材料目前被广泛用于制造要求比强度、比模量高的飞行器结构件，如火箭与导弹的头部锥体、火箭发动机的喷嘴和飞机喷气发动机的叶片等。还可以制造重型机械的轴瓦、齿轮、化工设备的耐蚀件等。

6.3.2 层状复合材料

层状复合材料是由两层或两层以上的不同材料结合而成的，其目的是为了将每层材料的最佳性能组合起来，以得到更为有用的材料。

这类复合材料的典型代表是(SF)3层复合材料，它以钢为基体，铜网为中间层，塑料为表面层制成的一种自润滑材料。它的物理、力学性能主要取决于基体，而摩擦磨损性能取决于表面塑料层。中间多孔性青铜网使3层之间获得较强的结合力。一旦塑料磨损，露出的青铜可以保护轴颈不致受到严重的磨损。

常用的表面层塑料为聚四氟乙烯(SF-1型)和聚甲醛(SF-2型)。这种复合材料适用于制造在高应力(140MPa)、高温(270℃)或低温(—195℃)、无润滑或少油润滑状态下使用的各种机械、车辆轴承。

6.3.3 颗粒复合材料

颗粒复合材料是由一种或多种颗粒均匀分布在基体材料内而制成的。这些颗粒作为增强粒子以阻止基体的塑性变形(金属材料)或大分子链的运动(高分子材料)，粒子的直径一般在 0.01～0.1μm 范围内。太小易形成固溶体，太大易产生应力集中，降低增强效果。

常见的颗粒复合材料有两类：

(1) 颗粒与树脂复合，如塑料中加颗粒填料，橡胶用炭黑增强等。

(2) 陶瓷粒与金属复合，如金属陶瓷。这种材料具有高强度、高硬度、高耐磨性、耐腐蚀、耐高温以及膨胀系数小等特性，被广泛用作切削刀具。

其中的陶瓷相主要有氧化物(Al_2O_3、MgO、BeO 等)和碳化物(TiC、SiC、WC 等)；金属基体一般为钛(Ti)、铬(Cr)、镍(Ni)、钴(CO)、钼(MO)、铁(Fe)等。

6.4 其他功能材料

现代工程材料按性能特点和用途大致分为结构材料和功能材料两大类。金属材料、高分子材料、陶瓷材料和复合材料作为结构材料主要被用来制造工程结构、机械零件和工具等，因而要求具备一定的强度、硬度、韧性及耐磨性等力学性能。那些要求具备特殊的声、光、电、磁、热等物理性能的材料，正引起人们越来越多的重视。例如，激光唱片、计算机和电视机的存储及显示系统，现代武器用激光器等，都有特殊物理性能材料的贡献。现在把具有某种或某些特殊物理性能或功能的材料叫做功能材料。

功能材料可分为电功能材料、磁功能材料、热功能材料、光功能材料、智能功能材料等。

6.4.1 电功能材料

电功能材料以金属材料为主，可分为金属导电材料、金属电阻材料、金属电接点材料以及超导材料等。金属导电材料是用来传送电流的材料，包括电力、电机工程中使用的电缆、电线等强电材料和仪器、仪表用的导电弱电材料两大类。电阻材料是制造电子线路中电阻元件及电阻器的基础材料。下面对电接点功能材料和超导材料做一简单的介绍。

1. 金属电接点材料

电接点是指专门用以建立和消除电接触的导电构件。电接点材料是制造电接点的导体材料。电力、电机系统和电器装置中的电接点通常负荷电流较大，称为强电或中强电电接点；仪器仪表、电子与电讯装置中的电接点的负荷电流较小，称为弱电接点。它决定着电能和信号的传递、转换、开断等的质量，从而直接影响着仪器仪表和电装置的稳定性、可靠性和精度等。因此选择合适的电接点材料是至关重要的。

常用的电接点材料有 Au、Ag、Pt 金属，在所有导体材料中化学性能最稳定，由于以上材料较贵，所以在弱电接点上用得较多，它大大提高了产品的可靠性。在强电接点用材上，为了降低成本，生产中常采用表面涂层或者贵金属与非贵金属复合实现。

2. 超导材料

有些物质在一定的温度 T 以下时，电阻为零，同时完全排斥磁场，即磁力线不能进入其内部，这就是超导现象。具有这种现象的材料叫超导材料。自从 1911 年发现超导现象以来，人们已发现了 1 万种以上的超导材料。绝大多数超导材料的转变温度 T 均在 23.2K (约－250℃)以下，高温超导材料的转变温度 T 在 125K(约－148℃)以上。

零电阻及完全抗磁性是超导现象的基本特征和第二特征。

通常根据超导材料在磁场中不同的特征，超导体被分为第一类超导体和第二类超导体。一般除 Nb 和 V 外，其他所有纯金属是第一类超导体；Nb、V 及多数金属合金和化合物超导体、氧化物超导体为第二类超导体。由于第二类超导体具备了在更强磁场和更强电流下工作的条件特征，为超导体的实际应用提供了可能性。

超导材料按临界转变温度 T 可分为低温超导材料和高温超导材料。已发现的超导材料中绝大多数需用极低温的液氦冷却，是低温超导材料。自 1987 年，美、中、日 3 国科学家分别独立发现了 T 超过 90K 超导材料之后，T 高于 100K 的超导材料陆续被发现。这些超导体可以用极廉价的液氮(77K)作冷却剂，这就是高温超导材料。

现今已有大量的高温超导材料，除了氧化物陶瓷外，有机超导材料也已受到人们越来越多的重视。

但由于超导材料的稳定性、成材工艺等方面存在的问题，所以超导材料和超导技术的应用领域还十分有限。尽管如此，在有的方面，超导材料和超导技术已体现出了其强大的生命力和广阔前景。超导磁体已广泛应用于加速器、医学诊断设备、热核反应堆等，体现出了无与伦比的优点。随着这一研究的不断深入，超导材料和超导技术在能源、交通、电子等高科技领域必将发挥越来越重要的作用。

6.4.2 磁功能材料

众所周知，磁性是物质普遍存在的属性，这一属性与物质其他属性之间相互联系，构成了各种交叉耦合效应和双重或多重效应，如磁光效应、磁电效应、磁声效应、磁热效应等。这些效应的存在又是发展各种磁性材料、功能器件和应用技术的基础。磁功能材料在能源、信息和材料科学中都有非常广泛的应用。

1. 软磁材料

软磁材料在较低的磁场中被磁化而呈强磁性，但在磁场去除后磁性基本消失。这类材料被用作电力、配电和通信变压器和继电器、电磁铁、电感器铁芯、发电机与电动机转子和定子以及磁路中的磁轭材料等。

软磁材料根据其性能特点又被分为高磁饱和材料(低矫顽力)、中磁饱和材料、高导磁材料。软磁材料还包括耐磨高导磁材料、矩磁材料、恒磁导材料、磁温度补偿材料和磁致伸缩材料等。典型的软磁材料有纯铁、Fe－Si 合金(硅钢)、Ni－Fe 合金、Fe－CO 合金、Mn－Zn 铁氧体、Ni－Zn 铁氧体和 Mg－Zn 铁氧体等。

2. 永磁材料

磁性材料在磁场中被充磁，当磁场去除后，材料的磁性仍长时保留。这种磁材料就是永磁材料(硬磁材料)。高碳钢、Al－Ni－CO 合金、Fe－Cr－CO 合金、钡和锶铁氧体等都是永磁材料。永磁材料制作的永磁体能提供一定空间内的恒定工作磁场。利用这一磁场可以进行能量转化等，所以永磁体广泛应用于精密仪器仪表、永磁电机、电声器件、微波器件、核磁共振设备与仪器、粒子加速器以及各种磁疗装置中。

永磁材料种类繁多，性能各异。普遍应用的永磁材料按成分可分为5种：Al-Ni-CO系永磁材料、永磁铁氧体、稀土永磁材料、Fe-Cr-CO系永磁材料和复合永磁材料。

Al-Ni-CO系永磁材料：较早使用的永磁材料，其特点是高剩磁、温度系数低、性能稳定，在对永磁体性能稳定性要求较高的精密仪器仪表和装置中多采用这种永磁合金。

永磁铁氧体：20世纪60年代发展起来的永磁材料，主要优点是矫顽力高、价格低。该种材料应用于产量大的家用电器和转动机械装置等。

稀土永磁材料：20世纪70年代以来迅速发展起来的永磁材料，至80年代初已发展出三代稀土永磁材料。这种材料是目前磁能积最大、矫顽力特别高的超强永磁材料。目前广泛应用于制造汽车电机、音响系统、控制系统、无刷电机、传感器、核磁共振仪、电子表、磁选机、计算机外围设备、测量仪表等。

Fe-Cr-CO系永磁材料：可加工性良好，不仅可冷加工成板材、细棒，而且可进行冲压、弯曲、切削和钻孔等，甚至还可铸造成形，弥补了其他材料不可加工的缺点。磁性能与Al-Ni-CO系合金相似，缺点是热处理工艺复杂。

3. 信息磁材料

信息磁材料是指用于光电通信、计算机、磁记录和其他信息处理技术中的存取信息类磁功能材料。信息磁材料包括磁记录材料、磁泡材料、磁光材料等。

磁记录材料：利用磁记录材料制作磁记录介质和磁头，可对声音、图像和文字等信息进行写入、记录、存储，并在需要时输出。目前使用的磁记录介质有磁带、磁盘、磁卡片及磁鼓等。这些介质从结构上又可分为磁粉涂布型介质和连续薄膜型介质。随着计算机等的发展，磁记录介质的记录密度迅速提高，因而对磁记录介质材料的要求也越来越高。在新型磁记录介质中，磁光盘具有超存储密度、极高可靠性、可擦除次数多、信息保存时间长等优点。

磁泡材料：小于一定尺寸迁移率很高的圆柱状磁畴材料，可作高速、高存储密度存储器。

磁光材料：应用于激光、光通信和光学计算机的磁性材料，其特性是效率高、损耗低及工作频带宽。

6.4.3 热功能材料

材料在受热或温度变化时，会出现性能变化，产生一系列现象，如热膨胀、热传导(或隔热)、热辐射等。根据材料在温度变化时的热性能变化，可将其分为不同的类别，如膨胀材料、测温材料、形状记忆材料、热释电材料、热敏材料、隔热材料等。目前，热功能材料已广泛用于仪器仪表、医疗器械、导弹等新式武器、空间技术和能源开发等领域，是不可忽视的重要功能材料。

1. 膨胀材料

热膨胀是材料的重要热物理性能之一。通常，绝大多数金属和合金都有热胀冷缩的现象，只不过不同金属和合金，这种膨胀和收缩不同而已。一般用线膨胀系数来表示热膨胀性的大小。根据膨胀系数的大小可将膨胀材料分为3种：低膨胀材料、定膨胀材料和高膨胀材料。

低膨胀材料主要用于：精密仪器仪表等器件；长度标尺、大地测量基线尺；谐振腔、微波通讯波导管、标准频率发生器；标准电容器叶片、支承杆；液气储罐及运输管道；热双金属片被动层。

定膨胀材料主要用于：电子管、晶体管和集成电路中的引线材料、结构材料；小型电子装置与器械的微型电池壳；半导体元器件支持电极。

高膨胀材料主要用于：热双金属片主动层材料，制造室温调节装置、自断路器、各种条件下的温度自动控制装置等。

2. 形状记忆材料

具有形状记忆效应(Shape Memory Effect，SME)的材料叫形状记忆材料。材料在高温下形成一定形状后冷却到低温进行塑性变形为另外一种形状，然后经加热后通过马氏体逆相变，即可恢复到高温时的形状，这就是形状记忆效应。形状记忆材料，通常是两种以上的金属元素构成，所以也叫形状记忆合金(Shape Memory Alloys，SMA)。

按形状恢复形式，形状记忆效应可分为单程记忆、双程记忆和全程记忆3种。

单程记忆：在低温下塑性变形，加热时恢复高温时形状，再冷却时不恢复低温形状。

双程记忆：加热时恢复高温形状，冷却时恢复低温形状，即随温度升降，高低温形状反复出现。

全程记忆：在实现双程记忆的同时，冷却到更低温时出现与高温形状完全相反的形状。

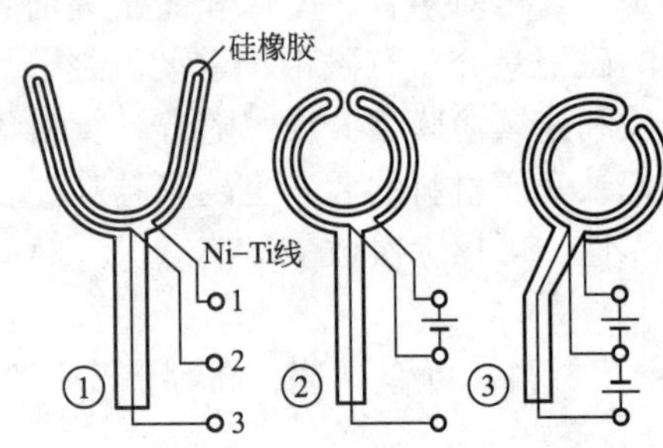

图6.2　形状记忆含金(SMA)手臂

形状记忆材料是一种新型功能材料，在一些领域已得到了应用。其中应用较成熟的是钛镍合金、铜基合金和应力诱发马氏体类铁基合金。图6.2为形状记忆合金的应用图示，图6.2①表示冷态，图6.2②表示仅在1、2端通电加热时的状态，图6.2③表示1、2端通电加热，同时3、4端也通电加热时的状态。

3. 测温材料

测温材料是仪器仪表用材的重要一类。测温元件是利用了材料的热膨胀、热电阻和热电动势等特性制造的，利用这些测温元件分别制造双金属温度计、热电阻和热敏电阻温度计、热电偶等。

测温材料按材质可分为：高纯金属及合金，单晶、多晶和非晶半导体材料，陶瓷、高分子复合材料等；按使用温度可分为：高温、中温和低温测温材料；按功能原理可分为：热胀、热电阻、磁性、热电动势等测温材料。目前，工业上应用最多的是热电偶和热电阻材料。热电偶材料包括制作测温热电偶的高纯金属及合金材料和用来制作发电或电制冷器的温差高掺杂半导体材料。

热电阻材料包括最重要的纯铂丝、高纯铜线、高纯镍丝以及铂钴、铑铁丝等。

4. 隔热材料

防止无用的热，甚至有害热侵袭的材料是隔热材料，隔热材料的最大特性是有极大的热阻。利用隔热材料可以制造涡轮喷气发动机燃烧室、冲压式喷气机火焰喷口等，高温材料电池、热离子发生器等也都离不开隔热材料。

高温陶瓷材料、有机高分子和无机多孔材料是生产中常用的隔热材料。如氧化铝纤维、氧化锆纤维、碳化硅涂层石墨纤维、泡沫聚氨酯、泡沫玻璃、泡沫陶瓷等。随着现代航空航天技术的飞速发展，对隔热材料也提出了更严格的要求，目前主要向着耐高温、高强度、低密度方向发展，尤其是向着复合材料发展。

6.4.4 光功能材料

光功能材料也有各种分类方法。例如：按照材质分为光学玻璃、光学晶体、光学塑料等；按用途可以分为固体激光器材料、信息显示材料、光纤材料、隐形材料等。

光学玻璃包括有色和无色两种形式，目前已有几百个品种，用于可见光和非可见光(紫外光和红外光)的光学仪器核心部件，主要有各种特殊要求的透镜、反射镜、棱镜、滤光镜等。这些光学玻璃元件可用于制造测量尺寸、角度、光洁度等的仪器，经纬仪，水平仪，高空及水下摄影机，生物、金相、偏光显微镜，望远镜，测距仪，光学描准仪，照相机，摄像机，防辐射、耐辐射屏蔽窗等。

光学晶体是指用在光学、电学仪器上的结晶材料，有单晶和多晶两种。按照用途可分为两种：光学介质材料和非线性光学材料。

光学介质材料主要用于光学仪器的透镜、棱镜和窗口材料；非线性光学材料主要用于光学倍频、声光、电光及磁光材料。

光学塑料是指加热加压下能产生塑性流动并能成形的透明有机合成材料。常用的光学塑料有聚甲基丙烯甲酯、聚甲基丙烯酸羟乙酯、聚苯乙烯、双烯丙基缩乙二醇碳酸酯和聚碳酸酯等。光学塑料除了代替光学玻璃外，还有一些独特的应用，如隐形眼镜、人工水晶体、仪器反射镜面、无碎片眼镜等。

下面将简单介绍固体激光器材料及常用现代光功能材料。

1. 固体激光器材料

自1960年红宝石用于世界第一台激光器开始，到目前已有产生激光的固体激光器材料上百种。这些材料分为玻璃和晶体两大类，都是由基质和激活离子两部分组成。激光玻璃透明度高、易于成形、价格便宜，适合于制造输出能量大、输出功率高的脉冲激光器；激光晶体的荧光线宽比玻璃窄、量子效率高、热导率高，应用于中小型脉冲激光器，特别是连续激光器或高重复率激光器。

2. 信息显示材料

信息显示材料就是把人眼看不到的电信号变为可见的光信息的材料，是信息显示技术的基础。信息显示材料分为两大类：主动式显示用发光材料和被动式显示用材料。

主动式显示用发光材料是在某种方式的激发下发光的材料。

在电子束激发下发光的称为阴极射线发光材料，用于真空荧光显示屏，如示波管、显示管、显像管等。

在电场直接激发下发光的称为电致发光材料，包括高电驱动场致发光材料和低电压驱动发光二极管。

用带电粒子激发的称为闪烁晶体，可检测 α、β、γ 射线和快、慢中子等。

将不可见光转化为可见光的材料称为光致发光材料，包括不可见光检测材料和照明材料。

被动式显示用材料在电场等作用下不能发光，但能形成着色中心，在可见光照射下能够着色从而显示出来。这类材料包括液晶、电着色材料、电泳材料等多种，其中使用最广泛、最成熟的是液晶。

3. 光纤

光纤的出现不仅大大扩展了光学玻璃的应用领域，同时也实现了远距离的光通信，光纤通信网络、海底光缆都已成为了现实。

光纤是高透明电介质材料制成的极细的低损耗导光纤维，具有传输从红外线到可见光区的光和传感的两重功能。因而，光纤在通信领域和非通信领域都有广泛应用。

通信光纤是由纤芯和包层构成：纤芯是用高透明固体材料(如高硅玻璃、多组分玻璃、塑料等)或低损耗透明液体(如四氯乙烯等)制成，表面的包层是由石英玻璃、塑料等有损耗的材料制成。按纤芯折射率分布不同，光纤可分为阶跃型光纤和梯度型光纤两大类；按传播光波的模数不同，光纤可分为单模光纤和多模光纤；按材料组分不同，光纤可分为高硅玻璃光纤、多组分玻璃光纤和塑料光纤等，生产中主要用高硅玻璃光纤。

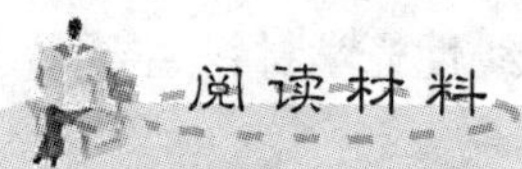

改变世界的新材料石墨烯(graphene)

石墨烯(graphene)是2004年由英国曼彻斯特大学的两位科学家安德烈·杰姆和克斯特亚·诺沃消洛夫(2010年获得诺贝尔物理学奖)在实验室中发现。它是一种二维晶体，厚度只有一个原子的直径。但是它比钻石还硬，在室温下传递电子的速度比已知导体还快。它跟钻石一样都是纯碳，由六边形网状原子构成，通过电子显微镜观察，它看起来很像蜂巢或者一块细铁丝网，如图6.3所示。虽然它很结实，但是柔韧性跟塑料包装一样好，可以随意弯曲、折叠或者像卷轴一样卷起来。

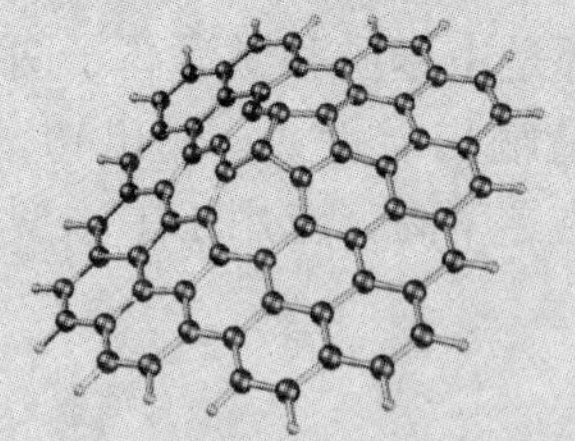

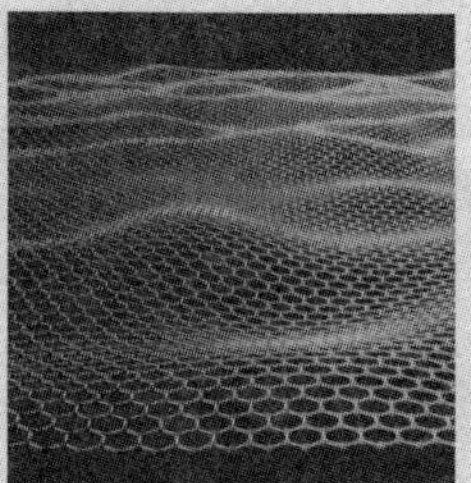

图6.3 石墨烯

石墨烯的问世，让物理学家、化学家和电子工程师们兴奋不已，仅6年时间应用研究发展迅猛，硕果累累。2011年4月7日IBM向媒体展示了其最快的石墨烯晶体管，该产品每秒能执行1550亿个循环操作，比之前的试验用晶体管快50%。据美国媒体报道，加州大学伯克利分校劳伦斯国家实验室的张翔等美国华裔科学家，使用纳米材料石墨烯最新研制出的一款光学调制器，其具备的高速信号传输能力有望将互联网速度提高一万倍；俄亥俄州Nanotek仪器公司的研究人员利用锂离子可在石墨烯表面和电极之间快速大量穿梭运动的特性，开发出一种新型储能设备，可以将充电时间从过去的数小时缩短为不到一分钟；此外，全球首款手机用石墨烯电容触摸屏在我国常州研制成，充分表明石墨烯产品已从实验室逐步走向了市场并造福人类。

思 考 题

(1) 什么是陶瓷，它有哪些显微组织结构？

(2) 何谓功能材料？常用功能材料有哪几大类？

第7章 投影基础

掌握正投影的基本知识和概念。掌握点、直线、平面和基本体的投影规律和作图方法；掌握基本体的投影特性。理解组合体组合形式(叠加、切割)与表面连接关系(相切、相交、平齐)等基本概念。

知识要点	能力要求
正投影	掌握点、直线、平面和基本体正投影作图、三视图表示
基本体三视图	基本体的三视图表示
组合体三视图	组合体三视图绘制，组合体读图分析

导入案例

幻灯——投影技术的早期应用

幻灯，也称“映画器”，俗称“小电影”、“土电影”。现在，它是广大群众所喜爱的文艺形式，也是早期电化教学中组成部分之一，原理是投影技术。

幻灯的最初发明者，是美国大科学家爱迪生。据记载，法国的幻灯片是出现在 1789 年大革命时期。最早传入我国大约在清朝末年。那时，在江苏一带就有人利用灯光和凸镜，映出透明颜料人物画，当时叫做“取影灯戏”。后来，出现在大街小巷的“拉洋片”、“西洋景”也是属于幻灯的样式。

清代我国科学家郑复光，在他的《镜镜诠痴》这部光学著作中，就有制造透射幻灯机的详细论，可惜当时由于我国工业落后，还不能生产。

建国之后，幻灯事业得到了国家的重视，建立专门工厂，生产各种幻灯机和幻灯片，从而推动了幻灯事业的应用发展。

7.1　正投影和视图

空间立体是以几何元素点、线、面为基础构成的，它的表达离不开这些几何元素的表达。当几何元素与投影面处于不同的相对位置，或者它们自身的相对位置不同时，它们的投影会反映出不同的特性。利用投影产生的相应视图能准确、有效地表达。

7.1.1　正投影及其特性

1. 正投影的概念

投射线与投影面垂直时的平行投影法称为正投影法。其原理如图 7.1 所示。

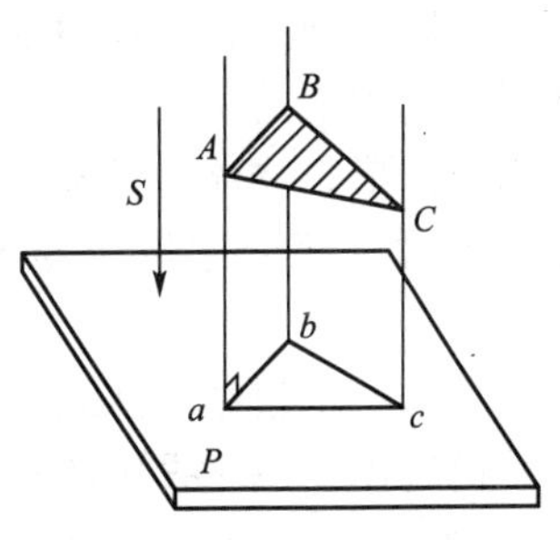

图 7.1　正投影原理

2. 正投影的基本特性

正投影的基本特性体现在用正投影法绘制的所有正投影图中，为了正确理解正投影图，必须掌握这些特性。

1) 真实性

当物体上的平面图形(或棱线)与投影面平行时，其投影反映实形(或实长)。

图 7.2 (a)所示物体上的平面图形 $ABCDE$ 与投影面 V 平行，其投影 $a'b'c'd'e'$ 反映平面图形的实形。物体上的棱线 AE 与 V 面平行，其投影 $a'e'$ 也反映棱线的实长。正投影的真实性非常有利于在图形上进行度量。

2) 积聚性

当物体上的平面图形(或棱线)与投影面垂直时，其投影积聚为一条线(或一个点)。

图 7.2 (b)所示物体上的平面图形 $AEFG$ 与投影面 V 垂直，其投影 $a'e'f'g'$ 积聚为一

条线段。物体上的棱线 EF 与 V 面垂直，其投影 $e'f'$ 也积聚为一个点。正投影的积聚性非常有利于图形绘制的简化。

3）类似性

当物体上的平面图形（或棱线）与投影面倾斜时，其投影仍与原来形状类似，但平面图形变小了，线段变短了。正投影的类似性，有利于看图时想象物体上几何图形的形状。

图 7.2 (c)所示物体上的平面图形 $MNTS$ 与投影面 V 倾斜，其投影 $m'n't's'$ 为平面图形的类似形，但变窄了。物体上的棱线 MN 与 V 面倾斜，其投影 $m'n'$ 仍为线段，但长度较 MN 短。

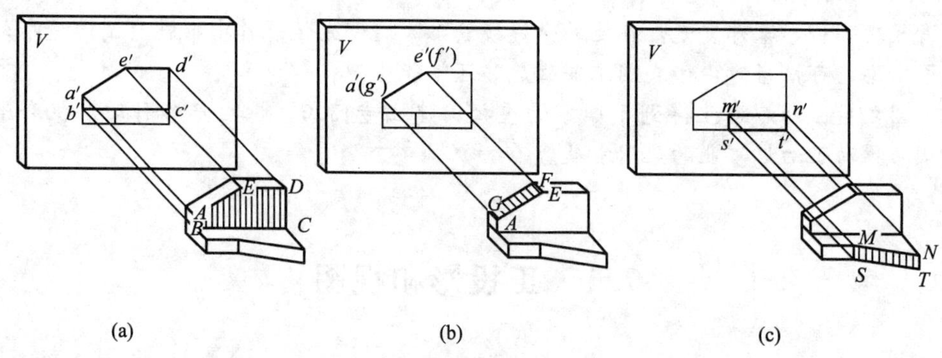

图 7.2　正投影的基本特性

由于正投影图能真实地表达物体形状，作图也比较简便，因此在工程上得到广泛采用。学习看机械图，主要是学习看正投影图。

7.1.2　三视图的形成

用正投影的方法绘制出来的图形称为视图。视图也可理解为：将物体放在投影面与观察者之间，观察者站在很远的地方，正对着投影面(即视线与投影面垂直)所看到的物体的图形。物体上的每一要素，如点、线、面等，在投影面上都应有与之对应的投影，并用图线组成图形。物体可见部分的投影用粗实线表示；物体不可见部分的投影用虚线表示；当物体上可见部分的投影与不可见部分的投影重合时，即粗实线与虚线重合时，只画粗实线。

点的一个投影不能确定点在空间的准确位置(图 7.3 (a))，图 7.3(b)所示的 3 种不同形状的物体，用正投影法从同一方面获得的视图是完全一样的，并不能完整地反映出机件的结构形状。因此，物体的一个视图不能唯一地确定该物体的形状和大小。

为了唯一地确定物体的形状和大小，必须采用多面投影，画出物体的几个视图。每一个视图侧重表示物体的一个方面，几个视图配合起来就能全面、清楚、准确地表达物体的形状。

1. 三投影面体系

为了画出物体的 3 个视图，人们选用 3 个互相垂直的投影面，建立三投影面体系。

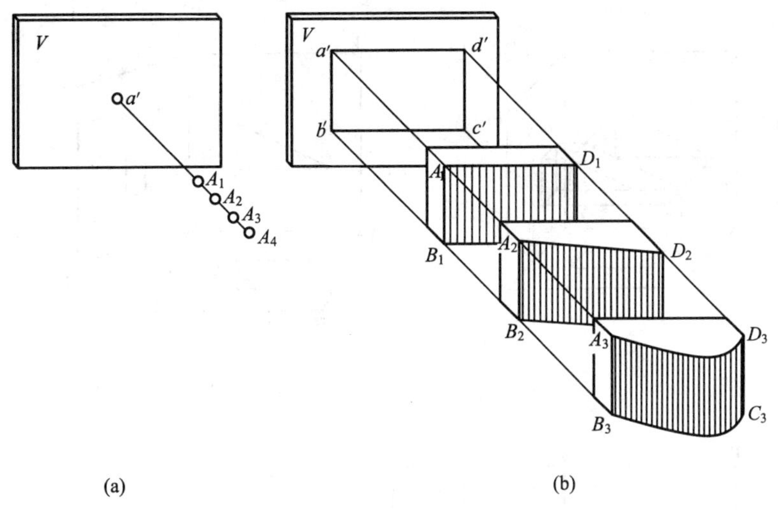

图 7.3 一个投影不能确定空间物体的情况

如图 7.4 所示，在三投影面体系中，3 个投影面分别用 V(正面)、H(水平面)、W(侧面)来表示。3 个投影面的交线 OX、OY、OZ 称为投影轴，3 个投影轴的交点称为原点。又将正对观察者的投影面称为正投影面，简称正面(即 V 面)，水平面位置的投影面称为水平投影面，简称水平面(即 H 面)，右边侧立的投影面称为侧投影面，简称侧面(即 W 面)。

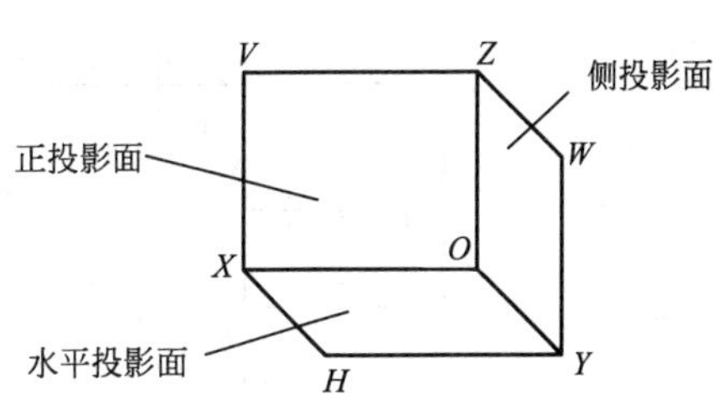

图 7.4 三投影面体系

2. 三视图的形成

如图 7.5 (a)所示，将三角块放在三投影面中间，分别向正面、水平面、侧面投影。在正面的投影叫主视图，在水平面上的投影叫俯视图，在侧面上的投影叫左视图。

为了度量物体的大小，分别用 3 个投影面 V、H 和 W 相交的 OX、OY、OZ 轴来表示长、宽、高的 3 个度量方向。

为了把三视图画在同一平面上，如图 7.5(b)所示，规定正面不动，水平面绕 OX 轴向下转动 90°，侧面绕 OZ 轴向右转 90°，使 3 个互相垂直的投影面展开在一个平面上(图 7.5 (c))。为了画图方便，把投影面的边框去掉，得到图 7.5 (d)所示的三视图。

7.1.3 三视图的投影关系

如图 7.5 (d)所示，主视图反映机件的长度和高度，俯视图反映机件的长度和宽度，左视图反映机件的高度和宽度。根据三面视图的形成和三投影面的展开，我们可以把三视图的投影关系归纳为 3 句话。

主、俯视图长度相等。

主、左视图高度相等。

俯、左视图宽度相等。

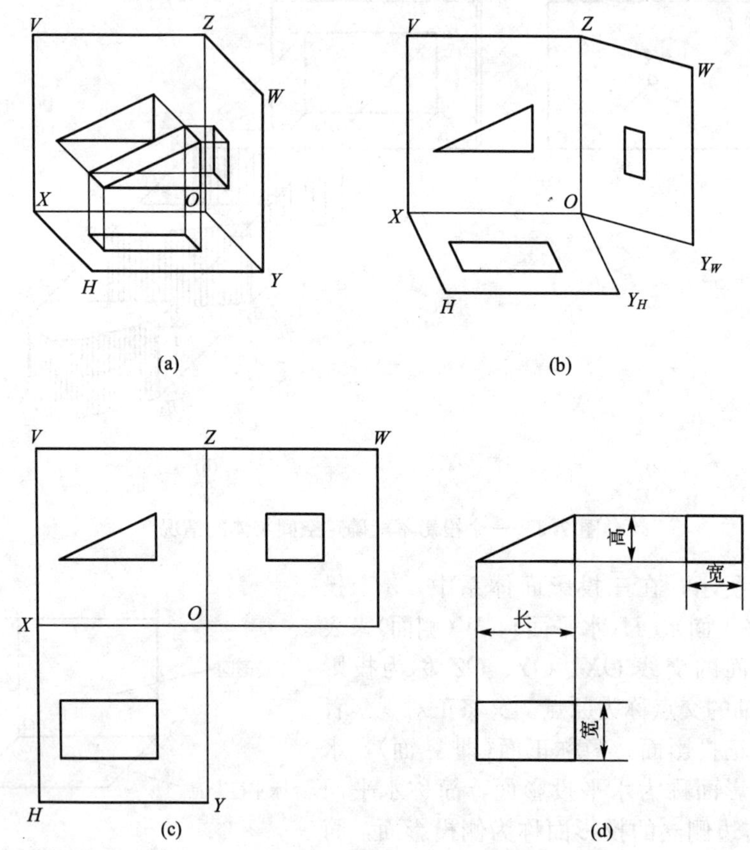

图 7.5　三视图的形成

(a) 三角块向 3 个投影面投影；(b) 将投影面展开；

(c) 展开后的情况；(d) 三角块的三视图

简称："长对正、高平齐、宽相等"，这就是三视图间的投影规律，是画图和看图的依据。图 7.6 所示托架的三视图，就是运用上述规律画出来的。

从图 7.6 中可以看出：我们将高度方向称为上、下，长度方向称为左、右，宽度方向称为前、后；则主视图确定托架上、下、左、右 4 个部位，俯视图确定托架前、后、左、右 4 个部位，左视图确定托架上、下、前、后 4 个部位。

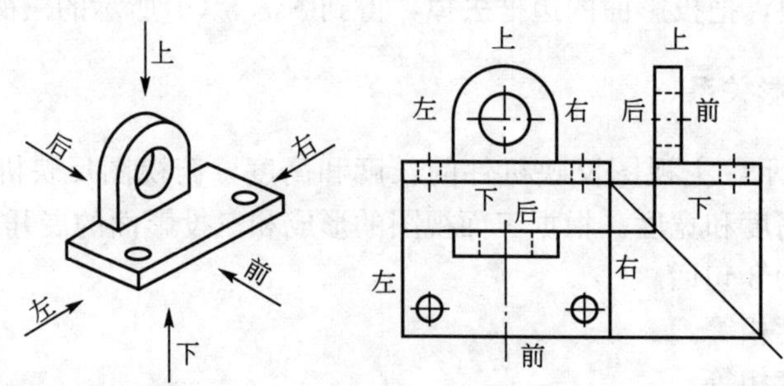

图 7.6　托架

7.1.4 图线及其画法

图样上的图形是由各种图线构成的。国家标准《机械制图 GB/T 4457.4—2002》(简称“国标”)中规定了各种图线的名称、型式和用途。表 7-1 中仅列出了经常使用的图线及其用途。

表 7-1 各种图线及其用途

图线名称	图线型式	线宽	一般应用
粗实线	————————	b=0.4～1.2mm	(1) 可见轮廓线 (2) 可见过渡线
虚线	- - - - - - - - - - -	约 $b/3$	(1) 不可见轮廓线 (2) 不可见过渡线
细实线	————————		(1) 尺寸线及尺寸界线 (2) 剖面线 (3) 引出线
细点画线	———·———·—		(1) 轴线 (2) 对称中心线
双点画线	——··———··——		(1) 极限位置的轮廓线 (2) 相邻辅助零件的轮廓线 (3) 假想投影轮廓线 (4) 中断线
波浪线	～～～		(1) 断裂处的分界线 (2) 视图和剖视的分界线
双折线	—\/\—\/\—		断裂处的边界线
粗点画线	———·———·—	b	有特殊要求的线或表面的表示线

图线分为粗、细两种。粗线的宽度 b 按图形的大小和复杂程度，在 0.5～2mm 之间选择，常用 0.5～0.7mm；细线的宽度约为 $b/3$。

绘制图样还规定了以下要求。

(1) 同一图样中，同类图线的宽度应基本上保持一致。虚线、点画线及双点画线的线段长度及间隙应各自大致相等。点画线和双点画线的首末两端应是线段而不是点。

(2) 画圆的对称中心线时，圆心应为线段的交点，直径较小不便于画点画线时，其中心线可画成细实线。

7.2 基本体的三视图

任何一个复杂的机件都可以看成是由锥、柱、球、环等若干个基本体所组成的。如图 7.7(a)所示的顶针，可看成是由圆锥、圆柱(两个)和圆锥台组成；图 7.7 (b)所示的螺栓坯可看成由圆柱、六棱柱组成。正确而熟练地掌握基本体的画法，可为识读结构形状复杂的零件图打下基础。

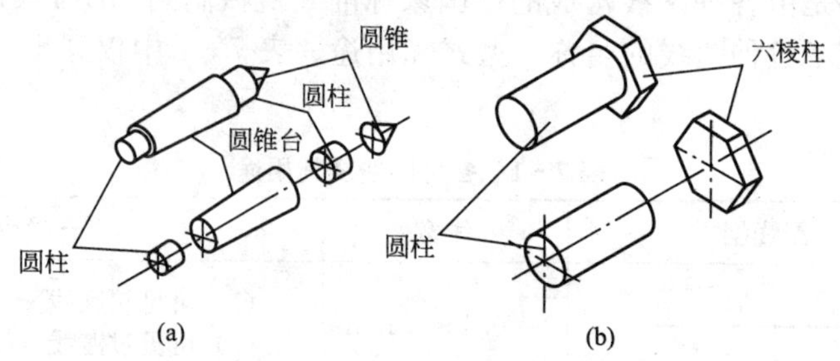

图 7.7　基本体

以下讨论常见几种基本体的三视图及其特征。

7.2.1　棱柱

以三棱柱为例，讨论其视图特点。

把正三棱柱放在三投影面体系中，分别向 V、H、W 面投射，即得到正三棱柱的正面投影、水平面投影和侧面投影(图 7.8)。正三棱柱上、下底面为水平面，它们的水平投影反映实形，是重合在一起的正三边形 abc；它们的正面、侧面投影分别积聚成相距为棱柱高的两条横向线。后棱面为正平面，其正面投影反映实形——一个长方形；水平投影积聚成横向线；侧面投影积聚成竖向线。其余两个棱面都是铅垂面，水平投影有积聚性，即正三边形左、右两条边；正面、侧面投影有类似性分别为长方形。由此可知棱柱三视图的投影特性：一个视图是多边形，其余视图均为长方形。

棱柱的视图特点：一个视图为多边形，另两个视图为方形线框。

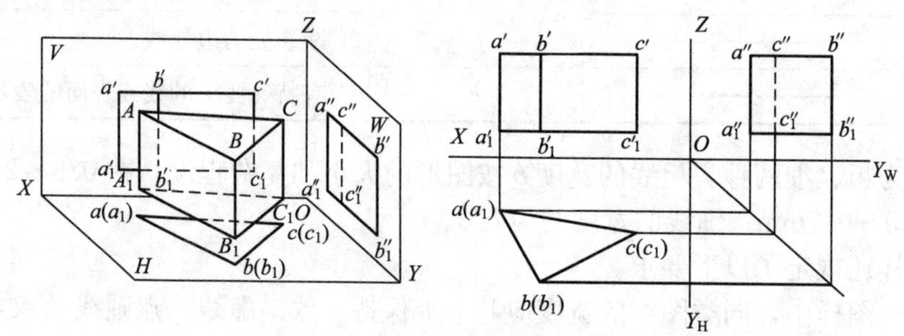

图 7.8　三棱柱的三视图

7.2.2　棱锥

四棱锥的三面投影如图 7.9 所示。从中可知其三视图的投影特性：一个视图的外轮廓是多边形，轮廓内均三角形；其余视图均为三角形。

画棱锥的三视图，先画底面在反映实形的视图上的投影；再根据“长对正、高平齐、宽相等”三等规律，画出底面在其他两视图中的投影；然后按棱锥高度画出棱锥顶点的 3 个投影；最后将锥顶与底面多边形各角点相连，完成全图。

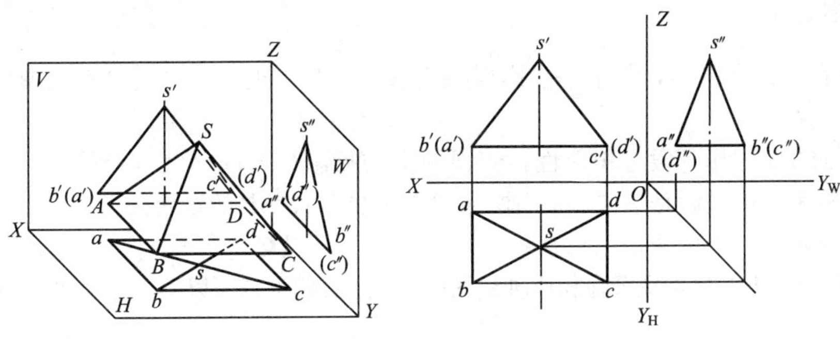

图 7.9　四棱锥的三面投影

7.2.3　圆柱

圆柱上、下两底面是水平面，水平投影反映实形——圆；正面、侧面投影分别积聚成两平行的间距为圆柱高的横向线，其长度等于圆柱的直径。

圆柱面轴线⊥H 面，组成圆柱面的所有素线都是铅垂线，所以圆柱面的水平投影积聚成一圆周与底面圆周重合。

圆柱面是光滑曲面，没有棱线，所以它的正面、侧面投影是决定圆柱空间范围的外形轮廓素线(又称转向轮廓线)的投影。外形轮廓素线是圆柱面相对投影面而言可见与不可见的圆柱面部分的分界线。所以圆柱面在主视图上的投影是最左、最右两条轮廓素线 AA_1、BB_1 的正面投影 $a'a'_1$、$b'b'_1$；圆柱面在左视图上的投影是最前、最后两条轮廓素线 CC_1、DD_1 的侧面投影 $c''c''_1$、$d''d''_1$。由于 AA_1、BB_1 的侧面投影 $a''a''_1$、$b''b''_1$ 和 CC_1、DD_1 的正面投影 $c'c'_1$、$d'd'_1$都位于轴线的相应投影(中心线)上，所以不必画出。由上可知，相对不同的投影面而言，圆柱面的外形轮廓素线是不同的(图 7.10)。

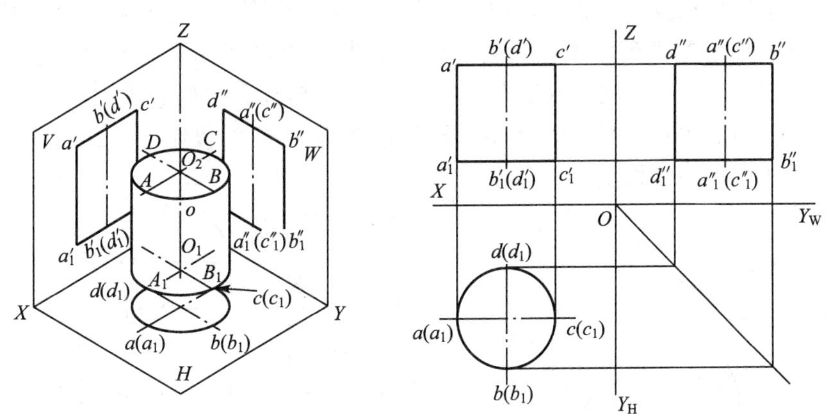

图 7.10　圆柱及其三视图

画圆柱的三视图，可先画反映底面实形的视图——圆(应以十字中心线交点为圆心)，然后画圆柱轴线的投影点画线，再根据“长对正、高平齐、宽相等”三等规律画出其他两视图——长方形。

7.2.4 圆锥

圆锥的底面是水平面，其水平投影反映实形——圆；正面、侧面投影积聚成长度为底圆直径的横向线。

圆锥面的3个投影都没有积聚性，俯视图中的投影是与底面圆重合的圆；与圆柱面相似，它在主视图上的投影是最左、最右两条轮廓素线 SA、SB 的正面投影 $s'a'$、$s'b'$；在左视图上的投影是最前、最后两条轮廓素线 SC、SD 的侧面投影 $s''c''$、$s''d''$。由于 SA、SB、SC、SD 在其他两视图上的投影重合在相应轴线的投影(中心线)上，所以不必画出(图 7.11 所示)。

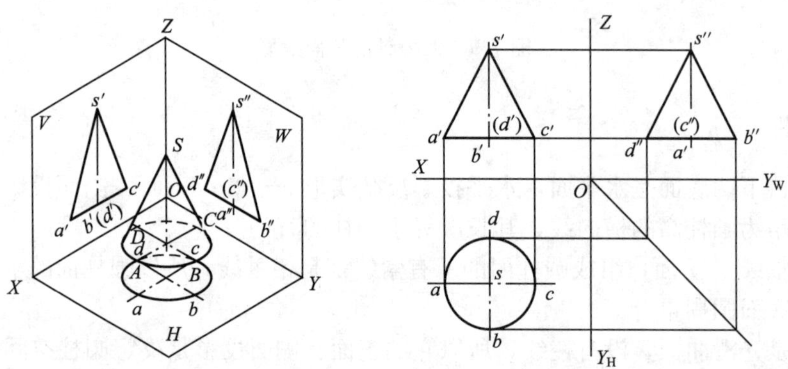

图 7.11　圆锥及其三视图

画圆锥的三视图，可先画反映底面实形的视图——圆(应以十字中心线交点为圆心)，然后画锥顶(在轴线的投影——点画线上)的两投影，最后画轮廓素线完成该两个视图——三角形。

7.2.5 球

球面的3个投影都没有积聚性，它的3个视图是3个直径等于球径的圆。应该注意的是：主视图上的圆是圆球面上对 V 面的外形轮廓素线 A 的投影，是在主视图上区分球面可见性的分界圆；而该轮廓素线在其他两视图上的投影重合在相应的中心线上不予画出。同理，俯、左视图上的圆是圆球面上外形轮廓素线 B 和 C 的投影，是在这两个视图上区分球面可见性的分界圆，如图 7.12 所示。

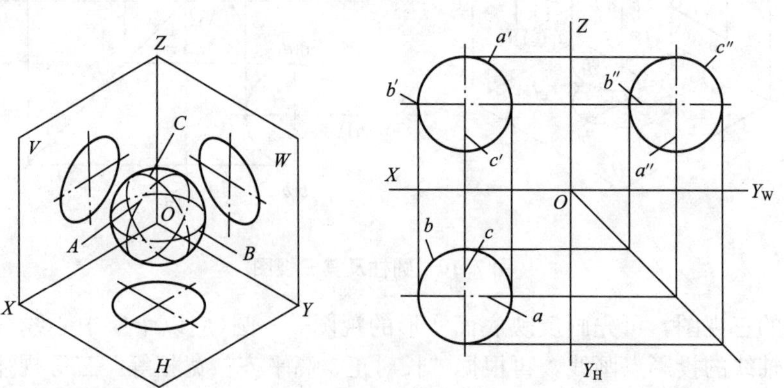

图 7.12　圆球及其三视图

画圆球的三视图，先画每个视图的十字中心线，以交点为圆心再画 3 个等径的圆。

7.3　组合体的三视图

7.3.1　组合体的组合形式

图 7.13 所示轴承座是组合体。可分解成 5 个部分：底板 1、肋板 2、支撑板 3、大圆筒 4、小圆筒 5。底板是在带两圆角的长方板上挖去两个小圆柱后而形成的；大圆筒、小圆筒都是在圆柱体上挖去一个圆柱，即开圆孔后形成的；支撑板和肋板是不同形状的柱体，它们与大圆筒的结合面是圆柱面。支撑板在底板上，后面与底板齐平；肋板紧靠支撑板置于底板上部的左右对称处；大圆筒架在支撑板上，后面突出；支撑板左右两正垂面与大圆筒表面相切，光滑过渡无分界线；肋板左、右、前面均与大圆筒表面相交，产生 3 条交线；小圆筒立于大圆筒前后对称处，两者外表面相交产生一条交线，两者内表面相交也产生一条交线。

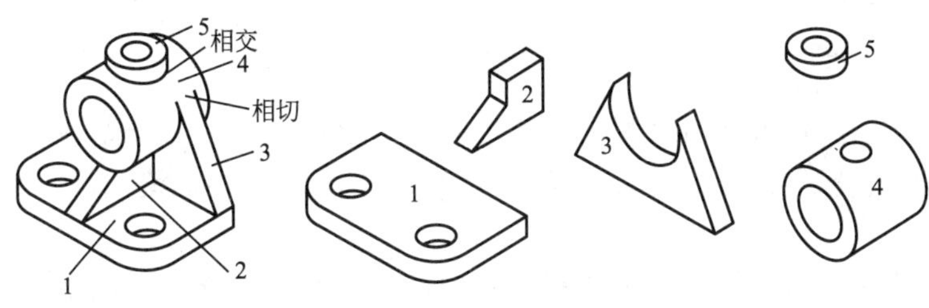

图 7.13　轴承座

1. 叠加

图 7.14(a)所示组合体由圆柱、正四棱柱和圆台沿同一轴线堆叠而成。叠加式组合体的投影就是堆叠成它的各个基本体的投影之和。只要把各个基本体按各自的位置逐个画出，就得到了整个组合体的投影(图 7.14(b))。

2. 切割

图 7.15 所示组合体是在长方体左上边切割去一个三棱柱，再中间开上下通槽(即切去一个四棱柱)而形成的。

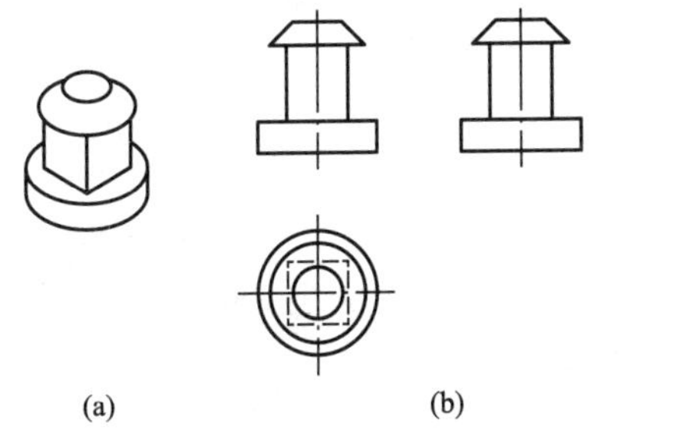

图 7.14　叠加式组合体及其视图

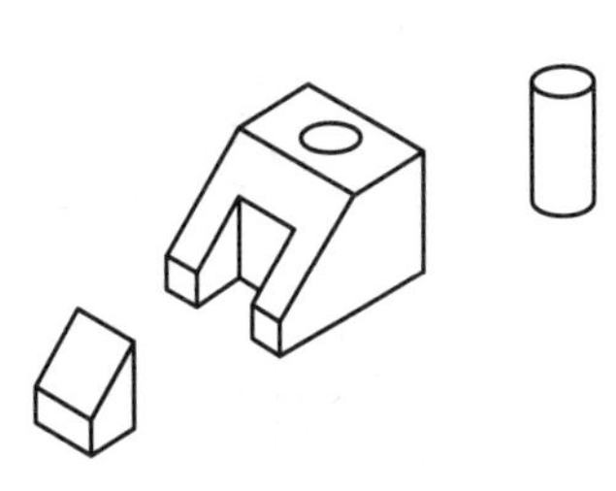

图 7.15　切割式组合体

该组合体的投影就是在未被切割的基本体的投影(图 7.16(a))上，逐个画出切割后形成的切口的投影(图 7.16(b)、(c))而得到的。切口的投影实际上就是截切面的投影，一般应从截切面有积聚性的投影开始画图。图 7.16 是画图的过程。

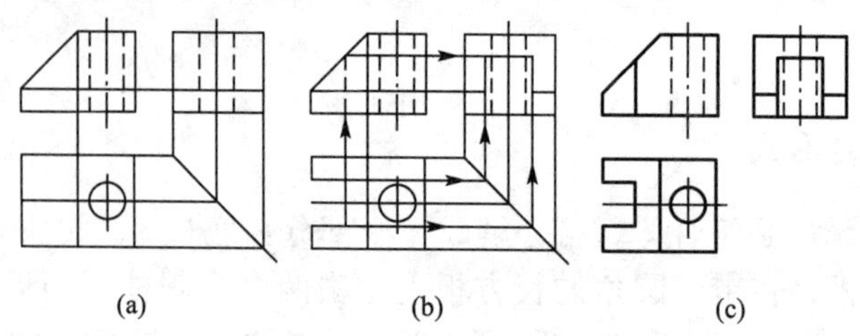

图 7.16　切割式组合体投影的画法

在实际形成组合体时，往往两种组合方式混合出现。

7.3.2　组合体表面的连接关系

由叠加或切割方式形成的组合体，组成它的各基本体的相邻表面，必然会出现平齐和不平齐、相切和相交几种连接关系。

1. 平齐和不平齐

如图 7.17 所示的轴承架由竖板、三角块和长方形底板组成。三角块在竖板的前方属不平齐，其左视图投影需有线隔开；竖板在底板的后上方属不平齐，其主视图投影需有线隔开。

如图 7.18 所示支座由长方形座体和底板组成，座体放在底板顶面上。座体和底板前端面平齐，所以主视图中间没有线隔开。

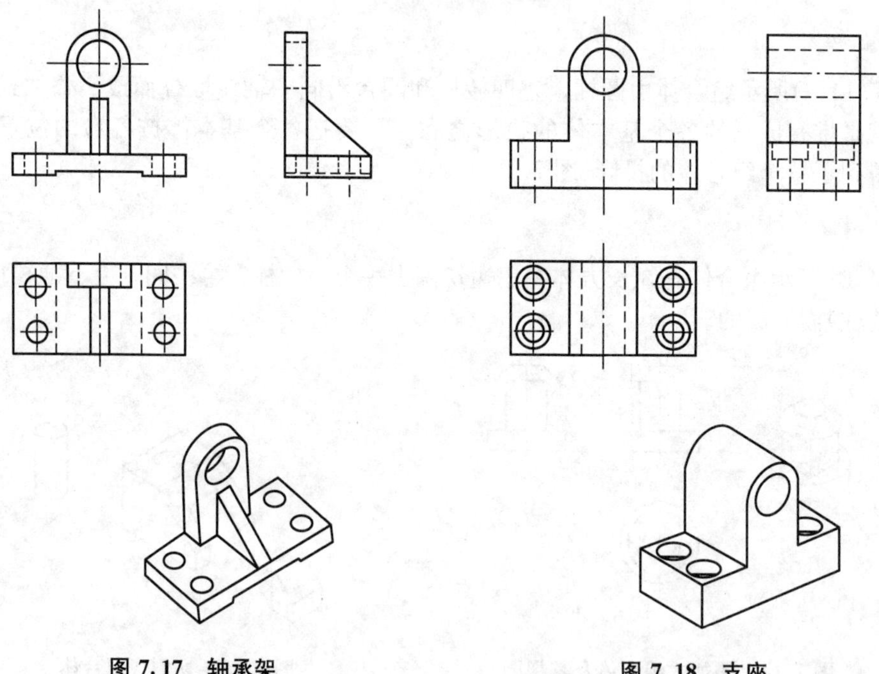

图 7.17　轴承架　　　　**图 7.18　支座**

不平齐视图特点：两基本体投影中间有线隔开。

平齐视图特点：两基本体投影中间没有线隔开。

2. 相切

相切是基本体叠加和切割时的特殊情况。

如图 7.19 所示：(a)组合体左侧圆柱面与前、后两平面相切；(b)组合体左、右两侧圆柱面与前、后两曲面相切。相切处是两不同表面的分界处，均无交线，两相切表面有积聚性的投影在切点处分界，如图 7.20(a)、(b)的俯视图。而它们的非积聚性投影在分界处不画分界线，但相切各表面都必须按三等规律画到相切处，如图 7.20(a)、(b)的主、左视图。

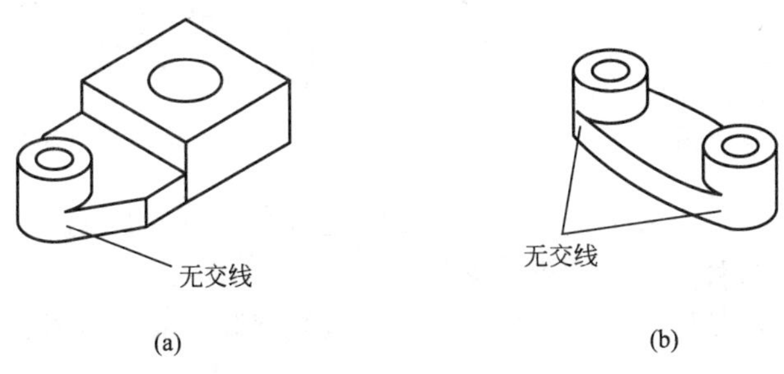

图 7.19　组合体表面相切

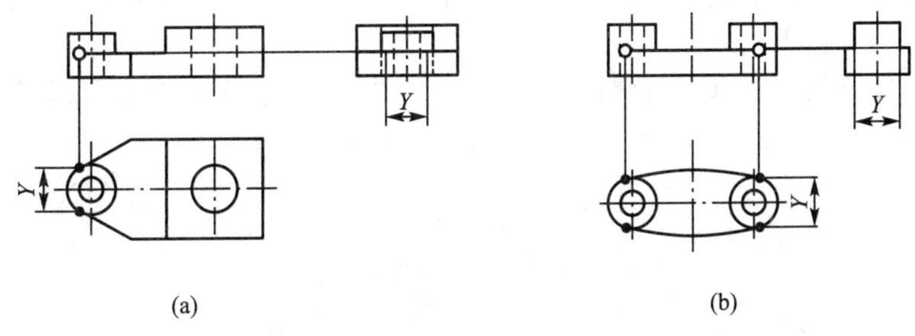

图 7.20　组合体表面相切的画法

形体相切时，在相切处产生面与面的光滑连接，没有明显的分界棱线，但存在着看不见的光滑连接的切线，读图时应注意找出切线投影的位置及不同相切情况的投影特点(图 7.20)。

3. 相交

基本几何体通过叠加、切割方式形成组合体。因此，一个较为复杂的立体其表面往往存在基本几何体在构成组合体时所形成的表面交线，这种交线包括平面与立体相交形成的截交线、立体与立体相交形成的相贯线。

以下将讨论几种常见的相交情况及它们的投影特点。

1) 截交线

平面与立体相交可看成立体被平面截切(图 7.21(a))，故切割平面称为截平面，被切割后的立体表面称为截断面，截平面与立体表面的交线称为截交线(图 7.21(b))。截交线一般为直线或曲线。

截交线具有两条重要性质，如图 7.22 所示。

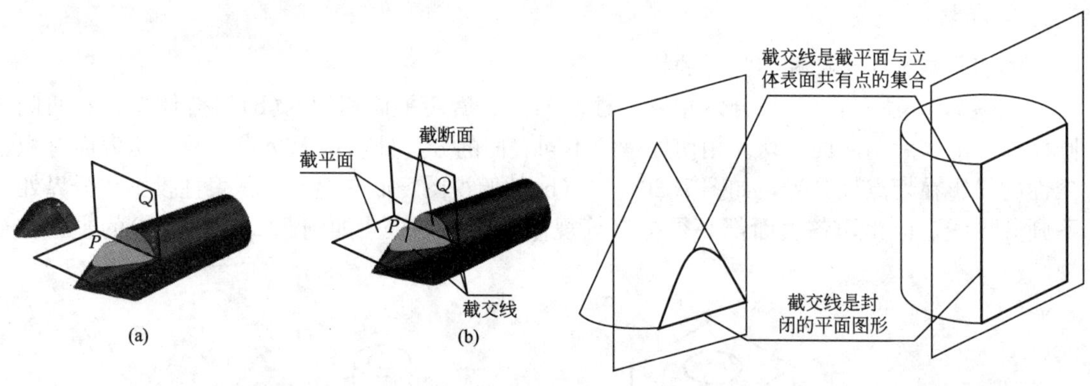

图 7.21　截交线　　**图 7.22　截交线的性质**

(1) 它既在截平面上，又在立体表面上，因此截交线上的每一点都是截平面与立体表面的共有点，而这些共有点的连线就是截交线。

(2) 由于立体表面占有一定的空间范围，所以截交线一般是封闭的平面图形。

2) 相贯线

两曲面立体相交形成的交线称相贯线，通常相贯线为空间曲线，特殊情况下为平面曲线或直线。相贯线是相交两立体表面的共有线，相贯线上的点是两曲面立体表面上的共有点。

下面仅以两圆柱正交为例。

当两回转体轴线互相垂直时称正交，图 7.23 是 4 种常见的正交相贯形式。

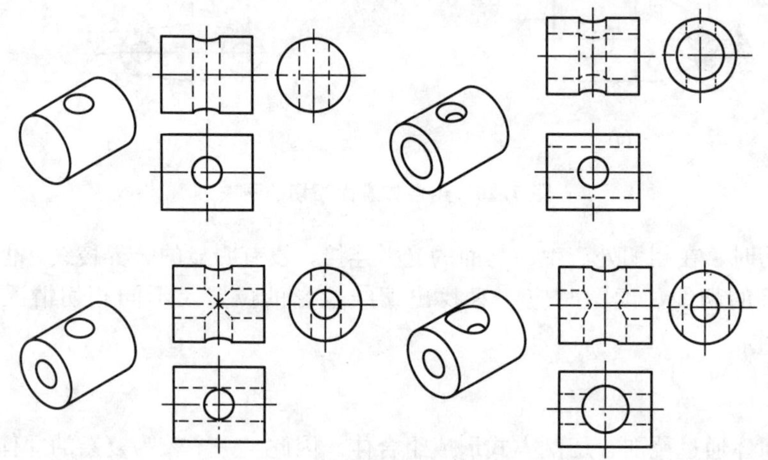

图 7.23　4 种常见的正交相贯形式

图 7.23 所示为两圆柱正交时相贯线的投影特点。两圆柱正交时，相贯线为一闭合的空间曲线，也是两圆柱面的共有线。小圆柱轴线垂直于水平投影面，相贯线的水平投影积聚在小圆柱水平投影的圆周上；大圆柱轴线垂直于侧投影面，相贯线的侧面投影积聚在大圆柱侧面投影的部分圆弧上。

7.3.3 组合体三视图的绘制

组合体通常用 3 个视图来表达。下面以图 7.24 所示轴承座为例，介绍组合体三视图的绘制方法与步骤。

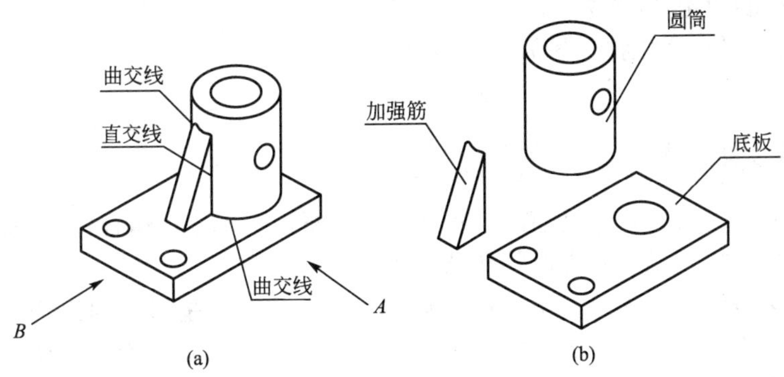

图 7.24 轴承座

(a) 立体图；(b) 形体分析

1. 形体分析

把组合体分解为若干个基本体的分析方法习惯上称为形体分析，在形体分析中还需分析各基本体的结合形式和连接方式。

如图 7.24 所示，轴承座可分为底板、圆筒和加强肋 3 大部分。圆筒叠加在底板的右上方，加强肋与底板及圆筒相交，底板上切去 3 个圆孔(一大孔和二小孔，大孔与圆筒内径相同)，圆筒前部横切一小圆孔。

2. 视图画法

现以轴承座为例，介绍组合体三视图的画法。画图时可见轮廓线用粗实线画出，不可见轮廓线用虚线画出，对称中心线用点画线画出。

1) 选择主视图

主视图是最主要的视图，一般选取组合体最能反映各部分形状特征和自然位置的一面画主视图。如图 7.24 所示 A 向作为主视图的方向，它能反映轴承座 3 大部分的相对位置及形状，若选 B 向作主视图方向，则加强肋的位置和形状不能反映，圆筒上的小孔形状亦看不见。两者相比较，采用 A 向作主视图投影方向较好。

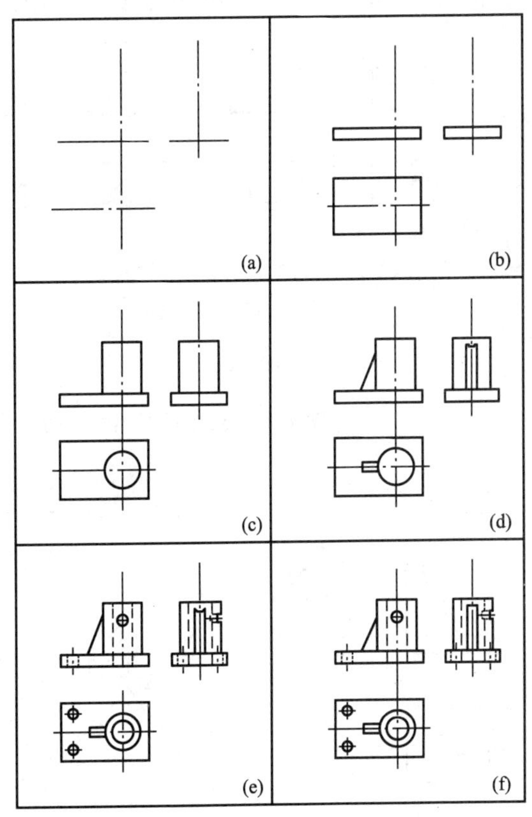

图 7.25 轴承座的画法步骤

2) 画图步骤(图 7.25)

(1) 布置视图，画出视图的定位线(图 7.25 (a)的轴线及主、左视图中的底线)。

(2) 画底板的轮廓(图 7.25 (b))。

(3) 画圆筒的外部轮廓(图 7.25(c))。

(4) 画加强肋的轮廓(图 7.25 (d))。

(5) 画出各部分细部结构(图 7.25 (e))。

(6) 检查、描深图线(图 7.25 (f))。

7.3.4　组合体读图方法

看组合体视图的目的，就是通过对各视图的分析，想象出该组合体的空间形状。也是根据二维图形想象出它们的三维形状和结构的过程。

读图的基本方法是形体分析法。运用形体分析法读图，是指根据组合体视图的特点，把视图分成若干部分，先逐一确定它们的几何形状，再按照它们的相对位置和组合特点，想象出立体的整体形状。对于有些比较复杂的局部结构，还要辅助以线面分析法进行读图。因此必须熟练掌握基本几何体的投影特点以及直线和平面的投影特性。

读图时，无法根据立体的一个视图确定其空间形状，因此必须将有关视图联系起来分析。

如图 7.26 (a) 所示的 3 个立体，其主视图相同，对应不同的俯视图，则表示了 3 个不同的立体。在图 7.26 (b)中，两个立体的主、俯视图都相同，其空间形状主要决定于左视图。

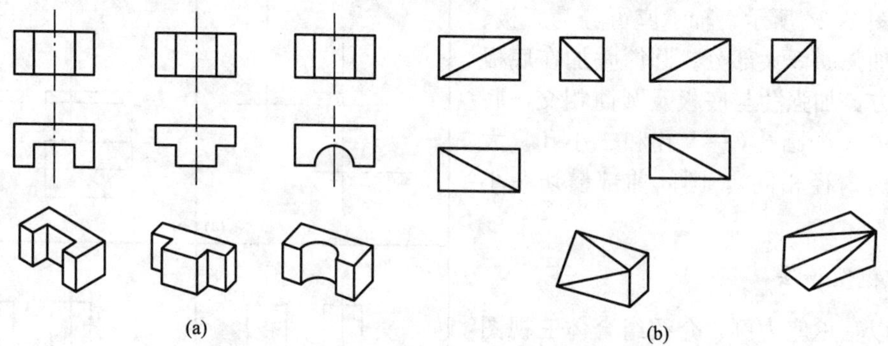

图 7.26　两个视图相同空间形状主要取决于第三视图的例子

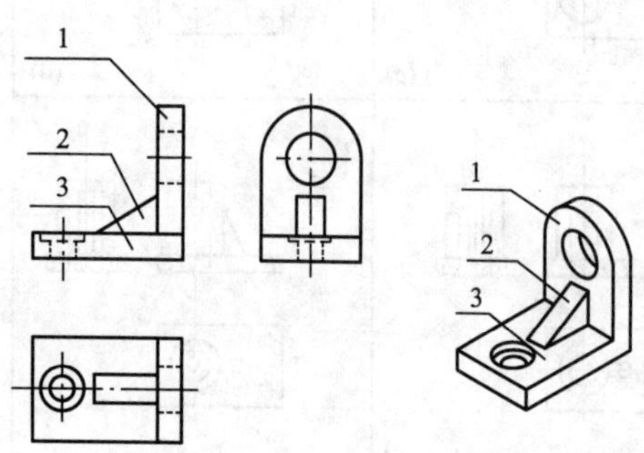

图 7.27　形体分析

看图的基本方法是根据视图间的投影关系，进行形体分析、面形分析和图线分析，总称为投影分析。

1. 形体分析

形体分析就是根据视图的图形特点、基本体的投影特征把物体分解成若干部分，并分析其组合形式。如图 7.27 所示的支架，可认为是由竖板 1、三角肋 2 和底板 3 这 3 大部分组成的。由支架的三视图可以看出其组合形式是叠加式。叠加时底板在下方，其左边中间开了一个阶梯孔，底板右边有一半圆形的竖板，竖板上半部中间开了一个小圆孔。竖板和底板前端面平齐，所以主视图中间没有线隔开。底板和竖板间加了一块三角肋。

2. 面形分析

面形分析就是分析视图中每个封闭线框所表示的意义。图 7.28 中，4 个形体的俯视图方形封闭线框都相同，但对照左视图，可知表示不同的含义。俯视图中，图 7.28(a)方形封闭线框是空间水平面的投影；图 7.28(b)和图 7.28(d)方形封闭线框是空间曲面的投影；图 7.28(c)方形封闭线框是空间侧平面的投影。

图 7.28(a)中的 ef 线是空间侧垂面投影；图 7.28(b)中的 $a'b'$线是圆柱面的轮廓素线，也是前后轮廓转向线的投影；图 7.28(c)中的 cd 线为两平面交线的投影。

对线框进行分析时要抓住以下的两个关键。

(1) 视图中每个封闭的线框，一般都表示物体上一个面(平面或曲面)的投影。

看图时，要从线框去判别出它所表达的是平面还是曲面？是什么位置的平面？是什么性质的曲面？如图 7.29(a)中，主、俯视图上的线框 1、2 对应左视图上的线框 1 和 2，说明 1、2 两个线框表示的是竖板和三角肋；俯视图上的线框 3，对应主、左视图上的直线段 3，说明俯视图的线框 3 表示的是与水平面平行的平面；左视图上的线框 4，对应主、俯视图上的直线段 4，说明左视图上的线框 4 表示的是与侧面平行的平面。

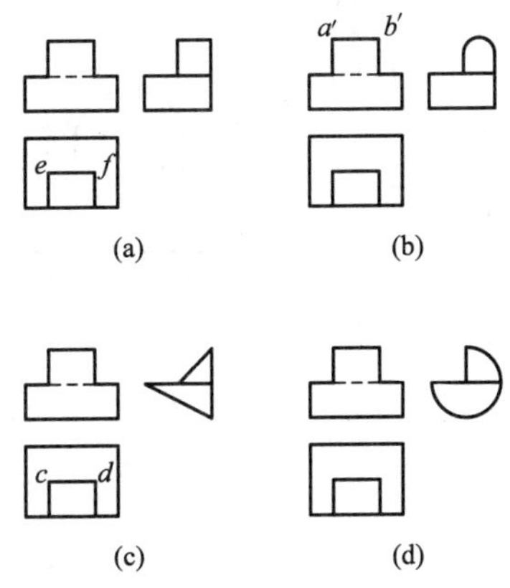

图 7.28　俯视图和主视图相同的 4 个形体

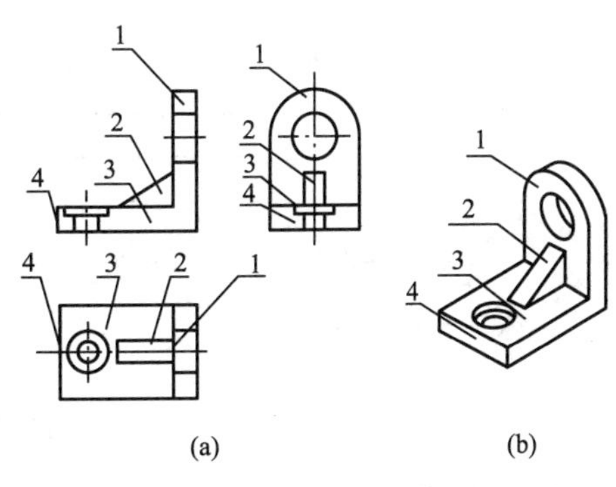

图 7.29　面形分析

(2) 相邻两个封闭线框则表示物体不同位置面的投影。

如图 7.29(a)中的 1、4 封闭线框，分别表示轴架的竖板和底板的侧面投影。

3. 图线分析

视图中每条图线——实线或虚线，可表示以下含义：垂直面的投影(包括平面和曲面)，面与面交线的投影，曲面转向线的投影。

图 7.30(a)中，图线 1 是底板左侧垂直面的积聚性投影，图线 2 是底板阶梯孔中大孔圆柱面

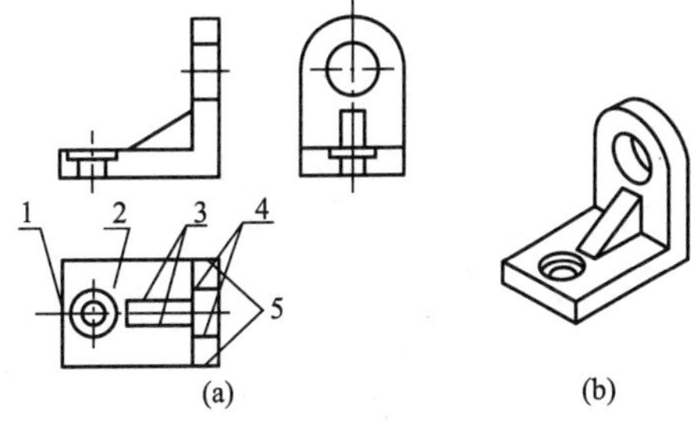

图 7.30　图线分析

的积聚投影，图线3是三角肋最前面和最后面的积聚投影，图线4和图线5分别是竖板上小孔和半圆柱面的曲面转向线的水平投影。

4. 一般看图步骤

1）看视图，分线框

为了在视图上进行形体分析，首先要把所有的视图联系起来粗略地看一看，根据视图之间的投影关系，大致看出整个立体的构成情况。然后选取反映立体结构特征最好的视图(一般选取主视图)分成几个线框。每个线框都是一个基本几何体(或简单立体)的投影。

2）对投影，想形状

根据投影规律(长对正、高平齐、宽相等)，逐一找出各线框的其余两投影。将每个线框的各个投影联系起来，按照基本几何体(或简单立体)的投影特点，确定出它们的几何形状。

3）综合起来想整体

确定了各个线框所表示的立体后，再根据视图去分析各基本几何体(或简单立体)的相对位置和表面关系，就可以想象出整个立体的结构形状了。

思　考　题

(1) 已知俯视图，选择正确的主视图(在字母上打“√”表示)。

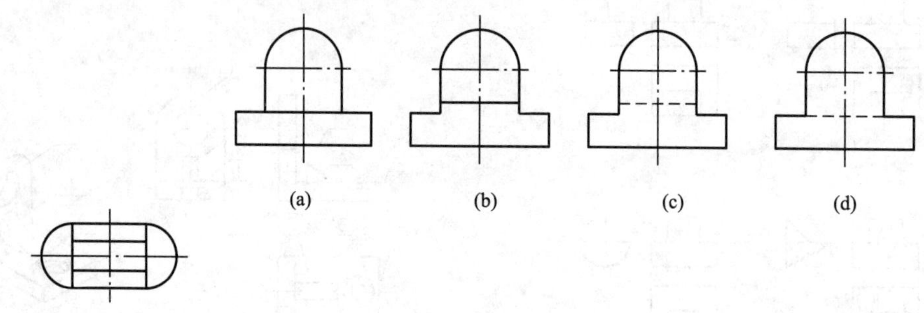

图 7.31　思考题(1)

(2) 已知主、俯视图，选择正确的左视图(在字母上打“√”表示)。

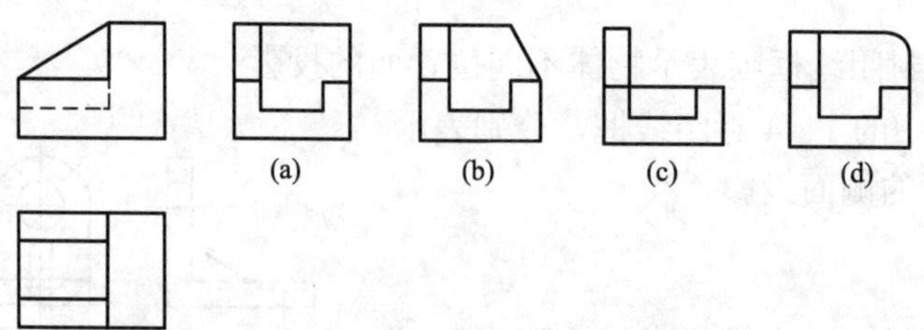

图 7.32　思考题(2)

第8章

机件的表达方法

掌握机件基本表达方法，如视图、剖视图、断面图、局部放大图、简化画法等。

知识要点	能力要求
常用视图	掌握表达方法(画法规定)，准确表达设计思想，理解技术图样和设计意图
剖视图、剖面图	
断面图及其他表达方法	

导入案例

尺寸、尺寸线、尺寸界线

图纸上所标注的尺寸是制造、检验机件的直接依据。如果没有标注尺寸或尺寸标注不规范，即使画得再漂亮的一幅机械图样，均不能被业界人士读懂，就是废纸一张。所以说，尺寸标注是机械相关专业必学的基本技能。

巧用趣味法的尺寸标注。

通过测得身高数据的过程，引出尺寸标注的三要素：尺寸界线、尺寸数字、尺寸线，如图 8.1 所示。

在生产实际中，零件的形状是多种多样的，因而表达方法也是多样的。国家标准《技术制图》、《机械制图》中“图样画法”的规定给出了诸如：视图、剖视图、断面图、局部放大图、简化画法等各种表达方法。只有掌握了这些表达方法(画法规定)，才能准确表达设计意图，便于理解技术图样和设计意图。本章将介绍这方面的内容。

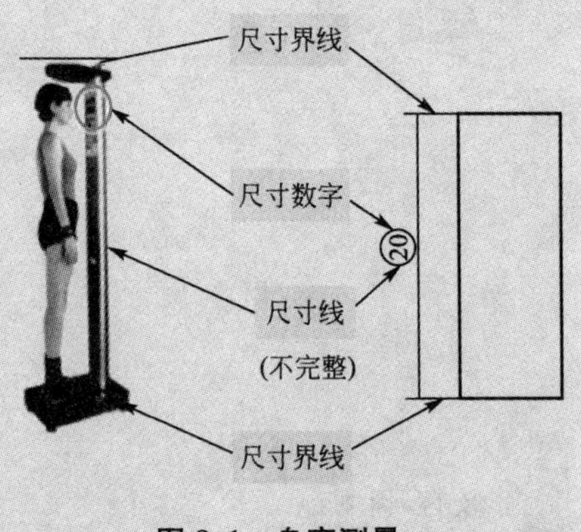

图 8.1 身高测量

8.1 视 图

根据正投影法得到的物体投影所绘制出的图形称为视图。视图一般只画出零件的可见部分，必要时才用虚线画出其不可见部分。视图通常有：基本视图、向视图、局部视图、斜视图和旋转视图。

8.1.1 基本视图

有的零件形状比较复杂，需要从更多方向进行投影才能表达清楚。因此，在原来 3 个投影面的对立位置上，我们再增加 3 个投影面，这 6 个投影面称为基本投影面。

把零件置于 6 个投影面中间，分别向 6 个投影面投影，得到的 6 个视图称为基本视图，如图 8.2 所示。6 个基本视图的名称及展开后的位置如图 8.3 所示。除主视(图中 A)、

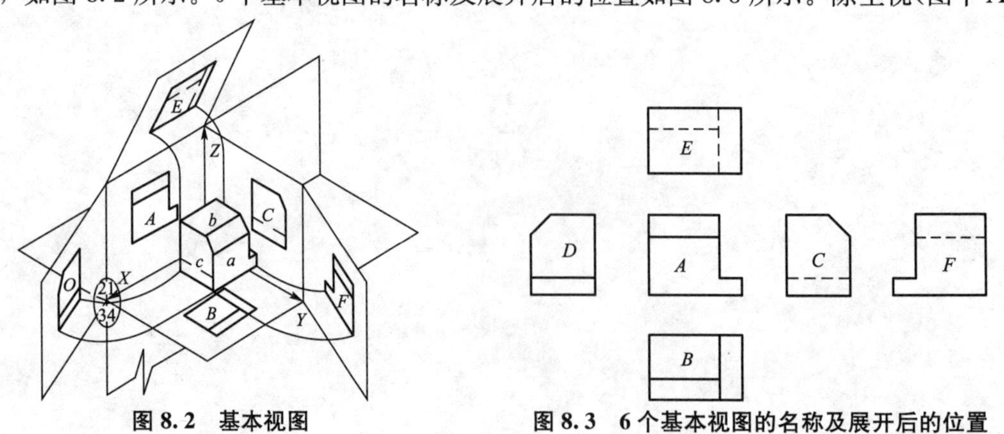

图 8.2 基本视图 图 8.3 6 个基本视图的名称及展开后的位置

俯视(图中 B)、左视图(图中 C)外，其他 3 个视图的名称为：右视图(自右向左投射，图中 D)、仰视图(自下向上投射，图中 E)、后视图(自后向前投射，图中 F)。各视图间仍保持“长对正、高平齐、宽相等”的投影关系。

8.1.2　向视图

有时为了合理使用图纸，基本视图不能按照配置关系布置时，可以用向视图来表示。向视图是可以自由配置的视图。在向视图中应在视图的上方标出“×向”(“×”为大写拉丁字母)，并在相应的视图附近用箭头指明投影方向，注上同样的字母，如图 8.4 中 D 向、E 向视图所示。

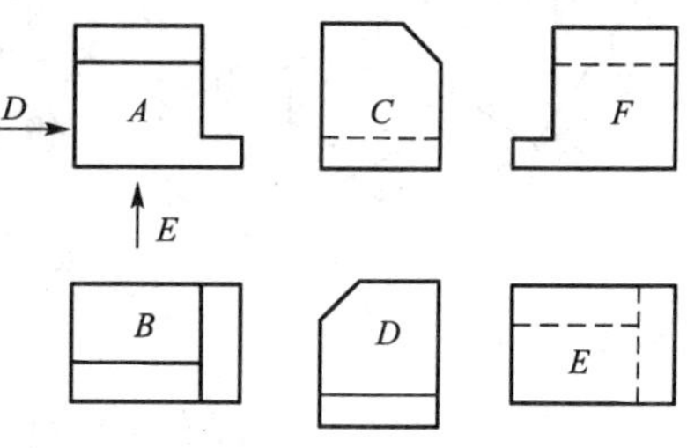

图 8.4　向视图

8.1.3　局部视图

当机件在某个方向有部分形状需要表示，但又没有必要画出整个基本视图时，常将机件的某一部分向基本投影面投影，所得的视图称为局部视图。局部视图适用于当物体的主体形状已由一组基本视图表示清楚，而只有局部形状尚需进一步表达的场合。

局部视图由于只画出机件某个部分的视图，所以用波浪线表示与机件其余部分的断裂处投影，当所表达的部分结构是完整的，其外轮廓线又成封闭时，波浪线可省略不画。

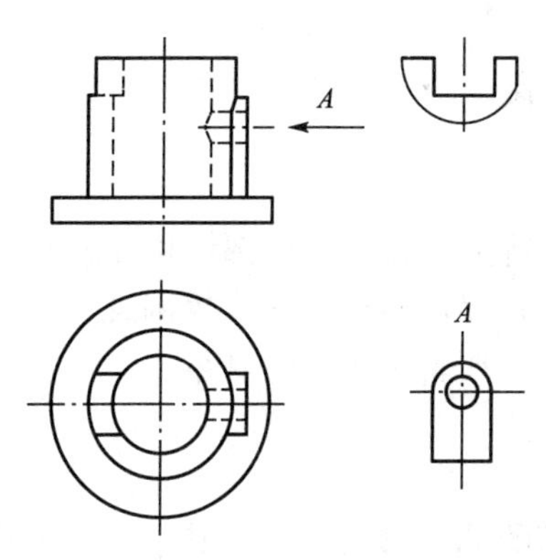

图 8.5　局部视图

一般在局部视图上方标出视图的名称“×向”(“×”为大写拉丁字母)，在相应的视图附近用箭头指明投影方向，并注上同样的字母，当局部视图按投影关系配置，中间又没有其他图形隔开时，可省略标注。

如图 8.5 中的左视图用波浪线断开即为局部视图，由于画在配置位置，所以不需要进行标注。A 向为自右向左投射所得的局部视图，由于没有画在配置位置，要进行标注，但该局部视图表达的部分结构是完整的，它的外轮廓线又是封闭的，所以不需要画波浪线。

8.1.4　斜视图

1. 斜视图的概念

斜视图是物体向不平行于基本投影面的平面投射所得的图形，用于表达机件倾斜结构的外形。

如图 8.6(a)所示，机件的左端部分与水平投影面倾斜，其水平投影不反映实形，为了简便、清晰地表达此倾斜部分，可增设一个平行于倾斜结构的辅助投影面。再将此倾斜结构向辅助投影面作正投影，可在该辅助投影面上画出倾斜部分的局部外形，而断去其余部分，即得到斜视图。斜视图的断裂边界画法与局部视图相同，可用波浪线绘制如图 8.6(b)Ⅱ所示，也可用双折线绘制如图 8.6(b)Ⅰ所示。

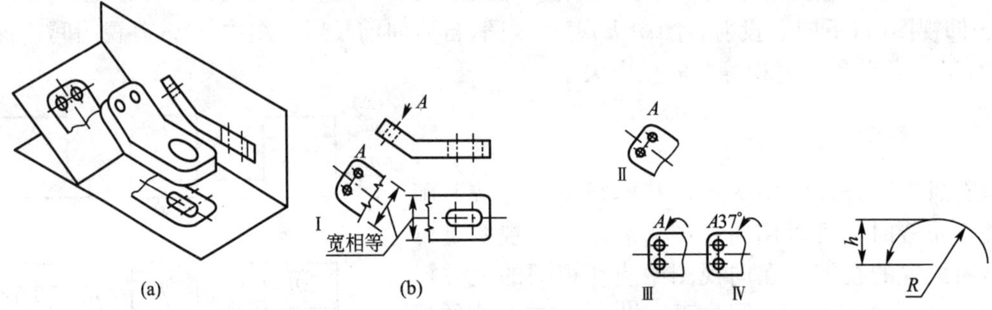

图 8.6　斜视图的形成和配置　　　　图 8.7　旋转符号的画法

2. 斜视图的配置及标注

斜视图通常按向视图的配置形式配置和标注。为方便看图，斜视图宜按箭头(垂直于倾斜表面)所指投影关系配置如图 8.6(b)Ⅰ所示；为合理布图，斜视图也可配置在其他合适的地方，如图 8.6(b)Ⅱ所示；为方便画图，还可将斜视图旋转配置，即将斜视图旋转放正，此时要在斜视图名称的字母旁加注旋转符号。旋转符号是以字母高度为半径的圆弧线加指明旋转方向的箭头(图 8.7)，箭头端应该紧靠字母，表示的旋转方向应与图形的旋转方向相同，如图 8.6(b)Ⅲ所示；必要时，可在大写字母之后标注旋转角度，如图 8.6(b)Ⅳ所示。

8.2　剖视图、剖面图

用视图表达物体时，内部不可见部分要用虚线表示，特别当物体的内部结构比较复杂时，众多的虚线与外部轮廓线交叠在一起会影响图形的清晰度，使得读图比较困难。为了清楚地表示物体的内部结构和便于标注尺寸，常采用剖视图来表达物体的内部结构。

8.2.1　剖视图的基本概念

假想用剖切面剖开机件，将处在观察者和剖切面之间的部分移去，而将其余部分向投影面投射所得到的图形，称为剖视图(或简称为剖视)，如图 8.8 所示。

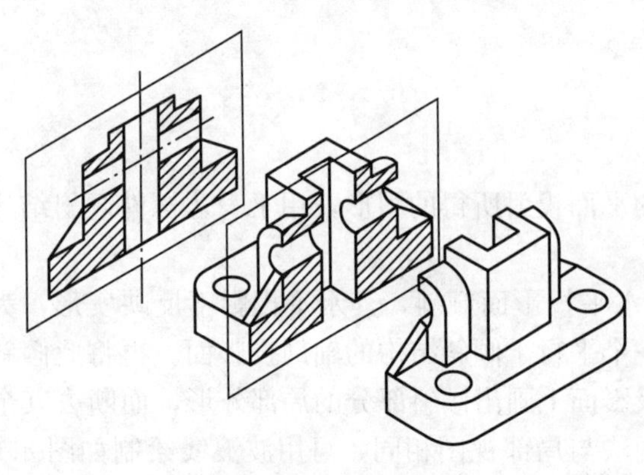

图 8.8　剖视图的形成

剖视图主要用于表达机件的内部结构形状，它使机件原来用虚线表示的不可见的内部结构变成用粗实线表示的可见的结构，大大提高了复杂视图的可读性。

1. 剖面

物体上和剖切面接触的面称为剖面。为了区分剖面和机件上一般的表面，在剖视图的剖面上应画剖面符号。不同材料的物体剖面符号是不同的，其中金属材料的剖面符号是与水平线倾斜成 45°且间隔均匀的细实线，向左或向右倾斜均可，但不允许剖面符号与主要轮廓线平行。同一物体的零件图中，其剖面符号的倾斜方向和间隔应相同。表 8-1 是各种剖面符号示意。

表 8-1　各种剖面符号示意

材　　料		符　　号	材　　料	符　　号
金属材料 （已有规定剖面符号者除外）			木质胶合板 （不分层数）	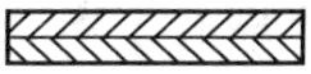
线圈绕组元件			基础周围的泥土	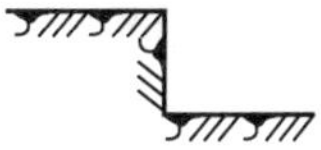
转子、电枢、变压器和电抗器等的迭钢片			混凝土	
非金属材料 （已有规定剖面符号者除外）			钢筋混凝土	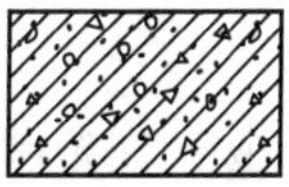
型砂、填砂、粉末冶金、砂轮、陶瓷刀片、硬质合金刀片等			砖	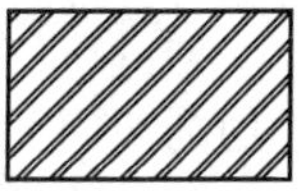
玻璃级供观察用的其他透明材料			格网 （筛网、过滤网等）	
木材	纵剖面	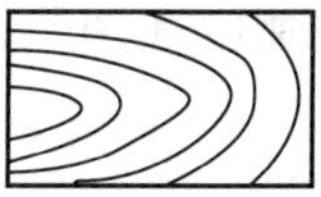	液　　体	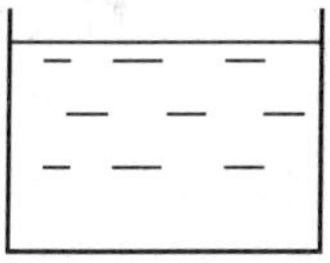
	横剖面			

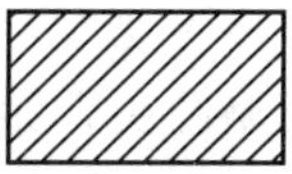

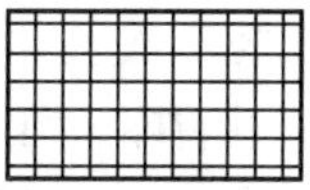

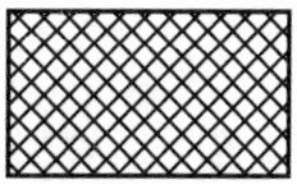

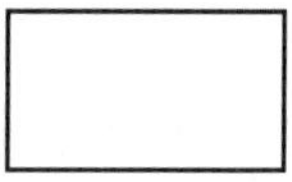

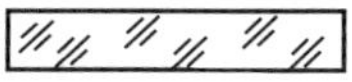

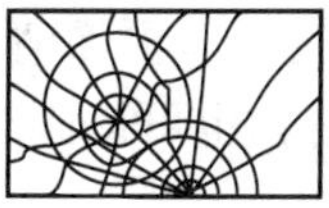

由于剖视图应用的是一种假想的剖切方法，虽然内部结构投影经剖切后由虚线改画成实线条，但不影响其他视图的表示。

2. 剖切平面位置的选择及标注

剖切平面的选择应尽量通过较多内部结构的轴线或对称中心线，尽可能与投影面平行，这样在剖视图中可反映出剖面实形。如图 8.9 所示的剖切平面选择通过支架的孔和缺口的对称面而平行于正投影面，这样剖切后，在剖视图上就能清楚地反映出台阶孔的直径和缺口的深度。

剖视图的标注一般含有 3 个要素。

(1) 在剖视图的上方标注剖视图的名称“×-×”（“×”为大写拉丁字母），如图 8.9 中的“*A*-*A*”和“*B*-*B*”。

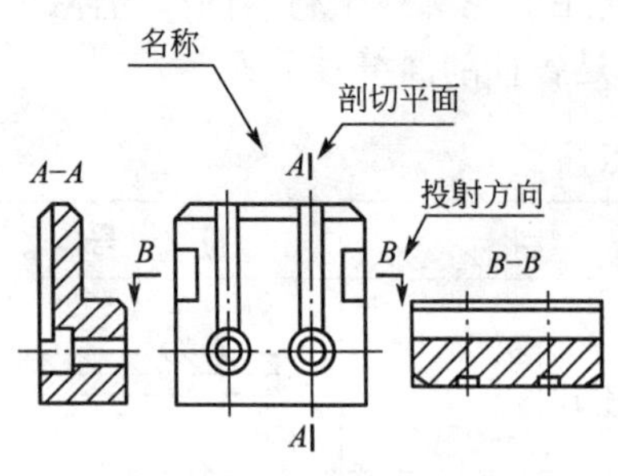

图 8.9　剖视图的标注

(2) 在相应的视图上用剖切符号表示剖切平面(位置)，表示剖切符号的粗短画线尽量不要与轮廓线相交并标注相同的字母，如图 8.9 中的“*A*”和“*B*”。

(3) 在相应的视图上用箭头表明投射方向，箭头应该与粗短画线在外侧相连，如图 8.9 中的“*B*”。

当剖视图按投影关系配置，中间又没有其他图形隔开时，可省略箭头，如图 8.9 中的“*A*”。

当单一剖切平面通过机件的对称平面或基本对称平面，而且剖视图按投影关系配置，中间又没有其他图形隔开时，可省略标注。

剖视图一般按投影关系配置，如图 8.9 的右视图。如必要时也可将剖视图配置在其他适当的位置，如图 8.9 的“*B*－*B*”视图实际上是俯视图，为了合理安排图纸可以画在主视图的右侧，但是原投影关系不变。

8.2.2　剖视图的种类

按剖切范围，剖视图可分为全剖视图、半剖视图和局部剖视图。

1. 全剖视图

用剖切面完全地剖开机件所得的剖视图称为全剖视图，对于一些外形简单、内部主要为空心回转体的对称物体，通常采用全剖视图来表达。

2. 半剖视图

当机件具有对称平面时，向垂直于对称平面的投影面上投射所得的图形，以对称中心线(细点画线)为界，一半画成剖视，另一半画成视图。这种图形称为半剖视图。如图 8.10(a)所示 3 个视图都是半剖视图。由于半剖视适用于对称的机件，因而从剖开的一半可以想象出整个机件内部的结构形状，从视图的一半可以想象出整个机件的外形，所以，在表达外形的半个视图上，不画虚线，使图形更加清晰、简单。如果机件的形状接近于对称，且不对称部分另有图形表达清楚时，也可以画成半剖视图，如图 8.10(b)中的小孔。

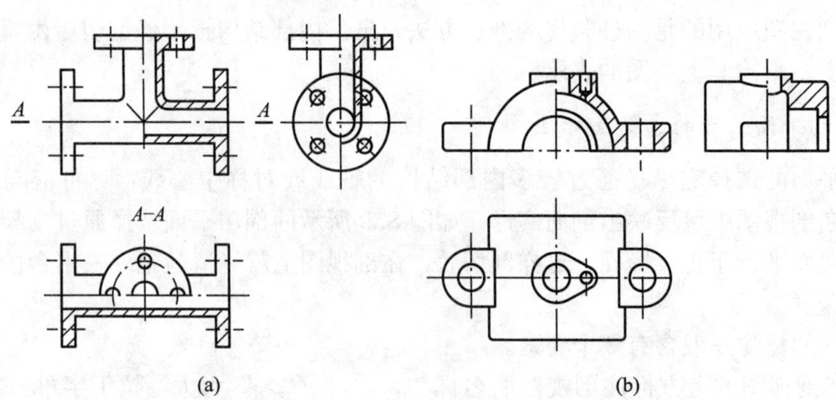

图 8.10　半剖视图的画法

因此，半剖视图用于对称、形状接近于对称的机件内外结构都需要表达的场合。

画半剖视图应注意：①视图和剖视图的分界线是细点画线；②半剖视图的标注方法和全剖视图相同。

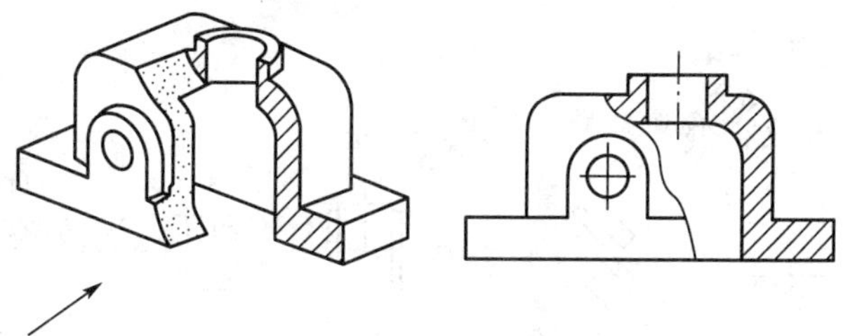

图 8.11　局部剖视图

3. 局部剖视图

用剖切平面局部地剖开机件，以显示这部分的内部结构，并用波浪线表示剖切范围，这样的剖视图称为局部剖视图(图 8.11)。

局部剖视图常用于不对称机件其内外形状需要在同一视图上表达，特别是表达机件上的孔、槽、缺口等局部的内部形状。

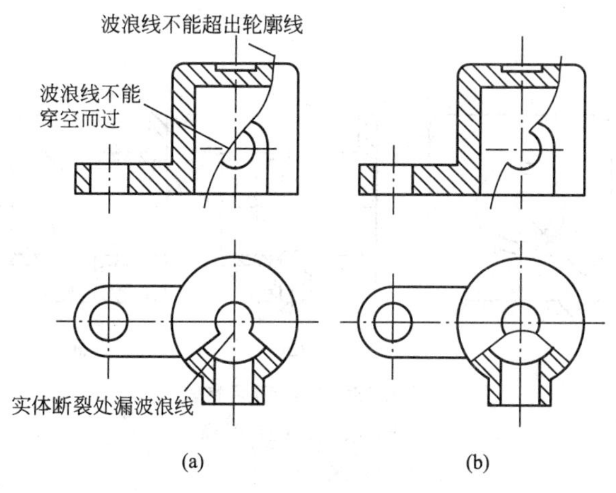

图 8.12　局部剖视图的波浪线
(a) 错误；(b) 正确

局部剖视图的分界，波浪线应画在机件的实体上，不应与图样上其他图线重合。如图 8.12 中，波浪线不能超出视图中被剖切部分的轮廓线，波浪线遇到孔、槽必须断开，不能穿空而过。

当单一剖切平面的剖切位置明显时，局部剖视图可省略标注，如上述几个局部剖视图都不需标注。局部剖视图应用比较灵活，既可用于表达物体上局部孔洞的结构，又可在表达物体内部结构的同时，保留物体部分外形的视图，是一种比较灵活的表达方法，运用得当，可使视图简明、清晰。

8.2.3　剖切面和剖切方法

为了适应表达不同形状的机件，剖切平面可有不同的数量和位置。“国标”规定剖切机件的方法有：单一剖切面、几个平行的剖切平面、几个相交的剖切面(交线垂直于某一投影面)等。上述几种剖切方法根据需要都可用于全剖视图、半剖视图和局部剖视图。

1. 单一剖切面

用一个剖切面剖开机件的方法称单一剖切，单一剖切时采用的平面或柱面作为剖切面，其中使用最多的是单一剖切平面。单一剖切平面可以平行于某一基本投影面，也可以倾斜于某一基本投影面的垂直面。前面所讲的全剖视图、半剖视图和局部剖视图都是采用平行于某一基本投影面的单一剖切平面剖切得到的剖视图。

当物体上某些内部表面与基本投影面成倾斜位置时，经平行于某一基本投影面的剖面剖切后，在基本投影面上就得不到该表面的真实形状，给读图带来困难。因此，需要采用倾斜于某一基本投影面的垂直面作为单一剖切平面剖开物体，如图 8.13 所示(剖切面是正垂面)，这种投影方式与斜视图非常相似，也称为“斜剖”。

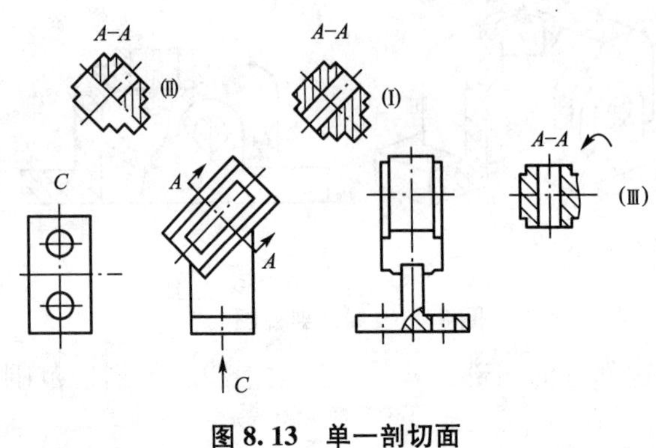

图 8.13　单一剖切面

2. 两相交的剖切平面

当用一个剖切平面不能通过机件上各内部结构，而这个机件在整体上又具有回转轴时，可用两个相交的剖切平面(其交线垂直于某一投影面)剖开机件，剖开后假想将被剖切的倾斜部分旋转到与基本投影面平行，然后再进行投影，这样的剖切方法称为旋转剖(图 8.14)。

在旋转剖时必须遵循"剖切—旋转—投射"的顺序，在图 8.15(b)中，未经旋转就进行投射是错误的，但剖切平面后面的其他结构仍按原来的位置进行投影。

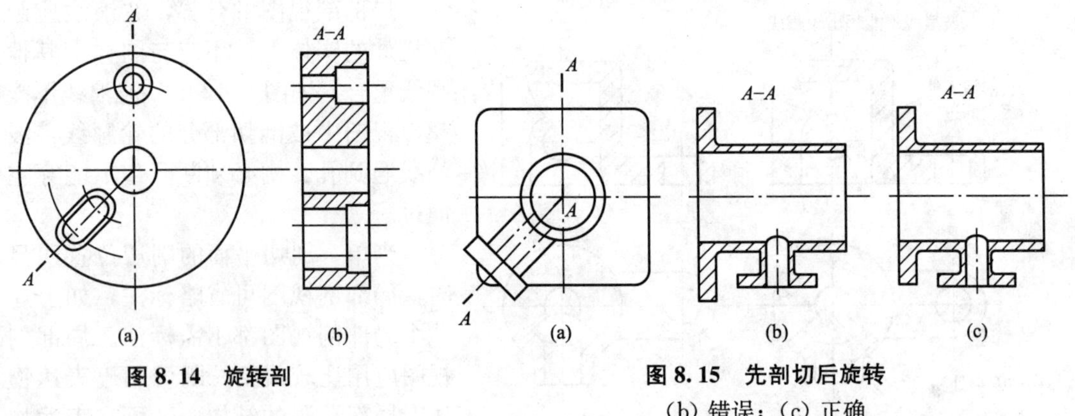

图 8.14　旋转剖

图 8.15　先剖切后旋转

(b) 错误；(c) 正确

3. 几个平行的剖切平面

几个平行的剖切平面是指两个或两个以上互相平行的平面，它们可以是投影面的平行面，也可以是投影面的垂直面。

当机件上几个内部结构的轴线在不同的平面内时，可用几个平行的剖切平面剖开机件，然后进行投影，这样的剖切方法称为阶梯剖(图 8.16)。

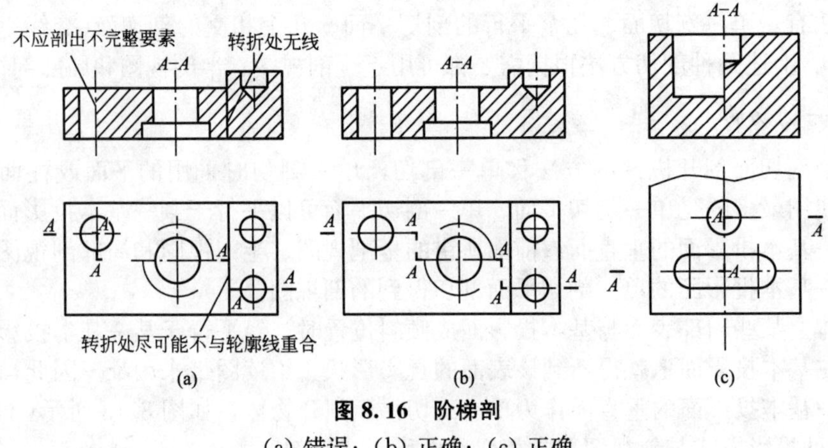

图 8.16　阶梯剖

(a) 错误；(b) 正确；(c) 正确

8.3 断 面 图

假想用剖切面将机件的某处切断，仅画出其断面的图形，称为断面图。断面图常用来表达机件上某一部分的断面形状，如机件上的肋板、轮辐、键槽、小孔、杆料和型材的断面等。为了反映断面区域的实形，剖切平面应垂直于被剖切物体的轴线或轮廓线，一般是投影面平行面。

8.3.1 移出断面图

画在视图外的剖面称为移出断面图。移出断面图的轮廓线用粗实线绘制。

1. 移出断面的标注

(1) 移出断面图中，一般用粗短画线表示剖切位置，用箭头表示投射方向，并注上字母，同时在断面图的上方用同样的字母标注相应的名称。

(2) 当移出断面图不配置在剖切位置线的延长线上时，若截面图形对称，箭头可以省略，如图 8.17 的“$A-A$”所示。

(3) 当移出断面图配置在剖切符号的延长线上时，允许省略字母，若切断面图形对称，可不加任何标注，如图 8.17 所示。

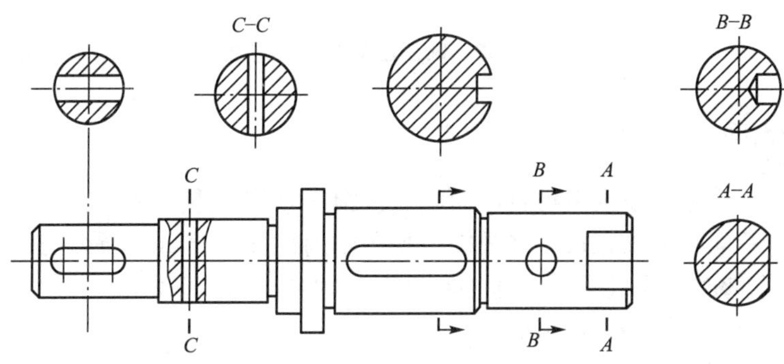

图 8.17 移出断面图

(4) 配置在视图断开处的对称移出断面图，可以不加任何标注，如图 8.18 所示。

(5) 移出断面图应尽量配置在剖切符号或剖切平面迹线的延长线。在不致引起误解时，允许将图形旋转，如图 8.19 所示。

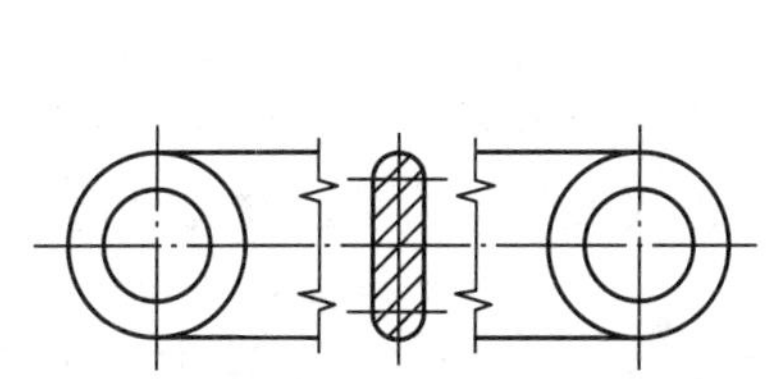

图 8.18 在视图断开处的移出断面图

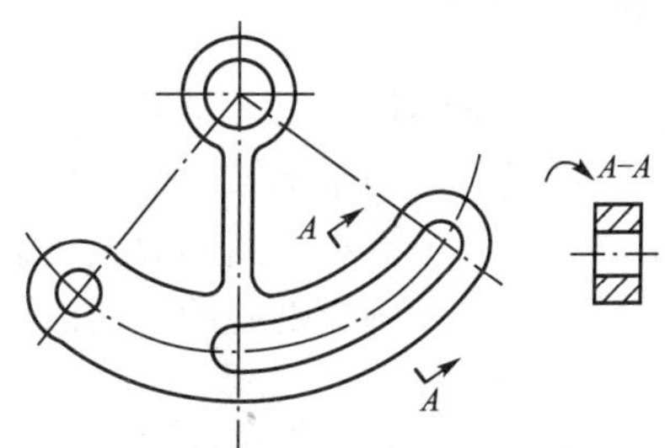

图 8.19 移出断面的旋转

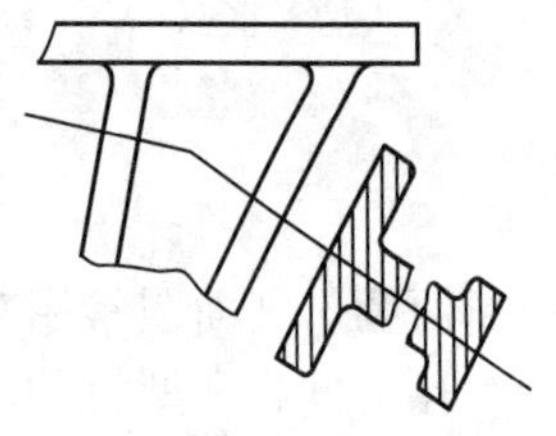

图 8.20　中间断开的移出断面图

2. 移出断面图的几种规定画法

(1) 剖切平面应与被剖切部分的主要轮廓垂直，由两个或多个相交的剖切平面剖得的移出断面图，中间应断开，如图 8.20 所示的移出断面图。

(2) 当剖切平面通过回转面形成的孔或凹坑的轴线时，这些结构应按剖视绘制，如图 8.21(a)、(c)所示的断面图中后面孔投影的一段圆弧必须画出。

(3) 当剖切平面通过非圆孔，会导致出现完全分离的两个剖面时，则这些结构应按剖视图绘制，如图 8.21(b) 移出断面图所示。

(4) 如果机件的断面形状一致或呈均匀变化时，移出剖面也可画在视图的中断处。

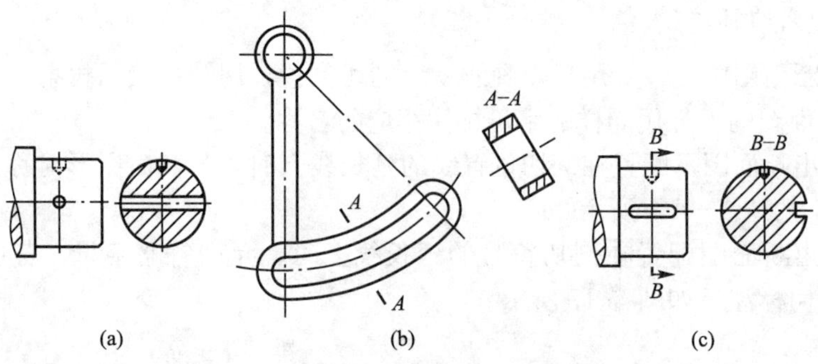

图 8.21　移出断面图的几种规定画法

8.3.2　重合断面图

在不影响图形清晰的原则下可将断面画在视图内，称为重合断面。重合断面的轮廓线用细实线绘制，断面图形画在视图之内。当视图中的轮廓线与重合断面的图形重叠时，视图中的轮廓线仍应连续画出，不可间断。GB/T 4458.6—2002 规定：可省略标注，如图 8.21 所示为角钢的重合断面画法。

8.4　其他常用表达方法

8.4.1　局部放大图

将物体的部分结构，用大于原图形所采用的比例画出的图形称为局部放大图。局部放大图除便于看清机件的细部结构外，还便于在这些部位标注尺寸和技术要求。

局部放大图除了可将原图形放大，也可采用与原图形不同的表达形式，如原图形为视图，可将局部放大图画成剖视图或断面图等，它与被放大部位的表达方式无关，如图 8.22 图中Ⅰ部分。

局部放大图除螺纹牙型、齿轮和链轮的齿型外，在被表达部位要用细实线圈出范围，然后按比例画出放大图，并且尽量将所画的局部放大图配置在被放大部位的附近，如

图 8.22 中的Ⅰ、Ⅱ所示。

局部放大图中所标注的比例与原图所采用的比例无关，它仅表示放大图中的图形尺寸与实物之比。

同一物体上有几个被放大的部分时，用罗马数字依次标明被放大的部位，并在局部放大图的上方标注出相应的罗马数字和所采用的比例，如图 8.22 所示局部放大图中的Ⅰ、Ⅱ。

物体上被放大的部分仅一个时，在局部放大图的上方只需注明所采用的比例即可。

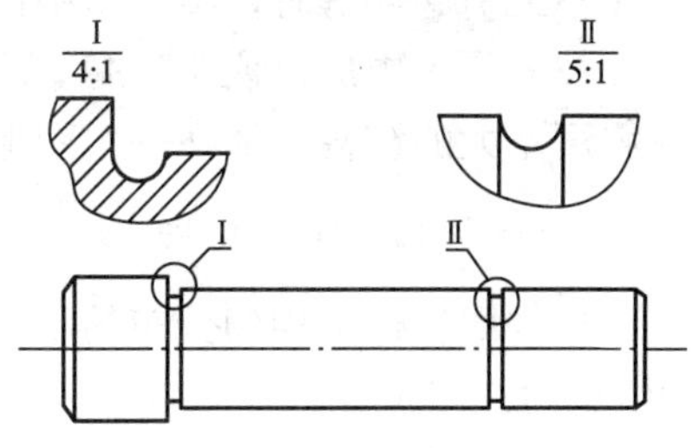

图 8.22　局部放大图

8.4.2　简化画法

简化画法是对机件的投影及其画法在标准中做了某些简化或规定，使其便于作图和看图。机械制图国家标准上规定的简化画法很多，下面简要介绍几种。

1. 相同结构的简化画法

当机件具有若干相同结构(如齿、槽等)，并按一定规律分布时，只需画出几个完整的结构，其余用细实线连接，在图上注明该结构的总数。若干直径相同且成规律分布的孔，可以画出一个或几个，其余只需用点画线表示其中心位置，并注明孔的总数(图 8.23)。

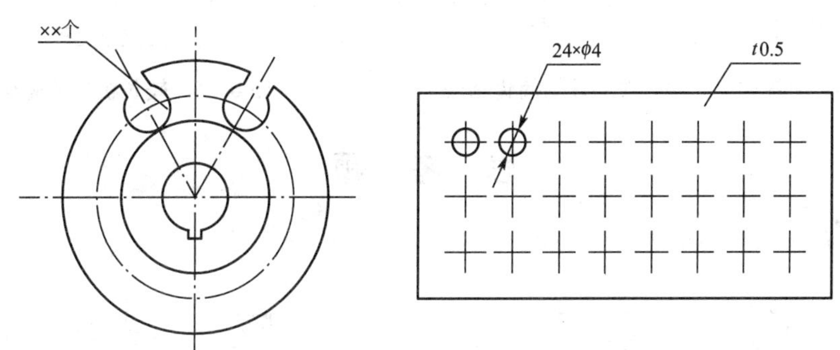

图 8.23　相同结构的简化画法

2. 一些投影的简化画法

机件上较小结构所产生的交线，如在一个图形中已表示清楚时，其他图形可简化或省略。图 8.24(a)主视图中相贯线的投影均简化为直线。

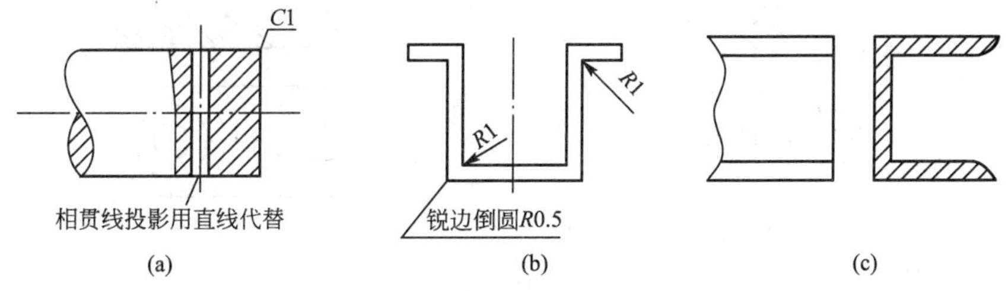

图 8.24　一些投影的简化画法

在不致引起误解时，零件图中的小圆角或45°小倒角等允许省略不画，但必须注明尺寸或在技术要求中加以说明(图 8.24(b))。

斜度不大的结构，如在一个图形中已表达清楚，其他图形可按小端画出(图 8.24(c))。

3. 均布肋孔的简化画法

当机件回转体上均匀分布的肋、孔等结构不处于剖切平面上时，可将这些结构旋转到剖切平面上画出(图 8.25)。

4. 较长机件的简化画法

较长机件(轴、杆、型材、连杆等)沿长度方向的形状一致或按一定规律变化时，可断开后缩短绘制，但长度尺寸必须按实际注出(图 8.26)。

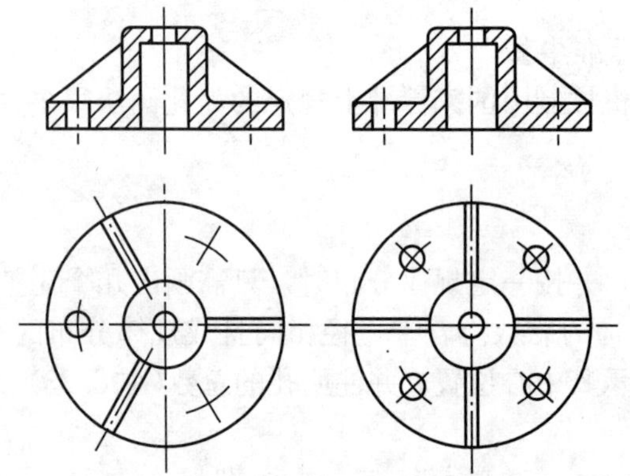

图 8.25　回转体上均匀分布肋孔的简化画法

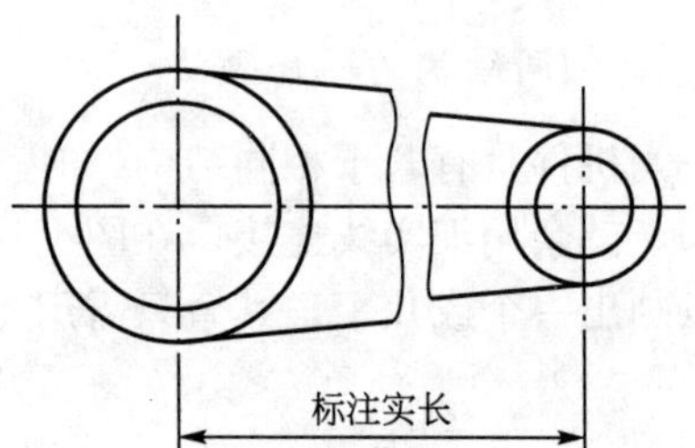

图 8.26　较长机件的简化画法

思　考　题

(1) 补画下列剖视图中所缺的线条。

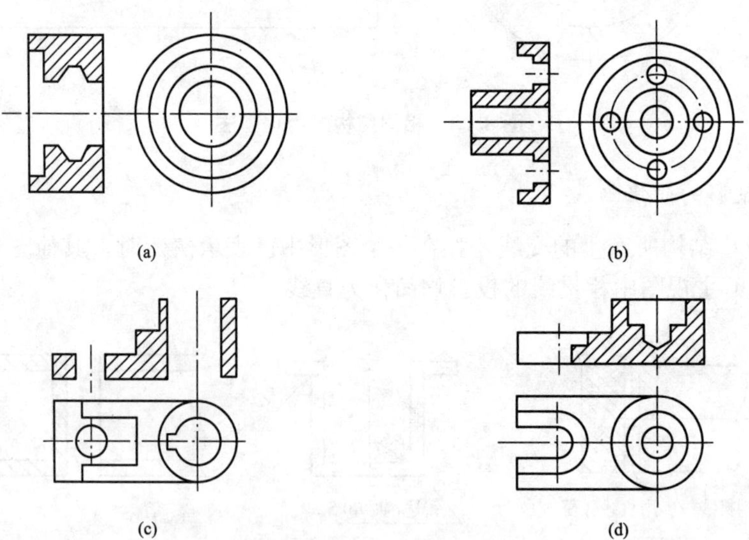

图 8.27　思考题

第9章 标准件和常用件

认识机械产品中的标准件和常用件，并了解其功能和作用。

知识要点	能力要求
螺纹及紧固件	螺纹的常用表达及作用
键、销、弹簧及滚动轴承	键、销、弹簧及滚动轴承常用表达及作用
齿轮	齿轮传动的分类、圆柱齿轮及其啮合的基本表示方法

导入案例

弹簧与钟表

希腊帝国时期(大概是公元前4世纪)发明了用搓成的腱绳或毛绳拉紧的扭簧，用以代替简单的弹簧来加强石弩和抛石机的威力。菲洛(约为公元前200年)发现了凯尔特人和西班牙人的剑极富有弹性，在为了弄清楚剑为什么有弹性的过程中，菲洛的师傅克特西比利用剑的弹性发明了抛石机，抛石机的弹簧是用弯曲的青铜板制成的——大概这就是最早的片簧了。过了很久一段时期，人们发现如果压缩一根螺旋杆比弯曲一根直杆，金属杆储存的能量会更大，于是发明了螺旋弹簧。机械钟表是靠弹簧来储存能量的，据伯鲁涅列斯基的小传记载，他曾制作过一口闹钟，并使用了若干种类型弹簧，其中最为重要的是圈簧(水平压缩而不是垂直压缩的弹簧)。其实使用圈簧的钟表在1460年左右就已经问世，但那基本上是皇室的奢侈品，大约过了1个世纪后，带弹簧的钟表才成为中产阶级的标志物。

在各种机械设备中，除去一般的零件外，还广泛存在着螺钉、螺母、垫圈、键、销、滚动轴承、齿轮、弹簧等标准件和常用件。由于这些零部件的用途十分广泛，而且用量又大，国家有关部门批准并发布了各种标准件和常用件的相关标准。国家标准规定了它们的简化画法，便于制图。

本章择要介绍一些连接件、传动件等的结构表示方法。

9.1 螺纹和螺纹紧固件

9.1.1 螺纹的形成、结构和要素

1. 螺纹的形成

在圆柱或圆锥表面上，沿着螺旋线所形成的具有相同剖面的连续凸起和沟槽，称为螺纹。制在零件外表面上的螺纹称为外螺纹，制在零件内表面上的螺纹称为内螺纹。在车床上车削螺纹，是一种常见的形成螺纹方法。如图9.1所示，将圆柱料卡在车床的卡盘上，开动车床使其等速旋转，同时使车刀沿圆柱轴线方向做等速直线移动，当车刀尖切入工件一定深度时，便在圆柱体的表面上车出螺纹。螺纹可以加工在圆柱体的外表面上，也可以加工在圆柱体的内表面上。在加工螺纹的过程中，由于刀具的切入或压入，使螺纹构成了凸起和沟槽两部分：凸起部分的顶端称为螺纹的牙顶；沟槽部分的底部称为螺纹的牙底。

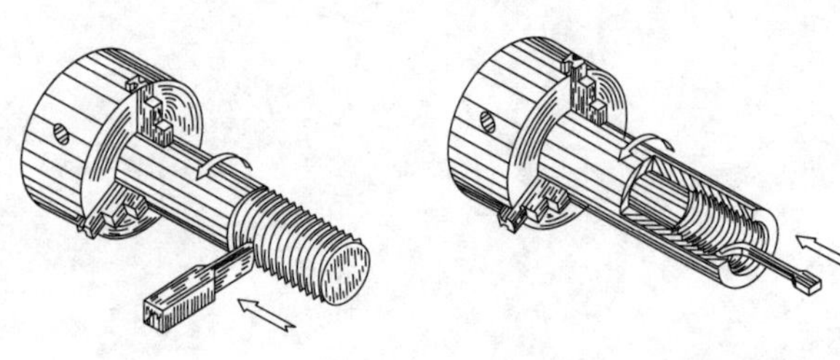

图9.1 螺纹的车削法

螺栓、螺钉、螺母及丝杠等表面皆制有螺纹，起连接或传动作用。

2. 螺纹的要素

内外螺纹连接时，下列要素必须一致。

1）牙型

通过螺纹轴线的剖面上，螺纹的轮廓形状称螺纹的牙型。其牙顶、牙底、牙侧及牙型角如图 9.2 所示。

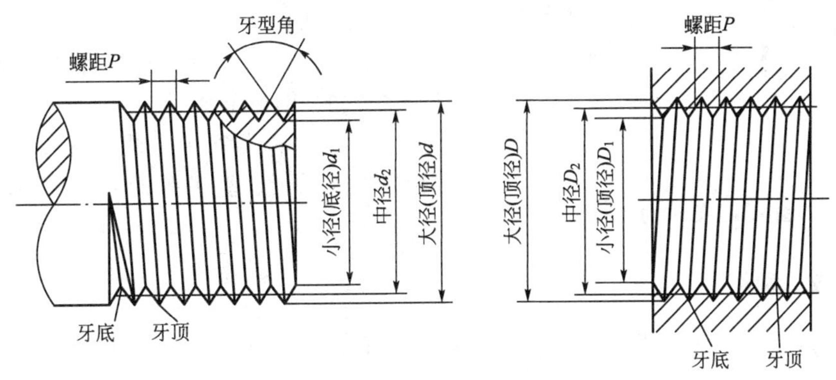

图 9.2　内外螺纹的牙型与直径

2）直径

其代号用字母表示，大写指内螺纹，小写指外螺纹。

大径(d、D)：指与外螺纹牙顶或内螺纹牙底相重合的假想圆柱面的直径。

小径(d_1、D_1)：指与外螺纹牙底或内螺纹牙顶相重合的假想圆柱面的直径。

中径(d_2、D_2)：指母线通过牙型上沟槽和凸起部分宽度相等的地方的一个假想圆柱面的直径。其母线称为中径线。螺纹(除管螺纹等外)大径通常以 mm 为单位，它代表了螺纹的尺寸，故也称大径为公称直径，如图 9.2 所示。

此外，内、外螺纹的牙顶圆柱面直径(即内螺纹的小径、外螺纹的大径)统称为顶径。

3）线数(n)

螺纹有单线螺纹和多线螺纹之分。前者指沿一条螺旋线所形成的螺纹；后者指沿两条或两条以上在轴向等距分布的螺旋线所形成的螺纹(图 9.3)。

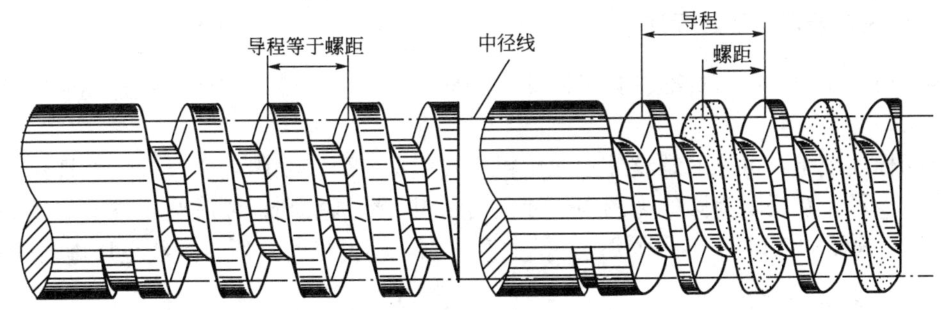

图 9.3　螺纹的线数、螺距和导程

4）螺距(P)

螺距指相邻两牙在中径线上对应两点间的轴向距离(图 9.3)。

5）导程(L)

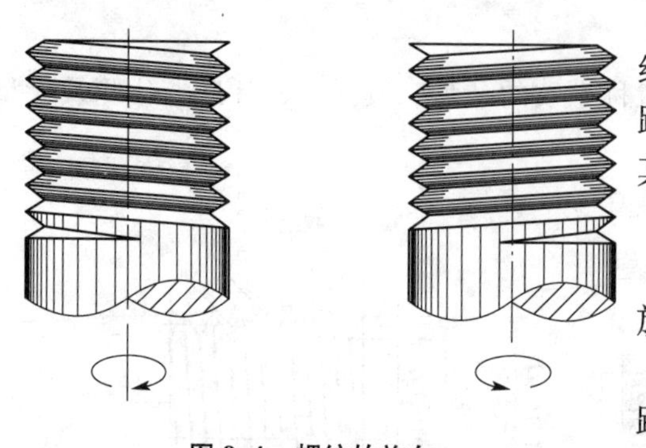

图 9.4　螺纹的旋向

导程指同一条螺旋线上相邻两牙在中径线上对应两点间的轴向距离。单线螺纹的螺距 $P=L$(图 9.3)；多线螺纹的螺距 $P=L/n$，其中 n 为线数(图 9.3)。

6）旋向

右旋螺纹指顺时针旋转时旋入的螺纹，左旋螺纹指逆时针旋转时旋入的螺纹(图 9.4)。

在螺纹的要素中，螺纹牙型、大径和螺距是决定螺纹最基本的要素，称为螺纹 3 要素。

9.1.2　螺纹的种类

螺纹按用途分为两大类，即连接螺纹和传动螺纹。

1. 连接螺纹

连接螺纹常用的有两种，即普通螺纹与管螺纹。其中普通螺纹又分为粗牙普通螺纹和细牙普通螺纹。管螺纹则分为非螺纹密封的管螺纹和用螺纹密封的管螺纹。

连接螺纹的特点是牙型皆为三角形，其中普通螺纹的牙型角为 60°，管螺纹的牙型角为 55°。

普通螺纹中粗牙和细牙的区别：在大径相同的条件下，细牙普通螺纹的螺距比粗牙普通螺纹的螺距小。

细牙普通螺纹多用于细小的精密零件或薄壁零件，而管螺纹多用于水管、油管和煤气管上。

2. 传动螺纹

传动螺纹是用来传递动力和运动的，常用的有梯形螺纹和锯齿形螺纹，锯齿形螺纹是一种受单向力的传动螺纹。各种机床上的丝杠常采用梯形螺纹，螺旋压力机和千斤顶的丝杠则采用锯齿形螺纹。

9.1.3　螺纹的表示方法与标注

为了便于制图，国家标准《技术制图》GB/T 4459.1—1995 对螺纹和螺纹紧固件做了规定画法。

国家标准规定：可见的螺纹牙顶线用粗实线表示，牙底线用细实线表示，螺纹终止线用粗实线表示。在反映为圆的视图中，牙顶圆用粗实线画整圆，牙底圆用细实线画 3/4 圈圆弧，1/4 圆弧的缺口方向不做规定，倒角圆不画。不可见时，所有图线全用虚线表示。

1. 螺纹的表示方法

1）内外螺纹的表示方法

螺纹的牙顶用粗实线表示，牙底用细实线表示，倒角或倒圆部分也应画出。在垂直于螺纹轴线的投影面的视图，表示牙底的细实线圆只画约3/4圈，螺纹端部的倒角投影省略不画。螺纹终止线用粗实线表示。

(1) 外螺纹的画法，如图9.5所示。

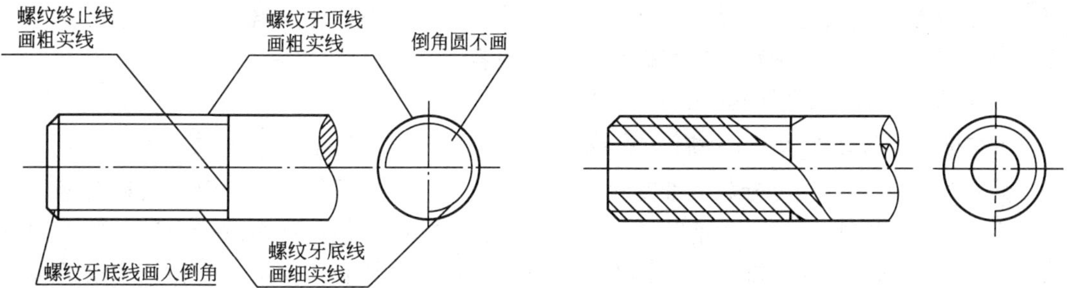

图9.5　外螺纹的画法

(2) 内螺纹的画法，如图9.6所示。

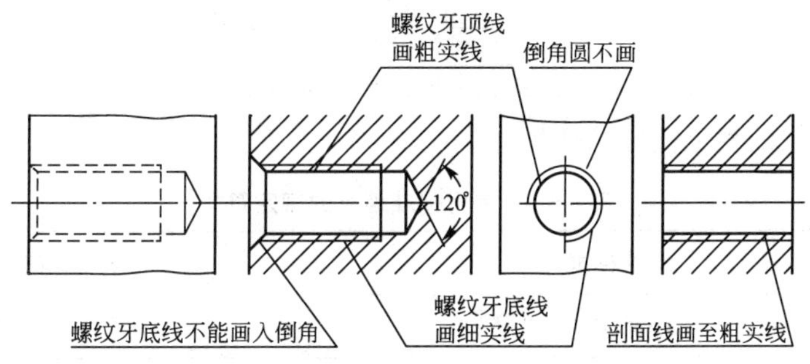

图9.6　内螺纹的画法

注意：内、外螺纹在剖视图或断面图中的剖面线都应画到粗实线处。

2) 不穿通的螺纹的表示方法

一般内螺纹采用过螺纹轴线的剖视图来表示。当螺孔不穿通时，应画出钻孔深度和螺孔深度，光孔底部圆锥的锥顶角应画成120°，如图9.7所示。

3) 螺纹连接的规定画法

以剖视图表示内外螺纹连接时，在旋合部分应按外螺纹的画法绘制，其余部分仍按各自的画法表示，如图9.8所示。

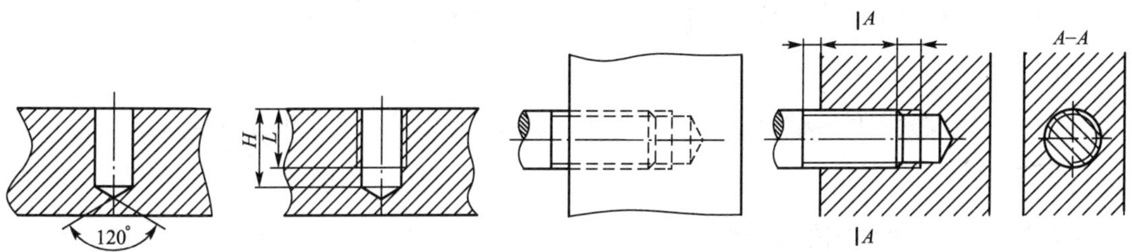

图9.7　不穿通螺纹表示方法　　**图9.8　螺纹连接的规定画法**

绘图时应注意表示大、小径的粗实线和细实线要分别对齐。外螺纹若为实心杆件，全剖时(按轴线方向剖切)仍按不剖绘制。

只有基本要素完全相同的内、外螺纹才能旋合。

2. 螺纹的规定标注

螺纹除按上述规定画法表示以外，为了区分各种不同类型和规格的螺纹，还必须在图上进行标注，国家标准规定了标准螺纹标注的内容和方法。

一般螺纹(管螺纹除外)标注的格式是：

螺纹符号 公称直径(大径)×螺距或导程(螺距) 旋向－螺纹公差带代号－旋合长度代号

螺纹按标准化程度可分为标准螺纹、特殊螺纹和非标准螺纹。凡牙型、公称直径、螺距3要素符合国家标准的是标准螺纹；只有牙型符合标准的是特殊螺纹；上述3要素均不符合国家标准的则是非标准螺纹。标准螺纹的要素尺寸可从有关标准中查得。螺纹的标注示例如下：

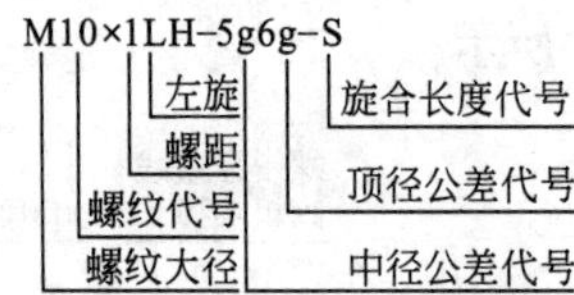

常用标准螺纹的规定符号见表9－1。

表9－1　常用标准螺纹的规定符号

螺纹种类		符　　号
普通螺纹		M
管螺纹	非螺纹密封的管螺纹	G
	用螺纹密封的锥管螺纹	R(外螺纹)Re(内螺纹)
	用螺纹密封的圆柱内管螺纹	Rp
梯形螺纹		Tr
锯齿形螺纹		B

常用标准螺纹的规定标注示例见表9－2。

螺纹紧固件是依靠螺纹将机器零、部件连接在一起的零件，由于它们应用广泛，因此其结构、尺寸和技术要求都已标准化，可用规定的标记表示。

1. 种类

常用的螺纹紧固件有螺栓、螺柱、螺钉、螺母、垫圈5大类，如图9.9所示。

2. 标记

(1)螺纹紧固件的完整标记为：

名称　标准编号-特征代号与尺寸-性能等级或材料及热处理-表面处理

表 9-2 常用标准螺纹的规定标注示例

螺纹类别		特征代号	牙型图	标注示例	标准编号与说明
普通螺纹	粗牙 细牙	M	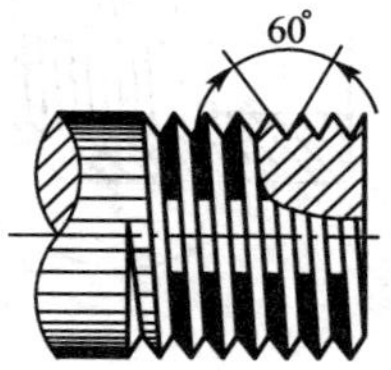	内螺纹：M8×1-LH 外螺纹：M16×Ph6P2-5g6g-L 螺纹副（内外螺纹旋合） M20-6H/5g6g	GB/T 197—2003 粗牙不注螺距，右旋不注，左旋时尾加“-LH”。中径和顶径公差带相同时，只注一个代号如：6H；不同时，则分别标注如：5g、6g。 多线时要注出 Ph(导程)、P(螺距)内、外螺纹旋合时，公差带代号用斜线分开，左侧为内螺纹公差带代号，右侧为外螺纹公差带代号，旋合长度 N 省略标注
55 非密封管螺纹	内管圆柱螺纹 外管圆柱螺纹	G	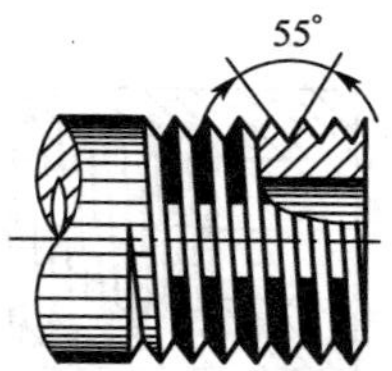	内螺纹：G1/2 外螺纹：G1/2B-LH 螺纹副(内外螺纹旋合) G1/2-A	GB/T 7307—2001 管螺纹的尺寸代号用管口通径“吋”的数值表示，G1/2 指用于管口通径为 1/2 管子上的螺纹。 外管螺纹中径公差等级分为 A 级、B 级。内管螺纹的中径公差等级只有一种，省略标注。表示螺纹副时，仅需标注外螺纹的标记
梯形螺纹		Tr	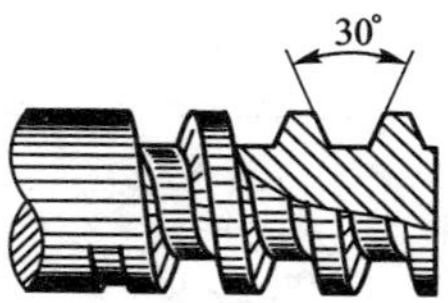	Tr40×7-7H Tr×14(P7)LH-7e 螺纹副（内外螺纹旋合） Tr36×14(P7)LH-7H/7c	GB/T 3796.4—1986 梯形螺纹导程 14，螺距 7，线数为 2。旋向为左旋。螺纹副中径公差为 7H、7c
锯齿形螺纹		B		B40×7-7A B40×14(p7)LH-8C-L 螺纹副(内外螺纹旋合) B40×7-7A/7c	GB/T 13576—1992 锯齿形螺纹，螺距 7，螺纹副中径公差为 7A、7c

（续）

螺纹类别		特征代号	牙型图	标注示例	标准编号与说明
55°密封管螺纹	圆锥外螺纹	R_1	55°	$R_1 3/4$	GB/T 7306.1～7306.2—2000 R_1 表示与圆柱内螺纹相配合的圆锥外螺纹；R_2 表示与圆锥内螺纹相配合的圆锥外螺纹；内外螺纹均只有一种公差带，可省略不注。表示螺纹副时，尺寸代号只注写一次
		R_2		$R_2 3/4$	
	圆锥内螺纹	Rc	55°	内螺纹：Rc1/2 外螺纹：Rc1/2 螺纹副（内外螺纹旋合） $Rc/R_2 1/2$	
	圆柱内螺纹	Rp	55°	内螺纹：Rp3/4 外螺纹：Rp3/4 螺纹副（内外螺纹旋合） $Rp/R_1 3/4$	

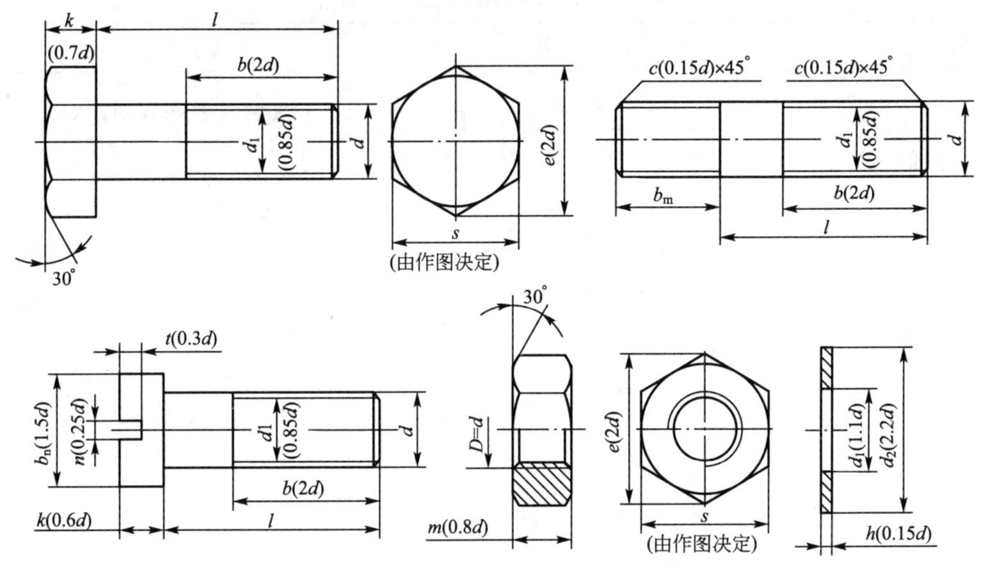

图 9.9　螺纹紧固件

如：螺纹规格 d=M10、螺距 P=1、公称长度 l=80、性能等级 8.8 级、表面氧化、产品等级为 A 级的六角头螺栓的标记为：螺栓 GB/T 578—2000－M10×1×80－8.8－A－O。

(2) 标记的简化。

① 标准的年代号允许省略。

② 精度、性能等级、材料、热处理、表面处理等项只有一种时允许省略。

③ 上述各项有两种以上时，可规定省略其中的一种，如精度等级 A、性能等级 8.8、表面氧化等。

如：螺纹规格 d=M12、公称长度 l=80、性能等级 8.8 级、表面氧化、产品等级为 A 级的六角头螺栓，其标记可简化为：螺栓 GB/T 5782－M12×80。

9.2　键、销、弹簧及滚动轴承

键和销是标准件，它们的结构、型式和尺寸，国家标准都有规定，使用时可查有关标准。

9.2.1　常用键连接

机器上常用键来连接轴上的零件(如齿轮、皮带轮等)，以便与轴一起转动。起传递扭矩的作用。键和螺钉、螺栓一样，是一种可拆的连接用标准件。键有很多种，常用的有普通平键、半圆键、钩头楔键等，其中以普通平键为最常见。

普通平键有圆头(A 型)、平头(B 型)和单圆头(C 型)3 种型式。常用键的型式及规定标记详见表 9－3。

表 9-3 常用键的型式及规定标记

名　称	图　例	规定标记示例
圆头普通平键		圆头普通平键(A 型) b=16mm，h=10mm， L=100mm 键 16×100　GB 1096
半圆键		半圆键 b = 6mm，h = 10mm，L=25mm 键 6×25　GB1099
钩头楔键		钩头楔键 b=16mm，h=10mm，L=100mm 键 16×100　GB 1099

键和键槽的尺寸由轴的公称直径 d 来决定。

在零件图上，轴上键槽深度、宽度常用局部视图和剖面表示；轮毂上的键槽深度、宽度常用局部视图表示。它们的画法和尺寸标注法，如图 9.10 所示。

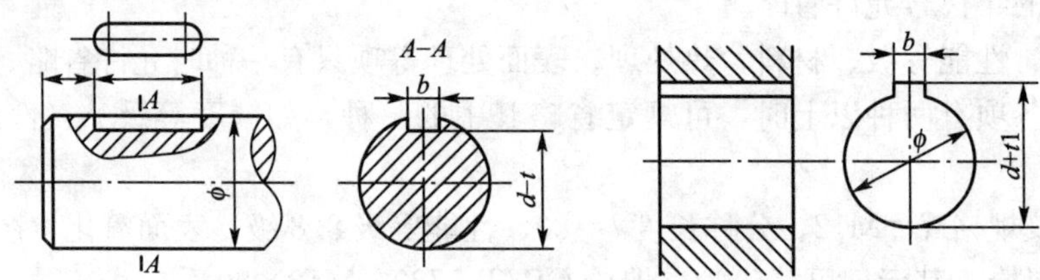

图 9.10　轴上键槽及轮毂上键槽的画法和尺寸标注法

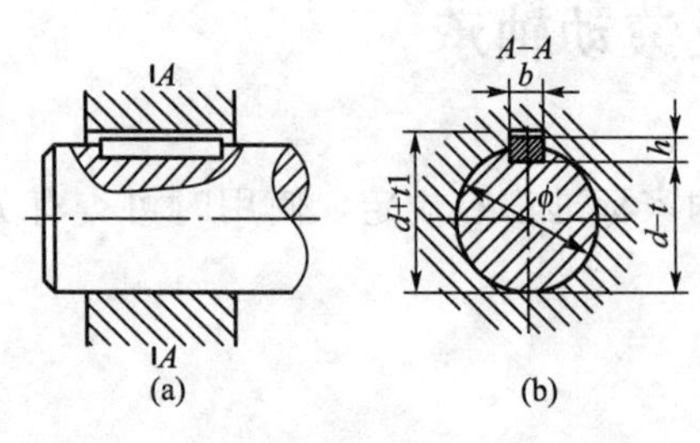

图 9.11　普通平键连接的画法

在装配图上，由于普通平键的两个侧面是工作面，所以平键的两个侧面与轮、轴的键槽侧面是接触面；键底与轴槽底面也是接触面，它们在图上画成一条线，而平键的顶面与轮毂的键槽顶面之间留有间隙，在图上应画两条线。键按实心零件画法画出，即键被纵向对称剖切时，规定不画剖面符号。轴上的键槽，常需局部剖开表示，如图 9.11 所示。

9.2.2　销连接

机器上用销来连接零件或传递动力。为了保证零件间正确的相对位置，也常用销来定位。如图 9.12 所示。常用的销有圆柱销、圆锥销、开口销等。

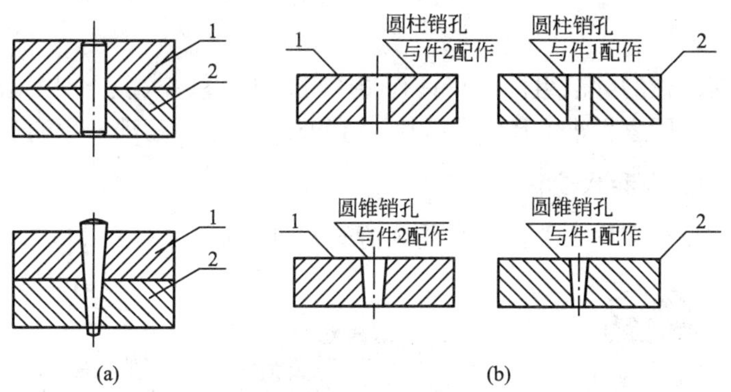

图 9.12　销连接装配图(a)和销孔画法和标记(b)

圆柱销与圆锥销用于零件间连接和定位，为了保证被连接的两个零件相对位置的准确性，加工时被连接的两个零件一定要装在一起同时钻孔和铰孔，因此在零件图上要加以说明(图 9.12)。

开口销是由半圆形金属弯成，常与带孔螺栓、开槽螺母配合使用，以防螺母松动或连接松脱。

9.2.3　弹簧

弹簧的用途很广，可用来减震、储能、夹紧和测力等。其特点是在外力去掉后能立即恢复原状。常用的螺旋弹簧按其用途可分为压缩弹簧、拉伸弹簧和扭力弹簧(图 9.13)。下面仅就圆柱螺旋压缩弹簧介绍有关的尺寸参数和表示方法：

图 9.13　圆柱螺旋弹簧

d——簧丝直径(型材直径)；

D——弹簧外径；

D_1——弹簧内径：$D_1=D-2d$；

D_2——弹簧中径：$D_2=D_1+d=D-d$；

p——节距(除支承圈外，相邻两圈沿轴向的距离)；

n——工作圈数(有效圈数)；

n_0——支承圈数(两端并紧且磨平的圈数)；支承圈数为 1.5～2.5 圈，2.5 圈用的最多，即两端各并紧 1/2 圈，且磨平 3/4；

n_1——总圈数，$n_1=n+n_0$；

H_0——自由高度，$H_0=np+(n_0-0.5)d$。

圆柱螺旋压缩弹簧的规定画法如图 9.14 所示。圆柱螺旋压缩弹簧在平行于轴线的投影面的视图中，其各图的轮廓应画成直线。圆柱螺旋压缩弹簧均可画成右旋，但左旋弹簧不论画成左旋或右旋，一律加注“左”字。有效圈在 4 圈以上的圆柱螺旋压缩弹簧，可只在两端各画 1～2 圈(支承圈除外)，而将中间部分省略，并允许缩短图形的长度。

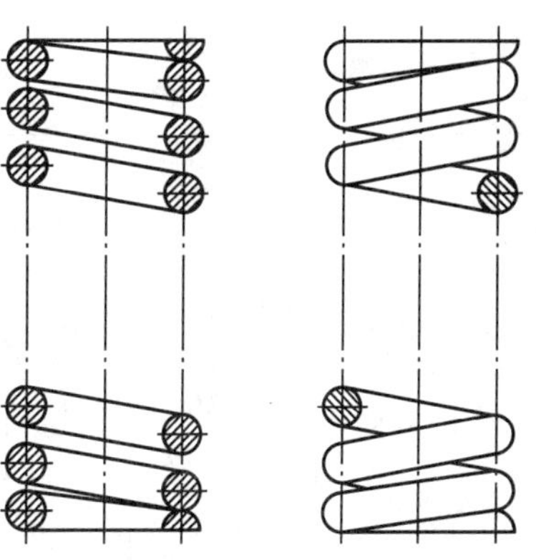

图 9.14　圆柱螺旋压缩弹簧的规定画法

9.2.4 滚动轴承

滚动轴承是支承轴的标准组件。它具有摩擦阻力小、效率高、结构紧凑等优点，因此在机器中广泛应用，国家标准 GB/T 4459.7—1998 还规定了滚动轴承的表示方法。

1. *滚动轴承的类型和代号*

滚动轴承的类型很多，一般按其承受载荷的方向分为 3 大类(图 9.15)。

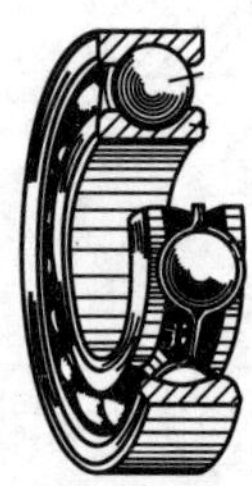

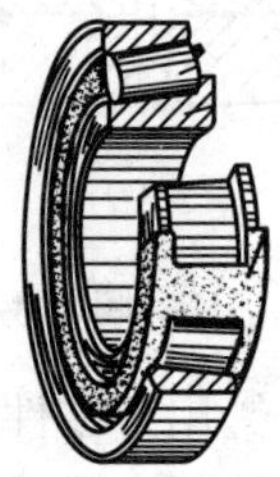

图 9.15 滚动轴承的类型

(1) 向心轴承：主要用于承受径向载荷。

(2) 推力轴承：主要用于承受轴向载荷。

(3) 向心推力轴承：主要用于同时承受径向和轴向载荷。

滚动轴承的种类虽多，但结构大致相同，即由外(上)圈、内(下)圈、滚动体(钢球、圆柱滚子、滚针等)和隔离圈 4 个部分组成。

滚动轴承的类型很多，为了便于组织生产和选用，国家标准规定了用 7 位数字表示的滚动轴承的基本代号，常用的是右 4 位数字。

类型代号　尺寸系列代号　内径代号

滚动轴承的基本代号由 3 部分组成，具体详见有关手册。

2. *滚动轴承表示方法*

滚动轴承是标准组件，因此不必画出零件图，只在装配图中根据外径 D、内径 d 及宽度 B 等几个主要参数，按比例将其一半近似地画出，另一半只画出外轮廓，并用细实线画上对角线见表 9-4。

表 9-4 常用滚动轴承的画法

轴承类型	承载特征	规定画法	简化画法	
			特征画法	通用画法
深沟球轴承 (GB/T 276—1994) 6000 型	主要承受径向载荷	B, B/2, A, A/2, A/2, d, D	B/6, B, A, 2B/3, d, D	B, 2A/3, A, 2B/3, d, D

（续）

轴承类型	承载特征	规定画法	简化画法	
			特征画法	通用画法
推力球轴承 (GB/T 301—1995) 51000 型	主要承受轴向载荷	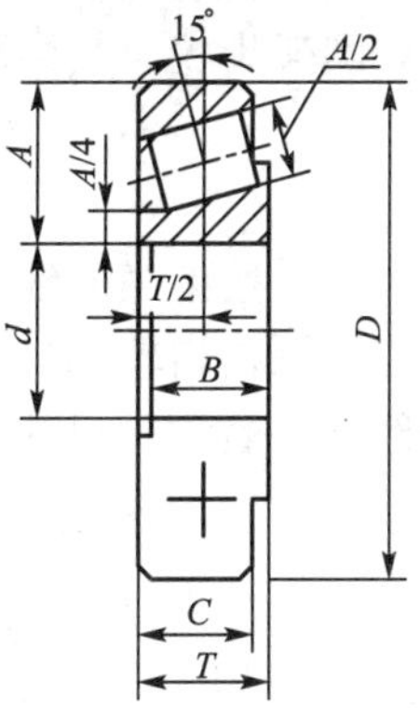	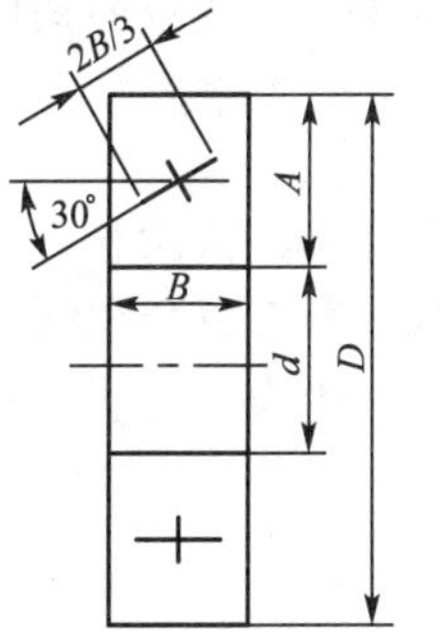	
圆锥滚子轴承 (GB/T 297—1994) 30000 型	同时承受径向和轴向载荷	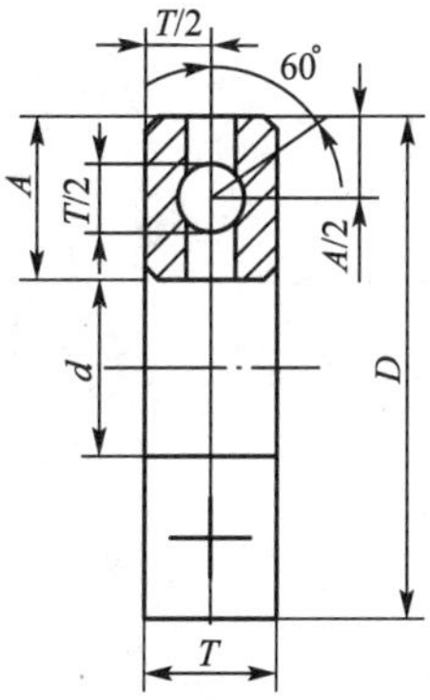	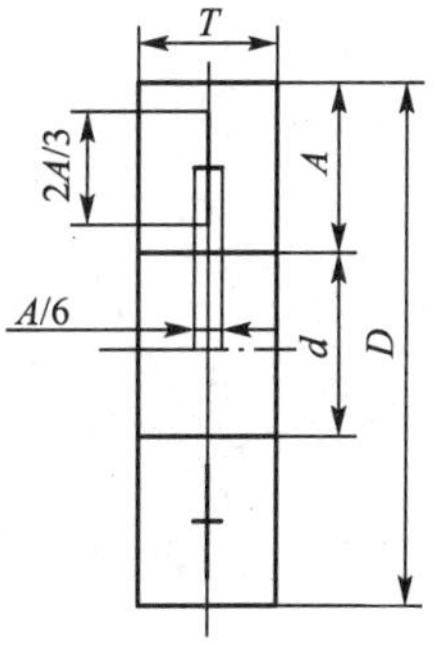	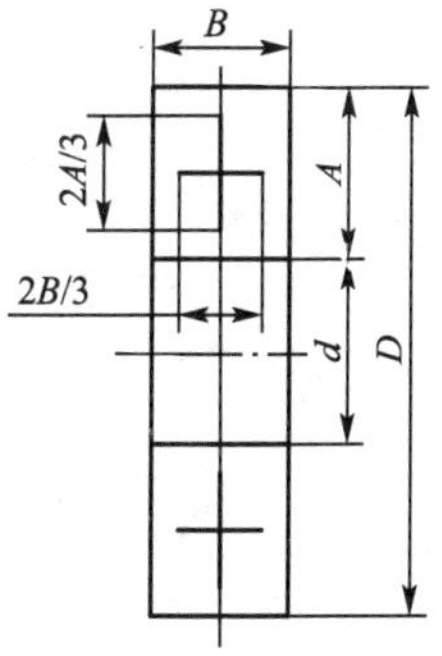
3 种画法的选用		滚动轴承的产品图样、产品样本、产品标准和产品使用说明书中采用	当需要较形象地表示滚动轴承的结构特征时采用	当不需要确切地表示滚动轴承的外形轮廓、承载特性和结构特征时采用

9.3　齿　　轮

齿轮是机械传动中广泛应用的零件，用来传递运动和力。一般利用一对齿轮将一根轴的转动传递到另一根轴，并可改变转速和旋转方向。

如图 9.16 所示，根据传动的情况，齿轮可分为 3 类。

图 9.16　齿轮的种类

圆柱齿轮：用于两平行轴之间的

传动。

圆锥齿轮：用于两相交轴之间的传动。

蜗轮蜗杆：用于两交叉轴之间的传动。

齿轮传动的另一种形式为齿轮齿条传动，用于转动和平动之间的运动转换。根据齿轮齿廓形状，又可分为渐开线齿轮、摆线齿轮和圆弧齿轮。其中渐开线齿轮应用最广。

9.3.1 圆柱齿轮概述

圆柱齿轮的轮齿有直齿、斜齿和人字齿 3 种。按齿廓曲线又可分为渐开线齿轮、圆弧齿轮、摆线齿轮等。本章节着重介绍渐开线齿廓圆柱齿轮的尺寸关系和规定画法。

现以标准直齿圆柱齿轮为例说明齿轮各部分的名称和尺寸关系，如图 9.17 所示。

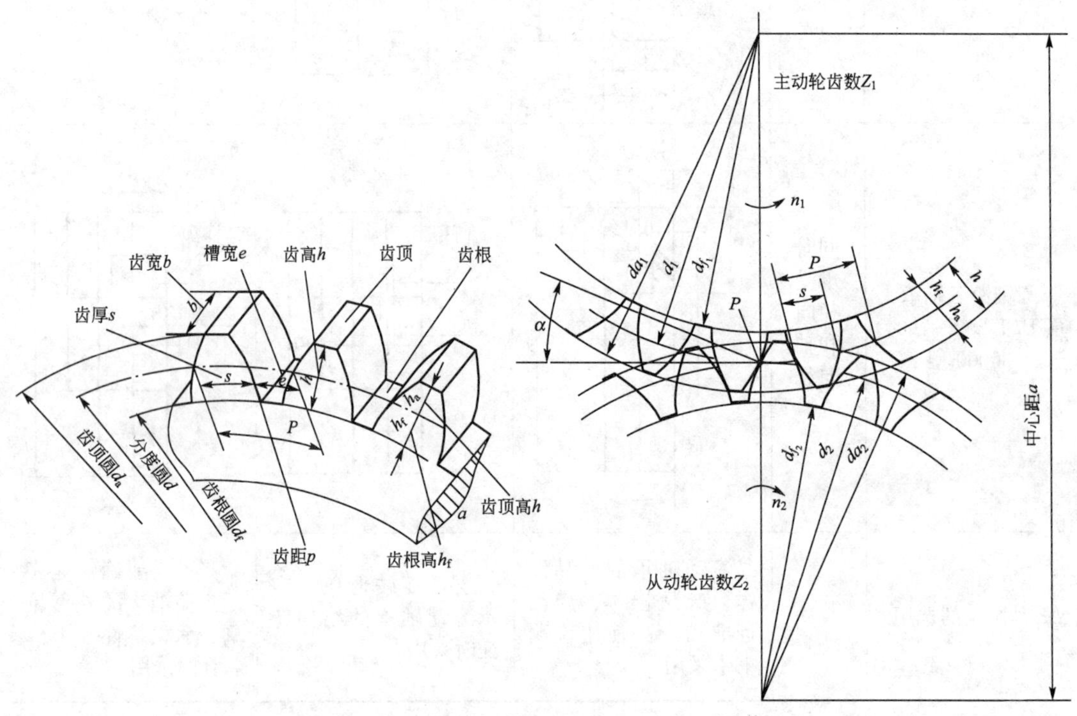

图 9.17　啮合齿轮各部分的名称和尺寸关系

压力角：轮齿在分度圆的啮合点 c 处的受力方向线与该点瞬时运动方向线间的夹角，用 α 表示。标准齿轮 $\alpha=20°$。

模数：齿距与圆周率 π 的比值 p/π，用 m 表示(单位 mm)，其值已标准化。模数的标准数值见表 9-5。

表 9-5　标准模数

第一系列	1，1.25，1.5，2，2.5，3，4，5，6，8，10，12，16，20，25，32，40，50
第二系列	1.75，2.25，2.75，(3.25)，3.5，(3.75)，4.5，(5.5)，6.5，7，9，11，14，18，22，28，36，45

注：选用模数时应优先选用第一系列，其次选用第二系列，括号内的模数尽可能不用

齿顶圆：通过轮齿顶部的假想圆，其直径用 d_a 表示。

齿根圆：通过轮齿根部的假想圆，其直径用 d_f 表示。

分度圆：截得齿厚和槽宽相等的假想圆，其直径用 d 表示。在标准齿轮中 $d=mz$(z 为齿数)。

节圆：以两啮合齿轮的中心为圆心，中心到啮合点(中心连线与啮合线的交点)为半径作出的假想圆，其直径以 d' 表示。

齿厚：分度圆截得轮齿厚度的弧长，用 s 表示。

槽宽：分度圆截得齿槽部分的弧长，用 e 表示。

齿距：分度圆上相邻两齿对应点间的弧长，用 p 表示，$p=s+e$。

齿顶高：分度圆至齿顶圆间的径向距离，用 h_a 表示，$h_a=m$。

齿根高：分度圆至齿根圆间的径向距离，用 h_f 表示，$h_f=1.25m$。

齿高：齿顶圆与齿根圆之间的径向距离，用 h 表示，$h=h_a+h_f$。

9.3.2　圆柱齿轮的表示方法

1. 单个圆柱齿轮的表示方法

齿顶圆和齿顶线用粗实线绘制。

分度圆和分度线用点画线绘制。

齿根圆和齿根线用细实线绘制，可省略；在剖视图中，齿根线用粗实线绘制。

在剖视图中，当剖切平面通过齿轮轴线时，轮齿一律按不剖处理(图 9.18)。

当需要表达斜齿和人字齿的齿线方向时，可在未剖处用 3 条与齿向一致的细实线表示，如图 9.19 所示。

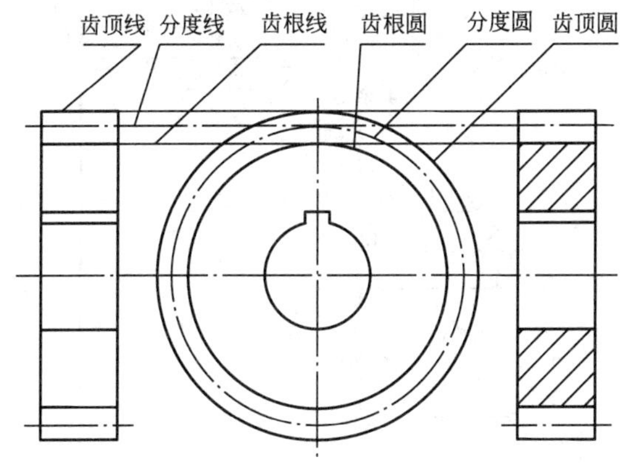

图 9.18　单个圆柱齿轮的画法

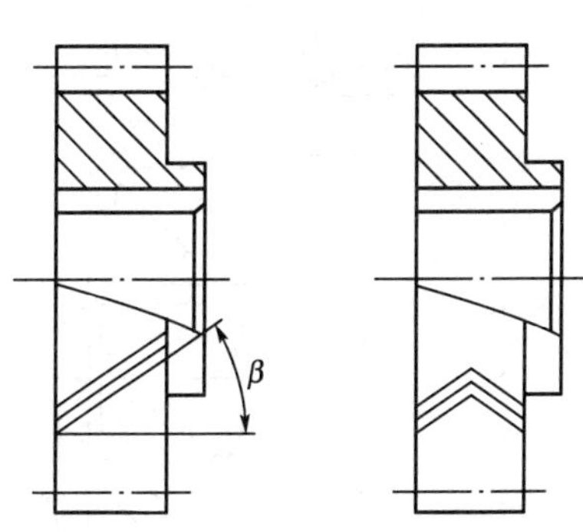

图 9.19　斜齿、人字齿的齿向表示

2. 圆柱齿轮的啮合表示方法

一对正确安装的标准圆柱齿轮互相啮合时，它们的分度圆处于相切的位置，此时的分度圆又称节圆，在机械制图中表示如下。

在垂直于齿轮轴线的投影面的视图中，啮合区的两齿顶圆均用粗实线完整画出，也可省略不画；齿根线用细实线绘制，也可省略不画；节圆用细点画线圆画出，两啮合齿轮节圆相切，如图 9.20 所示。

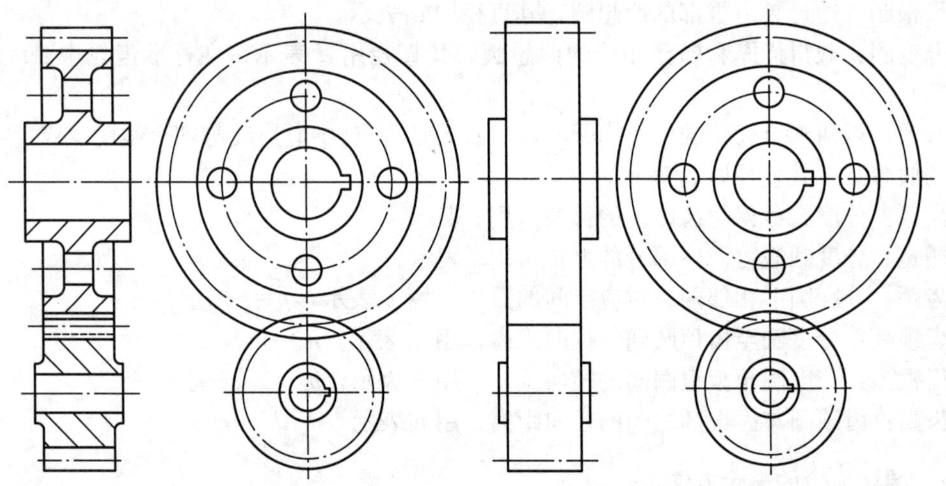

图 9.20　直齿圆柱齿轮啮合的规定画法

在平行于齿轮轴线的投影面的外形视图中，啮合区的齿顶线、齿根线均不画，节线用粗实线画出；非啮合区按单个齿轮画法绘制。

在平行于齿轮轴线的投影面的剖视图中，轮齿仍按不剖处理；在啮合区中，两齿轮的节线重合为一条，画点画线；两齿轮的齿顶线，一条画粗实线，另一条被遮挡的画虚线；两齿轮的齿根线均画粗实线，齿顶线与齿根线间留有间隙，剖面线画到表示齿根线的粗实线为止。

齿轮的零件图，除了表达齿轮的视图、尺寸和技术要求外，还要在图纸右上角附表注明齿轮的模数、齿数、齿形角等项目，如图 9.21 所示。

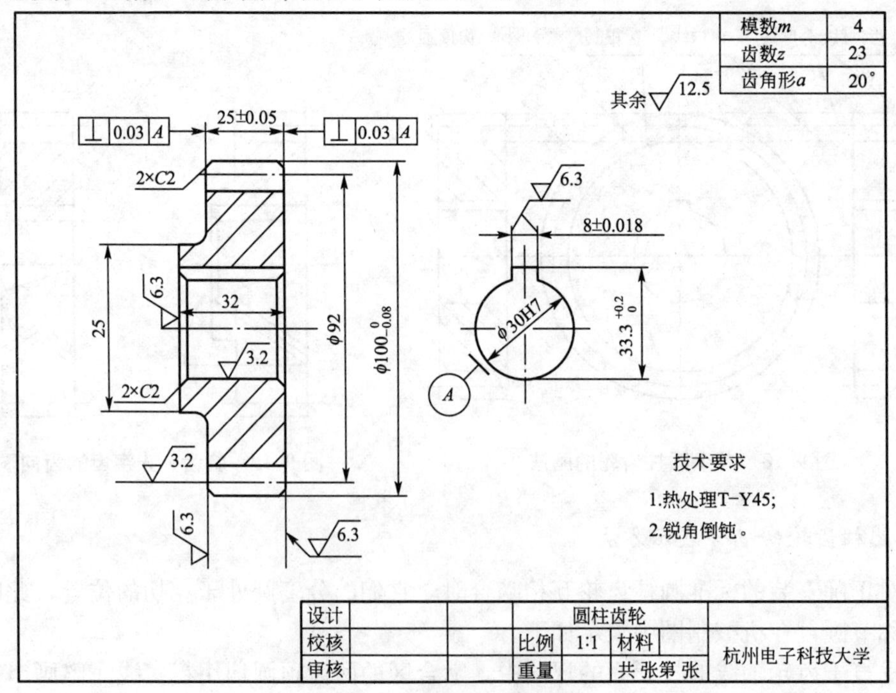

图 9.21　直齿圆柱齿轮零件图

思　考　题

(1) 常用的标准螺纹有几种？它们的牙型有何特点和功能？如何应用？

(2) 内外螺纹连接时应具备哪些条件？

(3) 何谓螺纹的3要素？

(4) 对普通螺纹的标注应包括哪些内容？试举例说明。

第10章 零件图

了解零件图的知识，包括零件图的概念、内容、作用，零件图的尺寸标注、技术要求、标题栏内容；了解零件特征的一般表达方法，读懂简单零件图。

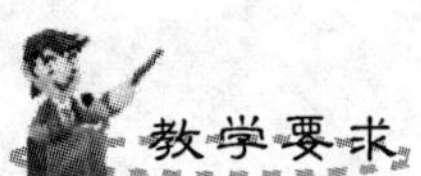

知识要点	能力要求
零件图的概念要素	理解图形、尺寸、技术要求、标题栏作用
尺寸标注、技术要求	掌握尺寸符号、尺寸数字、尺寸线、尺寸界限、定形尺寸、定位尺寸、总体尺寸概念；理解精度术语：尺寸精度、形位公差含义
零件图	学会表达简单零件；掌握零件图读图要领

导入案例

易学易用的三维机械设计软件 SolidWorks

SolidWorks(图 10.1)软件是世界上第一个基于 Windows 开发的三维 CAD 系统。总部位于马萨诸塞州的康克尔郡(Concord, MassachusetTS)内，起初的目标是希望在每一个工程师的桌面上提供一套具有生产力的实体模型设计系统。1995 年推出第一套 SolidWorks 三维机械设计软件，从 1999 年起，美国权威的 CAD 专业杂志 CADENCE 连续 4 年授予 SolidWorks 最佳编辑奖。他所遵循的易用、稳定和创新 3 大原则得到了全面地落实和证明。在美国，包括麻省理工学院(MIT)、斯坦福大学等在内的著名大学已经把 SolidWorks 列为制造专业的必修课，国内的一些大学(教育机构)如清华大学、北京航空航天大学、大连理工大学、北京理工大学、上海教育局等也在应用 SolidWorks 进行教学。

图 10.1 SolidWorks 界面

10.1 零件图的概念和要素

10.1.1 零件图的概念

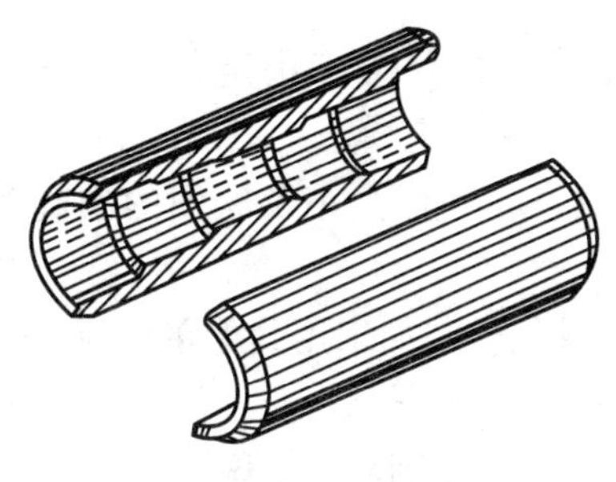

图 10.2 活塞销

表达单个零件结构、大小及技术要求的图样称为零件图。零件图是制造和检验零件的主要依据，是设计和生产过程中的主要技术资料。

如在制造图 10.2 所示的活塞销零件前，应该首先根据设计或使用要求，画出如图 10.3 所示的零件图。在制造过程中，还将根据零件图标题栏中填写的材料和数量进行备料、制造毛坯，按图示的形状、尺寸大小和技术要求进行加工制造，最后根据图纸进行检验。

10.1.2 零件图的内容

一张完整的零件图一般应具有以下的内容。

(1) 图形：用一组图形(包括视图、剖视、剖面、局部放大图等)，完整、清晰地表达出零件的内外结构形状。

(2) 尺寸：用足够的尺寸把零件的结构形状及其相互位置的大小标注完整。

(3) 技术要求：用文字或符号说明零件在制造和检验时所必须达到的一些技术参数，如表面粗糙度、公差与配合、热处理等。

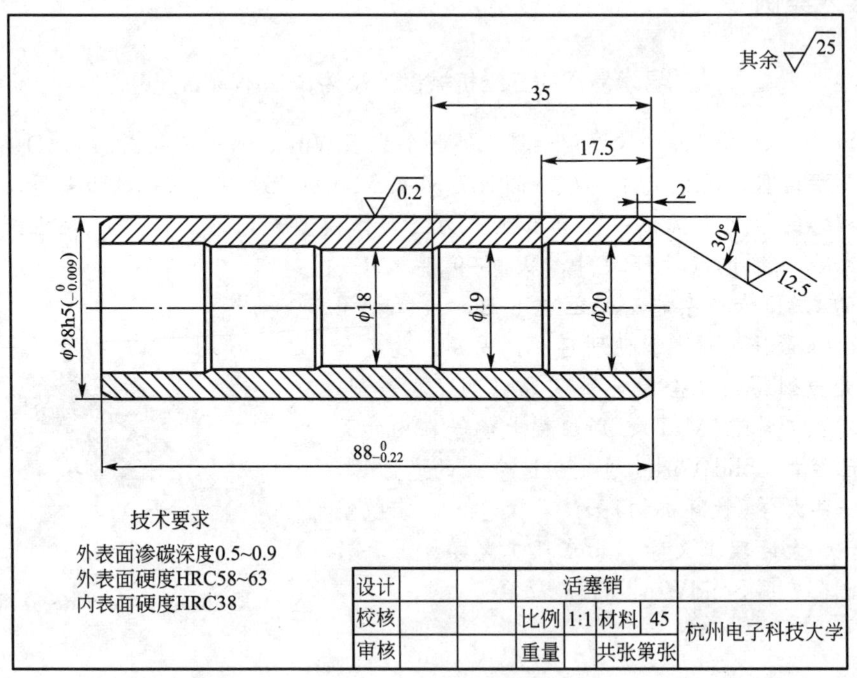

图 10.3　活塞销零件图

（4）标题栏：说明零件的名称、材料、数量、图号和比例等各项内容。

10.1.3　尺寸标注

图形只表示出机件的形状，而机件大小则由图样上标注的尺寸来决定，制图国标 GB/T 4458.4—2003 规定了以下要求。

（1）机件的真实大小以图样上所注的尺寸数值为依据，与图形大小及绘图的准确度无关。

（2）图样中的尺寸以 mm 为单位时，不需注明其名称或代号；如采用其他单位时，则必须注明名称或代号。

（3）图样中所注尺寸应为该图样所示机件的最后完工尺寸，否则需另加说明。

（4）机件的每一尺寸，一般只注一次，并应注在反映该结构最清晰的图形上。

一个完整的尺寸，必须包含有尺寸数字、尺寸界线和尺寸线等要素。

1. 尺寸数字

线性尺寸数字一般应注写在尺寸线的上方，也允许注写在尺寸线的中断处。一张图样上应尽可能采用同一种注写方式。

水平方向尺寸数字字头朝上，垂直方向尺寸数字字头朝左，各种倾斜方向尺寸数字字头保持朝上的趋势。

尺寸数字不可被任何图线通过，无法避免时，必须将该图线断开，如图 10.4 中 ϕ20、ϕ16、ϕ28 处。

2. 尺寸线

尺寸线用细实线单独绘出，不能用图样上的其他图线代替或画在它们的延长线上。

尺寸线两端必须画上指向尺寸界线的箭头。在小尺寸中无法画出箭头时，允许采用图10.5所示画法。

线性尺寸的尺寸线必须与所注的线段平行，以圆或圆弧为尺寸界线时，尺寸线必须过圆心。角度尺寸的尺寸线是以角顶为圆心的圆弧(图10.4)。

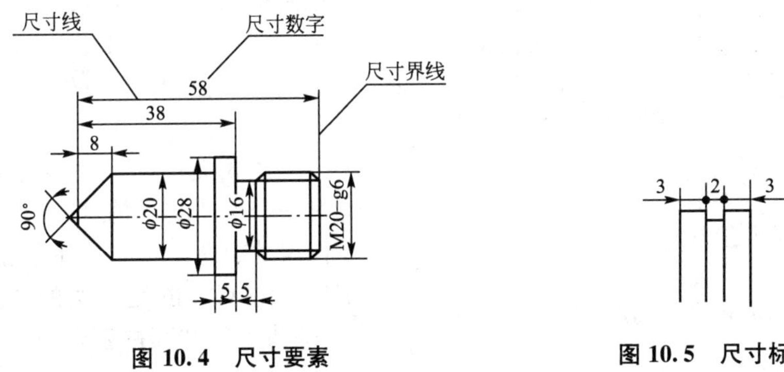

图10.4　尺寸要素

图10.5　尺寸标注

3. 尺寸界线

尺寸界线用细实线绘制，从图形的轮廓线、轴线或对称中心线处引出，也可利用图形的图线作尺寸界线。

当所注尺寸部位的形状或该尺寸的意义需要说明时，常在尺寸数字前面加注一些特定的符号。国标建议在标注尺寸时，尽可能使用符号和缩写词。常用符号和缩写词见表10-1所示。

表10-1　常用符号和缩写词

名称	符号或缩写	名称	符号或缩写	名称	符号或缩写
直径	Φ	正方形	□	45°倒角	*C*
半径	*R*	弧长	⌒	深度	↧
圆球	*S*	度	°	沉孔	⌴
板厚	*t*	参考尺寸	(　)	均布	EQS

组成零件的尺寸有3类。

1) 定形尺寸

用以确定组成零件的各基本体大小的尺寸称定形尺寸。

例如，如图10.6所示支架零件，由圆筒、肋板和底板叠合而成，其定形尺寸有以下几个。

确定底板圆筒大小的尺寸：外径 $\phi16$、内径 $\phi10$、高8和外径 $\phi24$、内径 $\phi14$、高 25。

确定肋板大小的尺寸：宽度 5。

确定底板大小的尺寸：高度 6。

2) 定位尺寸

用以确定组成零件的各基本体相对位置的尺寸称定位尺寸。如支架图中大小圆筒的中心距 35，大圆筒与肋板的定位尺寸 25 等。

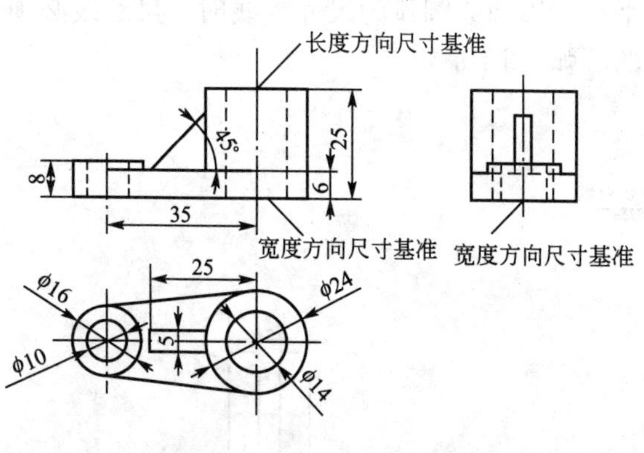

图 10.6　支架的尺寸标注

3) 总体尺寸

用以确定整个零件的总长、总宽和总高的尺寸称总体尺寸。如图 10.6 所示支架的总宽 ϕ24 和总高 25。总长可由中心距 35 + 16/2 + 24/2 间接得到。

上述 3 类尺寸，并不能截然区分。有时一个尺寸既可是定形尺寸，又可是定位尺寸或总体尺寸。如上述支架圆筒定形尺寸 ϕ24 也是支架的总高；25 和 45°是肋板长和高的定形尺寸，同时 25 也是大筒与肋板的定位尺寸。

标注尺寸的起点称尺寸基准。每个零件有长、宽、高 3 个方向的尺寸，每个方向至少应有一个尺寸基准。例如，图 10.6 支架的尺寸标注时，长度方向的尺寸基准为支座大圆筒轴线，宽度方向的尺寸基准为支座前后对称平面，高度方向的尺寸基准为支座底面。

一般选择零件的底面、对称平面、重要端面或回转体的轴线作为尺寸基准，各个方向的重要尺寸从相应尺寸基准出发进行标注。通常以对称平面为尺寸基准时，要注出对称部分的全长而不是一半的尺寸，如支架肋板的宽度 5。

10.1.4　技术要求

除了用视图表达零件的结构和用尺寸表达零件的大小外，在零件图上还有制造该零件应达到的技术要求。它包括尺寸公差、形状和位置公差、表面粗糙度、材料、材料的热处理及表面保护等。

在成批或大量生产中，要求在同一规格的一批零件中，任意取出一个零件，无需修配就能顺利地进行装配，并达到规定的技术要求，这种性质叫做互换性。为了保证零件的互换性，必须对零件加工后的实际尺寸规定一个允许的变动范围。零件实际尺寸允许的变动量，叫做尺寸公差，简称公差。

尺寸公差分成 20 级，即 IT01、IT0、IT1 至 IT18。IT 表示标准公差，后面的数字表示公差等级。从 IT01 至 IT18，等级依次降低，通常 IT01～IT12 用于配合尺寸，IT13～IT18 用于非配合尺寸。

1. 尺寸公差的术语(图 10.7)

(1) 基本尺寸：设计时给定的尺寸。

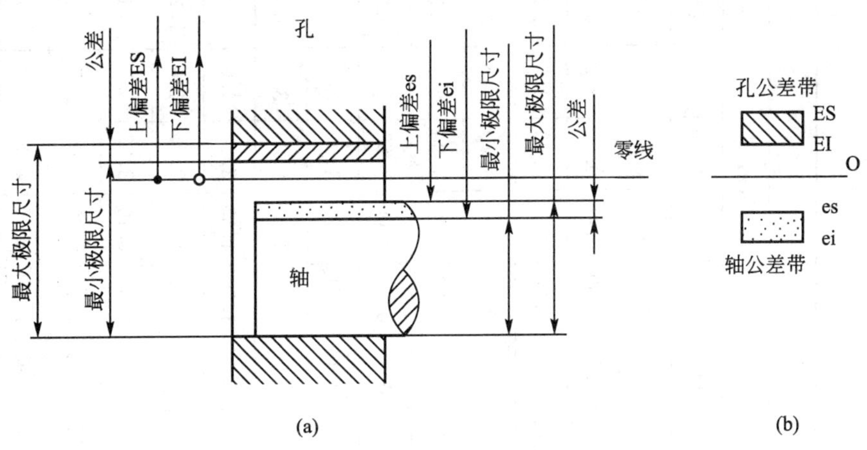

(a) (b)

图 10.7 尺寸偏差与公差示意图

(2) 实际尺寸：通过测量所得的尺寸。

(3) 极限尺寸：允许尺寸变化的两个界限值。

最大极限尺寸：两个界限值中，较大的一个尺寸。

最小极限尺寸：两个界限值中，较小的一个尺寸。

(4) 尺寸偏差：某一尺寸减其基本尺寸所得的代数差。

上偏差：最大极限尺寸减其基本尺寸所得的代数差，以 ES(孔)或 es(轴)表示。

下偏差：最小极限尺寸减其基本尺寸所得的代数差，以 EI(孔)或 ei(轴)表示。

(5) 尺寸公差：允许尺寸的变动量，它等于最大极限尺寸与最小极限尺寸之代数差的绝对值，也等于上偏差与下偏差之代数差的绝对值。在示意图 10.7(a)中，由代表上、下偏差的两条直线所限定的一个区域称为公差带。由于公差数值与基本尺寸数值相差甚远，不便用同一比例作图，所以为了简化起见，就用类似于图 10.7(b)这样的公差带图来表示。

(6) 零线：在公差带图中，确定偏差的一条基准直线，即零偏差线。零线代表零件的基本尺寸线。由标准公差确定公差带图中的公差带大小(宽度)；由基本偏差确定公差带相对于零线的位置。

(7) 标准公差：标准公差是国家标准表列的，用以确定公差带大小的任一公差(表 10-2)。IT 表示标准公差，数字表示等级，如 IT8 表示标准公差 8 级。

(8) 基本偏差：基本偏差是国家标准表列的，用以确定公差带相对于零线位置的上偏差或下偏差，一般为靠近零线的那个偏差。国家标准规定基本偏差代号用拉丁字母来表示，大写字母表示孔，小写字母表示轴，孔与轴的基本偏差各 28 个(图 10.8)，它们的数值见表 10-3、表 10-4，其中基本偏差 H、h 为零。

(9) 公差带代号：孔、轴公差带代号用基本偏差代号与标准公差等级代号组成。例如：孔的公差带代号 H8、F8、K7 等；轴的公差带代号 h7、f7、p6 等。

图 10.7(b)所示的公差带由“公差带大小”与“公差带位置”两个要素组成，其中公差带大小由标准公差决定，公差带位置由基本偏差决定。

表 10－2 标准公差数值

基本尺寸		公差等级																			
		/μm													/mm						
大于	至	IT01	IT0	IT1	IT2	IT3	IT4	IT5	IT6	IT7	IT8	IT9	IT10	IT11	IT12	IT13	IT14	IT15	IT16	IT17	IT18
1	3	0.3	0.5	0.8	1.2	2	3	4	6	10	14	25	40	60	0.10	0.14	0.25	0.40	0.60	1.0	1.4
3	6	0.4	0.6	1	1.5	2.5	4	5	8	12	18	30	48	75	0.12	0.18	0.30	0.48	0.75	1.2	1.8
6	10	0.4	0.6	1	1.5	2.5	4	6	9	15	22	36	58	90	0.15	0.22	0.36	0.58	0.90	1.5	2.2
10	18	0.5	0.8	1.2	2	3	5	8	11	18	27	43	70	110	0.18	0.27	0.43	0.70	1.10	1.8	2.7
18	30	0.6	1	1.5	2.5	4	6	9	13	1	33	52	84	130	0.21	0.33	0.52	0.84	1.30	2.1	3.3
30	50	0.6	1	1.5	2.5	4	7	11	16	25	39	62	100	160	0.25	0.39	0.62	1.00	1.60	2.5	3.9
50	80	0.8	1.2	2	3	5	8	13	19	30	46	74	120	190	0.30	0.46	0.74	1.20	1.90	3.0	4.6
80	120	1	1.5	2.5	4	6	10	15	22	35	54	87	140	220	0.35	0.54	0.87	1.40	2.20	3.5	5.4
120	180	1.2	2	3.5	5	8	12	18	25	40	63	100	160	250	0.40	0.63	1.00	1.60	2.50	4.0	6.3
180	250	2	3	4.5	7	10	14	20	29	46	72	115	185	290	0.46	0.72	1.15	1.85	2.90	4.6	7.2
250	315	2.5	4	6	8	12	16	23	32	52	81	130	210	320	0.52	0.81	1.30	2.10	3.20	5.2	8.1
315	400	3	5	7	9	13	18	25	36	57	89	140	230	360	0.57	0.89	1.40	2.30	3.60	5.7	8.9
400	500	4	6	8	10	15	20	27	40	63	97	155	250	400	0.63	0.97	1.55	2.50	4.00	6.3	9.7

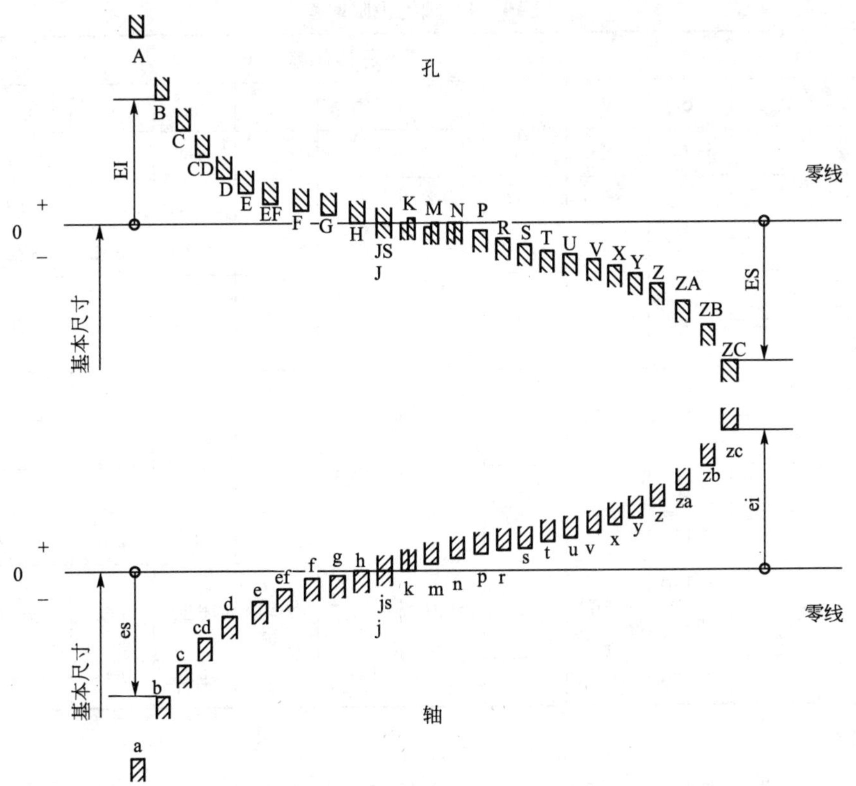

图 10.8 基本偏差系列

表 10-3 孔的极限偏差

<table>
<tr><th colspan="2">基本尺寸/mm</th><th colspan="10">极限偏差/μm</th></tr>
<tr><th>大于</th><th>至</th><th>C</th><th>D</th><th>F</th><th>G</th><th>H</th><th>K</th><th>N</th><th>P</th><th>S</th><th>U</th></tr>
<tr><td>—</td><td>3</td><td>+60</td><td>+20</td><td>+6</td><td>+2</td><td rowspan="13">0</td><td>0</td><td>−4</td><td>−6</td><td>−14</td><td>−18</td></tr>
<tr><td>3</td><td>6</td><td>+70</td><td>+30</td><td>+10</td><td>+4</td><td>+3</td><td>−4</td><td>−8</td><td>−15</td><td>−19</td></tr>
<tr><td>6</td><td>10</td><td>+80</td><td>+40</td><td>+13</td><td>+5</td><td>+5</td><td>−4</td><td>−9</td><td>−17</td><td>−22</td></tr>
<tr><td>10</td><td>14</td><td rowspan="2">+95</td><td rowspan="2">+50</td><td rowspan="2">+16</td><td rowspan="2">+6</td><td rowspan="2">+6</td><td rowspan="2">−5</td><td rowspan="2">−11</td><td rowspan="2">−21</td><td rowspan="2">−26</td></tr>
<tr><td>14</td><td>18</td></tr>
<tr><td>18</td><td>24</td><td rowspan="2">+110</td><td rowspan="2">+65</td><td rowspan="2">+20</td><td rowspan="2">+7</td><td rowspan="2">+6</td><td rowspan="2">−7</td><td rowspan="2">−14</td><td rowspan="2">−27</td><td>−33</td></tr>
<tr><td>24</td><td>30</td><td>−40</td></tr>
<tr><td>30</td><td>40</td><td>+120</td><td rowspan="2">+80</td><td rowspan="2">+25</td><td rowspan="2">+9</td><td rowspan="2">+7</td><td rowspan="2">−8</td><td rowspan="2">−17</td><td rowspan="2">−34</td><td>−51</td></tr>
<tr><td>40</td><td>50</td><td>+130</td><td>−61</td></tr>
<tr><td>50</td><td>65</td><td>+140</td><td rowspan="2">+100</td><td rowspan="2">+30</td><td rowspan="2">+10</td><td rowspan="2">+9</td><td rowspan="2">−9</td><td rowspan="2">−21</td><td>−42</td><td>−76</td></tr>
<tr><td>65</td><td>80</td><td>+150</td><td>−48</td><td>−91</td></tr>
<tr><td>80</td><td>100</td><td>+170</td><td>+120</td><td>+36</td><td>+12</td><td>+10</td><td>−10</td><td>−24</td><td>−58</td><td>−111</td></tr>
</table>

表 10-4　轴的极限偏差

基本尺寸/mm		极限偏差/μm									
大于	至	c	d	f	g	h	k	n	p	s	u
—	3	−60	−20	−6	−2	0	0	+4	+6	+14	+18
3	6	−70	−30	−10	−4		+1	+8	+12	+19	+23
6	10	−80	−40	−13	−5			+10	+15	+23	+28
10	14	−95	−50	−16	−6			+12	+18	+28	+33
14	18										
18	24	−110	−65	−20	−7		−6	+15	+22	+35	+41
24	30										+48
30	40	−120	−80	−25	−9		−7	+17	+26	+43	+60
40	50	−130									+70
50	65	−140	−100	−30	−10		−9	+20	+32	+53	+76
65	80	−150								+59	+87
80	100	−170	−120	−36	−12		−10	+23	+37	+71	+102

2. 配合

配合是基本尺寸相同的、相互结合的孔和轴公差带之间的关系。根据设计要求，孔与轴配合的松紧程度分为 3 类：间隙配合、过盈配合和过渡配合。

(1) 间隙配合：具有间隙(包括最小间隙等于零)的配合。当间隙配合时，孔的公差带在轴的公差带之上(图 10.9)。

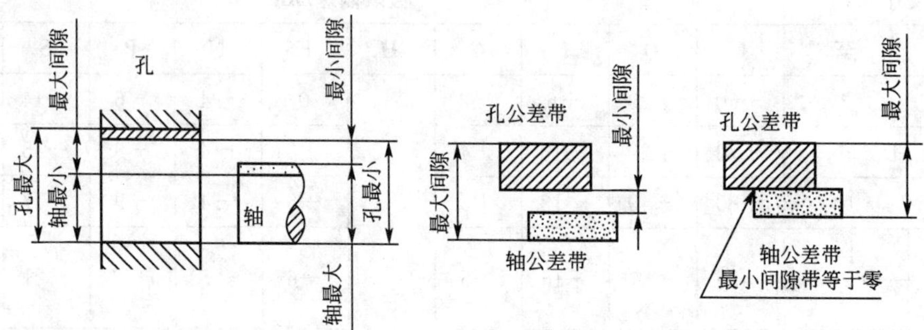

图 10.9　间隙配合

最大间隙＝孔的上偏差－轴的下偏差＞0

最小间隙＝孔的下偏差－轴的上偏差≥0

(2) 过盈配合：具有过盈(包括最小过盈等于零)的配合。当过盈配合时，孔的公差带在轴的公差带之下(图 10.10)。

最大过盈＝孔的下偏差－轴的上偏差＜0

最小过盈＝孔的上偏差－轴的下偏差≤0

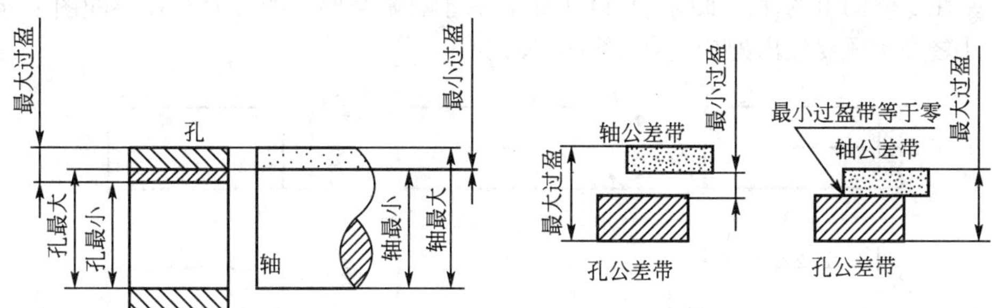

图 10.10　过盈配合

(3) 过渡配合：可能具有间隙或过盈的配合。当过渡配合时，孔的公差带与轴的公差带相互交叠(图 10.11)。

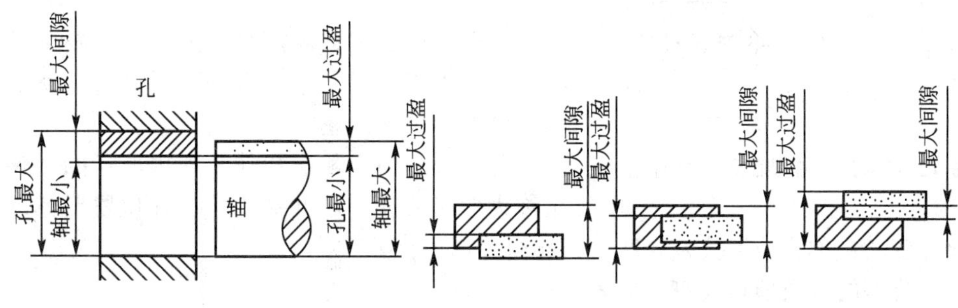

图 10.11　过渡配合

为了得到不同性质的配合，通常将一个零件的极限尺寸保持不变，而改变另一配合零件的极限尺寸。国家标准中规定了两种体制的配合系列，即基孔制和基轴制。

基孔制是基本偏差为一定的孔的公差带，与不同基本偏差的轴的公差带形成各种配合的一种制度。基孔制的孔为基准孔，标准规定的基准孔，其下偏差为零(图 10.12)。基准孔代号用大写拉丁字母“H”表示。由于在生产中孔的加工方法比轴的要复杂，所以从生产成本的角度考虑，常采用基孔制配合。

基轴制是基本偏差为一定的轴的公差带，与不同基本偏差的孔的公差带形成各种配合的一种制度，基轴制的轴为基准轴，标准规定的基准轴，其上偏差为零(图 10.13)。基准轴代号用小写拉丁字母“h”表示。

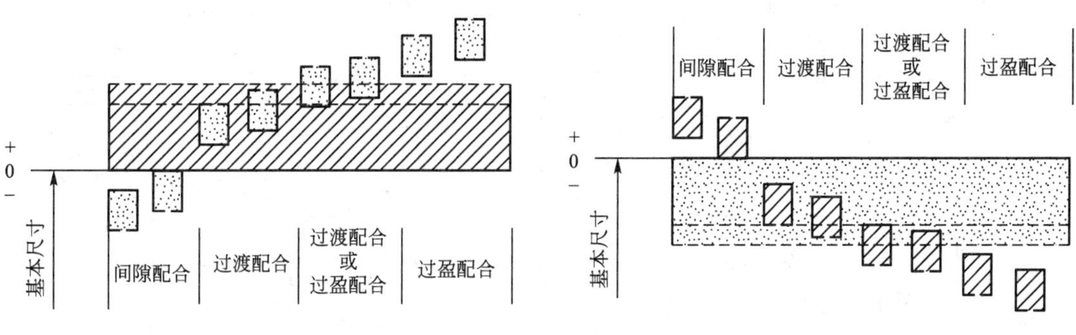

图 10.12　基孔制的公差带　　图 10.13　基轴制的公差带

公差在零件图上的注法如图 10.14 所示，对于有配合要求的尺寸，在装配图上除注出基本尺寸之外，还要注出配合代号(图 10.15)。

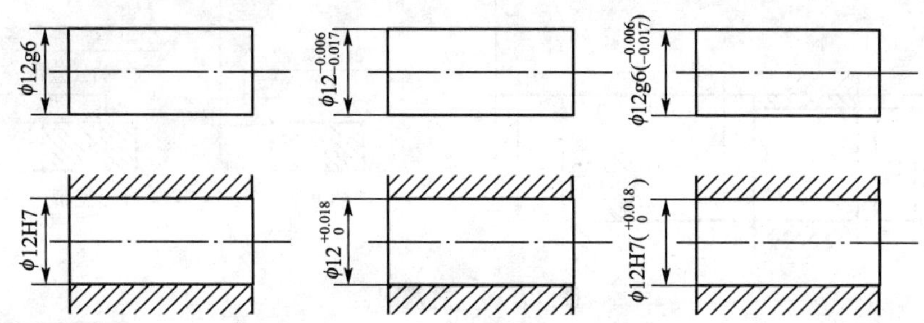

图 10.14　公差在零件图上的注法

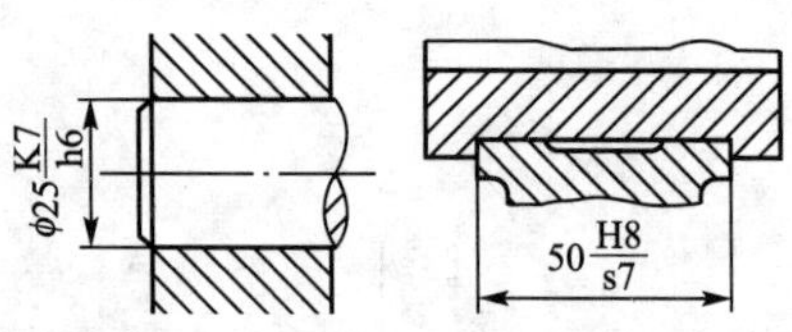

图 10.15　配合在装配图上的注法

3. 形状与位置公差

一般零件通常只规定尺寸公差。对要求较高的零件，除了规定尺寸公差以外，还规定其所需要的形状公差和位置公差。

零件被测的实际形状与其理想形状的允许变动量称为形状公差；零件被测的实际位置对其理想位置的允许变动量称为位置公差，两项一起简称形位公差。

形位公差的分类项目及符号见表 10-5。

表 10-5　形状公差的分类项目及符号

公差		特征项目	符号
形状		直线度	—
		平面度	⏥
		圆度	○
		圆柱度	⌭
形状或位置	轮廓	线轮廓度	⌒
		面轮廓度	⌓

公差		特征项目	符号
位置	定向	平行度	//
		垂直度	⊥
		倾斜度	∠
	定位	同轴度	◎
		对称度	⌯
		位置度	⌖
	跳动	圆跳动	↗
		全跳动	⌰

在零件图或装配图中，形位公差采用代号标注，形位公差的代号包括形位公差基本符号、形位公差的数值以及基准代号的字母等，如图 10.16 的零件图所示。

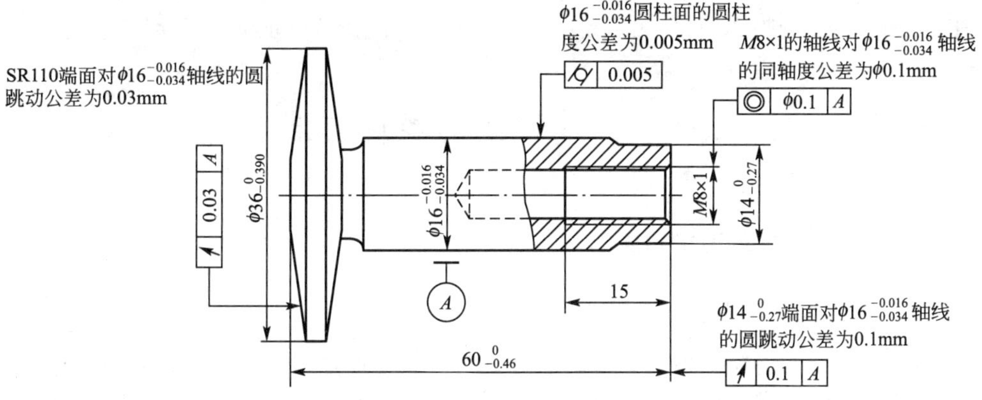

图 10.16　形位公差标注示例

4. 表面粗糙度

零件表面经过加工后，看起来很光滑，但在放大镜下观察时，则可见表面具有微小的峰谷。零件表面上具有一系列这样微小峰谷所组成的微观几何形状特征称表面粗糙度。

表面粗糙度的主要评定参数有：轮廓算术平均偏差 Ra 和轮廓最大高度 Rz，在幅度参数常用的参考值范围内（Ra 为 0.025μm～6.3μm，Rz 为 0.1μm～25μm）两个参数中优先选用 Ra。

轮廓算术平均偏差 Ra 是在取样长度 l 内，被测轮廓上各点至轮廓中线偏距绝对值的算术平均值，如图 10.17 所示。

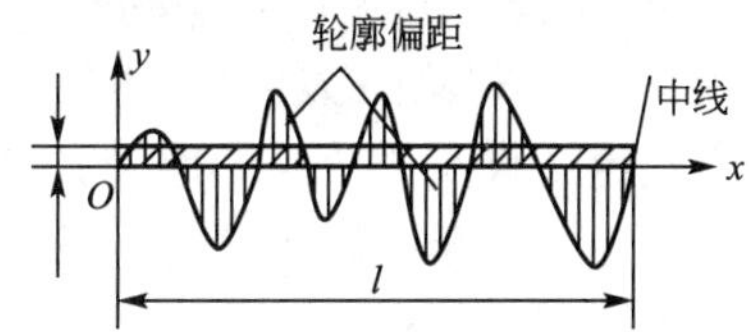

图 10.17　轮廓算术平均偏差 *Ra* 测定示意图

$$Ra = \frac{1}{l}\int_0^l |Y(x)|\,\mathrm{d}x \qquad \text{或近似地} \qquad Ra = \frac{1}{n}\sum_{i=1}^{n} |y_i|$$

式中：n——在取样长度内所测点的数目，Ra 的数值单位为 μm。

表面粗糙度轮廓算术平均偏差值 Ra 的标注意义见表 10-6。

表 10-6　Ra 的标注意义

代　号	意　　义	代　号	意　　义
√Ra 3.2	用任何方法获得的表面粗糙度 Ra 的上限值为 3.2μm	√Ra 3.2	用不去除材料的方法获得的表面粗糙度 Ra 的上限值为 3.2μm
√Ra 3.2	用去除材料方法获得的表面粗糙度 Ra 的上限值为 3.2μm	√U Ra 3.2 L Ra 1.6	用去除材料方法获得的表面粗糙度 Ra 的上限值（Ra_{max}）为 3.2μm，下限值（Ra_{min}）为 1.6μm

在同一图样上，每一表面一般只标注一次表面粗糙度代(符)号，且标注在具有确定该表面大小或位置尺寸的视图上。表面粗糙度代(符)号注在可见轮廓线、尺寸界线或它们的延长线上，符号的尖端从材料外指向表面。当零件的大部分表面具有相同的表面粗糙度要求时，对其中使用最多的一种代(符)号可以统一注在图样的右上角，并加注“其余”两字。

10.2　零件图的表达方法

10.2.1　表达方案选择的要求和原则

1. 表达方案选择的要求与原则

视图是零件图的主要内容，零件的内外结构形状要通过视图来表达。因此，选择零件图视图表达方案的要求：表达方案必须能正确、完整、清晰地表达零件的内外结构形状。其遵循的原则：在便于读图前提下，力求作图简便。要达到这些要求，关键在于分析零件的结构形状特点，了解零件在产品中的位置、作用和加工工艺，选好主视图和其他视图，确定一个较为合理的表达方案。

2. 主视图的选择

主视图是表达零件最主要的一个视图，它将影响其他视图的位置和数量。选择主视图应从生产人员读图方便出发，将最能反映零件形体特征的那个视图作为主视图，即“特征原则”。

确定零件安放位置的原则：使零件位置尽可能符合零件的主要加工位置或工作(安装)位置。通常对于回转体零件，选择加工位置即轴线处于水平位置；对于箱体类零件选择工作位置即其在使用时的位置。

3. 其他视图的选择

主视图确定后，选择其他视图力求“少而精”。即用较少的视图，反映主视图尚未表达清楚的结构形状。其他视图的选择，应考虑如下几点。

(1) 零件的主要组成部分，应优先考虑选用基本视图以及在基本视图上作剖视。

(2) 根据零件的复杂程度和内外结构，全面地考虑所需要的视图数量，使每个视图有一个表达的重点。

(3) 尽量少用虚线来表达零件的结构形状。只有当不影响视图清晰又能减少视图数量时，才使用少量虚线。

10.2.2　机械产品典型零件的结构分析与视图表达

1. 轴套类零件

轴和套筒类零件一般是由几段不同直径的回转体组成的细长零件。为在轴上安装轴承、齿轮等零件，需要有定位的轴肩、安装连接键的键槽、加工定位的中心孔等结构。这类零件常在车床或磨床上加工制成。如图 10.18 所示的轴。最大直径段左边轴段两端分别安装两个轴承，中间安装齿轮，用键连接，用紧定螺钉定位。故轴段直径不等，轴上有键槽与锥坑。

主视图的选择：轴按加工位置原则安放，即使轴线处于水平位置。选垂直于轴线的方

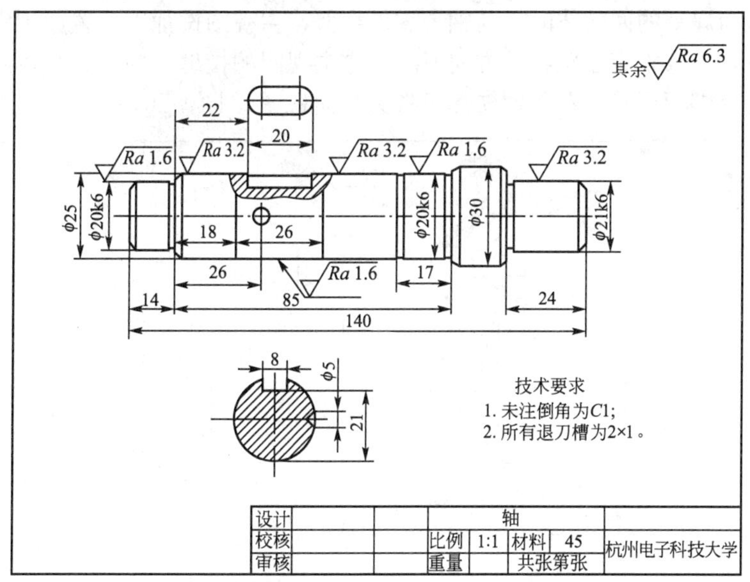

图 10.18　轴

向(径向)作主视图的投射方向，键槽常常面向正前方。

其他视图的选择：由于轴上各段圆柱体有尺寸“φ”表示直径的大小，因此不必画左视图或右视图。轴上键槽深度可用移出断面来表示。轴端螺孔等用局部视图表示。

2. 盘盖类零件

盘盖类零件主要与壳(箱)体类零件配合使用，其与壳(箱)体零件的结合面应符合壳(箱)体零件的要求，所以盘盖类零件形状必须与箱体零件的结合面相一致。

主视图的选择：当盘盖类零件形状为非回转体时，主视图可按其工作位置安放，一般取能表达内形结构的剖视图作主视图，取端面视图为其他视图(图 10.19)。

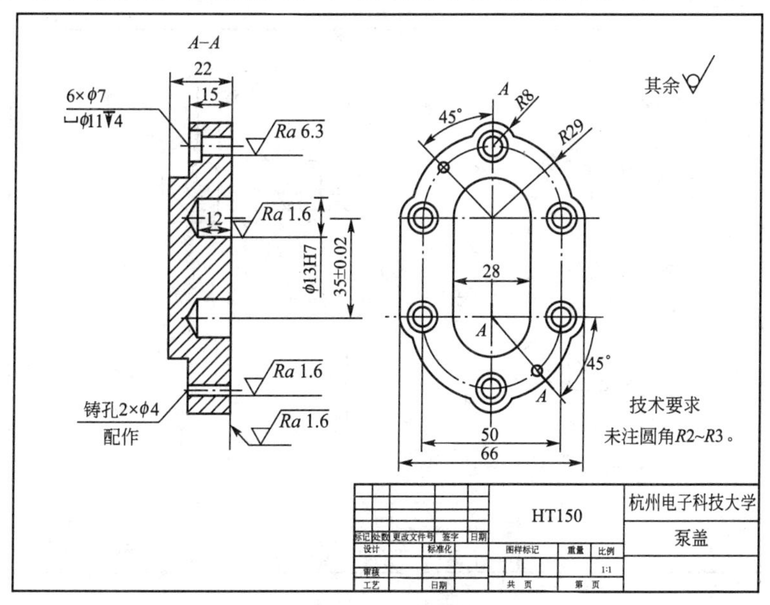

图 10.19　泵盖

当其形状为扁平的回转体时，与轴类零件相似，主视图按加工位置原则安放，即使轴线处于水平位置。选垂直于轴线的方向(径向)作主视图的投射方向，并往往画成剖视图表达内孔等结构。端面形状简单的回转体可省去端面视图(图 10.20)。

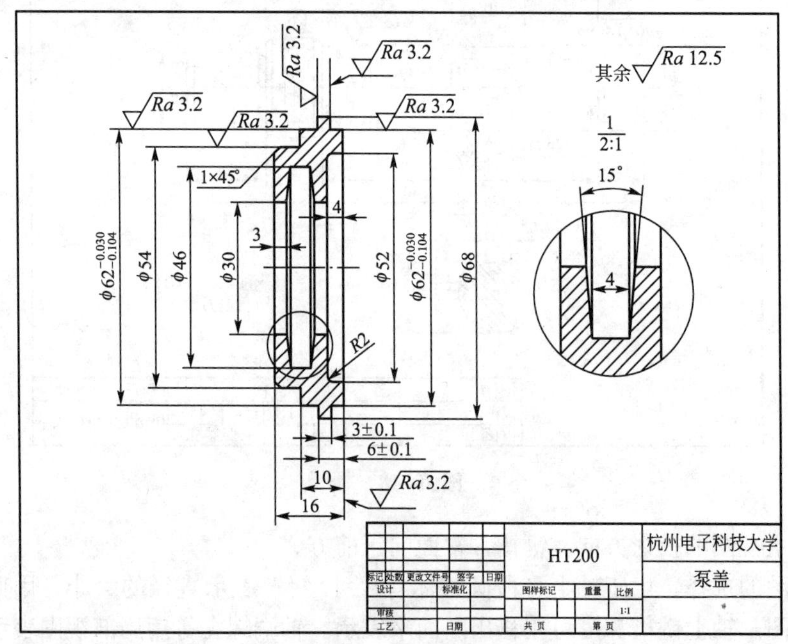

图 10.20　端盖

3. 叉架类零件

叉架类零件的工作部分通常有轴座或拨叉几个主体部分，而它的连接部分用不同截面形状的肋板或实心杆件支撑起来，形式多样、结构复杂，常由铸造或模锻制成毛坯，经必要的机械加工而成，如图 10.21 所示的拨叉。

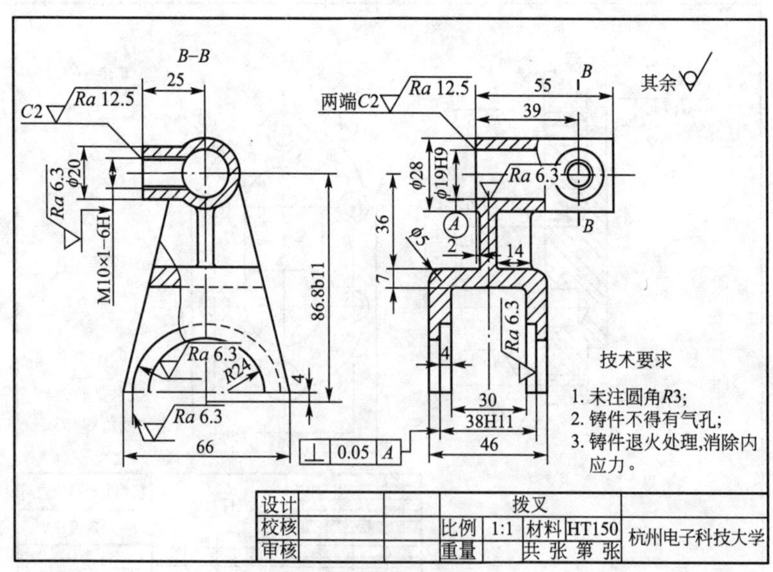

图 10.21　拨叉

叉架类零件的形式较多，一般以工作位置安放，按形状结构特征方向作主视图方向，用两个或两个以上的基本视图，根据具体结构需要辅以斜视图或局部视图，用剖视图等方式表达内部结构。对于连接支撑部分，可用断面图表示。

4. 壳体类零件

产品的外壳、机座等均属箱体类零件。这类零件是部件中的主要零件，结构一般由 3 部分构成。空腔部分：由于这类零件都需要承装其他零件，因而常有内腔、轴孔、凸台、螺孔等结构。安装部分：本身又需要被安装固定，所以它有各种形状的安装板，底部开有凹槽，安装板上有带圆形凸台或凹坑的安装孔。连接部分：将空腔部分与安装部分连接起来。这部分结构按需要设计，可有可无、可大可小，常由支承板、肋板等构成。

由于这类零件形状结构最复杂，所以主视图按零件在产品中工作位置画出，这样就可与装配图直接对照，以便根据装配关系来考虑零件的结构形状和尺寸。其他视图按零件复杂程度、一个视图表达一个重点的原则选定，一般需两个以上基本视图(图 10.22)。

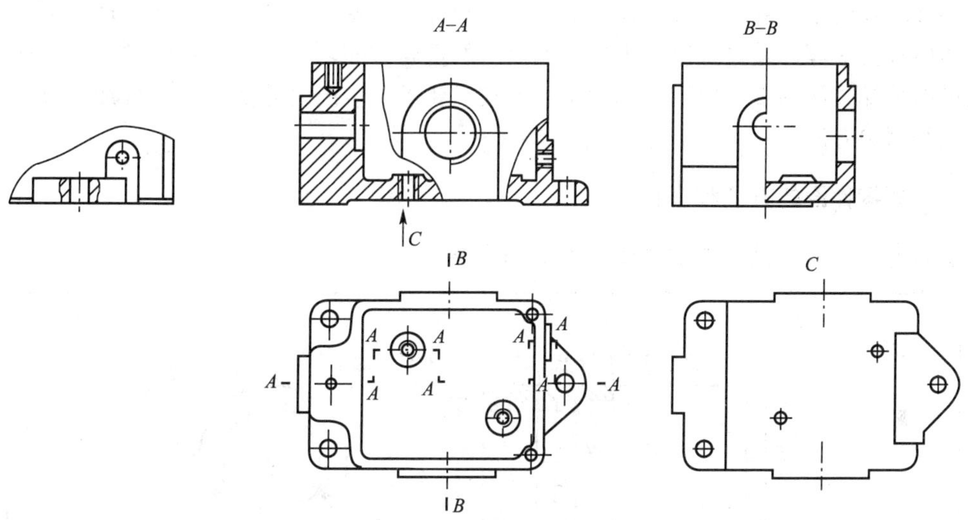

图 10.22　行程开关箱体表达方案

10.3　看零件图

10.3.1　看零件图的要求

一张零件图的内容很多，不同工作岗位的人员看图的目的也不同，因此也有不同的侧重和要求。如生产中有的管理人员只需大致了解一下零件的情况，由此而进行零件生产时的材料、工艺准备，掌握零件的加工工作量和加工时的关键环节；不同工序的制造者则必须针对本工序的加工部位明确零件这个部位的准确形状、大小和各项技术要求等，以确保零件的制造质量等。总之，看图的目的要求是多种多样的，但是从初学的角度，就一般而言，看零件图的主要要求如下。

1. 对零件有概括的了解

在深入看图前先对零件进行概括的了解，如零件的名称、材料、零件的大体形状与大小等，配合已有的知识，了解零件的大体功能与作用。

2. 想象出零件的准确形状

根据零件图想象出零件的形状、结构是我们学习最主要的目的，进而可明确零件在部件中的作用及零件各部分的功能。

3. 了解零件的大小，分析主要尺寸基准

通过图中所标注的尺寸，可对零件各部分的大小有明确的了解。分析零件各方向的主要尺寸基准，以便确定零件加工的定位基准、测量基准等。通过正确的制造工艺过程，为零件的加工质量提供可靠的保证。

4. 明确制造零件的主要技术要求

零件的表面粗糙度、尺寸公差、形状公差和位置公差、热处理和表面处理要求、性能试验和检验要求等，是直接影响零件使用性能的重要方面，也是制造零件过程中为保证零件质量而最受关注的重要内容，明确了这些技术要求，生产时才能正确制订加工方法、检测方法和试验方法。

10.3.2　看零件图的方法和步骤

现以图 10.23 为例，说明看图的方法和步骤。

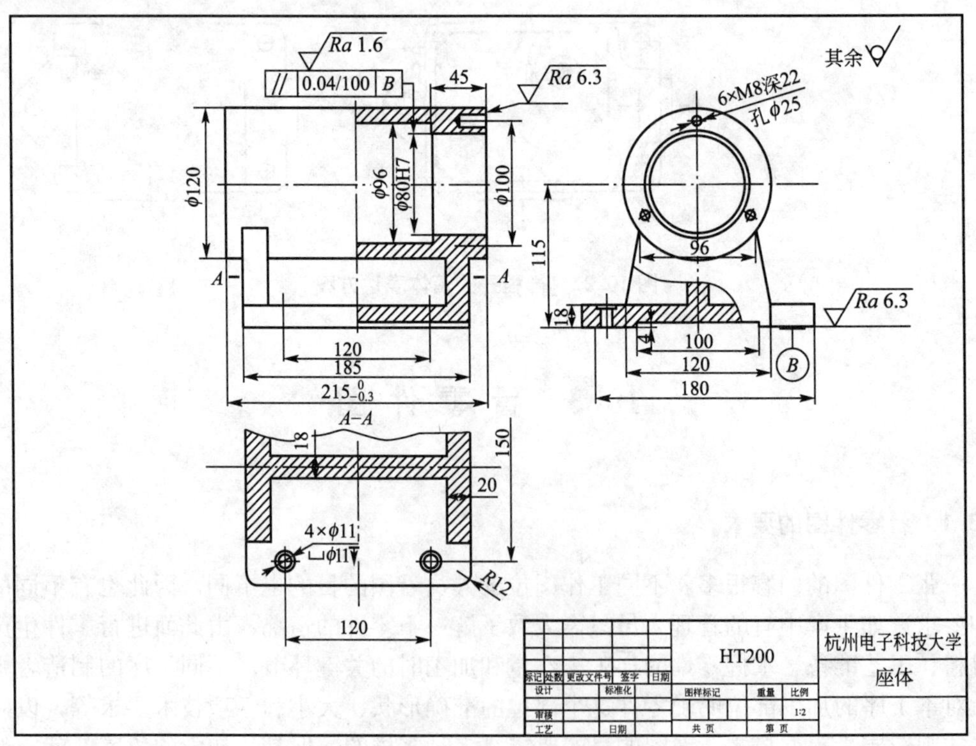

图 10.23　座体零件图

1. 看标题栏

看一张零件图，首先由标题栏入手，它可以帮助我们对零件有概括的了解。从标题栏的名称“座体”，就能联想到它是一个起支承和密封作用的箱体支座类零件；从材料一栏的“HT200”，知道是铸件，具有铸造工艺要求的结构，如铸造圆角等，这些都有助于深入看图。

2. 明确视图表达方法和各视图间的联系

在深入看图前，必须弄清为了表达这个零件的形状都采用了哪些表达方法，这些表达方法之间是如何保持投影联系的，这对下一步深入看图是至关重要的。

图 10.23 座体的零件图，采用了主、俯、左 3 个基本视图。由于零件左右是对称的，主视图画成了半剖视图，这样既表达了零件的外形，又表达了座体上部主孔的结构；俯视图采用了 $A-A$ 剖视，主要表达下部肋板的结构和底板的形状；左视图采用了局部剖视图，既表达了零件侧面外形，同时也有利于看清下部肋板的结构和底板上孔的形状。

3. 分析视图，深入想象零件的形状结构

分析视图，想象零件形状结构是学习看机械图最关键的一步。看图时应用前述看组合体视图的基本方法，对零件进行形体分析、线面分析，按形体找投影联系，由想象形成零件主体的基本形状入手，先外后内、先大后小，各视图反复对照，逐步想象出零件的形状。此外还可利用零件结构的功能特征，对零件进行结构分析，帮助想象零件形状。

可以看出，座体是起支承和密封作用的零件，零件主体的基本形状由 3 部分组成，上部圆柱、下部底板和连接这两部分的中部剖面为 H 形的肋板，上部两 ϕ80H7 端孔为滚动轴承安装孔，端面 6×M8 螺孔为连接端盖用，底板上 4×ϕ11 为地脚螺栓孔。

4. 看尺寸，分析尺寸基准

尺寸是零件图的重要组成部分，根据图上的尺寸，明确了零件各部分的大小。看尺寸时要分清各组成部分的定型尺寸、定位尺寸和零件的总体尺寸。特别要识别和判断哪些尺寸是零件的主要尺寸，分析零件各方向的主要尺寸基准。

零件的主要尺寸要结合图中所标注的公差配合代号及零件各部分的功能来识别和判断。尺寸基准要与设计基准与加工工艺相联系，各方向的尺寸基准可能不止一个，分析出主要的即可。

审核尺寸时，一方面可随形体地看其定形尺寸和定位尺寸是否齐全，另一方面可按长度、宽度、高度、直径、半径等综合考虑尺寸。同时要注意各零件间有配合关系及装配关系尺寸的协调及要求。

5. 看技术要求，明确零件质量要求

零件图中的技术要求是保证零件内在质量的重要指标，也是组织生产过程中特别需要重视的问题。零件图上的技术要求主要有表面粗糙度代(符)号、公差配合代号及技术要求。

看图的最后，还应把看图时各项内容加以综合，把握零件的特点，突出重要要求，以便在加工制造时采取相应的措施，保证零件达到设计要求和质量。

思 考 题

(1) 根据已知尺寸，填写表中内容。

已知尺寸	最大极限尺寸	最小极限尺寸	上偏差	下偏差	公差
$50^{+0.034}_{+0.009}$					
$25^{+0.006}_{-0.015}$					
$40_{\pm 0.012}$					
$35^{0}_{-0.025}$					
$20^{-0.021}_{-0.073}$					

第11章 装配图

了解装配图的用途、图形表达要求以及装配图的规定画法和特征画法等，了解装配图的尺寸标注、标题栏内容、零件编号及明细表的作用，学会看懂简单装配图。

知识要点	能力要求
装配图基本知识	装配图用途和表达特点
装配图的表达方法	理解装配图的作用，掌握装配图的常用表达方法
解读装配图	通过了解、分析、搞懂、掌握4个基本步骤，掌握装配图解读要领，读懂简单装配图

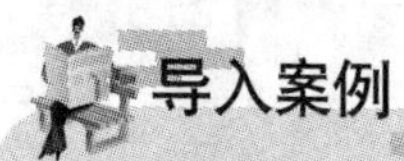
导入案例

计算机辅助设计软件 AutoCAD

AutoCAD是国际上著名的二维和三维CAD设计软件，是美国Autodesk公司首次于1982年推出的计算机辅助设计软件。现已经成为国际上广为流行的绘图工具。.dwg文件格式已成为二维绘图的事实标准格式。AutoCAD有着良好的用户界面，它的多文档设计环境，让非计算机专业人员也能很快的掌握。它支持多种显示器、绘图仪和打印等设备，为推广应用创造了良好的条件。目前国内已有多家CAD开发公司，研发了适合国人自己应用的产品，并良好的兼容AutoCAD。如：苏州浩辰软件股份有限公司开发的浩辰CAD2012，还有广州中望龙腾软件股份有限公司开发的中望CAD，清华天河PCCAD等，这些产品均已广泛应用于通信、建筑、煤炭、水利水电、电子、机械、模具等勘察设计和制造业领域。实现了绘图、设计、出图及管理等工作的微机化、科学化、标准化，并与国际接轨，从根本上提高了企业的市场竞争能力。

11.1 装配图的用途和要素

11.1.1 装配图的用途和内容

部件或机器都是根据其使用目的，按照有关技术要求，由一定数量的零件装配而成的。表达部件或机器这类产品及其组成部分的连接、装配关系的图样称为装配图。

在设计过程中，一般都是先画出装配图，再根据装配图绘制零件图。在生产过程中，装配图是制订装配工艺规程，进行装配、检验、安装及维修的技术文件。

一张装配图要表示部件的工作原理、结构特点以及装配关系等。因此，装配图要有如下内容。

(1) 一组视图。

(2) 一组尺寸。

(3) 技术要求。

(4) 零件编号、明细栏和标题栏。

装配图和零件图比较，在内容与要求上有下列异同。

(1) 装配图和零件图一样，都有视图、尺寸、技术要求和标题栏4个方面的内容。但在装配图中还多了零件编号和明细栏，以说明零件的编号、名称、材料和数量等情况。

(2) 装配图的表达方法和零件图基本相同，都是采用各种视图、剖视、断面等方法来表达。但对装配图，另外还有一些规定画法和特殊表示方法。

(3) 装配图视图的表达要求与零件图不同。零件图需要把零件的各部分形状完全表达清楚，而装配图只要求把部件的功用、工作原理、零件之间的装配关系表达清楚，并不需要把每个零件的形状完全表达出来。

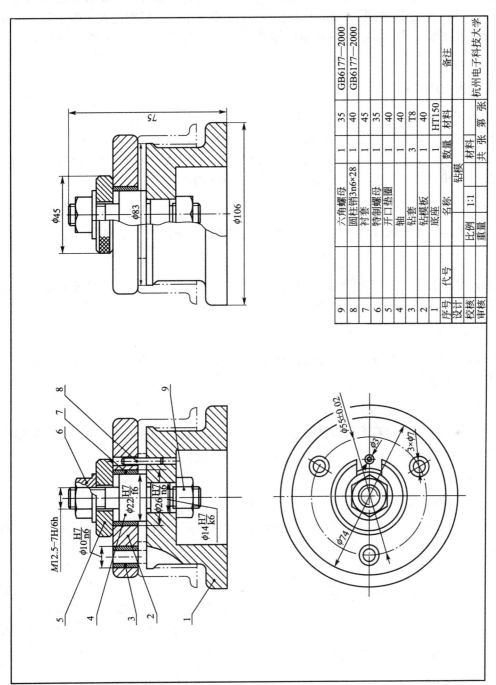

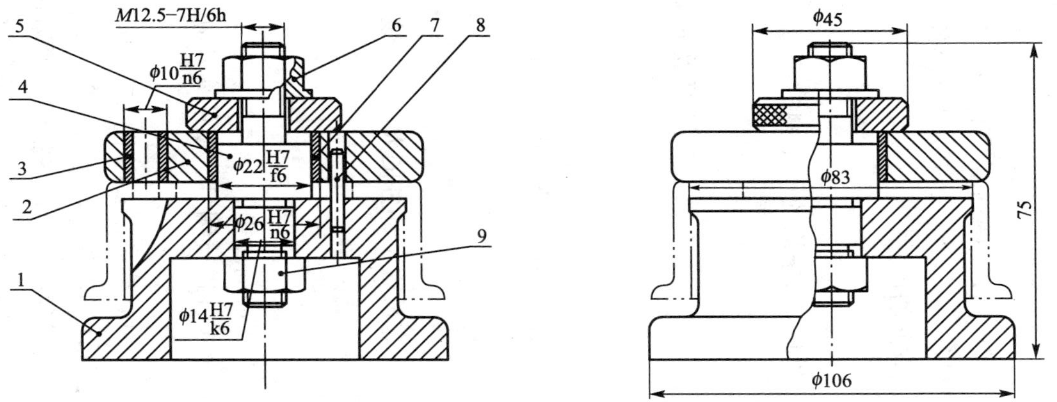

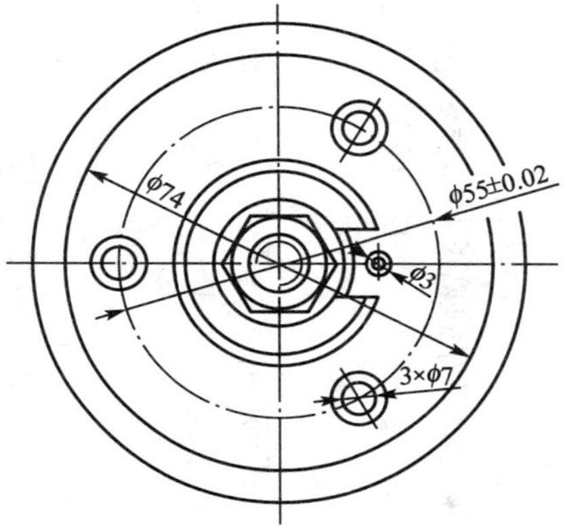

序号	代号	名称	数量	材料	备注
9		六角螺母	1	35	GB6177—2000
8		圆柱销3n6×28	1	40	GB6177—2000
7		衬套	1	45	
6		特制螺母	1	35	
5		开口垫圈	1	40	
4		轴	1	40	
3		钻套	3	T8	
2		钻模板	1	40	
1		底座	1	HT150	

设计		钻模			
校核		比例	1:1	材料	杭州电子科技大学
审核		重量		共 张 第 张	

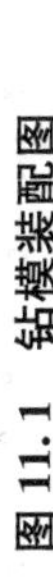

图 11.1 钻模装配图

(4) 装配图的尺寸要求与零件图不同。在零件图上要注出零件制造时所需要的全部尺寸，而在装配图上只注出与部件性能、装配、安装和体积等有关的尺寸。

下面分别说明装配图的表示方法、视图选择、尺寸标注、零件编号及明细栏等问题。

图 11.1 是一张钻模装配图。图中包含了一组视图，全剖、局部剖视、俯视图。还有相关的尺寸及技术要求。同时也有相应的零件编号、明细栏和标题栏，是一张标准的装配图。

11.1.2 装配图的要素

装配的要素包括尺寸标注、零件编号、明细栏。

装配图的尺寸标注与零件图的要求完全不同。零件图是用来制造零件的，所以在图上应注出制造所需的全部尺寸。而按装配图的使用目的、要求，只需注出与部件性能、装配、安装、运输等有关的尺寸。一般应注出下列几方面的尺寸。

1. 特性、规格尺寸

它是表明部件的性能或规格的尺寸。例如图 11.1 开口垫圈的尺寸 $\phi45$。

2. 配合尺寸

配合尺寸是表示零件间配合性质的尺寸。例如图 11.1 中钻套与钻模板的配合尺寸 $\phi10H7/n6$，轴与衬套的配合尺寸 $\phi22H7/f6$ 等。

3. 安装尺寸

安装尺寸是将部件安装到其他部件或基座上所需要的尺寸。例如图 11.1 中底座上孔离中心的距离 $\phi55$ 等。

4. 外形尺寸

外形尺寸表示部件的总长、总宽和总高的尺寸。它反映了部件的大小、包装、运输及安装占的空间。例如图 11.1 中高度 75、底盘直径 $\phi106$ 等。

5. 主要尺寸

主要尺寸即部件中一些重要尺寸，如滑动轴承的中心高度等。

为了便于看图及图样管理，在装配图中需对每个零件进行编号。零件编号应遵守下列几项规定。

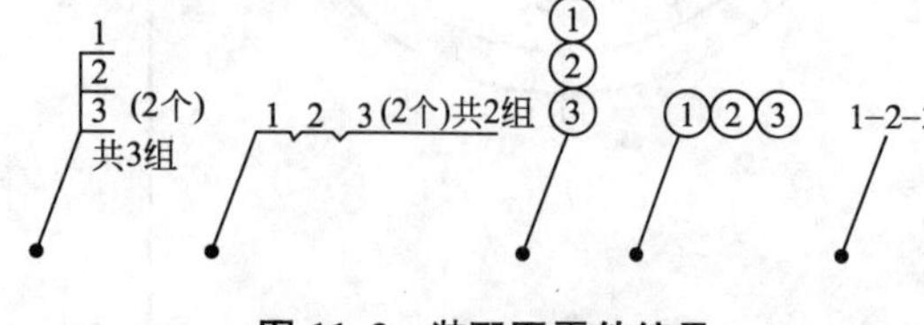

图 11.2　装配图零件编号

(1) 编号形式如图 11.2 所示。在所要标注的零件投影上打一黑点，然后引出指引线(细实线)，在指引线顶端画短横线或小圆圈(均用细实线)，编号数字写在短横线上或圆圈内。序号数字比该装配图上的尺寸数字大两号。

(2) 装配图中相同的零件只编一个号，不能重复。

(3) 对于标准化组件，如滚动轴承、油杯等可看做一个整体，只编一个号。

(4) 一组连接件及装配关系清楚的零件组，可以用公共指引线编号，如图 11.2 所示。

(5) 指引线不能相交，当通过有剖面线的区域时，指引线尽量不与剖面线平行。

(6) 编号应按水平或垂直方向排列整齐，并按顺时针或逆时针方向顺序编号。

明细栏是部件的全部零件目录，将零件的编号、名称、材料、数量等填写在表格内。明细栏格式及内容可由各单位具体规定，图 11.3 所示格式可供参考选用。

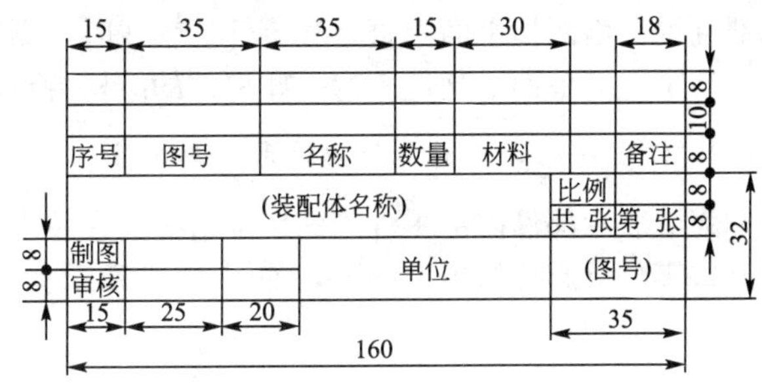

图 11.3 学习用标题栏和明细栏格式

明细栏应紧靠在标题栏的上方，由下向上顺序填写零件编号。当标题栏上方位置不够时，可移至标题栏左边继续填写。

11.2 装配图的表达方法

11.2.1 装配图的画法

在装配图中，为了便于区分不同零件，并正确地理解零件之间的装配关系，在画法上有以下几项规定(图 11.4 及图 11.8)。

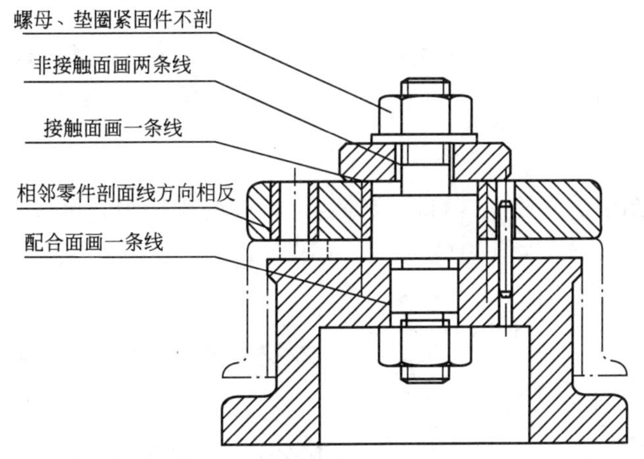

图 11.4 画装配图有关基本规定

(1) 相邻零件的接触表面和配合表面只画一条粗实线，不接触表面和非配合表面应画两条粗实线。

(2) 两个(或两个以上)金属零件相互邻接时，剖面线的倾斜方向应当相反，或者以不同间隔画出。

(3) 同一零件在各视图中的剖面线方向和间隔必须一致，如图 11.8 中主视图和俯视图上泵体 1 的剖面线。

(4) 当剖切平面通过螺钉、螺母、垫圈等标准件及实心件(如轴、手柄、连杆、键、销、球等)的基本轴线时，这些零件均按不剖绘制。当其上的孔、槽需要表达时，可采用局部剖视。当剖切平面垂直这些零件的轴线时，则应画剖面线。

为了能简单而清楚地表达一些部件的结构特点，在装配图中规定了一些特殊画法。

1. 沿零件结合面的剖切画法和拆卸画法

为了表示部件内部零件间的装配情况，在装配图中可假想沿某些零件结合面剖切，或将某些零件拆卸掉绘出其图形，如图 11.5 所示。

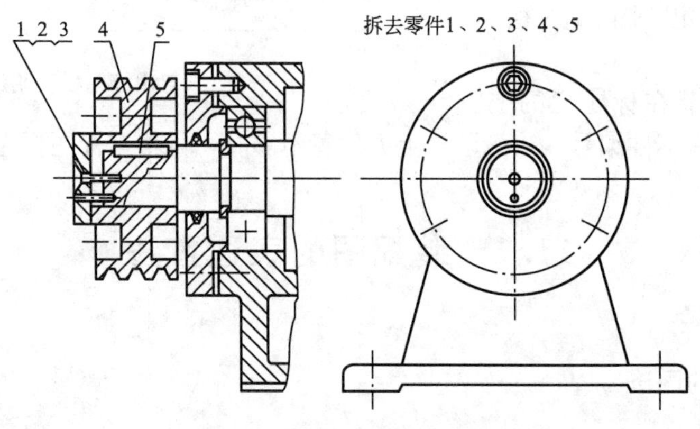

图 11.5　装配图拆卸画法

2. 假想画法

对于不属于本部件但与本部件有关系的相邻零件，可用双点画线来表示。如图 11.1 中钻模装配图中的工件。

3. 简化画法

(1) 对于装配图中的螺栓、螺钉连接等若干相同的零件组，可以仅详细地画出一处或几处，其余只需用点画线表示其中心位置，如图 11.6 所示。

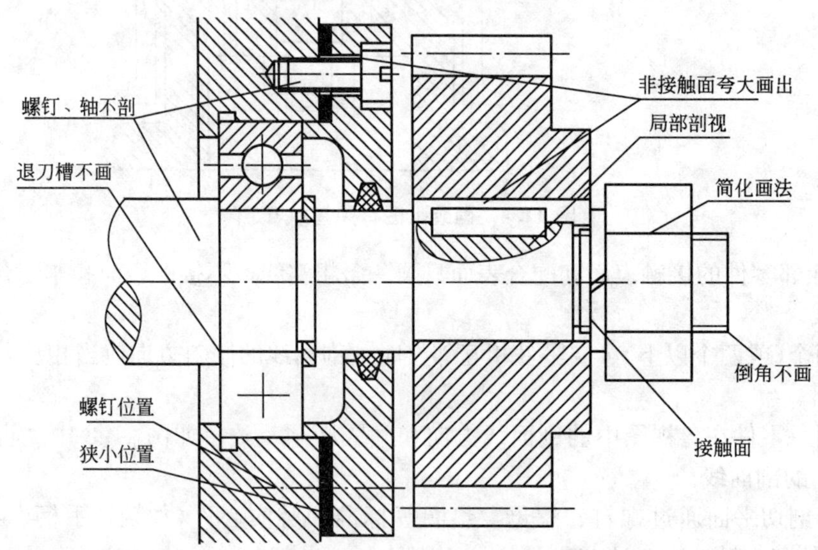

图 11.6　简化画法

(2) 装配图中的滚动轴承，可以采用图 11.6 的简化画法。

(3) 在装配图中，当剖切平面通过某些标准产品的组合件时，可以只画出其外形图，如图 11.1 主视图中的轴和螺母的连接。

(4) 在装配图中，零件的工艺结构如圆角、倒角、退刀槽等允许不画。

4. 夸大画法

在装配图中的薄垫片、小间隙等，如按实际尺寸画出表示不明显，允许把它们的厚度、间隙适当放大画出，如图 11.6 中的垫片就是采用了夸大画法。

11.2.2 装配图的视图选择

绘制部件或机器的装配图时，要从有利于生产、便于读图出发，恰当地选择视图。生产上对装配图在视图表达上的要求是：完全、正确、清楚。

(1) 部件的功用、工作原理、主要结构和零件之间的装配关系等，要表达完全。

(2) 表达部件的视图、剖视、规定画法等的表示方法要正确，合乎国家标准规定。

(3) 图清楚易懂，便于读图。

现以图 11.7 所示的柱塞泵为例，对装配图的视图选择做一说明。

1. 对所表达的部件进行分析

对部件的功用、工作原理进行分析，了解各零件在部件中的作用及零件间的装配关系、连接等情况。图 11.7 及图 11.8 所示的柱塞泵是一种用于机床中润滑的供油装置。它的工作原理是：当凸轮(在 A 向视图上用双点画线画出，$cm-cn=$升程)旋转时，由于升程的改变，迫使柱塞 5 上下运动，并引起泵腔容积的变化，压力也随之变化。这样就不断地产生吸油和排油，以供润滑。

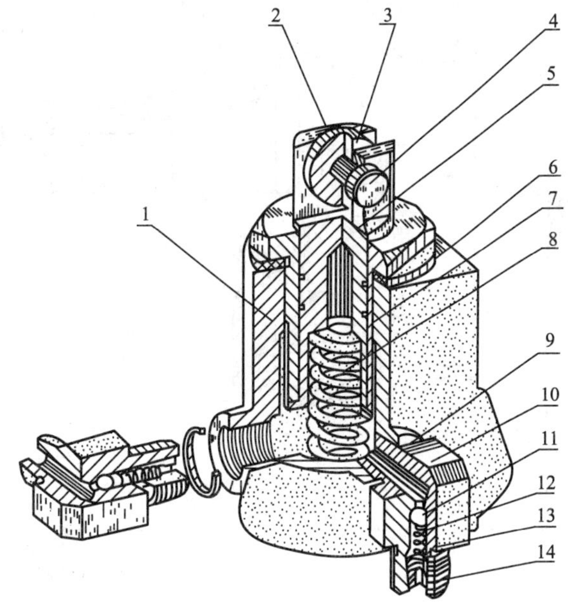

图 11.7 柱塞泵立体图

1—泵体；2—开口销；3—小轮；4—小轴；5—柱塞；6—垫片；7—柱塞套；8—弹簧；9—衬垫；10—单向阀体；11—珠子；12—球托；13—弹簧；14—螺塞

具体工作过程如下。

(1) 当凸轮上的 n 点转至图示位置时，弹簧 8 的弹力使柱塞 5 升至最高位置，此时泵腔容积增大，压力减小(小于大气压)，油池中的油在大气压力作用下流进管道，顶开吸油嘴单向阀体 10 内的珠子 11 进入泵腔。在这段时间内，排油嘴的单向阀门是关闭的(珠子 11 在弹簧 13 作用下顶住阀门)。

(2) 在凸轮再转半圈的过程中，柱塞 5 往下压直至最低位置，泵腔容积逐步减为最小，而压力随之增至最大，高压油冲出排油嘴的单向阀门，经管道送至使用部位。在此过程中，吸油嘴的单向阀门是关闭的，以防止油

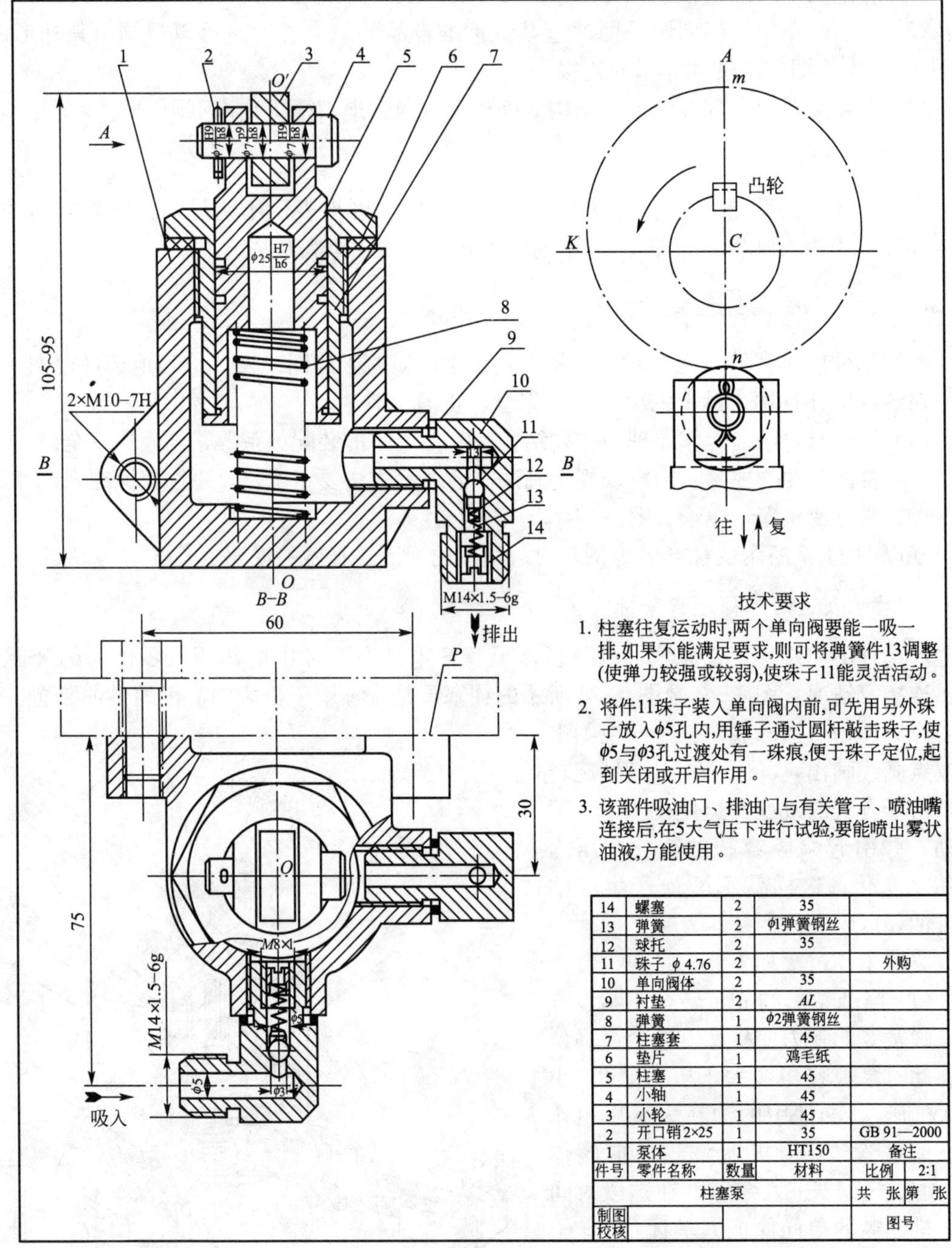

1
2
3
4
5
6
7
O′
A
H9
h8
φ7
φ25 H7/h6
8
9
10
11
12
13
14
105~95
2×M10-7H
B
B
O
B-B
M14×1.5-6g
排出
60
P
30
75
M14×1.5-6g
M8×1
φ5
φ3
吸入
A
m
凸轮
K
C
n
往
复
技术要求
1. 柱塞往复运动时,两个单向阀要能一吸一排,如果不能满足要求,则可将弹簧件13调整(使弹力较强或较弱),使珠子11能灵活活动。
2. 将件11珠子装入单向阀内前,可先用另外珠子放入φ5孔内,用锤子通过圆杆敲击珠子,使φ5与φ3孔过渡处有一珠痕,便于珠子定位,起到关闭或开启作用。
3. 该部件吸油门、排油门与有关管子、喷油嘴连接后,在5大气压下进行试验,要能喷出雾状油液,方能使用。

14	螺塞	2	35	
13	弹簧	2	φ1弹簧钢丝	
12	球托	2	35	
11	珠子 φ 4.76	2		外购
10	单向阀体	2	35	
9	衬垫	2	AL	
8	弹簧	1	φ2弹簧钢丝	
7	柱塞套	1	45	
6	垫片	1	鸡毛纸	
5	柱塞	1	45	
4	小轴	1	45	
3	小轮	1	45	
2	开口销2×25	1	35	GB 91—2000
1	泵体	1	HT150	备注
件号	零件名称	数量	材料	比例 2:1
柱塞泵				共 张 第 张
制图				图号
校核				

图 11.8 柱塞泵的装配图

逆流。

(3) 凸轮不断旋转，柱塞 5 就不断地做往复运动，从而实现了吸、排润滑油的目的。

工作原理及运动情况弄清楚之后，我们再进一步分析其装配及连接关系。

柱塞 5 与柱塞套 7 装配在一起，柱塞套 7 则用螺纹与泵体 1 相连接。在柱塞 5 上部装有小轴、小轮及开口销等。柱塞 5 下部靠弹簧 8 顶着。吸油及排油处均装有单向阀体 10，控制阀门的开启与关闭。单向阀体由珠子 11、球托 12、弹簧 13 和螺塞 14 等组成。

在柱塞套 7 与泵体 1 连接处以及单向阀体 10 与泵体 1 连接处，装有垫片 6 和衬垫 9，使接触面间密封而防止油泄出。

通过以上深入细致的分析，我们可以把柱塞泵的结构和装配关系分为 4 个部分：柱塞与柱塞套部分、小轴与小轮部分、吸油嘴部分与排油嘴部分。这 4 部分也称作 4 条装配线。柱塞泵装配图的视图选择，主要就是要把这 4 条装配线的结构、装配关系和相互位置表达清楚。

2. 确定主视图

主视图是首先要考虑的一个视图，选择的原则如下。

(1) 能清楚地表达部件的工作原理和主要装配关系。

(2) 符合部件的工作位置。

对柱塞泵来说，柱塞 5 和柱塞套 7 部分是表明柱塞泵工作原理的主要装配线。所以，我们可以如图 11.8 所示选择主视图，即按工作位置，将泵竖放，使基面 P 平行于正面。然后通过泵的轴线假想用切平面将泵全部剖开，这样柱塞 5 与柱塞套 7 部分的装配关系，以及小轮 3 与小轴 4 部分的装配关系，排油嘴部分的装配关系都能清楚地表达出来。而且柱塞套 7 与泵体 1 的连接关系以及排油嘴与泵体 1 的连接关系也表达清楚了。比较起来，这样选择的主视图较好。

3. 确定其他视图

主视图确定之后，部件的主要装配关系和工作原理一般能表达清楚。但是，只有一个主视图往往还不能把部件的所有装配关系和工作原理全部表示出来。根据表达要完全的要求，应确定其他视图。

对于柱塞泵来说，在图 11.8 所示的俯视图上应有一个沿 $B-B$ 部分剖开的局部剖视图，这样就把吸油嘴部分的装配关系以及有关油路系统的来龙去脉表达清楚了。

为了给出泵的安装位置，在俯视图上用双点画线假想地表示出了连接板的轮廓和连接方式。

这里，为了更明确地表明柱塞的运动原理，增加了一个 A 向视图，由这个视图可清楚地看出柱塞 5 是怎样通过凸轮的旋转运动而实现上下往复运动的。由于凸轮不属于柱塞泵的零件，所以在 A 向视图中用双点画线假想地画出它的轮廓。

至此，柱塞泵的视图选择可算完成了，但有时为了能选定一个最佳方案，最好多考虑几种视图选择方案，以供比较、选用。

11.3　看装配图

在生产实际工作中，经常要看装配图。例如在安装机器时，要按照装配图来装配零件和部件；在设计过程中，要按照装配图来设计和绘制零件图；在技术交流时，则要参阅装配图来了解零件、部件的具体结构等。

看装配图的目的和要求，主要有下列 4 点。

(1) 了解部件概况，即零件的性能、功用和工作原理。

(2) 分析表达视图，读懂每个零件的形状。

(3) 搞懂零件作用，在读懂零件的基础上，分析每个零件的作用。

(4) 掌握全面信息，包括产品的装拆顺序等。

现以机油泵(图 11.9)为例，来说明看装配图的方法和步骤。

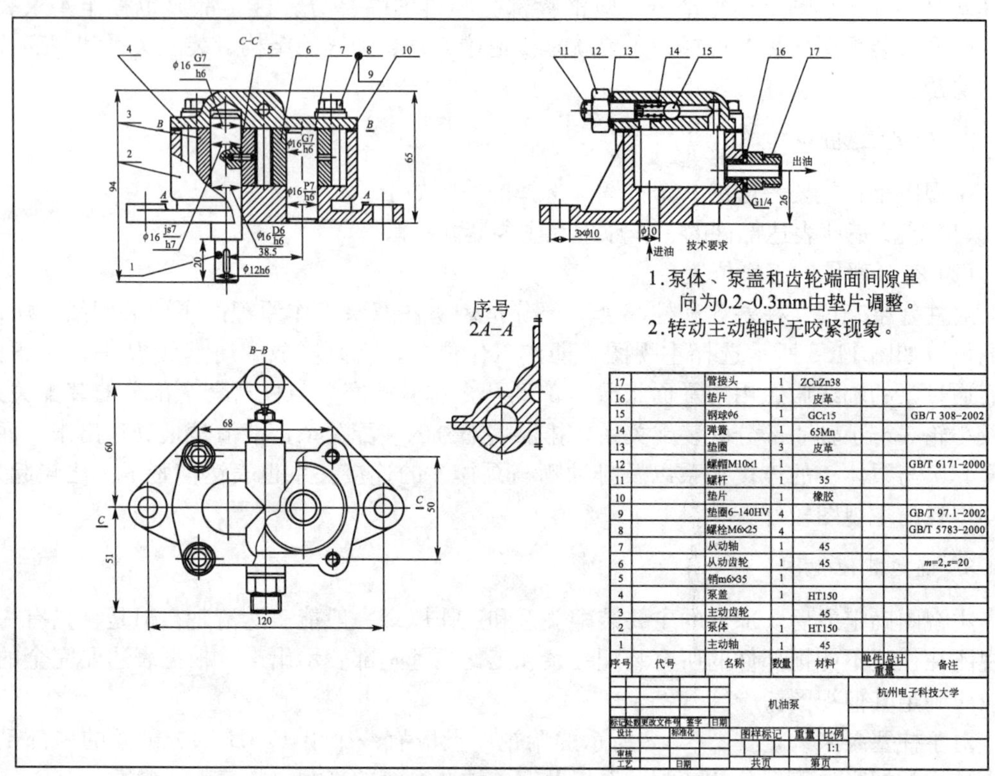

序号	代号	名称	数量	材料	单件重量	总计重量	备注
17		管接头	1	ZCuZn38			
16		垫片	1	皮革			
15		钢球φ6	1	GCr15			GB/T 308-2002
14		弹簧	1	65Mn			
13		垫圈	3	皮革			
12		螺帽M10×1	1				GB/T 6171-2000
11		螺杆	1	35			
10		垫片	1	橡胶			
9		垫圈6-140HV	4				GB/T 97.1-2002
8		螺栓M6×25	4				GB/T 5783-2000
7		从动轴	1	45			
6		从动齿轮	1	45			m=2,z=20
5		销m6×35	1				
4		泵盖	1	HT150			
3		主动齿轮		45			
2		泵体	1	HT150			
1		主动轴	1	45			

图 11.9 机油泵装配图

1. 了解零件概况

一般是指了解零件的名称、用途、性能和工作原理。

先从标题栏中了解该产品的名称和大致用途，由比例知道该产品的大小；从明细栏中知道该产品各个零件数量；按照序号在装配图上找出每个零件的位置、明确其类型。结合生产实际知识和产品说明书及其他有关资料等可知图 11.9 中的机油泵是润滑系统中常用来输送润滑油的部件。它由泵体、主动轴、主动齿轮、泵盖、从动齿轮、从动轴、垫圈、弹簧、钢球、垫片、管接头等零件组成。

机油泵的工作原理：在泵体 2 内装有一对啮合齿轮 3 和 6，主动齿轮用销 5 固定在主动轴 1 上，从动齿轮 6 套在从动轴 7 上。当主动齿轮逆时针回转时(从左视图上看)，机油将从泵体底部中孔 10 吸入，然后经管接头 17 压出。如果在输出管道中发生堵塞，则高压油可将钢球 15 顶开回油后降压，从而起保护机油泵的作用。

2. 分析视图表达

弄清该产品装配图采用哪些视图、剖视图、断面图来表达，先从主视图入手，联系其他视图，搞懂各视图所表达的意图，逐一想象出每个零件的形状。图 11.9 主视图采用全剖视图，支承杆采用局部剖视图，表达了微型调节支承的装配结构和工作原理；左视图采用了局部剖视图表达了支承杆上的导向槽形状。除底座的底板及肋板外，所有零件基本上属于回转体。

读懂每一个零件的形状是读懂产品装配图的基础。可从下面几方面联系起来进行。

(1) 根据序号(或项目代号)和明细栏，大致确定是什么类型零件。

(2) 根据“同一零件其剖面符号在各个视图上均相同”的原则，借助于三角板和圆规，在各个视图中找出该零件的投影。

(3) 根据该零件在各视图中的投影，用形体分析法和线面分析法，最终想象出该零件的形状。

3. 搞懂零件作用

在想象出每一个零件结构形状的基础上，进一步弄清每一个零件的作用及零件间的装配关系，这是读懂装配图的重要环节。

这一步骤应该结合尺寸分析、材料和技术要求进行。例如图 11.9 中泵体材料为 HT150 是灰铸铁，可承受一定的压力，泵体的底板上有小圆角，说明它是铸造的，3 个 $\Phi10$ 的孔是供固定安装用的，用单独画法绘制的序号 $2A-A$ 表示，这部分是将底板和上面安装齿轮的壳体部分之间的连接部分。图中底面到出油孔高 26，出油孔螺纹 G1/4，进油孔直径 $\Phi10$ 是装配图的性能尺寸，也是泵体零件的重要尺寸；高 65、宽 51＋60＋10、长 120＋20 是装配图的外形尺寸，60、120 为装配图的安装尺寸，也是泵体底板孔的定位尺寸；注有配合代号的为装配图的配合尺寸，其中 $\Phi16$ 也是泵体上轴、孔与空腔部分的加工尺寸等。

4. 掌握全面信息

通过上述分析，在搞清楚工作原理及各零件间的装配关系后，我们便可知道产品的装拆顺序。对装配图已有了一定的了解，为了加深对装配图的全面认识，还需进一步深入思考一些问题，例如装配结构是如何来保证工作原理实现的？还有哪些结构方案？产品工作性能可靠否？如何进行装拆？是否存在安全问题？产品对环境的适应能力如何？产品成本如何降低？用户使用是否方便？等等。

产品是多种多样的，表达产品的装配图的图示方式也各不相同，读者应广泛接触各类图纸，深入分析其各种表达方法，才能增强读图能力。

思　考　题

(1) 配图有哪些特有的表达方法和规定？

(2) 装配图的用途和要求是什么？

(3) 看装配图的目的有哪些？视图表达要求是什么？

(4) 读装配图的方法与步骤是什么？

第12章

铸　　造

了解铸造工艺基础知识，熟悉砂型铸造工艺过程并了解常用特种铸造方法及应用特点。

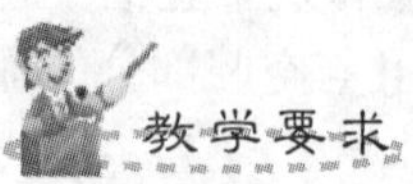

知识要点	能力要求
铸造工艺基础知识	理解金属的铸造性能概念，理解铸件缺陷与铸造性能之间的关系
砂型铸造	了解生产过程、型砂性能、造型方法、铸造工艺相关要素
特种铸造	常用特种铸造方法原理和应用

导入案例

史上最大的青铜铸器——后母戊鼎

后母戊鼎是中国商代后期(约公元前 16 世纪至公元前 11 世纪)王室祭祀用的青铜方鼎，是商朝青铜器的代表作，如图 12.1 所示。后母戊鼎器型高大厚重，形制雄伟，气势宏大，纹势华丽，工艺高超，又称后母戊大方鼎，高 133cm、口长 110cm、口宽 78cm、重 832.84kg，四足中空。用陶范铸造，鼎体(包括空心鼎足)浑铸，其合金成分为：铜 84.77%、锡 11.44%、铅 2.76%、其他 0.9%。鼎腹长方形，上竖两直耳，下有 4 根圆柱形鼎足，是目前世界上发现的最大的青铜器。

图 12.1　后母戊鼎

该鼎是商王武丁的儿子为祭祀母亲而铸造的。后母戊鼎用陶范铸造，铸型由腹范、顶范、芯和底座以及浇口范组成。鼎腹的纹饰有可能使用了分范。鼎耳后铸，附于鼎的口沿之上。耳的内侧孔洞是固定鼎耳泥芯的部位。也有人认为鼎耳先于鼎体铸造，然后嵌入铸型内和鼎体铸接。

铸造是将熔化的液体金属浇铸到具有与零件形状相当的铸型空腔中，待其冷却凝固后得到具有与型腔形状和尺寸一样的金属零件或毛坯的生产工艺。

铸造生产方法很多，通常将它们分为砂型铸造和特种铸造两类，其中以砂型铸造应用最为普遍。造型材料(型砂)来源广泛、价格低廉、工艺方法适应性强，是目前生产中用得最多、最基本的金属液态成形工艺。特种铸造与砂型铸造工艺有着显著区别和特点，主要有熔模铸造、金属型铸造、压力铸造、低压铸造和离心铸造等。

铸造生产原材料来源广、生产成本低、工艺灵活性大，且不受零件尺寸、形状的限制。重量小到几克大到几百吨；壁厚从 0.5mm 至几米；不仅是生产零件毛坯的重要方法，而且也可制得精度高和表面质量好的零件，在机械、动力、汽车、拖拉机、纺织等工业部门中获得了广泛的应用。

12.1　铸造工艺基础

铸造生产过程比较复杂，影响铸件质量的因素颇多，废品率一般较高。铸造废品不仅与铸型工艺、铸型材料、浇注条件有关，而且还与合金的铸造性能密切相关。铸造性能是一个极其重要的铸造工艺指标，最重要的两个方面是合金的充型和收缩，即为：流动性和收缩性。为了更好地了解铸造成形工艺，不妨先从铸造性能入手。

12.1.1　合金的充型

液态合金填充铸型的过程，简称充型。

液态合金充满铸型型腔，获得形状完整、轮廓清晰优质铸件的能力，称液态合金的充型能力。在液态合金的充型过程中，常伴随着结晶现象，导致充型能力下降，在型腔被填满之前，晶粒将充型的通道堵塞、金属液被迫停止流动，铸件产生浇不足、冷隔等缺陷，铸件的外观及内在性能严重受损。

影响液态合金充型能力的因素很多，概括起来主要有以下 3 个方面。

1. 合金的化学成分

共晶成分合金在恒温下结晶凝固范围最窄，同时共晶成分合金凝固温度最低，推迟了合金的凝固，故流动性最好，充型能力也较强；反之合金成分愈远离共晶，结晶温度范围越宽，流动性越差，充型能力就越弱。

2. 浇注条件

浇注温度对合金的充型能力有着决定性的影响。浇注温度提高，合金的粘度下降，且因过热度高，合金在铸型中保持流动的时间长，故充型能力强；反之，充型能力差。但浇注温度过高，铸件容易产生缩孔、缩松、粘砂、气孔、粗晶等缺陷，故在保证充型能力足够的前提下，浇注温度不宜过高。铸铁的浇注温度为 1200～1380℃，铸钢为 1520～1620℃，铝合金为 680～780℃。此外，液态合金在流动方向上所受的压力越大，充型能力越好。如压力铸造、低压铸造和离心铸造时，因充型压力得到提高，所以充型能力较强。

3. 铸型填充条件

液态合金充型时，铸型的阻力将影响合金的流动速度，而铸型与合金间的热交换又将影响合金保持流动的时间。此外，铸型的温度、铸型的传蓄热特性和铸型的表面质量也影响液态合金的充型。为提高液态合金充型能力，应降低铸型材料的传蓄热能力，提高铸型浇铸时的温度，提高铸型表面的质量，铸件结构的设计应有利于液态合金的充型。

合金的化学成分是影响液态合金充型能力的内在因素；浇注参数、铸型状态和质量则是影响液态合金充型能力的外在条件。

12.1.2　合金的收缩性

铸造合金从浇注、凝固直至冷却到室温的过程中，其体积或尺寸缩减的现象称为收缩。

合金的冷凝收缩一般经历 3 个阶段，即：液态、凝固态和固态。

(1) 液态收缩：从浇注温度到凝固开始温度(即液相线温度)间的收缩。

(2) 凝固收缩：从凝固开始温度到凝固终止温度(即固相线温度)间的收缩。

(3) 固态收缩：从凝固终止温度到室温间的收缩。

浇入铸型的金属液在冷凝过程中，若其液态和凝固态收缩得不到补充，铸件将产生缩孔、缩松缺陷；若固态收缩严重并受阻碍，则会引起变形、开裂。

缩孔是合金液态和凝固态收缩量集中在一起的表现，形成过程如图 12.2(a)、(b)、(c)、(d)、(e)所示，若缩孔发生在铸件内部，将会导致铸件报废。通常为避免缩孔在铸件内部发生，在铸造工艺中采取设置冒口的工艺措施，使冒口最后凝固，缩孔移至冒口处，工作原理如图 12.2(f)、(g)、(h)所示。缩松则是合金液态和凝固态收缩量的分散表现(图 12.3)。对于那些结晶范围宽的合金较易形成分散性的缩松。

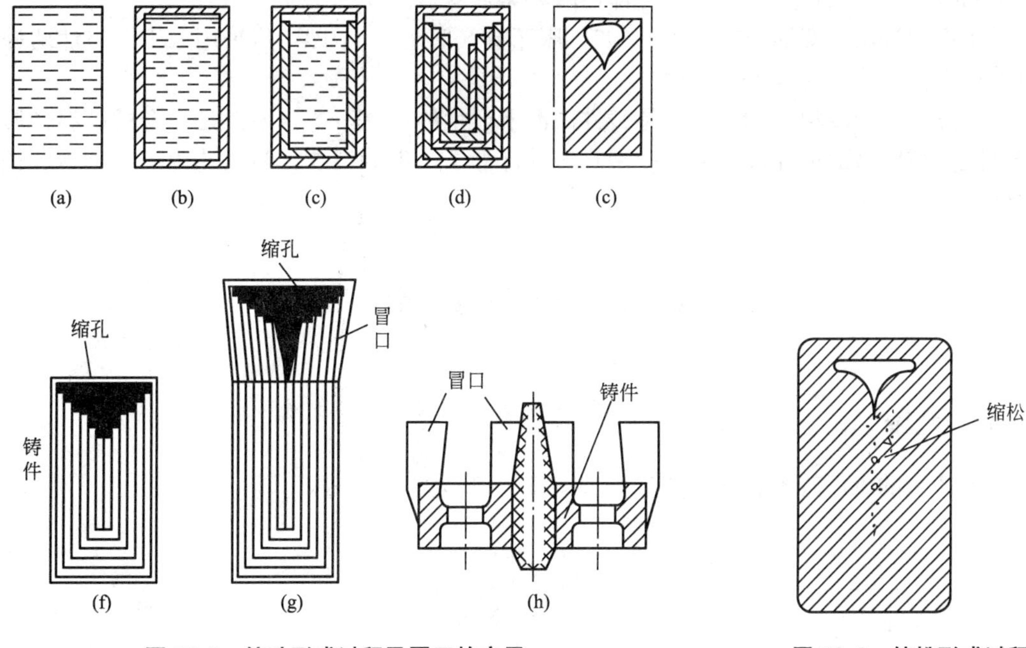

图 12.2　缩孔形成过程及冒口的应用　　**图 12.3　缩松形成过程**

合金的总收缩率为上述 3 个收缩阶段的总和。在常用铁碳合金中，铸钢的收缩最大，灰口铸铁为最小。

12.1.3　铸造内应力、变形、开裂及其预防措施

铸件在凝固之后继续冷却的过程中，其固态收缩若受到阻碍，铸件内部将产生内应力。这些内应力有时是在冷却过程中暂存的，有时会一直保留到室温，后者称为铸造残余内应力。

铸造内应力是铸件产生变形和裂纹的主要因素。

1. 铸造内应力的种类

按照内应力的产生原因，可分为热应力和机械应力两种。

热应力：由于铸件的壁厚不均匀、各部分冷却速度不同，以致在同一时期内铸件各部分收缩不一致而引起的。

机械应力：合金的线收缩受到铸型或型芯机械阻碍而形成的内应力。机械应力使铸件产生拉伸或剪切，并且是暂时的，在铸件落砂之后，这种内应力便可自行消除。

但机械应力在铸型中可与热应力共同起作用，加大某些部位的拉伸应力，导致铸件变形开裂。

2. 变形、开裂及其预防

铸造内应力是不稳定的，它将自发地通过变形来减缓其内应力。因此，它的存在导致了铸件的变形；当局部内应力超过了材料的强度时，铸件便将产生裂纹。裂纹是铸件的严重缺陷。

在铸件结构设计时常采用均匀的壁厚、对称的结构来防止铸件变形，在铸造工艺上也

常采用同时凝固办法，使铸件均匀冷却，减小铸件变形。

对于不允许发生变形的重要机件(如机床床身、变速箱、刀架等)采用人工或自然两种时效处理工艺，提高铸件的稳定性。

开裂分热裂和冷裂两类。热裂是铸件高温下产生的裂纹，主要因素是合金的高温性质和铸型阻力与铸型的退让性有关；冷裂是铸件低温下产生的裂纹，与铸造内应力和钢、铁的含磷量密切相关。

12.2 砂型铸造

12.2.1 砂型铸造的生产过程

砂型铸造的工序较多，其工艺过程如图 12.4 所示。

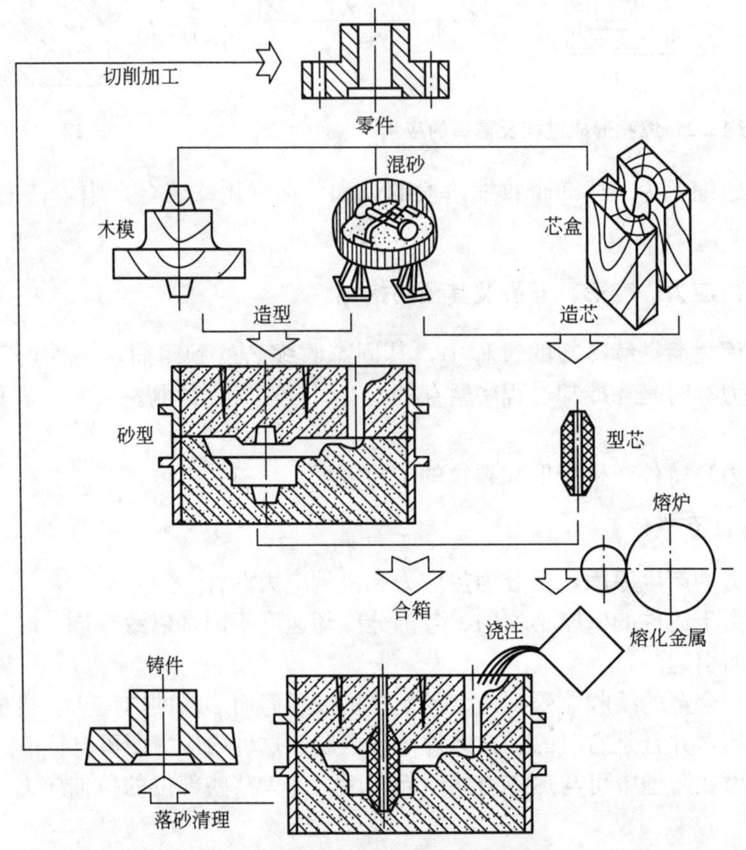

图 12.4 砂型铸造工艺过程简图

根据零件图的形状和尺寸，设计制造模样和芯盒；配制型砂和芯砂；用模样制造砂型，用芯盒制造芯子；把烘干的芯子装入砂型并合箱；将熔化的液态金属浇入铸型；凝固后经落砂、清理、检验合格便得铸件。铸型是包括形成铸件形状的空腔、芯子和浇冒口系统的组合整体，用型砂制成。型砂用砂箱支撑时，砂箱也是铸型的组成部分。造型的目的是制得合格的铸型，铸造出形状完整、轮廓清晰而无缺陷的铸件。

12.2.2　型砂与芯砂

型砂应具有高的强度和耐火性，保证砂型在浇注时不被冲坏，不被烧熔；同时还应具有透气性和退让性，以免铸件产生气孔，冷却收缩时不致阻碍铸件收缩而产生裂纹。

型砂的主要成分是石英砂(SiO_2)、粘土和水。二氧化硅是型砂中的关键成分，它具有很高的耐火性(1713℃)；粘土是粘结剂，它与水混合后把石英砂粘结在一起，使型砂具有一定的强度；砂粒之间的间隙使型砂具有一定的透气性。但水分过多、过少都会使强度和透气性降低；粘土过多，强度增加，但透气性、退让性降低。实际应用中为了提高退让性，常在型砂中加入少量木屑；为了使铸件的表面光洁，还在型砂中加入煤粉。

型芯用来形成铸件内腔。浇注后被高温液体金属包围。与型砂相比型砂应具备更高的耐火性、强度、透气性和退让性。

12.2.3　模型的制造

模型是根据零件图设计制造出来的，它是造型的基本工具。设计制造模型必须考虑以下几个问题。

1. 分型面

分型面是指两个砂型之间的分界面。分型面的选择应保证铸件质量，同时应考虑造型、起模方便。如图 12.5 所示联轴节，当选定大端面为分型面时，可采用整模造型，模型全部在下砂箱，不但制模、造型方便，而且不会使铸件产生错箱缺陷。

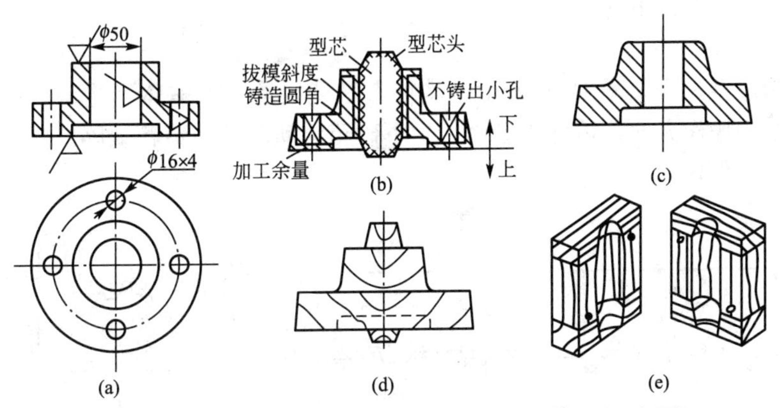

图 12.5　零件图、铸造工艺图、铸件图、木模图(示意图)

(a) 零件图；(b) 铸造工艺图；(c) 铸件；(d) 木模图；(e) 型芯盒

2. 拔模斜度

为了便于从砂型中取出模型，凡垂直于分型面的模型表面都应做成 0.6°～4°的斜度。模型越高，斜度越小；外表面比内表面斜度小；采用金属模型或机器造型比用木模或手工造型时斜度小。

3. 加工余量

铸件加工余量就是指切削加工时需切掉的金属层厚度。在制模时，凡加工的表面都应留有加工余量，其值取决于铸件的形状、大小、合金种类和造型方法。

通常灰口铸铁件比铸钢件小，小件比大件小。铸铁件上直径小于 25mm 的孔，铸钢件上直径小于 35mm 的孔，手工造型时不铸出，留待切削加工。

4. 铸造圆角

模型上壁与壁之间应做成圆角过渡，尖角结构在铸造时砂型易被冲坏，且在铸件转弯处易产生缩孔、裂纹和粘砂等缺陷。

5. 型芯头

为了在砂型中做出安置型芯的位置，必须在模型上做出相应的型芯头。

6. 收缩量

合金固态下冷却收缩使铸件尺寸缩小，因此，模型尺寸应比铸件大一个收缩量。收缩量的大小取决于金属的线收缩率。

在单件小批生产中，模型及型芯盒通常用木材制成，在大批生产中则用铝合金制造。

12.2.4 造型

制造砂型可用手工和机器来进行。手工造型主要用于单件小批生产，机器造型用于大量大批生产。

1. 手工造型

手工造型的方法很多，应根据铸件的形状、尺寸、生产量、设备和技术条件等因素来进行选择。常用的有以下几种。

1）整模造型

整模两箱造型过程如图 12.6 所示。其特点是模型是一个整体，造型时模型在一个砂箱内。整模造型操作方便，铸件不会由于上下砂箱错动而产生错箱缺陷。整模造型用于制造形状简单的铸件。

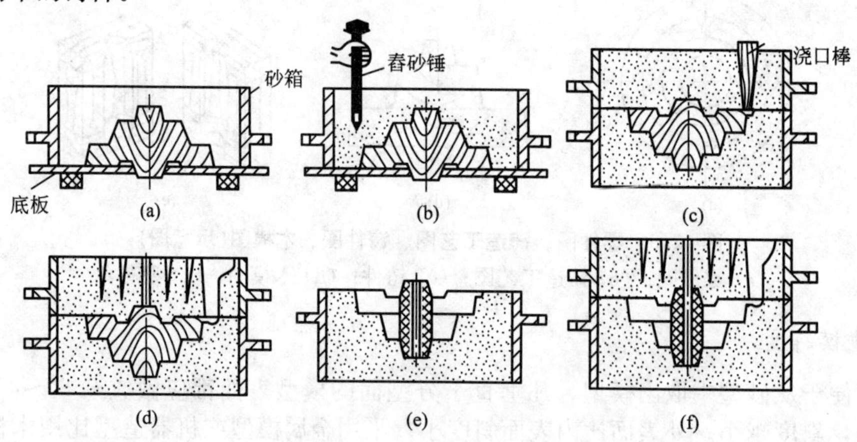

图 12.6　整模两箱造型过程

(a)放好模型；(b) 加型砂、造下箱；(c) 放好浇口棒、造上箱；
(d) 开好外浇口、扎通气孔；(e) 安放好型芯；(f) 合箱

2）分模造型

两箱分模造型如图 12.7 所示，将模型沿最大截面分成两半。分别在上、下两个砂箱中造型。上下半模用销钉定位。此法应用最广。

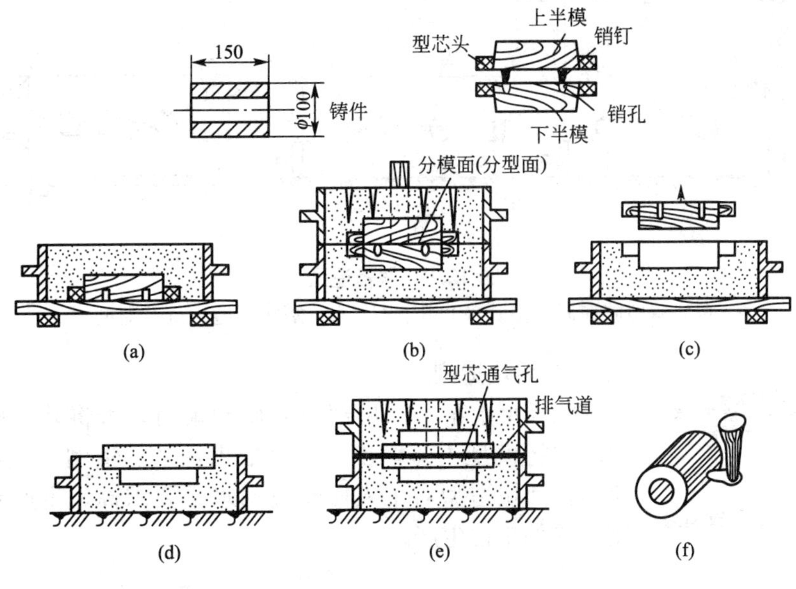

图 12.7 两箱分模造型

（a）造下型；（b）造上型；（c）敞箱、起模、开浇口；
（d）下芯；（e）合箱；（f）落砂后带浇口的铸件

3）挖砂造型

当铸件最大截面不在一端，模型又不便于分成两半时，可用整模进行挖砂造型。如图 12.8 所示，挖砂造型时，需将下箱中阻碍起模的型砂挖去，而且必须挖至最大截面处。挖砂造型要求有较高的操作技能，且生产率低，故只用于单件生产。

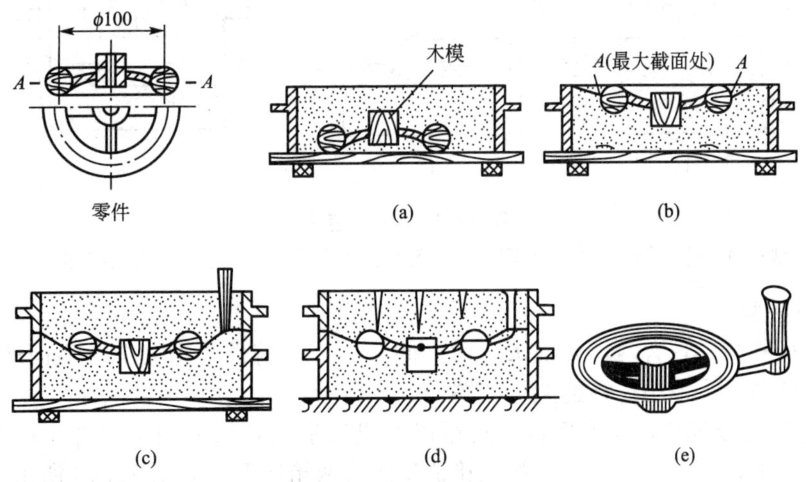

图 12.8 挖沙造型

（a）造下型；（b）翻下型、挖修分型面；（c）造上型；（d）合箱；（e）带浇口的铸件为了省去挖砂操作，以提高生产率，当生产数量较多时，可采用假箱造型。如图 12.9 所示，先做一个假箱以代替平底板，在假箱上造下型，然后翻转下型造上型。假箱不参加浇注，可多次使用。假箱用含粘土较多的型砂制成。当生产量更多时，可用木材或金属成形底板以代替假箱，如图 12.10 所示。

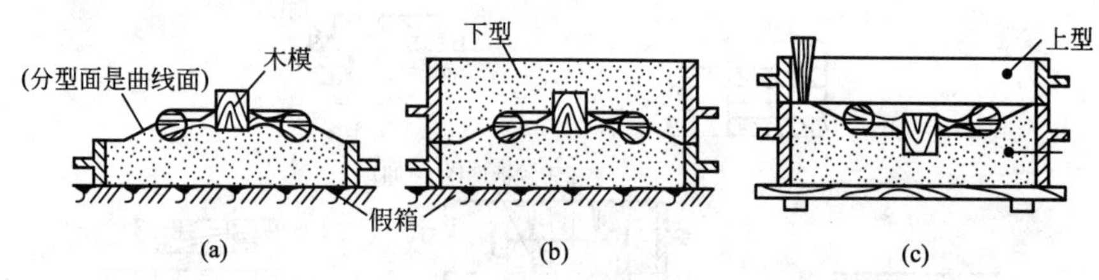

图 12.9　假箱造型

(a) 模型放在假箱上；(b) 造下型；(c) 翻转下型、待造上型

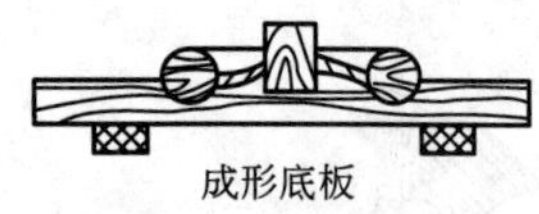

图 12.10　成形底板造型

4）活块造型

当模型上某些凸出部分妨碍起模时，可将其做成活块，起模时先将模型主体取出，然后取出活块。造型过程如图 12.11 所示。活块造型对工人操作技术水平要求高，生产率低，故亦用于单件小批生产。

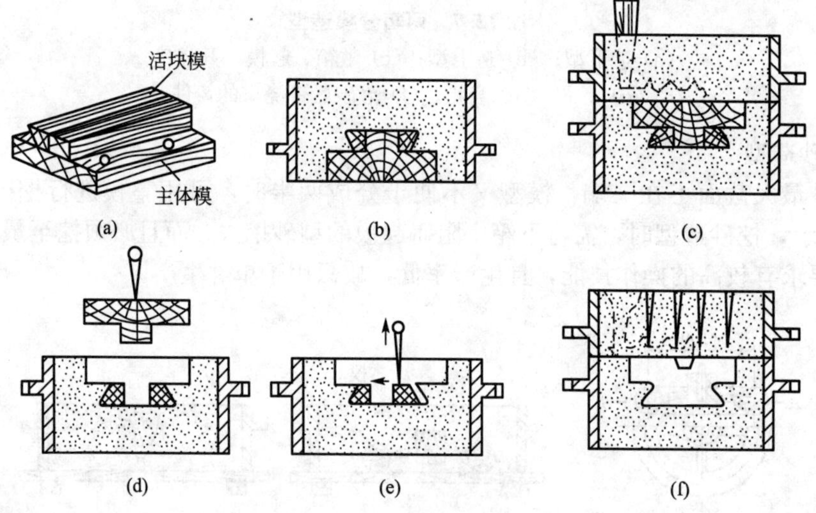

图 12.11　活块造型

(a) 拖板模型；(b) 造下箱；(c) 造上箱；(d) 起出主体模型；(e) 起出活块模型和浇口；(f) 合箱

5）三箱造型

某些形状复杂，具有两端截面大，而中间截面小的铸件，用一个分型面取不出模型，则需用两个分型面，采用三箱造型，如图 12.12 所示。

三箱造型比较复杂，生产率低，且难以用机器造型，只适用于单件小批生产。在成批、大量生产中，可采用外型芯，将三箱造型改为两箱造型，如图 12.13 所示。

6）刮板造型

对于某些尺寸较大的旋转体铸件，如带轮、飞轮、大齿轮等，为节省木材和制模工

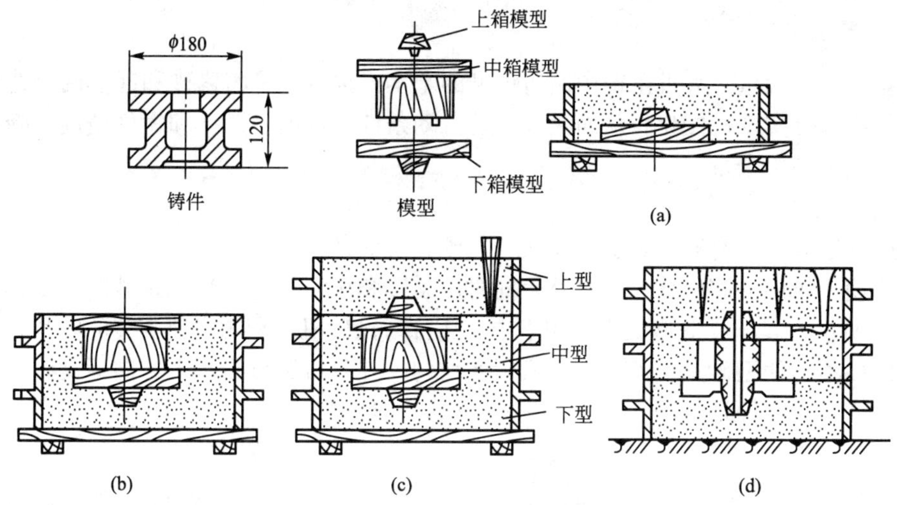

图 12.12 三箱造型

(a) 造下型；(b) 造中型；(c) 造上型；(d) 合箱

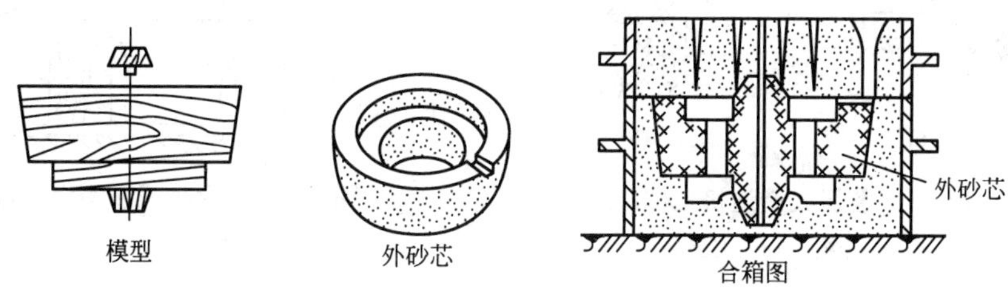

图 12.13 采用外型芯的两箱造型

时，可采用与断面形状相适应的刮板来代替整体模型。造型时，刮板绕轴旋转，在砂型中刮出型腔，如图 12.14 所示。

刮板造型同样由于操作困难、生产率低，仅适用于单件、小批生产。

在单件生产中，铸造大型铸件时，为节省砂箱，可利用地面做下型，称为地坑造型。

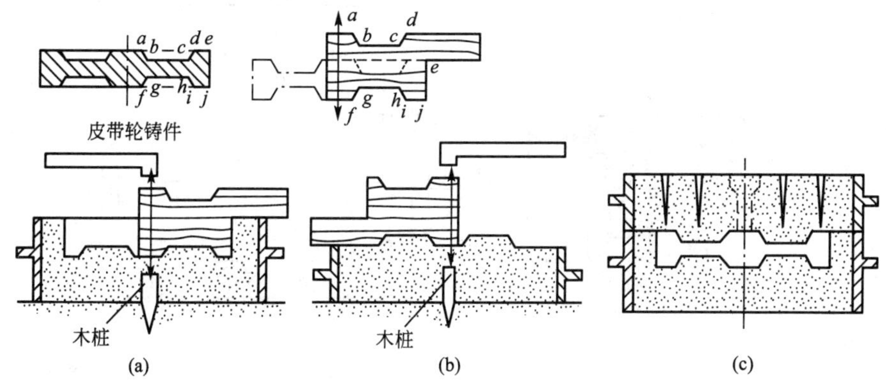

图 12.14 刮板造型

(a) 刮制下型；(b) 刮制上型；(c) 合箱

2. 机器造型

机器造型是大量、大批生产中制造铸型的基本方法。它是将紧砂和起模两个造型基本动作全部或部分实现机械化，从而大大改善劳动条件，提高生产率和铸件精度，降低表面粗糙度，减少加工余量。

1）紧砂方法

常用的紧砂方法有震动紧实、压实和抛砂紧实 3 种。

目前使用较广的震压式造型机就是同时用震实和压实两种方法来紧砂的，工作原理如图 12.15 所示，震压式造型机主要用于中小铸件。抛砂机是利用高速旋转的叶片将型砂连续地抛向砂型而使型砂紧实的。抛砂机紧实均匀，并且机头可沿水平方向运动，适用于大铸件的生产，工作原理如图 12.16 所示。

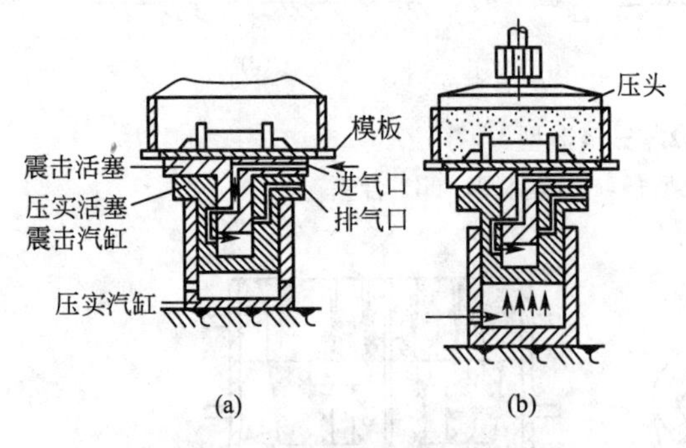

图 12.15　震压式造型机工作原理

(a) 震实；(b) 压实

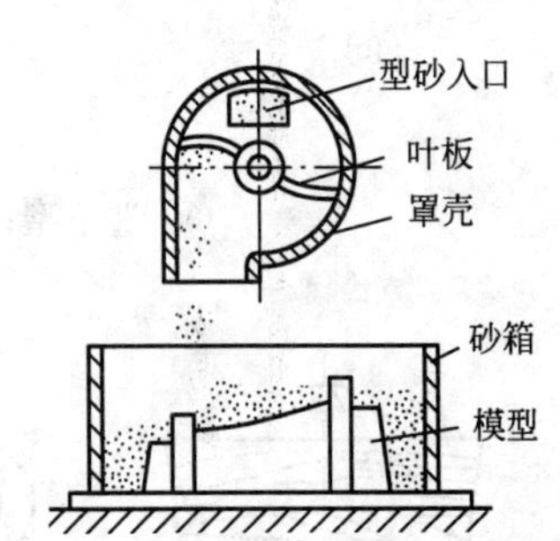

图 12.16　抛砂式造型机工作原理

2）起模方法

除抛砂机外，造型机上大都装有起模机构，其动力也是压缩空气。起模机构有顶箱起模、落模、漏模和翻转落箱起模 4 种方法，工作原理如图 12.17 所示。

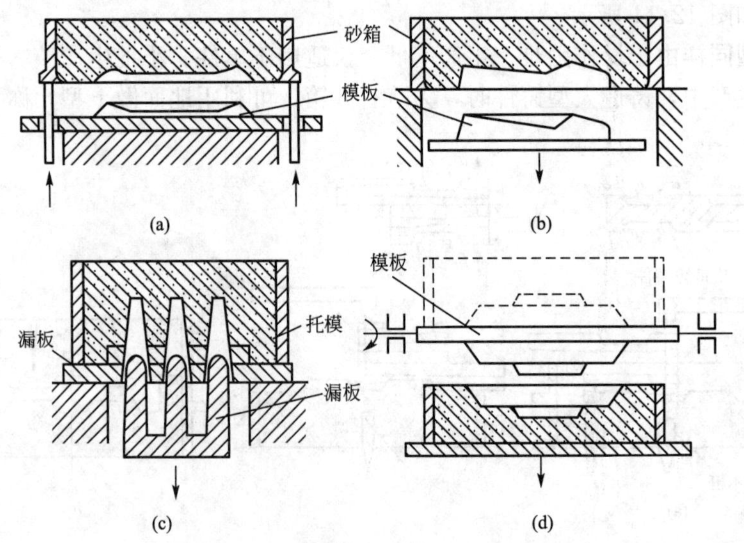

图 12.17　起模方法

(a) 顶箱法；(b) 落模法；(c) 漏模法；(d) 翻转落箱法

12.3 特种铸造

砂型铸造的主要缺点是砂型只能用一次，生产效率低，且铸件的表面精度低。因此，生产上采取一些特殊的工艺措施，来弥补砂型铸造的不足，从而创造了许多特殊的铸造方法。常用的特种铸造方法有金属型铸造、压力铸造、低压铸造、离心铸造和熔模铸造等。

1. 金属型铸造

金属型铸造是采用金属制造铸型，常用材料为铸铁。型芯可用钢制金属型芯，也可用砂芯，由于金属型可重复使用，因此又称永久型铸造。

为了提高金属型的使用寿命，型腔和型芯表面都要刷以涂料；浇注前应将金属型预热，以提高液态金属的流动性，避免产生浇注不足的缺陷，减少铸件的内应力。

金属型通常在分型面上开有 0.3～0.5mm 深的排气槽，以排出型腔中的空气。

金属型基本上克服了砂型铸造的缺点。铸件精度可达 IT16～IT12，表面粗糙度 Ra 为 6.3～2.5μm，并且由于冷却较快、晶粒较细、组织紧密，力学性能也明显提高。但由于冷却快，降低了合金的流动性，所以不适宜于铸造薄壁铸件和形状复杂的铸件；此外，金属型成本高，在生产黑色金属铸件时金属型寿命很低，因此限制了它的使用。主要用来在大量大批生产中铸造中小型有色金属铸件。如内燃机活塞、油泵体等。

2. 压力铸造

压力铸造是将金属液体在高压、高速下压入铸型的铸造方法。所用压力为 400～600 大气压，速度达 5～50m/s。压力铸造也采用金属型，常用材料为合金模具钢。

压铸是在专门的压铸机上进行的，工作原理如图 12.18 所示。

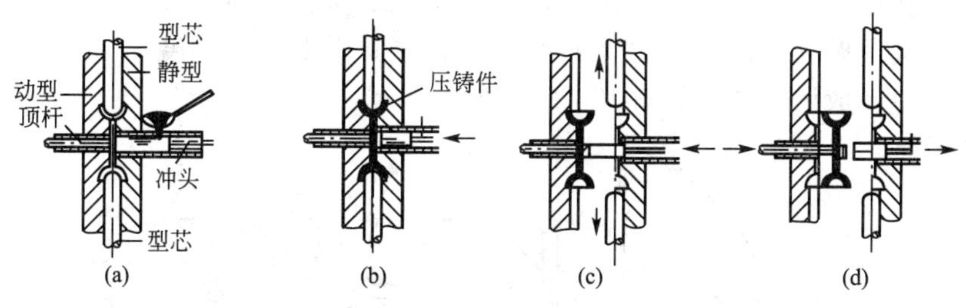

图 12.18 压力铸造工作原理

由于高压、高速，大大提高了液态金属充满铸型的能力。因此，可以制得薄壁和形状相当复杂的铸件，如铝合金压铸件可铸出的最小壁厚为 0.5mm，最小孔径为 0.7mm；螺纹的最小螺距为 0.75mm；压铸件的精度可达 IT11～IT13，表面粗糙度 Ra 达 3.2～0.8μm，无须切削加工；生产率高达 60～150 件/小时；由于冷却快、晶粒细，压铸件的强度比砂型铸件高 25～40%。

但由于冷却太快，浇注补缩作用很小，空气也很难完全排出，铸件内部往往形成缩松和气孔。因此，压铸件不能切削加工，以免暴露出孔洞；也不能进行热处理和在高温下工作，以免气孔中空气膨胀产生压力使铸件开裂。

压力铸造设备造价较高，因此只用于大量大批生产。此外，由于铸型材料性能和压铸机功率的限制，压铸通常用来生产 10kg 以下低熔点的有色金属合金铸件，占比重最大的是铝合金压铸件，其次是锌合金压铸件。

3. 低压铸造

低压铸造是液体金属在 0.2～0.7 大气压力下注入铸型的。所用铸型在大量大批生产中用金属型；在单件小批生产中采用砂型等。低压铸造的工作原理如图 12.19 所示。液体金属在压缩空气压力下由浇注管进入铸型型腔，并在压力下保持适当时间，使型腔内的液体金属结晶，由浇注管内的金属进行补缩。最后去掉压力，浇注管上部的金属液体落回坩埚内。电阻丝用来保持坩埚内液体金属的温度。上部气动装置用来启闭铸型。

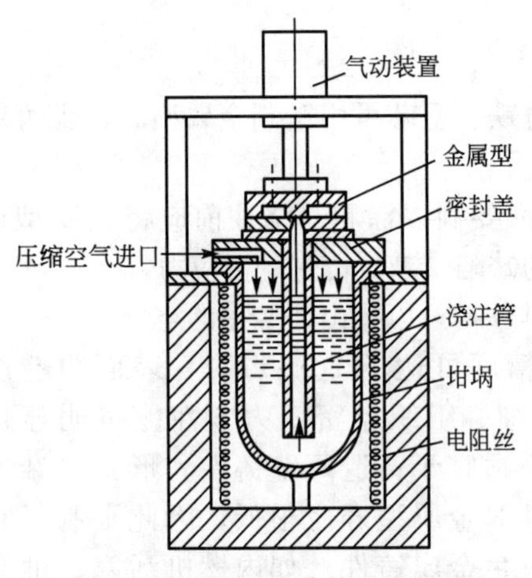

图 12.19　低压铸造的工作原理

低压铸造压力低，因此液体金属充填平稳，成品率高；并由于简化了浇冒口系统，使金属的利用率提高；特别是由于设备简单、投资少、成本低，因此，应用日益广泛。目前主要用来生产质量要求高的铝合金、镁合金铸件。如汽车发动机汽缸盖、汽缸体等。

4. 离心铸造

离心铸造是将液体金属浇入旋转的铸型中，使其在离心力的作用下充满铸型并凝固的铸造方法。铸型用金属型，也可用砂型。

按旋转轴的空间位置，可分为立式离心铸造和卧式离心铸造两种。

立式离心铸造机铸型绕垂直轴旋转，如图 12.20 所示，由于重力和离心力的综合作用，铸件内表面呈抛物面，图 12.20(a)所示；故主要用来生产高度小于直径的圆环类铸件；也可用来生产成形铸件，如图 12.20(b)所示。

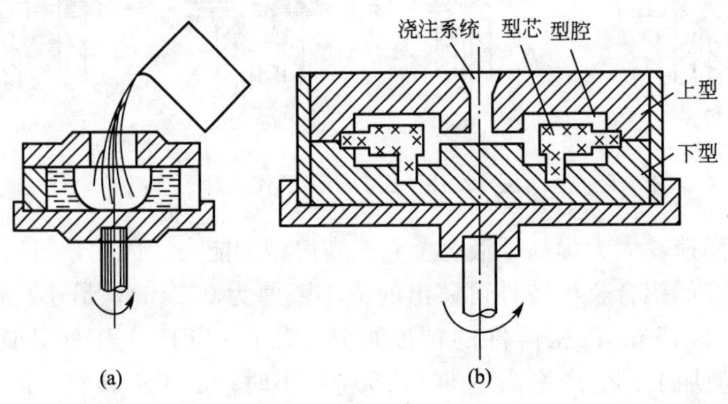

图 12.20　立式离心铸造

卧式离心铸造机绕水平轴旋转，它主要用来生产长度大于直径的套类铸件和管子。图 12.21 为卧式离心铸管机。

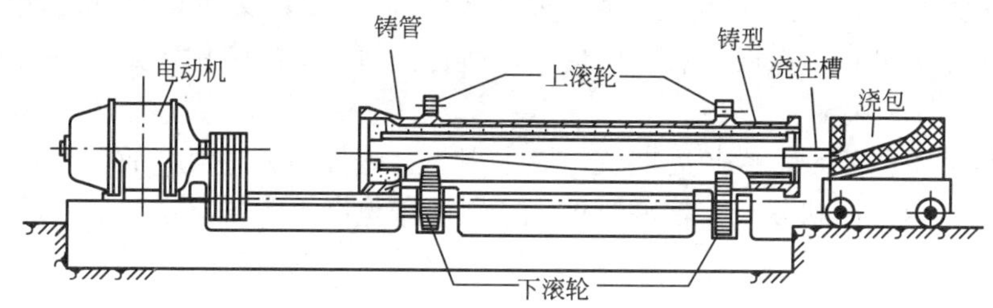

图 12.21　卧式离心铸管机

由于离心力的作用，使液体金属中的气体、熔渣等都集于铸件的内表面，因而铸件外侧组织紧密，无缩孔、无气孔、无夹渣等缺陷，铸件质量较好。并且由于不用浇注系统而节省了金属。此外，铸造空心铸件不需型芯。但内孔尺寸不准，内表面质量差。

目前离心铸造除了主要用来生产空心旋转体铸件外，也可用来浇注双层金属铸件。

5. 熔模铸造

熔模铸造是先用蜡制模型制造铸型，然后加热使蜡模熔化而排出型腔，最后进行浇注的铸造方法，故又称失蜡铸造。熔模铸造不需要起模、合箱工作，铸型是一个没有分型面的整体铸型。

熔模铸造的工艺过程较复杂，由以下几个工序组成，如图 12.22 所示。

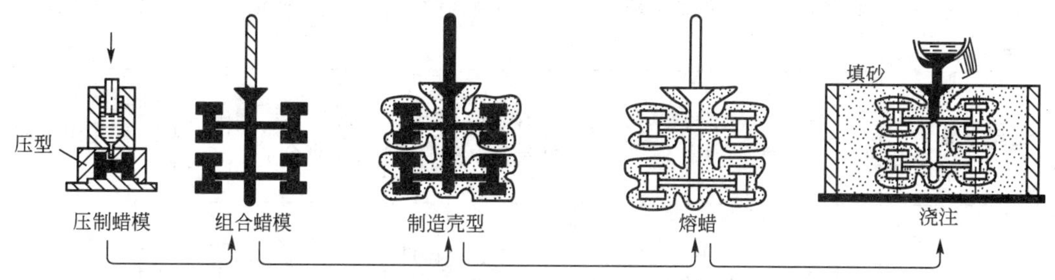

图 12.22　熔模铸造的工艺过程

(1) 制造压型：因蜡模只能用一次，故需准备用来制造蜡模的压型。低熔点锡铋合金压型用母模浇注并经加工制成，钢或铝合金压型用切削加工制造。

(2) 压制蜡模：蜡模材料用 50%石蜡和 50%硬脂酸配制而成，其熔点为 70～90℃。制模时将其加热至糊状后压入压型。为提高生产率、节省浇注系统，常将几个蜡模焊在一根蜡制浇注系统上，形成蜡模组。

(3) 制造壳型：蜡模不能用一般的砂型铸造的方法制造铸型，而是用它制造壳型。制造壳型时，先将蜡模浸入用水玻璃和石英粉配成的涂料中，取出后撒上一层石英砂，再浸入硬化剂氯化铵溶液中使其硬化。如此重复 4～6 次，使蜡模表面结成 6～10mm 的硬壳。然后将包着蜡模的硬壳浸入 90～95℃的水中，使蜡模熔化，排出蜡液后便获得中空的硬壳铸型，通称壳型。

(4) 浇注：浇注前将壳型放入 850～900℃的电炉中进行焙烧，以提高其强度和排除残余蜡料和水分。从炉中取出后置于砂箱中，周围用砂子填紧，以防壳型变形或破裂。壳型在高温下进行浇注。

熔模铸造无分型面、不需拔模斜度、壳型内表面光洁，又在高温下浇注，充型能力强，所以铸件轮廓清晰，精度、表面质量高，适合任何复杂的铸件，是一种重要的少无切削加工方法。

但熔模铸造工艺复杂，生产周期长，成本高，且铸件不宜过大，故其应用受到一定的限制，主要用于生产形状复杂、精度要求高，以及熔点高，并难以切削加工的小型铸件。

12.4 常用铸造方法的比较

各种铸造方法均有其优缺点和适用范围，不能认为某种最为完善，必须结合具体情况进行比较，如合金的种类、生产批量、铸件的形状和大小、质量要求及现有设备条件等，才能选出合适的铸造方法。

表 12－1 列出几种铸造方法的综合比较。可以看出，砂型铸造尽管有着许多缺点，但其适应性最强，因此，在铸造方法的选择中应优先考虑；而特种铸造仅在特定条件下，才能显示其优越性。

表 12－1 常用铸造方法的比较

铸造方法 比较项目	砂型铸造	熔模铸造	金属型铸造	压力铸造	低压铸造
适用金属	任意	不限制，以铸钢为主	不限制，以有色合金为主	铝、锌、镁等低熔点合金	以有色合金为主，也可用于黑色金属
适用铸件大小	任意	小于 25kg，以小铸件为主	以中、小铸件为主	一般为 10kg 以下，也可用于中型铸件	以中、小铸件为主
批量	不限制	一般用于成批、大量生产，也可用于小批量	大批、大量	大批、大量	成批、大量
铸件尺寸公差/mm	100±1.0	100±0.3	100±0.4	100±0.3	100±0.4
铸件表面粗糙度 $Ra/\mu m$	粗糙	25～3.2	25～12.5	6.3～1.6	25～6.3
铸件内部质量	结晶粗	结晶细	结晶细	表层结晶细，内部多有气孔	结晶细
铸件加工余量	大	小或不加工	小	小或不加工	较小

（续）

铸造方法 比较项目	砂型铸造	熔模铸造	金属型铸造	压力铸造	低压铸造
生产率(一般机械化程度)	低、中	低、中	中、高	最高	中
铸件最小壁厚/mm	3.0	通常 0.7	铝合金 2～3，铸铁 4.0	0.5～1.0	一般 2.0

思　考　题

(1) 手工造型常用哪几种造型方法，各适用于何种零件?

(2) 试比较压力铸造和熔模铸造的异同点，并叙述熔模铸造的生产过程。

第13章 锻压

了解锻压加工基础知识，理解金属塑性变形对材料力学性能的影响；认识自由锻、模锻以及板料冲压工艺的生产特点及应用。

知识要点	能力要求
锻压工艺基础知识	理解金属塑性变形及可锻性的概念；认识金属的加工硬化、再结晶现象；掌握冷变形与热变形的相关知识
自由锻、模锻	了解自由锻、模锻的工艺特点，正确认识应用范围
板料冲压	了解板料冲压的工艺特点及其应用范围

导入案例

刀、剑锻造工艺——包钢与夹钢

包钢与夹钢都是一种将不同钢材特性取长补短进行结合的方法，目的是力求在两种或多种钢材的性能间取得平衡。这两种方法运用在制刀工艺上时，一般使用材料是在两侧使用硬度较低、韧性好的钢材；在中间刀刃部分使用硬度较高的钢材。这样可以保证刀刃有较高硬度的同时，刀身整体又有较高的韧性。两者做法大同小异，都是采用“镶嵌”的工艺。具体的差别是包钢，顾名思义是用一整块钢将一块钢“包”在中间，一侧露出被包的钢，即在刀刃上露出硬度较高的钢材，刀背及两侧则是一整块硬度低、韧性好的钢材。夹钢就更容易理解了，就好像汉堡包一样，两侧是硬度低、韧性好的钢材，中间夹一块高硬度的钢材，其周边全部显露。其作双刃刀时，一般采用夹钢的方法；制作大型刀具的时候，一般是包钢的方法用得较多。许多好的刀(包括菜刀、劈柴刀等)都是使用包钢的工艺打制而成，这样的目的很明显：取铁的韧性和钢的硬性而排除了铁的软性和钢的脆性。“好钢要用在刀刃上”就是这个道理。这种刀，在使用时非常锋利而且不容易断，还有就是刀比较容易打磨——因为只有中间一线钢，而两边是铁，所以磨刀时要轻松得多。但这种制刀工艺要麻烦一些，所以现在市面上这种刀越来越少价格也不低。

锻压是利用外力，使金属毛坯产生塑性变形，改变其尺寸、形状和性能，以获得零件毛坯的加工方法。它包括锻造、冲压、轧制、拉拔和挤压等多个工艺。

在锻压加工中作用在金属坯料上的外力主要有两种：冲击力和压力。锤类设备产生冲击力使金属变形；轧机与压力机对金属坯料施加静压力使金属变形。塑性变形是锻压加工的基础。大多数钢和有色金属及其合金都具有一定的塑性，均可在热态或冷态下进行锻压加工，锻压加工的不足之处是不能加工脆性材料或形状复杂的零件，特别是具有内腔的复杂形状零件。

13.1 金属的塑性变形及可锻性

13.1.1 金属的塑性变形

塑性变形是指材料受到外力后产生永久变形的现象，也是锻压加工的基础。

工业工程用金属一般为多晶体，为了更好地了解材料受力后的塑性变形，先看单晶体的塑性变形过程。单晶体在外力作用下被拉伸时，在平行于某晶面的切应力 τ 的作用下，迫使原子离开原来的平衡位置(图 13.1(b))，改变了原子间的相互距离，当切应力增大到大于原子间的结合力后，使某晶面两侧的原子产生相对滑移(图 13.1(c))。晶体滑移后，若去除切应力 τ，则已滑移的原子处于新的平衡状态而不能恢复到滑移前的位置，被保留下来的这部分变形即塑性变形(图 13.1(d))。

多晶体的塑性变形较单晶体复杂，除晶粒内部的滑移变形外，还有晶粒与晶粒间的滑

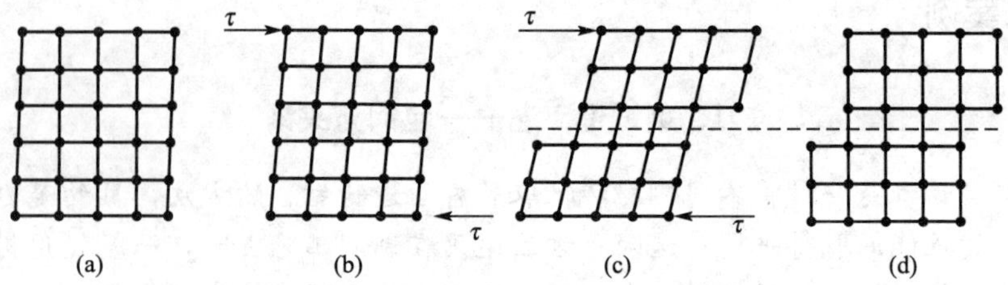

图 13.1　单晶体的塑性变形过程示意图

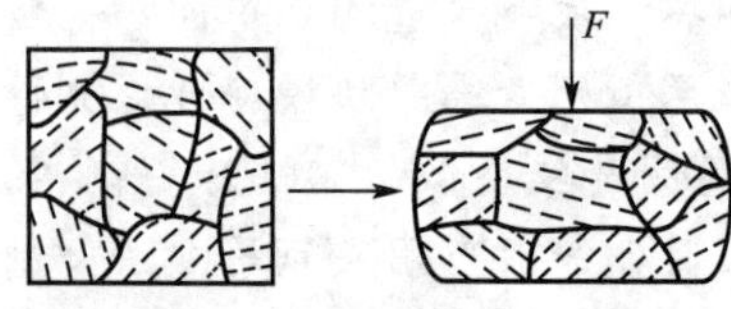

图 13.2　多晶体的塑性变形示意图

动和转动，即晶间变形(图 13.2)。由于多晶体中每个晶粒的位向不同，各晶粒的塑性变形将受到周围位向不同的晶粒及晶界的影响和约束。一般情况下，多晶体变形是分批逐步进行的，其变形抗力也比同种金属的单晶体高得多。

13.1.2　塑性变形对金属组织和性能的影响

金属在常温下经过塑性变形后，其内部组织发生的变化有：晶粒沿变形最大方向上伸长并发生转动；在晶粒内部及晶粒间产生了碎晶粒；晶格发生了扭曲畸变并产生了内应力。随金属内部组织的变化，其力学性能也发生了很大变化。

1. 加工硬化

在常温下，金属随塑性变形程度的增加，其强度和硬度提高，而塑性和韧性下降的现象，称为加工硬化。例如，当我们用手反复弯曲铁丝时，会发现越弯越硬，而且也越费力，最后在弯曲处因硬脆而断裂。这正是塑性变形过程中的加工硬化现象。

加工硬化的产生是由于金属塑性变形后，滑移面上产生了很多晶格位向混乱的微小碎晶块，滑移面附近晶格也处于强烈的歪扭状态，产生了较大的应力，增加了继续滑移的阻力，使塑性变形难以进行下去，造成了金属塑性变形的强化。

加工硬化在工业生产中很有实用意义，某些不能通过热处理方法来强化的金属材料，如低碳钢、纯铝、防锈铝、镍铬不锈钢等，可以通过冷轧、冷拔、冷挤压等工艺，使其产生加工硬化，以此来提高其强度和硬度。

但是加工硬化给金属进一步变形带来困难，所以需要在变形工序之间消除加工硬化，恢复金属塑性。

2. 回复与再结晶

加工硬化是一种不稳定现象。具有自发地回复到稳定状态的倾向，但在常温下，金属原子的活动能量较低，加工硬化很难自动消除，如果将其加热到一定温度，原子运动加剧，将有利于原子恢复到平衡位置，使金属回复到稳定状态。

1) 回复

当加热温度不高时，原子的扩散能力较弱，不能引起明显的组织变化，只能使晶格扭曲程度减轻，并使内应力下降，使金属的加工硬化得到部分消除。即材料的强度、硬度略有下降，而塑性略有升高，这一过程称为“回复”。使金属得到回复的温度，称为回复温度。各种金属的回复温度与其熔点有关。可用下式来表示：

$$T_{回}=(0.25\sim0.3)T_{熔}$$

式中：$T_{回}$——以热力学温度表示的金属回复温度(K)；

$T_{熔}$——以热力学温度表示的金属熔化温度(K)。

生产中常用的低温去应力退火就是利用回复现象，消除工件应力，稳定组织，并保留加工硬化性能。例如冷拉钢丝卷制弹簧，在卷成后进行一次低温去应力退火，可以消除应力使其定型。

2) 再结晶

当加热温度继续升高，塑性变形后金属被拉长了的晶粒重新生核、结晶，变为等轴晶粒，这一过程称为再结晶。它使金属的加工硬化现象全部消除。需要注意的是：再结晶产生的新晶粒的晶格类型与原来相同，只是晶格扭曲的外形得到改变。开始产生再结晶现象的最低温度称为再结晶温度。各种金属的再结晶温度与其熔点的关系大致如下式：

$$T_{再}=(0.35\sim0.4)T_{熔}$$

式中：$T_{再}$——以热力学温度表示的再结晶温度(K)。

为加速再结晶过程的进行，工业生产中实际再结晶退火温度要比理论再结晶温度高出100～200℃。但如果实际再结晶温度过高，保温时间过长，再结晶后的等轴细晶粒将不断长大成粗晶粒，金属的力学性能将下降(图13.3)。

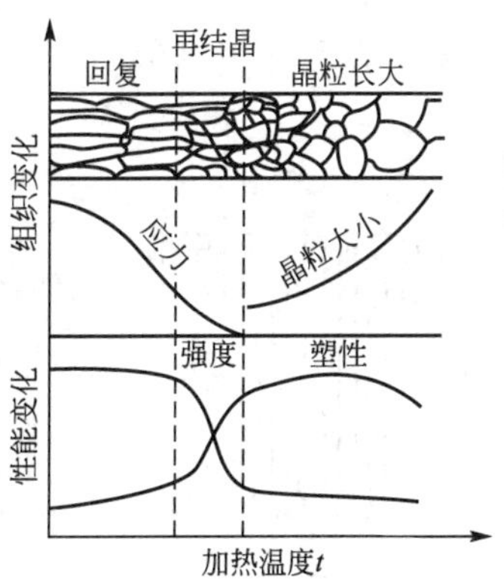

图13.3 加工硬化的金属再加热

3. 冷变形和热变形

金属在再结晶温度以下进行的变形加工，称为冷变形。由上可知：冷变形过程中只有加工硬化，而无回复与再结晶现象。所以冷变形时的变形抗力大，需用较大吨位的设备，考虑到金属的塑性能力，冷变形的程度不宜过大，以免产生裂纹。

金属在再结晶温度以上进行的变形加工，称为热变形，在热变形过程中，加工硬化组织被同时发生的再结晶过程所消除。变形后，金属具有再结晶组织而无加工硬化现象。热变形加工能以较小的功得到较大的变形，变形抗力通常只有冷变形的1/5～1/10，可获得力学性能较好的再结晶组织。

在锻压成形中，板料冲压采用冷变形方式，各种锻造工艺采用热变形方式。铸锭大多具有粗大的结晶组织以及气孔、缩松等缺陷，生产中经锻造、轧制等热变形加工后，压合气孔、微裂纹和缩松，获得细化的再结晶组织，组织更加致密，强度比原来提高1.5倍以上，塑性和韧性提高得更多。

4. 锻造流线

金属材料存有不溶于基体金属的非金属化合物，在热变形过程中，脆性杂质被破碎，顺着金属主要伸长方向呈碎粒状或链状分布，塑性杂质随晶粒伸长方向呈带状分布，这种具有方向性的组织称为锻造流线(也称纤维组织)。值得关注的是：锻造流线随塑性变形的程度增加而明显；锻造流线不随着再结晶而消失。图13.4是工业纯铁在不同变形程度下的锻造流线情况。

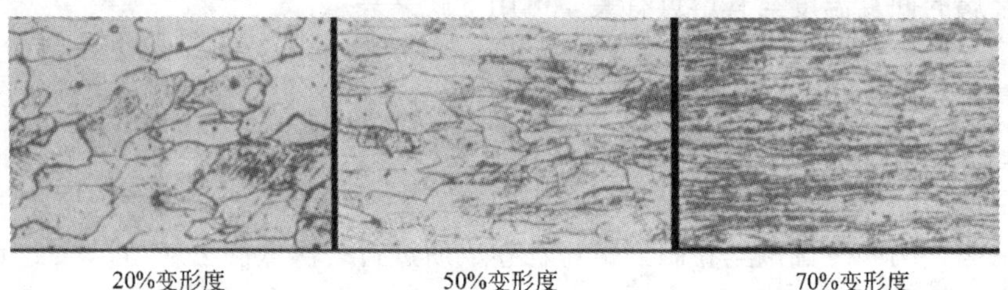

图 13.4　工业纯铁在不同变形程度下的锻造流线情况

锻造流线使锻件的塑性和韧性在纵向增加，在横向降低，使金属性能呈现各向异性。为发挥材料的最大性能，常使零件工作时的最大正应力方向与流线方向一致，最大剪应力方向与流线方向垂直，锻件流线的分布应与零件外轮廓一致为优。

例如，若采用棒料直接用切削加工方法制造的螺钉(图 13.5(a))，质量不好、寿命短；而用局部镦粗的方法制造的螺钉(图 13.5(b))，质量好、寿命长。

又如曲轴采用全流线锻造方法，使流线沿曲轴外形连续分布(图 13.6(b))，提高了曲轴性能，降低了材料消耗。

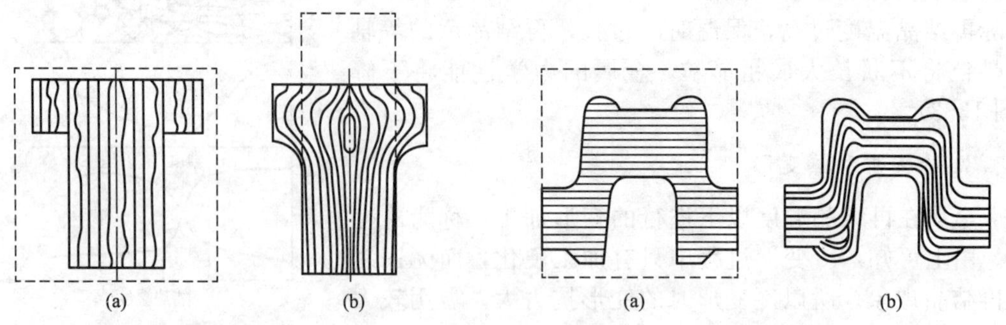

图 13.5　螺钉的纤维组织比较　　**图 13.6　曲轴的纤维组织比较**

13.1.3　金属的可锻性

金属的可锻性是指金属锻压成形的难易程度，常用塑性和变形抗力两个指标来综合衡量。塑性越好，材料变形的能力越强，变形抗力越小，材料变形时所需的能量越小。它是金属材料塑性成形的关键因素。影响可锻性的主要因素是金属材料本身的特性和加工条件两个方面。

1. 材料特性的影响

1) 化学成分

不同化学成分的材料其可锻性不同。一般地说，纯金属的可锻性比合金的可锻性好，而钢中由于合金元素含量高，合金成分复杂，其塑性差，变形抗力大。

2) 金属组织与结构

金属内部的组织和结构对金属可锻性影响很大，铸态柱状组织和粗晶粒结构不如晶粒细小而又均匀的组织的可锻性好。纯金属及固溶体(如奥氏体)的可锻性好，而碳化物(如渗碳体)的可锻性差。

2. 加工条件的影响

1) 变形温度

提高金属变形温度，可使原子动能增加，结合力减弱，塑性增加，变形抗力减小。同时，高温下再结晶过程很迅速，能及时克服加工硬化现象。所以，在不产生过热的前提下，提高加工变形温度可改善金属的可锻性。

2) 变形速度

变形速度即单位时间内的变形量。一般来说，随着变形速度的提高，金属加工硬化的程度加强，若不及时回复和再结晶，则塑性下降、抗力增加、锻压性能变差。但当变形速度超过某临界值后，由于塑性变形的热效应，使金属温度升高，加快了再结晶过程，使变形抗力下降。变形速度越高，热效应越明显。

生产中除高速锤锻造和高能成形外，常用的锻造设备都不可能超过临界变形速度。因此，塑性较差的金属(如高合金钢等)或大型锻件，宜采用较小的变形速度。

3) 应力状态

用不同的锻压方法使金属变形时，其内部产生的应力大小和性质是不同的。

实践证明，三向受压时金属的塑性最好，出现拉应力时则塑性降低。这是因为在3向压应力状态下，金属中的某些缺陷难以扩展，而拉应力的出现使这些缺陷易于扩展，从而易导致金属的破坏。

从以上分析可知，当材料确定以后，可以通过改变加工变形条件，来提高材料的可锻性。

13.2　锻　　造

锻造是机器零件或毛坯生产的主要方法之一。按塑性成形方式的不同，锻造又分为自由锻造(简称自由锻)和模型锻造(简称模锻)。锻造过程中，金属经塑性变形，压合了原材料内的一些内部缺陷(如气孔、微裂纹等)，晶粒得到细化，组织致密并呈流线状分布，改善和提高了材料的力学性能。所以，承受重载及冲击载荷的重要零件，如机床主轴、传动轴、发动机曲轴、起重机吊钩等，多以锻件为毛坯。但由于锻造属于固态塑性成形，金属的流动性较差，因此锻件的形状不能太复杂。

13.2.1　自由锻

只用简单的通用性工具，或在锻造设备的砧座间直接使坯料变形而获得所需的几何形状及内部质量锻件的加工方法称自由锻。自由锻时，金属只有部分表面受到工具限制，其余则为自由表面(图13.7)。

图13.7　大型锻件自由锻

常用的自由锻设备有空气锤、蒸汽-空气自由锻锤、水压机等。

常用的自由锻基本工序(图13.8)有：镦粗(使毛坯高度减小，横断面积增大)、拔长(使毛坯横断面积减小，长度增加）、冲孔（在坯料上冲出通孔或不通孔）、弯曲、错移、扭转、切割等。

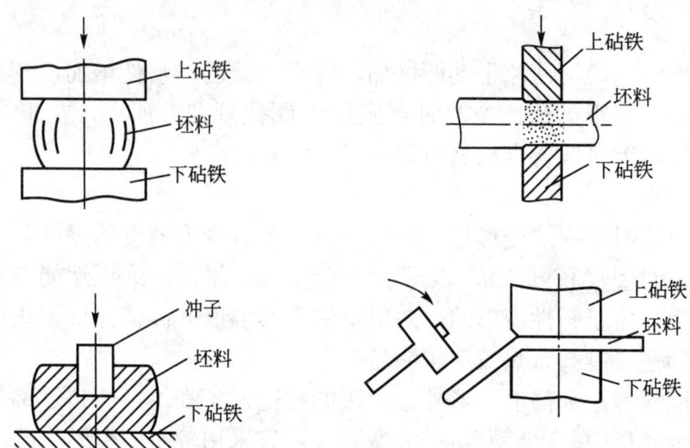

图 13.8 常用的自由锻基本工序

自由锻的基本目的是经济地获得所需的形状、尺寸和内部质量的锻件。钢锭经过锻造，粗晶被打碎，非金属夹杂物及异相质点被分散，内部缺陷被锻合，致密程度提高，流线分布合理，综合力学性能大大提高。

自由锻设备的通用性好、工具简单，锻件组织细密、力学性能好。但其操作技术要求高，生产效率低，锻件形状较简单、加工余量大、精度低。自由锻主要用于单件、小批生产，同时也是特大型锻件唯一的生产方法。表 13－1 是常见自由锻件分类及主要锻造工序。

表 13－1 常见自由锻件分类及主要锻造工序

锻件类型	锻件简图	自由锻主要工序
盘类		镦粗，冲孔
轴及杆类		拔长，压肩
筒及环类		镦粗，冲孔，在芯轴上拔长（或扩孔）
弯曲类		拔长，弯曲

13.2.2 模锻

模锻是模型锻造的简称。将加热到锻造温度的坯料放入固定在模锻设备下方的锻模模膛中，在上下锻模闭合过程中，坯料受力在模膛中被迫流动成形，从而获得所需锻件的加工方法称为模锻(图 13.9)。模锻时，金属的流动完全受到模具模膛的限制。

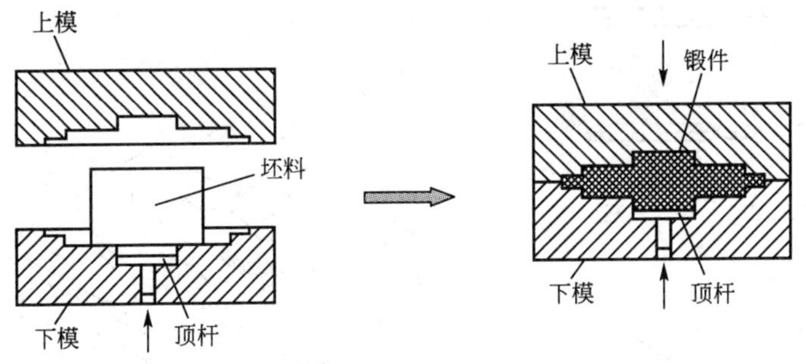

图 13.9 模锻示意图

模锻生产效率较高，模锻锻件的形状和尺寸比较精确，表面粗糙度低，机械加工余量较小，能锻出形状复杂的锻件(图 13.10)，因此材料利用率高；但模具制造周期长、成本高，一种模具只能生产一种锻件，因此只有在批量生产中才能获得低成本。受锻压设备吨位的限制，模锻件重量较小，适用于小型锻件的成批、大量生产。

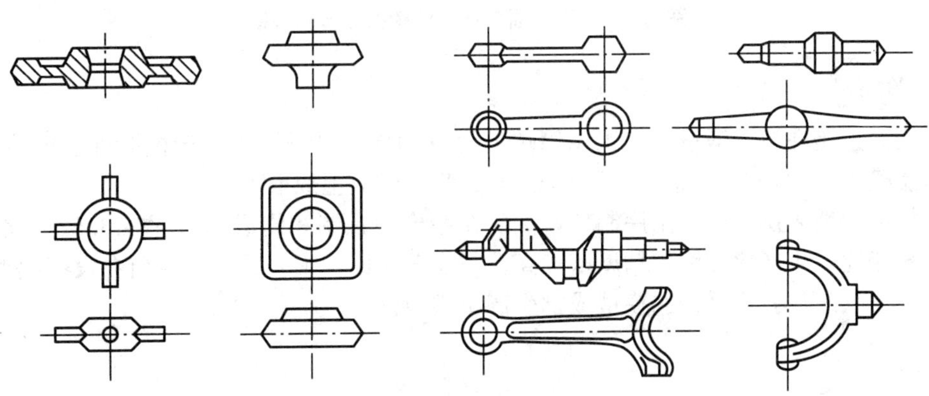

图 13.10 典型模锻件

常用的模锻设备有蒸汽-空气模锻锤、锻造压力机、螺旋压力机和平锻机等。

在蒸汽-空气模锻锤上进行模锻称为锤上模锻，是我国应用最多的一种模锻方法，可锻造多种类型的锻件，且设备费用较低。但其工作时振动和噪声大，生产效率较低。

锤上模锻按所用设备和模具不同，可分为锤模锻和胎模锻两类。

1. 锤模锻

最常用的模锻设备是蒸汽-空气模锻锤，其工作原理与蒸汽-空气自由锻锤基本相同，所不同的是装有上模的锤头运动轨迹精确，砧座较重并安装有下模。上模和下模构成锻模模膛。

锤模锻时，金属的变形是在锻模的各个模膛中依次完成的，坯料在一个模膛中的锻打变形称为一个工步。一个模锻件的成形需经过制坯—预锻—终锻等工步，其中制坯使坯料金属按模锻件的形状合理分布，以利于随后在模锻模膛中成形；预锻使坯料接近锻件形状和尺寸；终锻最终获得锻件的形状和尺寸。图 13.11 表示汽车摇臂锻件的模锻工步和锻模(下模)。

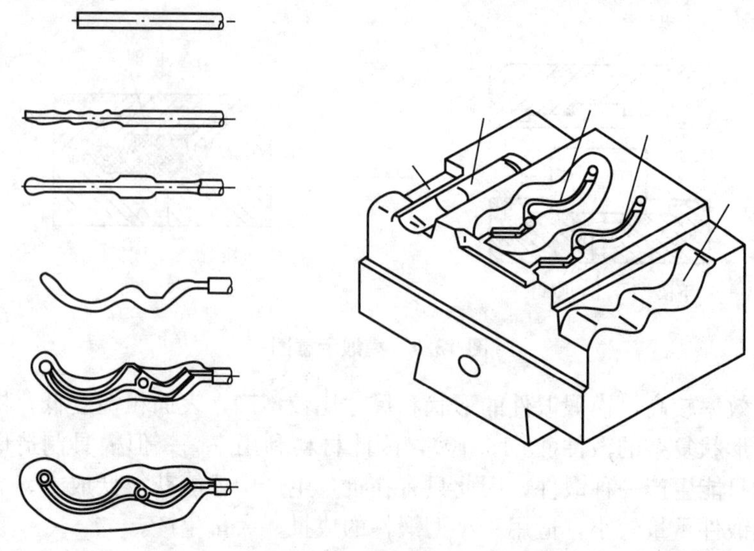

图 13.11　汽车摇臂锻件的模锻工步和锻模

2. 胎模锻

胎模锻造是在自由锻设备上采用简单的可移动模具(胎模)来生产模锻件的锻造方法。生产时胎模无需固定在设备上，可根据工艺过程随时放上或取下。

胎模锻一般先用自由锻工序制坯，然后在胎模中预制和终锻成形(图 13.12)。胎模锻与自由锻相比，生产率和锻件精度都较高；与模锻相比，工艺灵活。目前在没有模锻生产设备的中小型工厂，常采用胎模锻成批生产小型锻件。

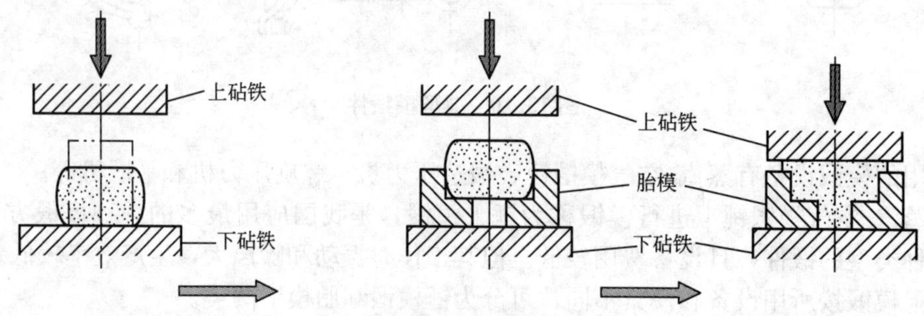

图 13.12　胎膜锻过程示意图

13.2.3　锻造生产的经济性

锻造生产的成本由下列几项组成。

(1) 原材料费用：主要是锯割好的各类型材或坯料的费用。

(2) 燃料费用：加热炉用的燃油、煤、煤气等的费用。

(3) 动力费用：包括电力、蒸汽和压缩空气。

(4) 生产工人工资及其附加费用。

(5) 专项费用：如添置过程装备费用，购置锻模等。

(6) 车间经费：包括为管理和组织车间生产所发生的各项费用，如车间管理人员的工资及附加费、办公费、水电费、折旧费、修理费、运输费、低值易耗品、劳动保护费、差旅费、停工损失、在存产品盘亏和损毁等。

(7) 企业管理费。

在计算时，若把(2)～(7)项费用的总和分摊给全月完成工时总量，得出单位小时生产费用成本；若把(2)～(7)项费用总和分摊给全月锻件总质量，则得出每单位质量生产费用，即各种锻件的平均(kg)单位成本。再加上原材料费用，就可得到锻件的实际成本。

锻件的千克成本(元/kg)是各项技术经济指标最终的综合体现，该数值的大小与该车间生产规模、设备技术条件和产品品种以及锻造方式等诸因素有关。在生产中，为降低锻件成本，需根据锻件的实际产量来选择锻造方式。比如自由锻在单件小批生产规模时经济性较好，而模锻只有在批量生产中，才能获得低成本。如图 13.13 所示齿轮坯，当批量为 10 件、200 件、8000 件时应相应选择自由锻造、胎模锻造和锤模锻造，表 13-2 为该齿轮坯锻件在 3 种批量下选用锻造方法的分析。

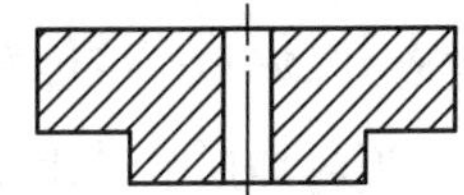

图 13.13 45 钢齿轮坯

表 13-2 齿轮坯锻件在 3 种批量下选用锻造方法的分析

批量/件	锻造方法	锻造工艺简图
10	自由锻	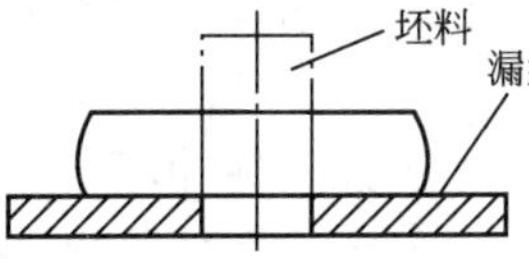 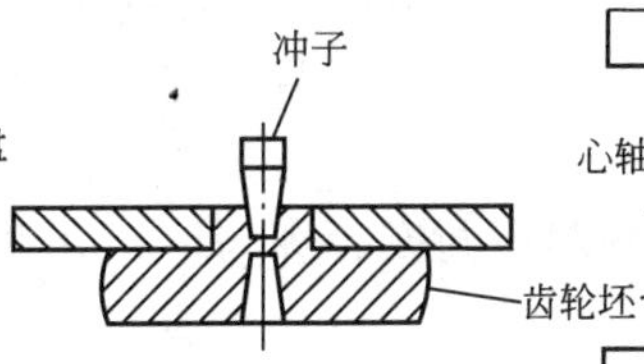 坯料、漏盘；镦粗 冲子、齿轮坯；双面冲孔 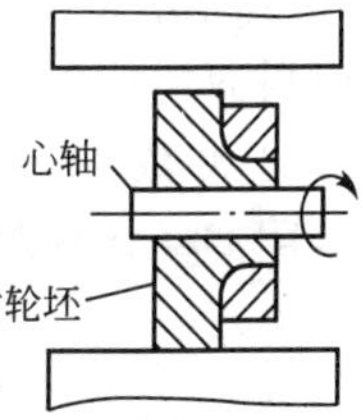 心轴；修整外圆
200	胎模锻	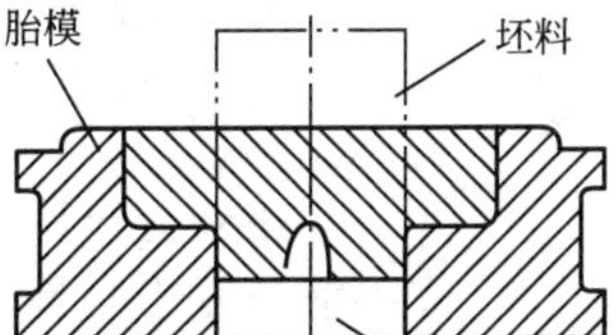 胎模、坯料、垫铁；局部镦粗 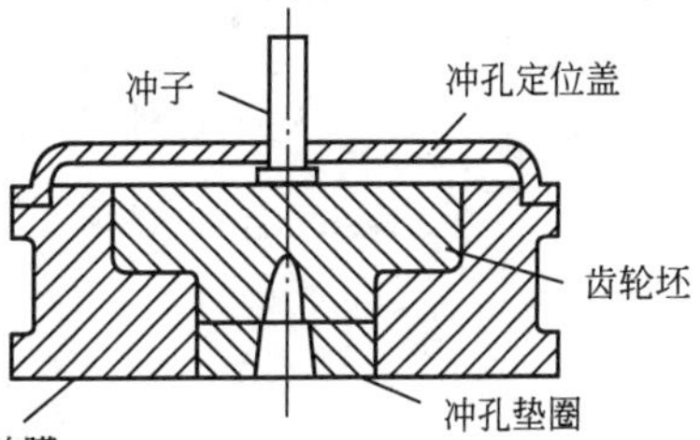 冲子、冲孔定位盖、齿轮坯、冲孔垫圈、胎膜；双面冲孔
8000	锤模锻	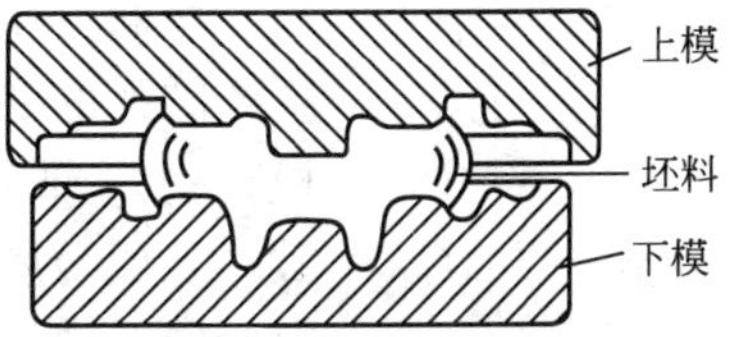 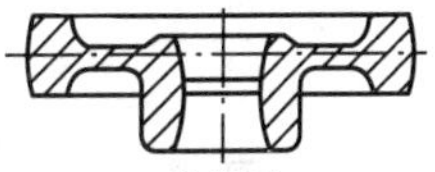 上模、坯料、下模 齿轮坯

13.3　板料冲压

板料冲压是利用冲模，在外力作用下使板料产生分离或者变形的工艺方法。板料冲压的原材料为板材，零件重量轻、刚度好、强度高、外形美观，易实现机械自动化生产。

板料冲压工艺通常用于加工具有良好塑性的金属板料(如低碳钢、铜及其合金、铝及其合金以及塑性好的合金钢)或非金属板料(如石棉板、绝缘纸板、胶木板、云母、橡胶、有机玻璃)等。一般在常温下进行，板料厚度一般不大于 6mm，因此又称其为冷冲压或薄板冲压，广泛应用于汽车、飞机、火箭、电机、电器、仪表、轻工业和日用品等工业部门。

13.3.1　板料冲压的基本工序

板料冲压的基本工序分为分离工序和变形工序两大类。

1. 分离工序

使冲压件与板料沿一定的轮廓线相互分离的冲压工序，称为分离工序。分离工序包括剪裁、冲裁(落料和冲料)等工序。

1）剪裁

将板料沿直线相互分离的方法称为剪裁。剪裁通常是板料冲压件的备料工序，或作为使板料剪切成形的工序。剪裁可在剪床上或依靠剪切模在冲床上进行。

2）冲裁

用冲模将板料以封闭轮廓与坯料分离的冲压方法称冲裁，它包括落料和冲孔。

落料和冲孔两种工序的板料变形过程和模具结构相同，只是作用不同。其区别在于：冲孔时冲落部分为废料，留下部分为成品；落料则相反，冲落部分为成品，余下部分是废料(图 13.14)。

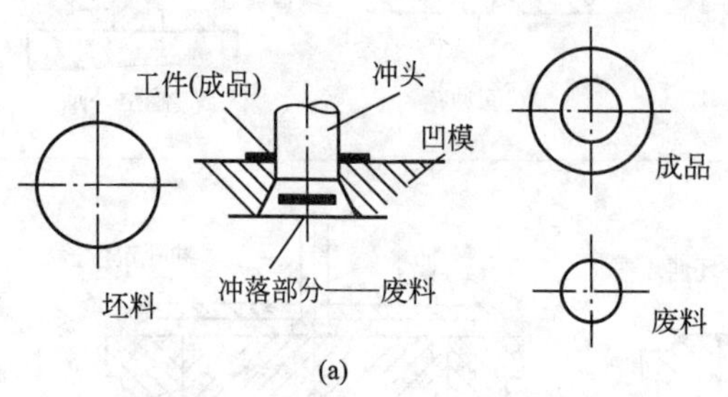

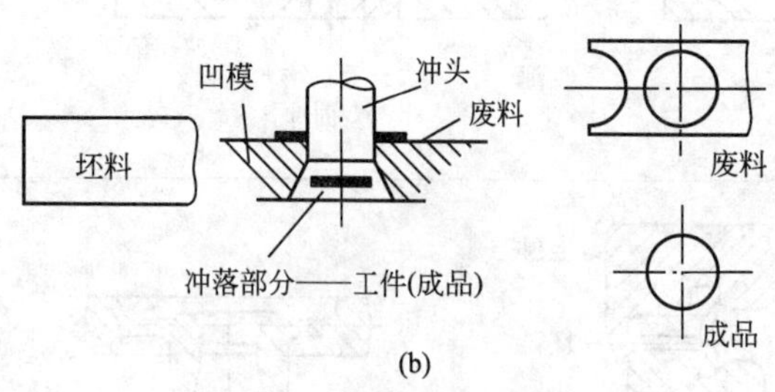

图 13.14　冲裁工序示意图

(a) 冲孔；(b) 落料

2. 变形工序

在外力作用下使板料的一部分相对另一部分发生塑性变形而不破裂的冲压工序称为变形工序，它包括弯曲、拉深、收口、成形、滚弯、胀形、翻边、旋压等。

1）弯曲

弯曲是用冲模将平直坯料弯成一定角度或圆弧的变形工序(图 13.15)。弯曲时，板料受弯部分的内层金属被压缩容易起皱，外层金属受拉伸容易拉裂。为防止板料弯曲时产生裂纹应尽量选用塑性好的原材料、限制坯料最小弯曲半径、使坯料弯曲部分的切线方向与板料纤维方向一致(图 13.16)。

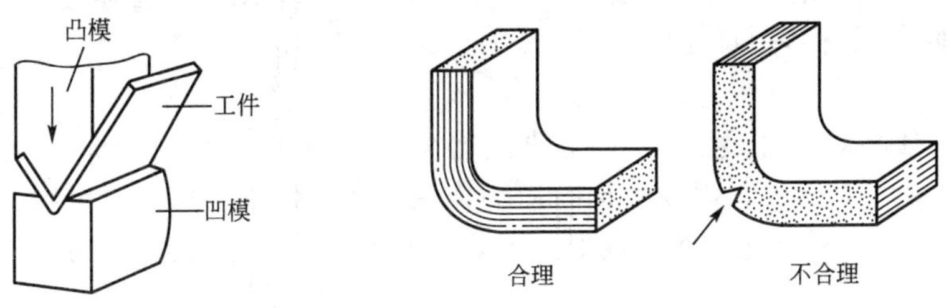

图13.15　弯曲示意图　　图 13.16　弯曲时板料纤维组织的方向

在弯曲工序中，由于弹性变形部分的恢复，使弯曲后工件的弯曲角大于冲模的角度，这种现象称为回弹，回弹角的大小与材料的屈服强度以及工件弯曲程度有关。所以弯曲模具上的弯曲角要比工件要求弯曲的角度小一个回弹角。

2) 拉深

拉深是用冲模将平板状的坯料制成中空带底形状制件的变形工序(图 13.17)，拉深的应用十分广泛，可成形各种直壁或曲面类空心件。为防止拉深件边缘产生皱折常采用压边圈。

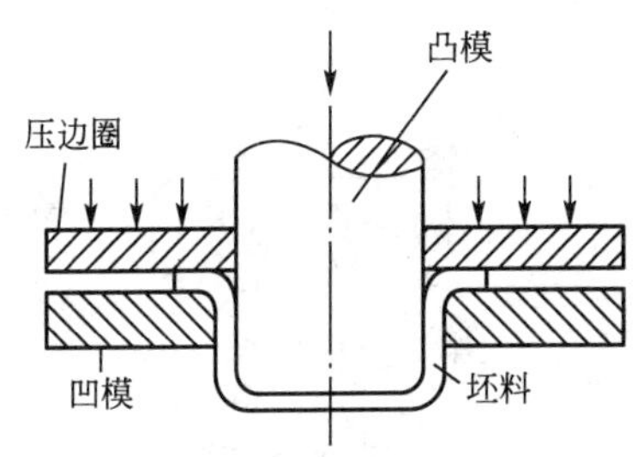

图 13.17　拉深示意图

在拉深过程中，工件的底部并未发生变形，而工件的周壁部分则经历了很大程度的塑性变形，引起了相当大的加工硬化作用。当坯料直径 D 与工件直径 d 相差越大，则金属的加工硬化作用就越强，拉深的变形阻力就越大，甚至有可能把工件底部拉穿。因此，d 与 D 的比值 m，即拉深系数，应有一定的限制，一般取 $m=0.5\sim0.8$。若在拉深系数的限制下，较大直径的坯料不能一次被拉成较小直径的工件，则应采用多次拉深，必要时在多次拉深过程中进行适当的中间退火，以消除金属因塑性变形所产生的加工硬化，以便恢复材料塑性使下次拉深工序顺利进行。图 13.18 是黄铜(H59)弹壳的多次拉深过程，工件壁厚经过多次减薄拉深成形，由于变形程度较大，工序间要进行多次退火。

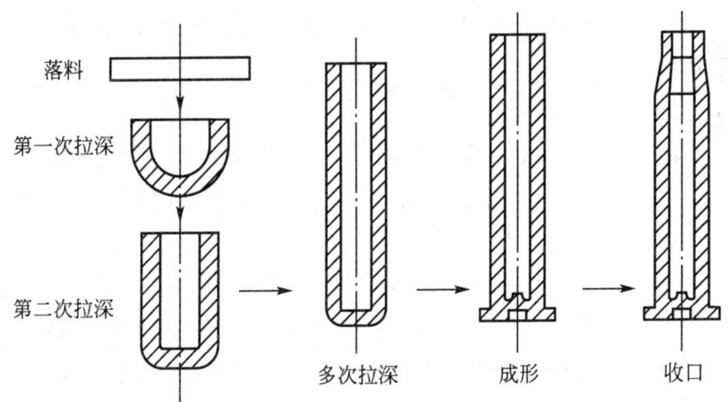

图 13.18　弹壳冲压过程

3) 收口

将管件或空心制件的端部沿径向加压，使其径向尺寸缩小的加工方法，如图 13.19(a)所示。变形区材料受切向压应力作用，产生压缩变形，厚度增加，直径减小，变形时易起皱，常用于弹壳、管件等的收口。

4) 成形

在板坯或制品表面上通过局部变薄获得各种形状的凸起与凹陷的成形方法，如图 13.19(b)所示。变形区材料受切向拉应力作用，产生伸长变形，厚度减薄，表面积增大，变形程度过大时易产生裂纹。成形工序常用于提高工件的刚度或形成配合面，或在工件上制出肋、花纹、文字等。

5) 滚弯(含卷板)

将板料(工件)送入可调上辊与两个固定下辊间，根据上下辊的相对位置不同，对板料施以连续的塑性弯曲的成形方法。改变上辊的位置可改变板材滚弯的曲率，如图 13.19(c)所示。滚弯用于生产直径较大的圆柱、圆环、容器及各种各样的波纹板以及高速公路护栏等，尤其适合于厚壁件。

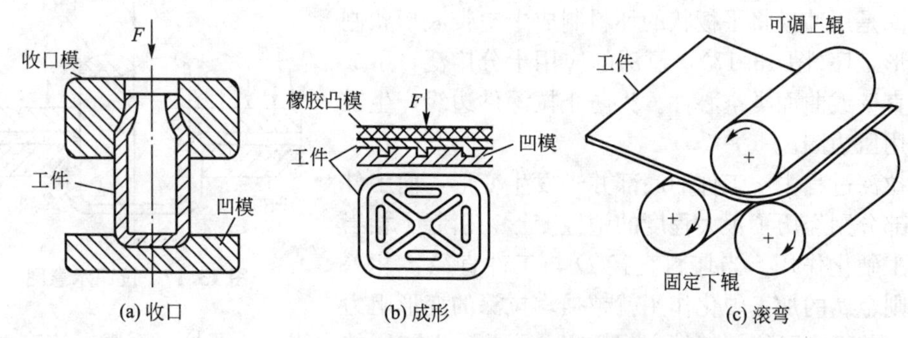

图 13.19 收口、成形、滚弯示意图

(a) 收口；(b) 成形；(c) 滚弯

6) 胀形

板料或空心坯料在硬橡胶芯或液体的双向拉应力作用下，产生塑性变形取得所需制件的成形方法，如图 13.20 所示。变形区材料产生伸长变形，直径增大，厚度减薄，变形程度过大时易产生裂纹。胀形常用于增大空心坯料中间部分尺寸。

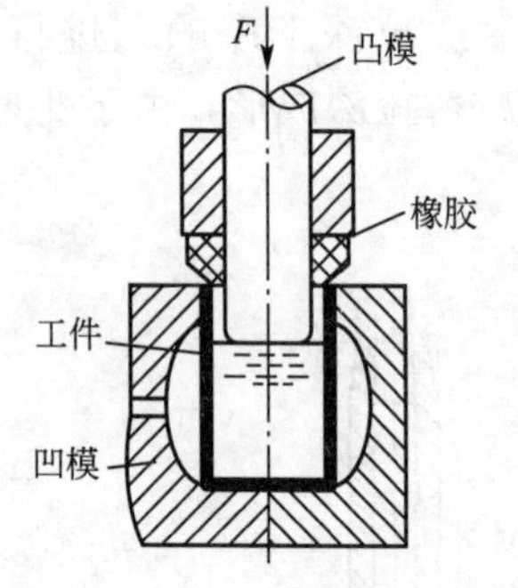

图 13.20 胀形示意图

13.3.2 工艺特点及应用

板料冲压产品的形状和质量由模具保证，故可以获得形状复杂、尺寸精确、表面光洁、质量稳定、互换性好的产品。冲压生产操作简便，易于实现机械化和自动化生产，生产率高、成本低。因此，它广泛应用于机械、汽车、仪表、电机、电器、航空及家电和生活用品的大量生产中，可获得重量轻、刚性好、强度高的制件。

在利用板料冲压制造各种制件时，各工序的选择、顺序的安排，以及应用次数的多少需根据零件的形状和每道工序允许材料的塑性变形量来确定。例如表 13－3 列举了铝质滤水筛的主要生产过程。

表 13-3　铝质滤水筛的主要生产过程

<table>
<tr><td colspan="3">铝质滤水筛
原料为无孔铝板条</td><td colspan="3">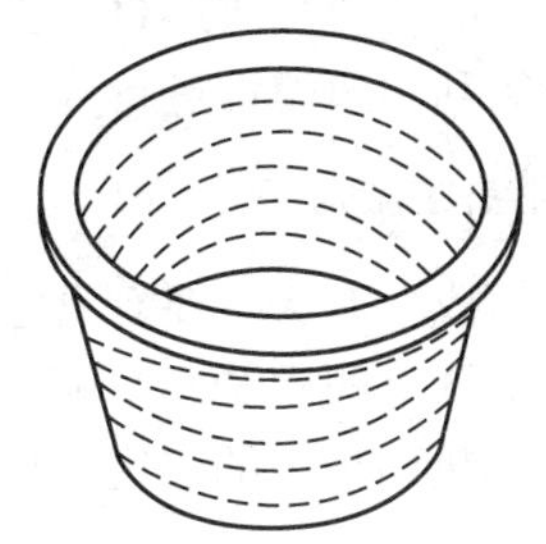</td></tr>
<tr><th>序号</th><th>名称</th><th>简　　图</th><th>序号</th><th>名称</th><th>简　　图</th></tr>
<tr><td>1</td><td>落料</td><td>落料冲孔（冲滤水孔）</td><td rowspan="3">4</td><td rowspan="3">卷边</td><td rowspan="3">压杆
工件
模具
顶柱
用旋压法完成卷边</td></tr>
<tr><td>2</td><td>拉深</td><td></td></tr>
<tr><td>3</td><td>外翻边</td><td></td></tr>
</table>

13.4　金属塑性成形新工艺简介

提高塑性成形件的质量和精度，改善塑性成形件的公差，使毛坯接近或等于零件尺寸，从而实现少、无切削加工，达到降低成本目的，是现代塑性成形工艺发展的趋势。随着科学技术的不断发展，在塑性成形加工生产中出现了许多新工艺、新技术，如超塑性成形、粉末锻造、精密模锻、精密冲压、液态模锻等。这些新技术和新工艺可以使塑性成形加工的产品形状更加复杂，有些甚至可以直接生产出各种形状复杂的零件；有些不仅能应用于易变形材料，而且还可以应用于难变形材料。

本节仅对超塑性成形、粉末锻造以及液态模锻等工艺做一简要介绍。

13.4.1　超塑性成形

超塑性是指金属或合金在特定的组织、温度和变形条件下，塑性伸长率指标提高几倍到几百倍，而变形抗力降低到几分之一甚至几十分之一的性质。如钢的伸长率超过 500%，纯钛超过 300%，铝锌合金超过 1000%。

在超塑性状态下进行拉伸时，金属不产生颈缩现象，变形抗力很小，金属流动性极好，极易制作形状复杂的零件，利用材料超塑性进行成形加工的方法称为超塑性成形。超塑性成形扩大了适合锻压生产的金属材料的范围。如用于制造燃气涡轮零件的高温高强合金，用普通锻压工艺很难成形，但用超塑性模锻就能得到形状复杂的锻件。

目前常用的超塑性成形材料主要有铝合金、镁合金、低碳钢、不锈钢及高温合金等。以下简要介绍利用超塑性进行成形的几种方法。

1. 板料气压成形

板料气压成形方法主要有真空成形法和吹塑成形法。

真空成形法有凹模法和凸模法，如图 13.21 所示。将超塑性板料放在模具中，并把板料和模具都加热到预定的温度，向模具内吹入压缩空气或将模具内的空气抽空形成负压，使板料紧贴在凹模或凸模上，从而获得所需形状的工件。

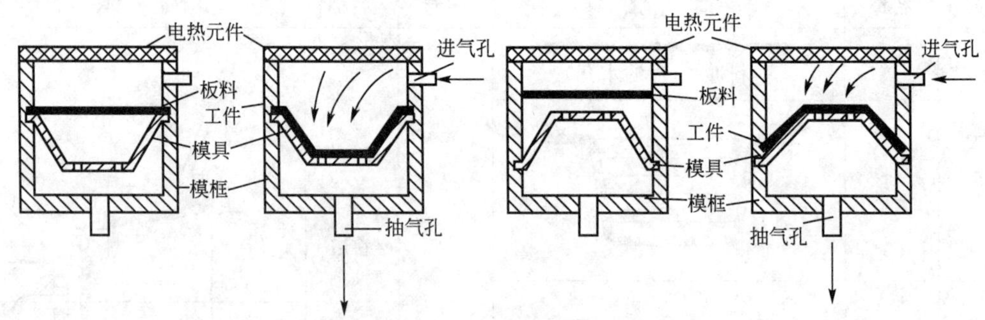

图 13.21　超塑性板料气压成形示意图

真空成形法所需的最大气压为 10^5 Pa，其成形时间根据材料和形状的不同而不同，一般只需 20～30s。它仅适于厚度为 0.4～4mm 的薄板零件的成形，而对于厚度较大、强度较高的板料，可用空气或氮气吹塑成形。

2. 板料深冲成形

图 13.22 为超塑性板料深冲成形的示意图。在超塑性板料的法兰部分加热，并在外围加油压，一次深拉出非常深的容器(容器深度与直径之比是普通拉深件的 15 倍左右)。

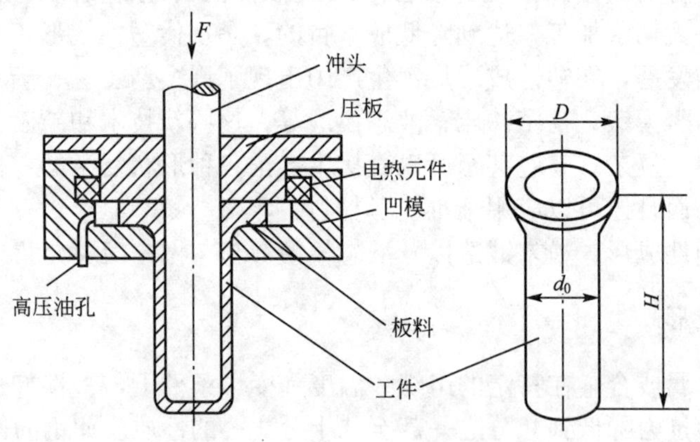

图 13.22　超塑性板料深冲成形的示意图

3. 模锻成形

目前高温合金及钛合金在飞行器及宇航工业中的应用日益广泛，但这些合金的可锻性非常差，即变形抗力很大，塑性极差，并具有不均匀变形时所引起的各向异性的敏感性，机械加工困难。若采用普通模锻毛坯进行机械加工成形，材料损失达 80%左右，材料利用率低，致使产品成本极高。如图 13.23 所示为同一个钛合金涡轮盘锻件用普通模锻和超塑性模锻的工艺对比，由此可以看出，采用超塑性模锻节约了原材料，降低了成本。

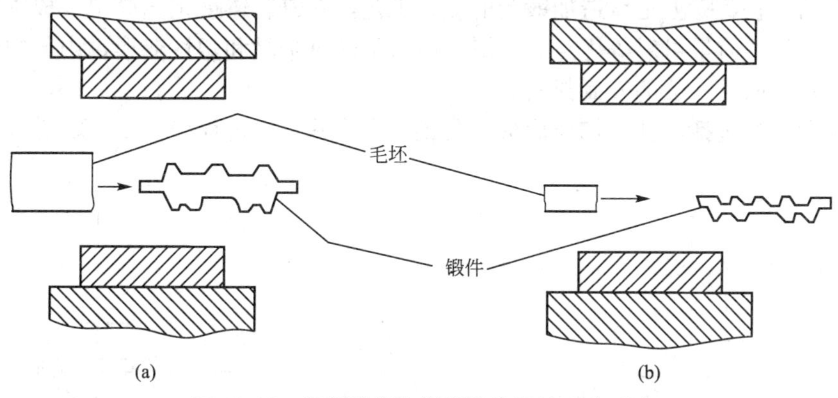

图 13.23 普通模锻和超塑性模锻的工艺对比

(a) 普通模锻；(b) 超塑性模锻

13.4.2 粉末锻造

粉末锻造是 20 世纪 60 年代后期发展起来的一种少、无切削加工工艺，它将粉末冶金成形方法和精密锻造优点相结合，锻件尺寸精度高、表面质量好、内部组织致密。粉末锻造可制造形状复杂的锻件，特别适于锻造热塑性不良的锻件。粉末锻造工艺流程简单、生产率高，易于实现自动化生产，目前许多工业化国家非常重视粉末锻造工艺，并制造出大量的产品，如汽车用齿轮和连杆等。

粉末锻造的原材料是金屑粉末或金属与非金属粉末的混合物，将各种原料先制成很细的粉末，按一定的比例配制成所需的化学成分，经混料后用锻模压制成形，然后放在有保护气体的加热炉内，进行烧结。再将烧结体加热到锻造温度后模锻成形。其工艺流程如图 13.24 所示。

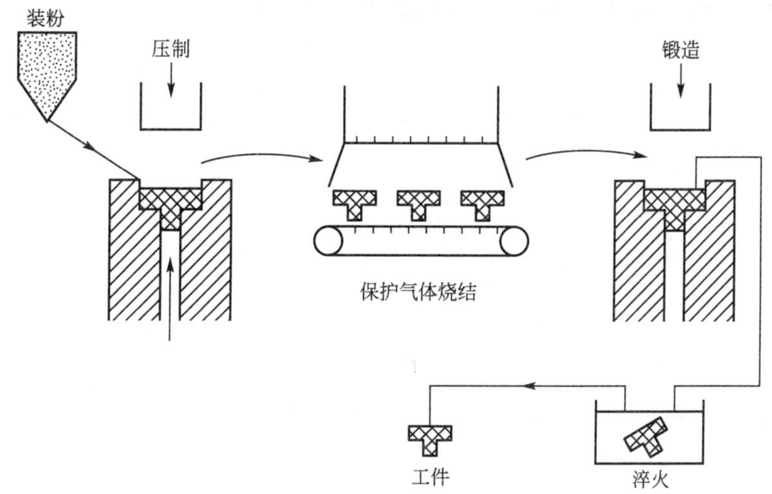

图 13.24 粉末锻造工艺流程

13.4.3 液态模锻

液态模锻是把液态金属直接浇注入金属模具内，然后以一定的静压力作用于液态(或半液态)金属上一定时间，使之成形的模锻方法。液态模锻是在研究压力铸造的基础上逐步发展起来的。它实际上是铸造加锻造的复合工艺，它兼有铸造工艺简单、成本低，又有锻造产品性能好、质量可靠等优点。金属在压力下同时结晶和塑性变形，内部缺陷少，尺寸精度高，强度高于一般的轧制材料。

液态模锻过程包括浇注、加压成形、脱模 3 个步骤，其过程如图 13.25 所示。

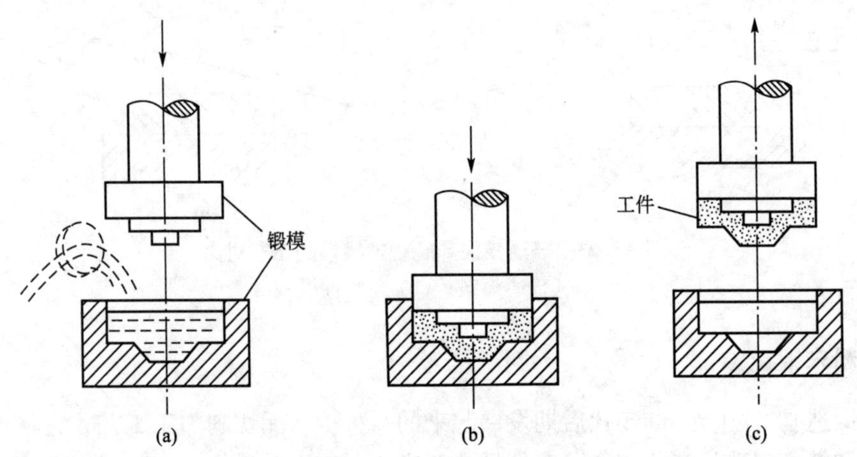

图 13.25　液态模锻过程

(a) 浇注；(b) 加压成形；(c) 脱模

思　考　题

(1) 为什么同种材料的锻件比铸件的力学性能高？

(2) 何谓再结晶？它对金属的性能有何影响？

第14章 焊　　接

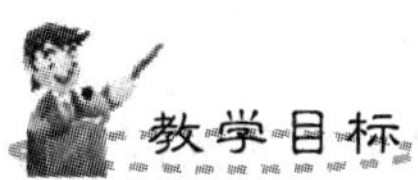

认识熔焊、压力焊和钎焊的基本原理、分类和应用，着重了解手工电弧焊的工艺过程及特点，理解常用金属材料的可焊性的概念。

知识要点	能力要求
焊接工艺基础知识	掌握焊接工艺的定义、过程、焊接接头形式，正确理解可焊性的概念
常用焊接方法	认识熔化焊、压力焊、钎焊各类焊接工艺的特点，了解各类常用焊接工艺
新型焊接工艺	初步了解焊接新工艺和新方法

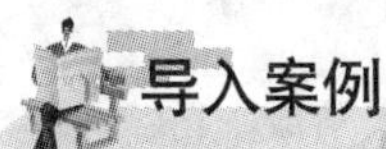

导入案例

鸟巢荣获2010年国际焊接最高大奖“Ugo Guerrera Prize”

北京奥运会主会场——国家体育场“鸟巢”(图14.1)不仅曾经给观众和运动员留下激动人心的记忆，也获得专业建筑技术国际顶级专家学者的垂青。2011年7月6日国际焊接学会在京为“鸟巢”颁发2010年国际焊接最高奖项“Ugo Guerrera Prize”。国家体育场是本届大奖的唯一获奖项目。该奖项在我国钢结构焊接领域尚属首次。鸟巢获奖，首次打破了由西方国家垄断焊接结构大奖的历史。

图14.1　鸟巢

“鸟巢”建筑面积25.8万平方米，占地20.4公顷，设计9.1万个标准座位，长333m，宽298m，用钢量约为4.8万吨，使用焊接材料超过2000砘，钢结构焊缝长达32万米。

焊接是一种永久性连接的工艺过程，它通过加热或加压使同种或异种材质的两个分离的工件实现了原子级的结合与扩散。与其他连接方式不同，不仅在宏观上形成永久性的接头，而且在微观上建立了组织上的内在联系，实现密封连接，因而常用于制造各类容器。常与锻造、铸造相结合生产大型结构，经济效益高。焊接结构件重量轻，采用焊接方法制造的船舶、车辆、飞机、飞船、火箭等运输工具，可以减轻自重，提高运载能力和性能。

根据焊接过程与特点的不同，将焊接方法分为熔焊、压焊、钎焊3大类。

(1) 熔焊：将待焊处的母材金属熔化以形成焊缝的焊接方法。常用的熔焊方法有气焊、电弧焊、气体保护焊等。熔焊是最基本的焊接方法，在焊接生产中占主导地位。

(2) 压焊：焊接过程中，必须对焊件施加压力(但不一定加热)来完成焊接的方法，常用的压焊方法有电阻焊、摩擦焊等。

(3) 钎焊：采用比母材熔点低的金属钎料，对焊件和钎料进行加热，利用液态钎料润湿母材，填充接头间隙并与母材相互扩散实现连接的方法。常用的钎焊方法有火焰钎焊、电阻钎焊、感应钎焊等。

14.1　焊接过程与金属的可焊性

14.1.1　焊接过程与焊缝的组成

在电弧焊工作时，焊条与焊件之间产生高温电弧作热源，焊件接头处的金属和焊条端部迅速熔化，形成金属熔池。同时焊条表面药皮也产生气化和熔化，形成对熔池的屏蔽作用，并产生熔渣。在熔池中熔化的母材与焊芯两种成分的金属和细颗粒的熔渣激烈地搅拌，进行混合和精练，比重小的细粒熔渣向上浮出，形成薄膜状的熔渣。薄膜状的熔渣与保护气体一起防止熔化金属氧化和氮化。当焊条向前移动热源移走后，熔池中的液体金属立刻开始冷却结晶，从熔合区中许多未熔化完的晶粒开始，以垂直熔合线的方式向熔池中心生长为柱状树枝晶，形成焊缝。随着新的熔池不断产生，原先的熔池不断冷却、凝固及结晶，从而使两分离的焊件焊成一体。其焊接过程如图 14.2 所示。

受焊接时加热和冷却的影响，焊缝附近的母材中组织或性能发生变化的区域，称为焊接热影响区。熔焊焊缝和母材的交界线称为熔合线，熔合线两侧有一个很窄的焊缝与热影响区的过渡区，叫熔合区，也称半熔化区。因此，焊接接头由焊缝区、熔合区和热影响区组成，如图 14.3 所示。

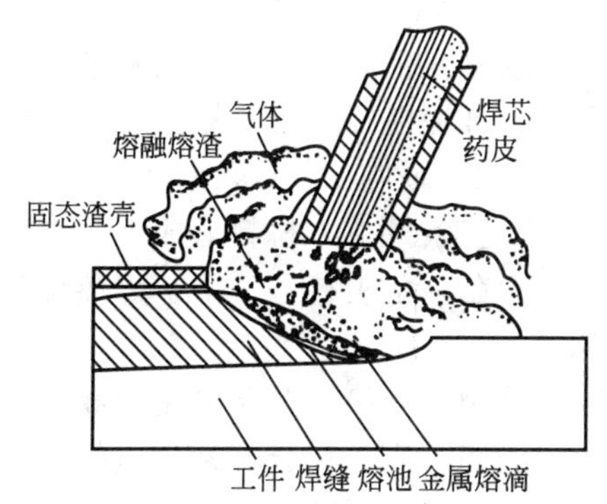

图 14.2　焊接过程

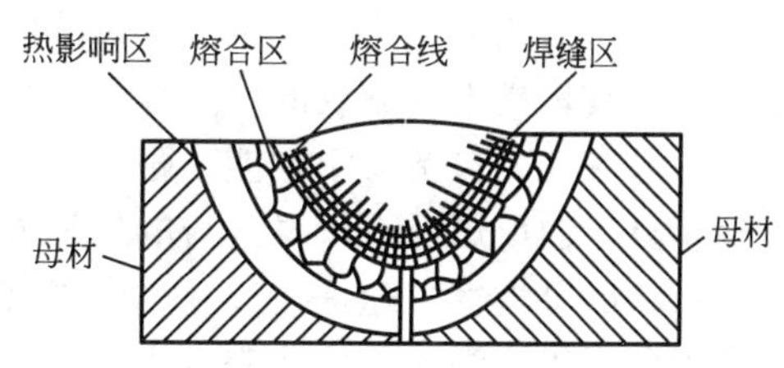

图 14.3　焊缝的组成

14.1.2　焊接接头形式和焊接位置

两构件进行焊接时所采用的连接形式称焊接接头形式，常用焊接接头形式如图 14.4 所示，其中对接接头使用最广泛。

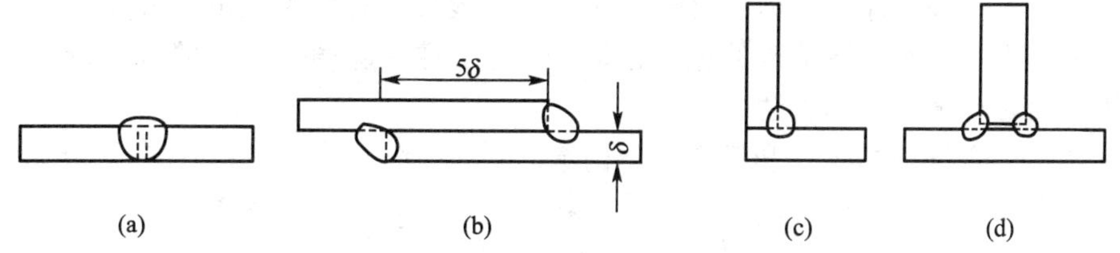

图 14.4　常用焊接接头形式

(a) 对接；(b) 搭接；(c) 角接；(d) 丁字接

焊缝在空间所处的位置称为焊接位置。通常分为平焊、横焊、立焊和仰焊（图 14.5）。

平焊操作方便，焊缝质量易于保证；横焊和立焊时，因熔滴受重力作用易向下流淌，所以不易操作；仰焊时焊条位于下方，焊工仰视工件进行焊接，操作难度大，质量不易保证，生产率低。在允许的情况下焊缝应尽量采用平焊。

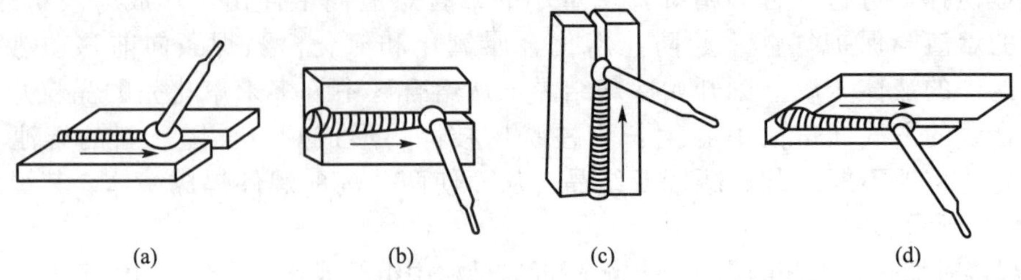

图 14.5　焊接位置

(a) 平焊；(b) 横焊；(c) 立焊；(d) 仰焊

14.1.3　金属的可焊性

金属材料的可焊性是指材料在一定的焊接方法、焊接材料、焊接工艺参数和结构形式等条件下获得具有所需性能的优质焊接接头的难易程度。可焊性好，则容易获得合格的焊接接头。

可焊性包括两个方面：一是工艺焊接性，即在一定工艺条件下，材料形成焊接缺陷的可能性，尤其是指出现裂纹的可能性；二是使用性能，即在一定工艺条件下，焊接接头在使用中的可靠性，包括力学性能、耐热性、耐磨性等。

金属材料的可焊性与母材本身的化学成分、厚度、结构和焊接工艺条件密切相关。同一金属材料的可焊性，随焊接技术的发展有很大差异。例如，铝及铝合金采用电弧焊焊接时，难以获得优质焊接接头，表现出较差的焊接性，但随着氩弧焊技术的成熟和应用，铝及铝合金焊接接头质量明显改善，可焊性良好。尤其是出现电子束焊、激光焊等新的焊接方法后，以前可焊性很差，甚至不能焊接的材料都可以获得性能优良的焊接接头，如钨、钼、锆、陶瓷等。

影响金属材料可焊性的因素很多，一般是通过焊前间接评估法或用直接焊接试验法来评定材料的焊接性。

金属材料的化学成分是影响焊接性的最主要因素。机械焊接结构中最常用的材料是钢材，它除了含有碳外，还有其他的合金元素，其中碳含量对焊接性影响最大，其他合金元素可按影响程度的大小换算成碳的相对含量，两者加在一起便是材料的碳当量，碳当量法是评价钢材可焊性最简便的方法。

国际焊接学会推荐的碳钢和低合金结构钢的碳当量公式为

$$C_E = w(C) + \frac{w(Mn)}{6} + \frac{w(Cr)+w(Mo)+w(V)}{5} + \frac{w(Ni)+w(Cu)}{15}$$

式中：w——各元素在钢中的质量百分数。

钢材焊接时的冷裂倾向和热影响区的淬硬程度主要取决于化学成分，碳当量越高，焊接性越差。$C_E<0.4\%$时，钢材塑性良好，淬硬和冷裂倾向较小，可焊性优良，所以低碳钢是常用的焊接材料。$C_E>0.6\%$时，钢材塑性较低，淬硬和冷裂倾向严重，可焊性很差，焊前需高温预热，焊接时要采取减少焊接应力和防止开裂的工艺措施，焊后要及时保温缓冷并进行适当的热处理，才能保证焊接接头质量。高碳钢焊接可焊性很差，且焊接成本较高。

由于碳当量法仅考虑了钢材的化学成分，忽略了焊件板厚、结构、焊缝残余应力等其他影响可焊性的因素，评定结果较为粗略。工程上常采用小型抗裂试验法，模拟实际的焊接结构，按实际产品的焊接工艺进行焊接，根据焊后出现裂纹的倾向评判材料的焊接性以改进焊接方法和焊接结构。

14.2　常用焊接方法

14.2.1　熔焊

熔焊是指焊接过程中将工件接头加热至熔化状态，不加压力完成焊接的方法，熔焊的主要特征是焊接中两工件结合处具有共同的熔池。熔焊适合于各种金属材料、任何厚度焊件的焊接，且焊接强度高，因而获得广泛应用。

根据加热源和焊缝保护区分又有气焊、电弧焊、气体保护焊等。

1. 气焊

气焊是利用气体火焰作热源的焊接方法，最常用的是氧乙炔气焊。气焊时乙炔(C_2H_2)和氧气 O_2 在焊炬中混合均匀，从焊嘴中喷出燃烧，将工件和焊丝熔化形成熔池，冷却凝固后形成焊缝(图 14.6)。

与手工电弧焊相比，气焊火焰的温度比电弧低，加热缓慢，热影响区较宽，焊接变形大，生产率低。气焊火焰还会使熔池金属氧化，保护效果差，焊缝易产生气孔、夹渣等缺陷，焊接接头质量不高。但火焰加热容易控制熔池温度，保证均匀焊透，而且气焊设备和操作技术简单、灵活方便，不需要电源，可在野外施焊。

气焊主要用于焊接薄钢板(板厚为 0.5～2mm)和铜、铝等有色金属及其合金，以及钎焊刀具和铸铁的焊补等。

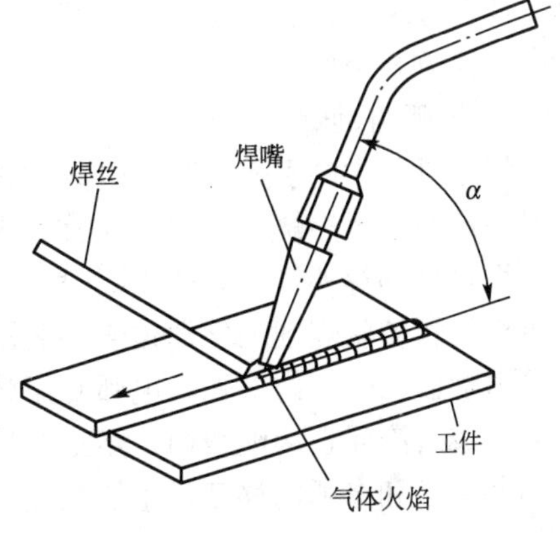

图 14.6　气焊示意图

2. 电弧焊

1) 手工电弧焊

手工电弧焊是手工操纵焊条，利用焊条与被焊工件之间产生的电弧热量将焊条与工件接头处熔化，冷却凝固后获得牢固接头的电弧焊方法。

手工电弧焊的电焊条由焊芯和药皮组成。焊芯的作用是作电极和填充焊缝的金属，药皮包裹在焊芯外面，由多种矿石粉和铁合金粉等按一定比例配制而成。它的主要作用是使电弧容易引燃和稳定燃烧；在电弧的高温作用下产生气体和熔渣，保护熔池金属不被氧化；渗入合金元素来保证焊缝的性能。

焊接前，将电焊机的输出端分别与工件和焊钳相连，然后在焊条和被焊工件之间引燃电弧，电弧热使工件(基本金属)和焊条同时熔化成熔池，焊条药皮也随之熔化形成熔渣覆盖在焊接区的金属上方，药皮燃烧时产生大量 CO_2 气流围绕于电弧周围，熔渣和气流可防止空气中的氧、氮侵入，起保护熔池的作用。随着焊条的移动，焊条前的金属不断熔化，焊条移动后的金属则冷却凝固成焊缝，使分离的工件连接成整体，完成整个焊接过程（图 14.7）。

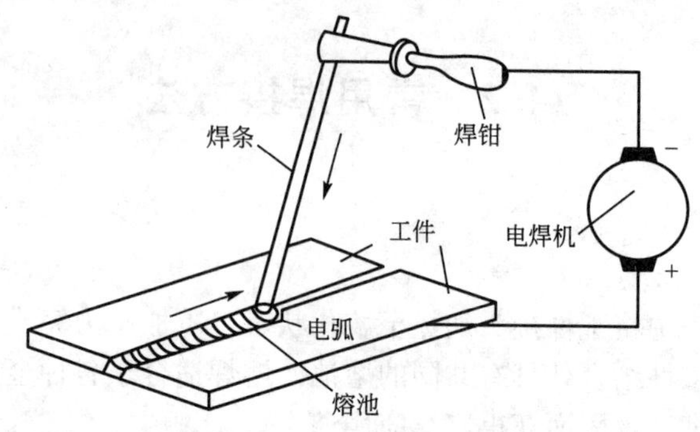

图 14.7　手工电弧焊示意图

手工电弧焊是熔化焊中最基本的一种方法，操作灵活、方便，适用于各种接头形式和任意空间位置的焊接，设备简单，但劳动条件较差，生产效率低，对工人技术水平要求较高，焊接质量不够稳定。因此，手工电弧焊主要用于结构件的单件小批生产，如焊接碳钢、低合金结构钢、不锈钢及对铸铁的焊补等。手工电弧焊的应用十分广泛，在焊接生产中占有很重要地位。

2）埋弧自动焊

焊接过程中的引燃电弧、焊丝送进及电弧移动等动作均由机械化和自动化来完成，且电弧在焊剂层下燃烧的焊接方法称为埋弧自动焊。

埋弧自动焊的焊接如图 14.8 所示。将工件和导电嘴分别接在电源的两极上，由漏斗管流出的颗粒状焊剂均匀地覆盖在装配好的工件上，约 40～60mm 厚。光焊丝经送丝滚轮和导电嘴插入焊剂内引弧，电弧热熔化焊丝、焊剂和工件、熔化的金属形成熔池，熔化的熔剂形成熔渣浮在熔池表面，熔池和熔滴受熔渣和焊剂蒸气的保护与空气隔绝。随着焊丝的不断送进和电弧的移动，金属熔池和渣池不断冷却凝固，形成焊缝和渣壳。

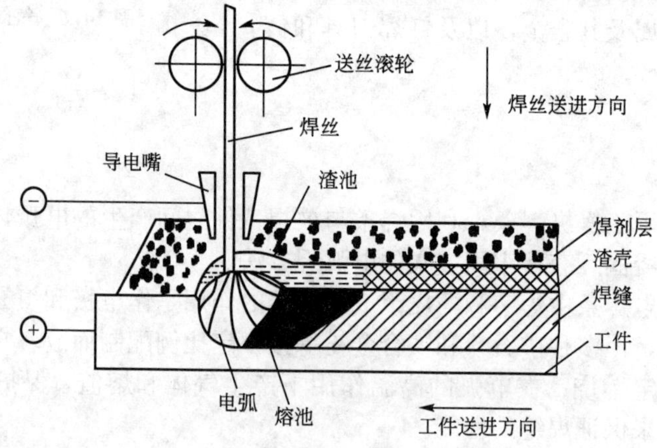

图 14.8　埋弧自动焊的焊接

埋弧自动焊与手工电弧焊相比，具有以下特点。

（1）生产率高。

因焊丝外无药皮覆盖，故焊接电流可以比焊条电弧焊大得多。且焊接过程中无需停弧换焊条，所以生产率比焊条电弧焊提高 5～10 倍。

(2) 焊缝质量好。

由于熔滴、熔池金属得到焊剂和熔渣泡双重保护，有害气体侵入减少。焊接操作自动化，工艺参数稳定，无人为操作的不利因素，焊缝成形光洁平直，内部组织均匀，焊接质量好。

(3) 劳动条件好。

无弧光伤害，烟尘较少，机械化操作劳动强度小，对焊工技术水平的依赖程度大大降低。

与手工电弧焊相比，埋弧焊也有一些缺点，如：埋弧焊不适用于立焊、横焊、仰焊和不规则形状焊缝。由于埋弧焊电流强度较大，所以不适于焊接 3mm 以下厚度的薄板。此外，焊接设备较复杂，设备费一次性投资较大。

埋弧自动焊主要用于成批生产厚度为 6～60mm，工件处于水平位置的长直焊缝及较大直径(一般不小于 250mm)的环形焊缝。在造船、锅炉、压力容器、桥梁、起重机械、车辆、工程机械、核电站等工业生产中得到广泛应用。

图 14.9 是埋弧焊焊接大直径筒体环焊缝的示意图，焊接时采用滚轮架，使被焊筒体转动，为防止熔池和液态熔渣从筒体表面流失，焊丝施焊位置要偏离中心线一定距离。

3. 气体保护焊

用外加气体作为电弧介质并保护电弧和焊接区的电弧焊方法，称为气体保护焊。常用的有二氧化碳气体保护焊和氩弧焊。

1) 二氧化碳气体保护焊(简称 CO_2 焊)

CO_2 焊是用 CO_2 气体作为保护气体的气体保护焊。它所用的焊丝既作为电极又作为填充金属，利用电弧热熔化金属，以自动或半自动方式进行焊接。

CO_2 焊接如图 14.10 所示，焊丝由送丝轮经导电嘴送进，在焊丝和焊件间产生电弧，CO_2 气体从喷嘴连续喷出，在电弧周围形成局部的气体保护层，保护电极端部，熔滴和熔池处于保护气体内与空气隔绝。熔池冷凝后形成焊缝。

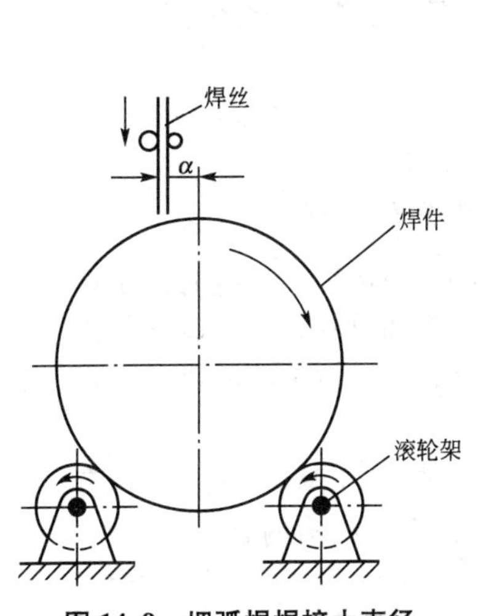

图 14.9　埋弧焊焊接大直径筒体环焊缝示意图

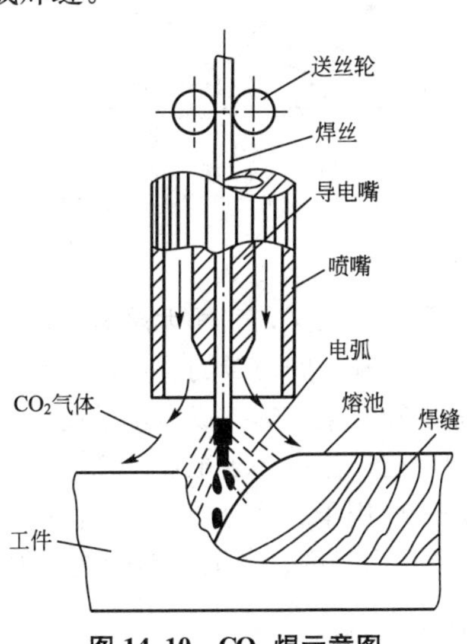

图 14.10　CO_2 焊示意图

CO_2 焊时电流密度大、熔深大、焊接速度快、焊后不需清渣，所以生产率比手工电弧焊提高 1～4 倍。

CO_2 气体价廉，使其焊接成本仅为手工电弧焊和埋弧自动焊的 40％左右。

CO_2 是一种氧化性气体，高温分解后使电弧气氛具有强烈的氧化性，导致焊件金属和合金元素烧损而降低焊缝金属力学性能，而且还会产生焊接飞溅和气孔。因此，CO_2 焊不适于焊接易氧化的有色金属和高合金钢。

CO_2 焊适用于各种位置的焊接。主要焊接低碳钢和强度等级不高的低合金结构钢，也可用于堆焊磨损件或焊补铸铁件。工件厚度一般为 0.8～4mm，最厚可达 25mm。广泛用于造船、机车车辆、汽车制造等工业生产。

2）氩弧焊

氩弧焊是用氩气作为保护气体的气体保护焊。氩气是惰性气体，它不与金属起化学反应，又不溶于金属液中，是一种理想的保护气体。

根据焊接过程中电极是否熔化，分为熔化极氩弧焊和不熔化极(钨极)氩弧焊。

熔化极氩弧焊可采用自动或半自动方式如图 14.11(a)所示，其焊接过程与 CO_2 焊相似，焊接厚度最厚可达 25mm。

钨极氩弧焊可采用手工或自动方式进行。其焊接过程如图 14.11 (b)，常用钨或钨合金作电极，焊丝只起填充金属作用。焊接时，在钨极和工件之间产生电弧，焊丝从一侧送入，从喷嘴中喷出的氩气在电弧周围形成一个厚而密的气体保护层，在其保护下，电弧热将焊丝与工件局部熔化，冷凝后形成焊缝。钨极在焊接过程中不熔化，但有少量损耗，为减小其损耗，焊接电流不能过大。钨极氩弧焊一般用于焊接厚度为 0.5～6mm 的薄板。

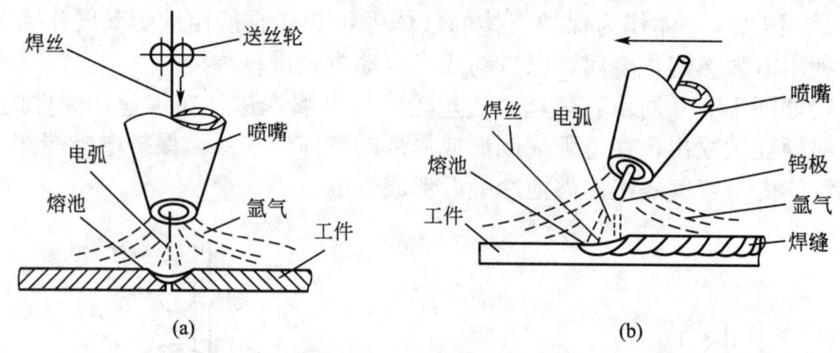

图 14.11　氩弧焊示意图

(a) 熔化极氩弧焊；(b) 钨极氩弧焊

氩弧焊保护效果好，表面无熔渣，焊缝成形好，质量高。焊接时便于观察、操作与控制，且适合于各种空间位置的焊接，易于实现机械化和自动化。但氩气价格较贵，焊接设备和控制系统较复杂，焊接成本也较高，但近年来，随着技术的改进，氩弧焊的成本也大大降低，目前已广泛应用于工业生产中。

氩弧焊主要用于焊接化学性质活泼的金属(铝、镁、钛及其合金)、稀有金属(锆、钼、钽及其合金)、高强度合金钢、不锈钢、耐热钢及低合金结构钢等。

14.2.2　压力焊

压力焊是焊接过程中，必须对焊件施加压力(加热或不加热)，以完成焊接的方法。压力焊加工时不需外加填充金属，通过加压在焊接部位产生一定的塑性变形、晶粒细化，促进原子的扩散使两工件焊接在一起。

压力焊广泛应用于汽车、拖拉机、航空、航天、原子能、电子技术及轻工业等工业部门。压力焊的方法较多，最常用的是电阻焊和摩擦焊。

1. 电阻焊

电阻焊是工件组合后通过电极施加压力，利用电流通过接头的接触面及邻近区域产生的电阻热进行焊接的方法。电阻焊焊接时间极短，一般为0.01～几十秒，生产率高，焊接变形小。另外，电阻焊不需要填充金属和焊剂，焊接成本较低，而且操作简单、易实现机械化和自动化；焊接过程中无弧光、烟尘，且有害气体少、噪声小、劳动条件较好。但是，由于影响电阻大小和引起电流波动的因素均导致电阻热的改变，因此电阻焊接头质量不稳，从而限制了在某些受力构件上的应用。此外，电阻焊设备复杂、价格昂贵、耗电量大。

按焊件接头形式，电阻焊分为点焊、缝焊和对焊 3 种。其中点焊和缝焊是将焊件加热到局部熔化状态并同时加压，电阻对焊是将焊件局部加热到高塑性状态或表面熔化状态，然后施加压力。

1）点焊

点焊是焊件装配成搭接或对接接头，并压紧在两电极之间，利用电阻热熔化固态金属，形成焊点的电阻焊方法(图 14.12)。

点焊前先将表面清理干净的工件装配准确后，送入上、下电极(电极材料为导热性能好的铜或铜合金)之间，加压使其接触良好；通电后，由于电极中间通水冷却，使电极与工件接触面因电阻所产生的热量被迅速传走，电阻热主要集中在两个工件的接触处，使该处金属局部熔化形成熔核。断电后，保持或增大电极压力，熔核在压力下冷却凝固，形成组织致密的焊点。焊点形成后，去除压力移动焊件，依次形成其他焊点。

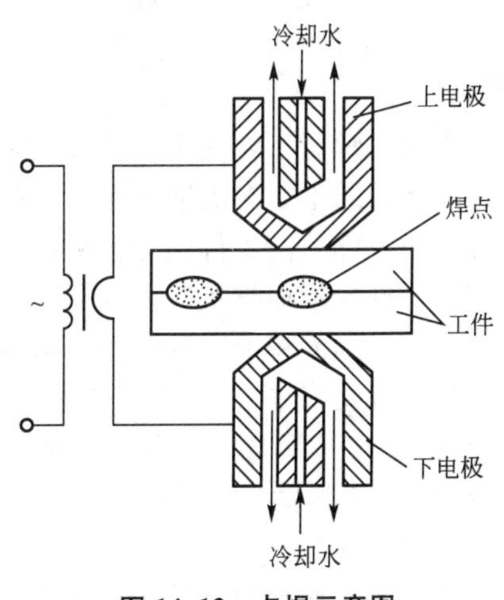

图 14.12　点焊示意图

点焊接头一般采用搭接接头形式，图 14.13 为几种典型的点焊接头形式。

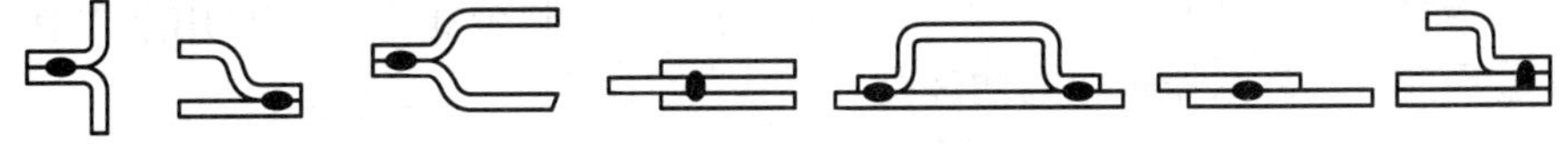

图 14.13　几种典型的点焊接头形式

点焊是一种高速、经济的连接方法。主要用于各种薄板零件、冲压结构及钢筋构件等无密封性要求的工件焊接，尤其适用于汽车、飞机制造业和日用生活用品，如汽车驾驶室、车厢、金属网、罩壳等生产。点焊可焊接低碳钢、不锈钢、铜合金、铝镁合金等，主要适用于厚度为 4mm 以下的薄板冲压结构及钢筋的焊接。

2）缝焊

缝焊是将工件装配成搭接或对接接头并置于两滚轮电极之间，滚轮加压工件并转动，

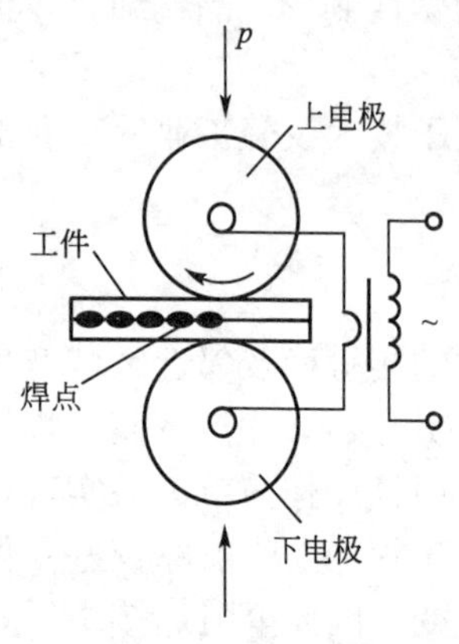

图 14.14 缝焊示意图

连续或断续送电，形成一条连续焊缝的电阻焊方法。缝焊的焊接过程与点焊相似，只是用圆盘形电极代替点焊的柱状电极。焊接时圆盘状电极既对焊件加压，又导电，同时还旋转并带动工件移动(图 14.14)。

由于缝焊时焊点连续，使得一部分电流经已焊好的焊点流走，导致焊接处电流减少，影响焊接质量。所以焊接相同厚度的工件，其焊接电流为点焊的 1.5～2 倍。缝焊一般仅适用于 3mm 以下的薄板搭接。主要用于焊缝较规则、有密封性要求的薄板结构的焊接，如油箱、小型容器、消音器、管道等。

3) 对焊

对焊是将焊件装配成对接的接头，使其端面紧密接触，利用电阻热加热至塑性状态，然后迅速施加顶锻力完成焊接的方法。

对焊时要求工件的断面形状应尽量相同，圆棒直径、方棒边长和管子壁厚之差不应超过 15%。对焊主要适用于刀具、管子、钢筋、钢轨、锚链、链条等的焊接。

按工艺过程特点，对焊又分为电阻对焊和闪光对焊。

(1) 电阻对焊：焊件以对接的形式利用电阻热在整个接触面上被焊接起来的电阻焊。

电阻对焊时，将两个工件装夹在对焊机的电极钳口当中，先施加预压力使两工件端面压紧，然后通电。电流通过工件和接触端面时产生电阻热，使接触面及其邻近地区加热至塑性状态，随后向工件施加较大的顶锻力并同时断电。处于高温状态的两工件端面便产生一定的塑性变形而焊接起来(图 14.15(a))。电阻对焊操作简便，焊接接头表面光滑，通常用于焊接断面简单、直径小于 20mm 和强度要求不高的焊件。

(2) 闪光对焊：将工件装配成对接接头，接通电源后使其两端面逐渐移近达到局部接触，利用电阻热加热接触点(产生闪光)，当端面金属熔化至一定深度范围内并达到预定温度时，迅速施加顶锻力并同时断电完成焊接的方法称为闪光对焊(图 14.15(b))。

由于闪光对焊时有液态金属挤出，因此焊前对工件端面的平整和清理要求较低，接头质量高。但金属消耗较多，焊后需清理接头毛刺。闪光对焊常用于焊接受力较大的重要工件。闪光对焊可以焊同种金属或异种金属(如铝-钢、铝-铜等)。焊件截面可以是小到 0.01mm^2 的金属丝，也可以是大到 20000mm^2 的金属棒和金属板。广泛用于刀具、钢筋、钢轨、管道及自行车、摩托车轮圈的焊接。

2. 摩擦焊

摩擦焊是利用工件表面互相摩擦所产生的热，使端面达到热塑性状态，然后迅速顶锻，完成焊接的一种压焊方法。

如图 14.16，将两工件在卡盘中夹紧，然后一工件以恒定的转速旋转，另一工件向旋转工件移动、接触并施加轴向压力，因摩擦而产生的热量将焊件端面加热到塑性状态时，立即停止工件的转动，同时施加更大的顶锻力，保持一段时间后，松开两个卡盘，取出焊件，完成焊接过程。

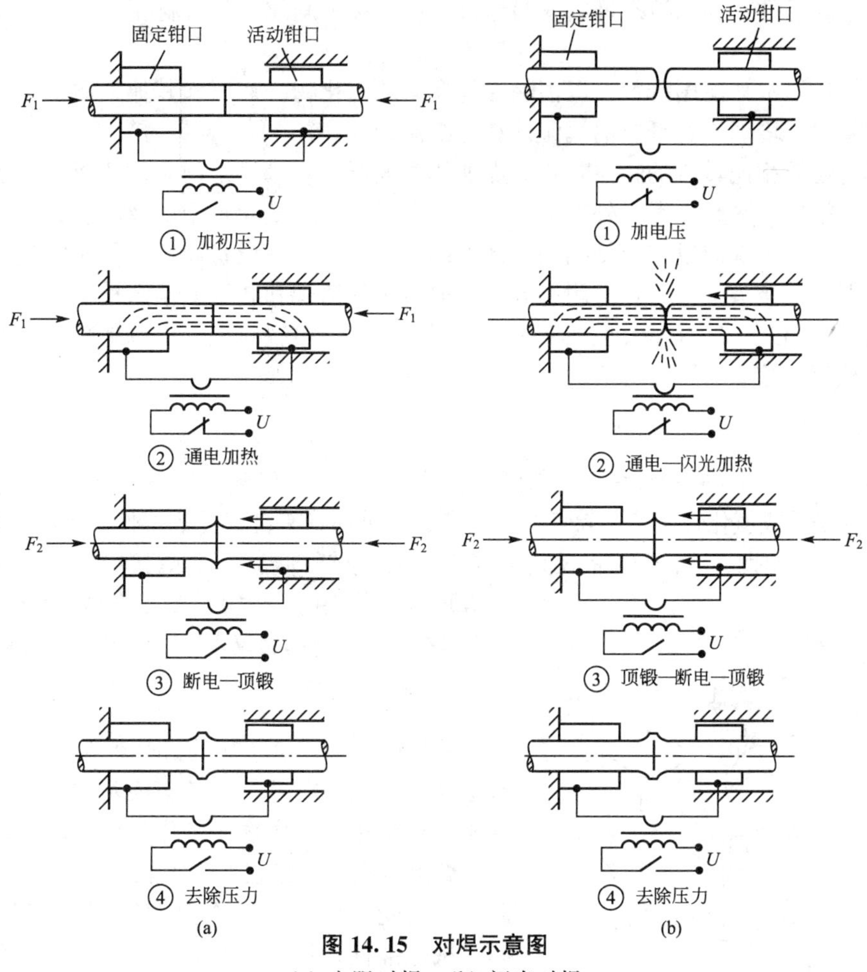

图 14.15　对焊示意图

(a) 电阻对焊；(b) 闪光对焊

摩擦焊仅用于焊接圆形截面的棒料或管子，或将棒料、管子焊在其他工件上。可焊实心工件的直径为 2～100mm，管子外径可达几百毫米。摩擦焊不需填充金属和另加保护措施，焊接接头质量好而且稳定，可焊接同种金属或异种金属。但摩擦焊对非圆断面工件的焊接很困难；由于受设备功率和压力的限制，焊件截面不能太大；摩擦系数特别小的和易碎的材料难以进行摩擦焊。

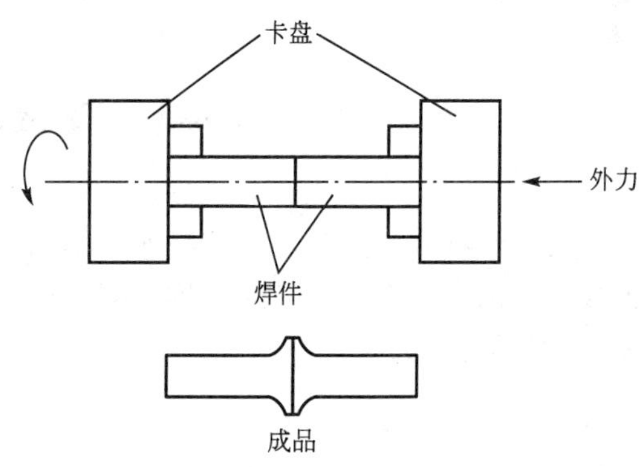

图 14.16　摩擦焊示意图

摩擦焊操作简单，易于实现机械化和自动化，加工成本低，生产率高。目前在机械、石油、汽车、拖拉机、电力电器和纺织等工业部门中广泛使用。

14.2.3　钎焊

钎焊是采用比母材熔点低的金属材料作钎料，将工件和钎料加热到高于钎料熔点、低于母材熔点的温度，利用液态钎料润湿母材，填充接头间隙并与母材相互扩散实现连接工件的方法。

在钎焊过程中常使用钎剂，以消除工件表面的氧化物、油污和其他杂质，保证工件和钎料不被氧化，增加液态钎料的润湿性和毛细流动性。

钎焊与熔焊相比具有的特点是：钎焊加热温度低，对母材组织和性能影响较小，焊接变形小；焊接接头平整光滑、外表美观；钎焊可以焊同种或异种金属及其合金；钎焊可以采取整体加热，一次焊成整个结构的全部焊缝，生产率高；设备简单，易于实现机械化和自动化。但钎焊接头强度低，不耐高温，焊前对工件清理和装配要求严格，而且不适于焊接大型构件。因此，钎焊主要应用于电子、仪器仪表、航空航天及机械制造等工业部门。

钎焊按钎料熔点不同，分为软钎焊和硬钎焊。

1. 软钎焊

钎料熔点低于450℃的钎焊称为软钎焊。常用软钎焊的钎料有锡基、铅基、镉基和锌基等，钎剂为松香或氯化锌溶液。软钎料对大多数金属都具有良好的润湿性，因而能焊接大多数金属与合金，如钢、铁、铜、铝及其合金等。但由于钎料熔点低，焊接接头强度较低(60～140MPa)，主要用于受力不大或工作温度不高的工件的焊接。在电子、电器、仪表等工业部门应用较广泛。

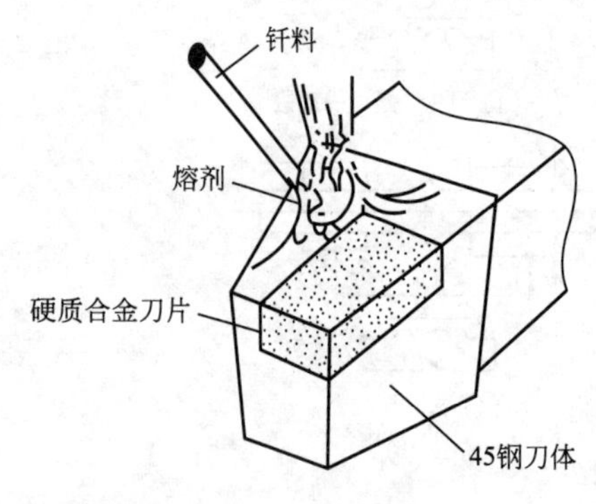

图 14.17　车刀钎焊示意图

2. 硬钎焊

钎料熔点高于450℃的钎焊称为硬钎焊。硬钎料主要有铝基、铜基、银基、镍基和锰基等，钎剂有硼砂、硼酸、氟化物、氯化物等。由于硬钎焊的钎料熔点较高，焊接接头强度较高(＞200MPa)，因此适用于受力较大、工作温度较高的工件的焊接，如机械零部件、切削刀具(图 14.17)、自行车车架等构件的焊接。

14.3　焊接新技术简介

随着科学技术的发展，焊接技术也得到了快速发展，特别是原子能、航空、航天等技术的发展，出现了新材料、新结构，需要更高质量更高效率的焊接方法。本节将简要介绍一些新的焊接技术。

1. 激光焊

激光焊是利用聚焦的激光束作为能源轰击工件所产生的热量进行熔焊的方法。激光是物质粒子受激辐射产生的，它与普通光不同，具有亮度高、方向性好和单色性好的特点。激光被聚焦后在极短时间(以 ms 计)内，光能转变为热能，温度可达万度以上，可以用来焊接和切割，是一种理想的热源。

激光焊如图 14.18 所示，激光束 3 由激光器 1 产生，通过光学系统 4 聚焦成焦点，其能量进一步集中，当射到工件 6 的焊缝处，光能转化为热能，实现焊接。

激光焊显著的优点是：能量密度大，热影响区小，焊接变形小，不需要气体保护或真空环境便可获得优良的焊接接头。激光可以反射、透射，能在空间传播相当远距离而衰减很小，可进行远距离或一些难于接近部位的焊接。

激光焊可以焊接一般焊接方法难以焊接的材料，如高熔点金属等，甚至可用于非金属材料的焊接，如陶瓷、有机玻璃等。还可实现异种材料的焊接，如钢和铝、铝和铜、不锈钢和铜等。

但激光焊的设备较复杂，目前大功率的激光设备尚未完全投入使用，所以它主要用于电子仪表工业和航空技术、原子核反应堆等领域，如集成电路外引线的焊接，集成电路块、密封性微型继电器、石英晶体等器件外壳和航空仪表零件的焊接等。

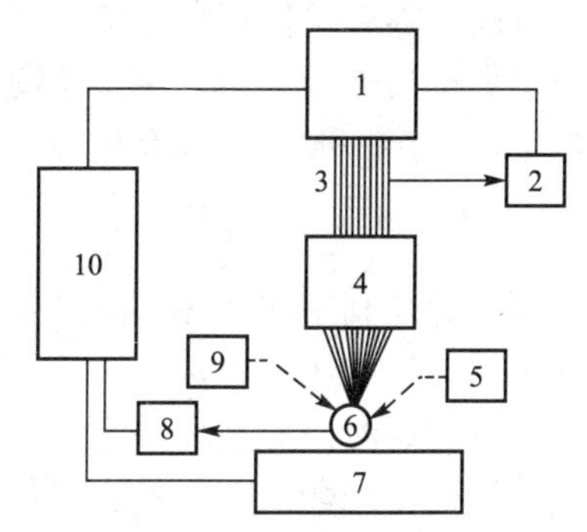

图 14.18　激光焊示意图

1—激光器；2、8—信号器；3—激光束；4—光学系统；5—辅助能源；6—工件；7—工作台；9—观测瞄准器；10—程控设备

2. 等离子弧焊

等离子弧是一种热能非常集中的压缩电弧，其弧柱中心温度约高达 24000～50000K。等离子弧焊实质上是一种电弧具有压缩效应的钨极氩气保护焊。

一般的焊接电弧因为未受到外界约束，故称为自由电弧，自由电弧区内的电流密度近乎常数，因此，自由电弧的弧柱中心温度约 6000～8000K。利用某种装置使自由电弧的弧柱受到压缩，使弧柱中气体完全电离，则可产生温度更高、能量更加集中的电弧，即等离子弧。

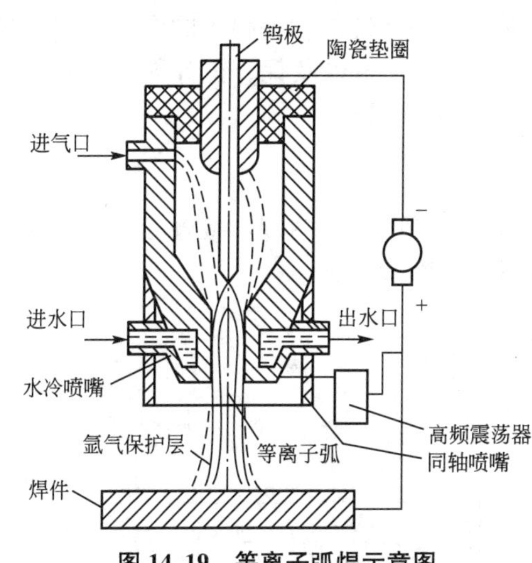

图 14.19　等离子弧焊示意图

图 14.19 是等离子弧焊的示意图。在钨极和焊件之间加一较高电压，经高频振荡使气体电离形成电弧，电弧经过具有细孔道的水冷喷嘴时，弧柱被强迫缩小，即产生电弧“机械压缩效应”。电弧同时又被进入的冷工作气流和冷却水壁所包围，弧柱外围受到强烈的冷却，使电子和离子向高温和高电离度的弧柱中心集中，使电弧进一步产生“热压缩效应”。弧柱中定向运动的带电粒子流产生的磁场间电磁力使电子和离子互相吸引、互相靠近，弧柱进一步压缩，产生“电磁压缩效应”。自由电弧经上述 3 种压缩效应的作用后形成等离子弧，等离子弧焊电极一般为钨极，保护气体为氩气。

等离子弧焊除了具有氩弧焊的优点外，还具有自己的特点：①利用等离子弧的高能量可以一次焊透厚度 10～12mm 焊件，焊接速度快、热影响区小、焊接变形小、焊缝质量好；②当焊接电流小于 0.1A 时，等离子弧仍能保持稳定燃烧，并保持其方向性，所以等离子弧焊可焊 0.01～1mm 的金属箔和薄板等。

等离子弧焊的主要不足是设备复杂、昂贵、气体消耗大，只适于室内焊接。

目前，等离子弧焊在化工、原子能、仪器仪表、航天航空等工业部门中广泛应用。主要用于焊接高熔点、易氧化、热敏感性强的材料。如钼、钨、钍、铬及其合金和不锈钢等，也可焊接一般钢材或有色金属。

3. 爆炸焊

爆炸焊是利用炸药爆炸时产生的冲击波为能源，将两块或多块金属焊件连接成双层金属或多层金属的压焊方法。爆炸焊的准备工作十分重要，必须选择安全的位置和适当的地基。将基材(焊件)放在地基上，覆材(焊件)放在基材上，两者用支承块隔开以增加冲击压力；装满黄色炸药的药框放在覆材上(图 14.20(a))。引爆后，炸药所产生的冲击波以几十万个大气压作用于覆材上，覆材首先受冲击波的部分立即产生弯曲，与基材在 S 点碰撞(图 14.20(b))，并以与冲击波相同的速度(几千米/秒)向前推进直至焊接终了。

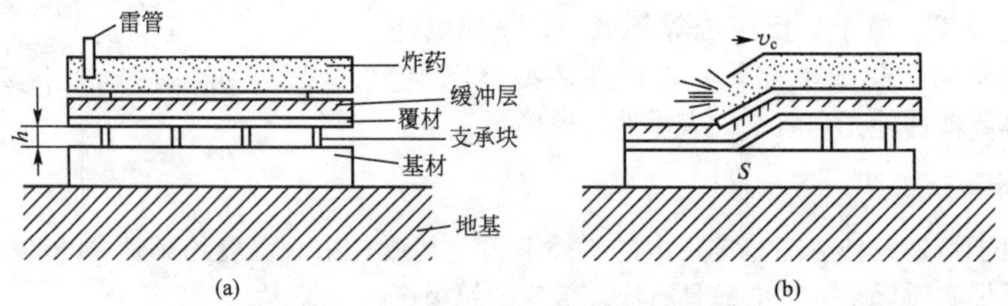

图 14.20 爆炸焊的准备和焊接过程示意图

(a) 爆炸前装配图；(b) 焊接过程示意图

爆炸焊的过程是在高压下瞬间完成的。由于冲击波能量大，故适宜大面积、异种材料的焊接，尤其适宜多层金属焊接结构件的生产。对于热物理性能相差很大的焊件，如熔点悬殊的铝-钢、铝-钛合金和热膨胀系数相异的不锈钢-钛合金以及铌、钽等稀有金属，都可以通过爆炸焊成功地实现连接。

4. 扩散焊

在真空或保护气氛中，在一定温度和压力下保持较长时间，使焊件接触面之间的原子相互扩散而形成接头的压焊方法称扩散焊，也称真空扩散焊。

图 14.21 是管子与衬套进行扩散焊的示意图。事先将焊接表面(管子内表面和衬套外表面)进行清理、装配，管子两端用封头封固，然后放入真空室内。利用高频感应加热焊件，同时向封闭的管子内通入高压的惰性气体。在一定温度、压力下，保持较长时间。焊接初期，接触表面产生微小的塑性变形，使管子与衬套紧密接触。因接触表面的原子处于高度激活状态，很快通过扩散形成金属键，并经过回复和再结晶使结合界面推移，最后经长时间保温，原子进一步扩散，界面消失，实现固态焊接。

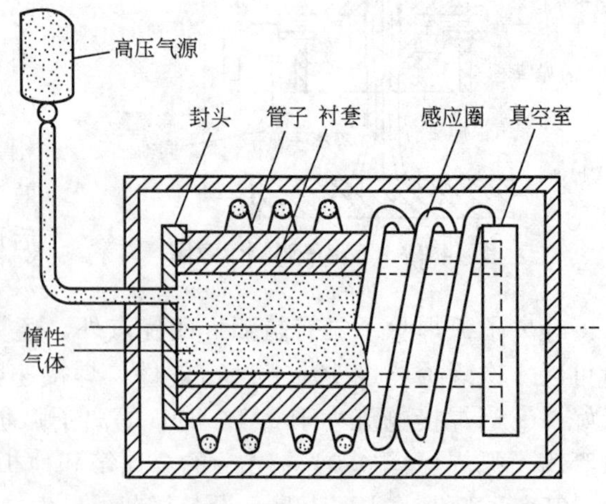

图 14.21 管子与衬套进行扩散焊的示意图

扩散焊实质上是在加热压焊基础上利用钎焊的优点发展起来的一种新型焊接方法。由于扩散焊加热温度约为母材熔点的 0.4～0.7 倍，焊接过程靠原子在固态下扩散完成，所以焊接应力及变形小，接头化学成分、组织性能与母材相同或接近，接头强度高。

扩散焊可焊接范围很广：各种难熔的金属及合金，如高温合金、复合材料；物理性能差异很大的异种材料，如金属与陶瓷；厚度差别很大的焊件等均可用扩散焊进行焊接。

扩散焊的主要不足是单件生产率较低，焊前对焊件表面的加工清理和装配精度要求十分严格，除了加热系统、加压系统外，还要有抽真空系统。

目前扩散焊主要用于焊接熔焊、钎焊难以满足质量要求的精密、复杂的小型焊件。扩散焊在原子能、航天等尖端技术领域中解决了各种特殊材料的焊接问题。例如，在航天工业中，用扩散焊制成的钛制品可以代替多种制品、火箭发动机喷嘴耐热合金与陶瓷的焊接等。扩散焊在机械制造工业中也广泛应用，例如将硬质合金刀片镶嵌到重型刀具上等。

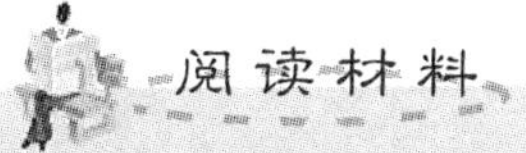

“低应力脆断”惨训

二次世界大战期间，美国制造的一批名为“自由轮”“胜利轮”的大轮船，因焊接工艺问题，发生了低应力脆断重大事故，损失非常惨重。当时建造了 4 千多条轮船中，有 970 条出现裂缝达 1442 处，其中 27 条甲板全部横断，7 条轮船整体断为两截。这是一个极为惨痛的教训。工艺方法掌握不好或选择不当，不仅影响产品的质量和经济效益，有时还可能造成重大事故。

低应力脆断：在应力水平较低，甚至低于材料的屈服点应力情况下结构发生的突然断裂。他的主要宏观特征是金属结构没有出现明显塑性变形，但类似于脆性材料的断裂特征，材料本身并不一定脆，断口也不一定显示出结晶状形貌。低应力脆断现象通常与结构件中存在宏观缺陷（主要是裂纹）密切关联。

思　考　题

(1) 试比较手工电弧焊、埋弧焊、氩弧焊、等离子弧焊基本原理和应用范围。

(2) 试比较下列几种钢材的可焊接性：20 钢、45Mn、2T10。

第15章 切削加工基础

了解加工质量的概念，初步掌握切削运动和切削用量的概念；初步了解切削过程中刀具、切削力、切削热以及对加工质量的影响，了解常用材料的可切削性和金属切削机床的传动机构。

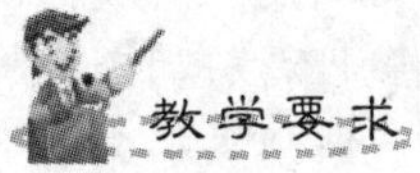

知识要点	能力要求
切削加工基础知识	初步掌握切削运动和切削用量的概念；了解切削刀具结构和材料及其应用
金属切削过程	理解切屑的形成及其类型；认识切削力、切削热、刀具磨损对工件的影响
机械传动形式	认识常用机械传动方式、工作特点及其应用

导入案例

倪志福钻头——群钻

倪志福，原中共中央政治局委员、全国人大常委会副委员长，1950 年进入上海德泰模型厂学徒，1953 年分配到国营六一八厂五车间当钳工。经过研究反复试验，发明了高效、长寿、优质"三尖七刃"钻头(图 15.1)，解决了特殊材料和零件的钻孔关键难题，先进性得到了世界公认。倪志福的发明被命名为"倪志福钻头"。机械工业部、全国总工会于 1956 年联合做出决定向全国推广。随后他吸收了同事及各科研单位的建议，使"倪钻"发展成适应不同材质、不同加工要求的系列钻头，并谦虚地把"倪志福钻头"改称了"群钻"。1959 年获得了全国先进生产者称号；1964 年获国家科委颁发的"倪志福钻头"发明证书，并在北京召开的四大洲科学讲座会上，宣读了《倪志福钻头》论文；1986 年获联合国世界知识产权组织颁发的金质奖章和证书；著有《倪志福钻头》、《群钻的实践与认识》、《群钻》。

标准麻花钻切削钢件时形成较宽的螺旋形带状切屑，不利于排屑和冷却。群钻由于有月牙槽，有利于断屑、排屑和切削液进入切削区，进一步减小了切削力和降低切削热。刀具寿命比标准麻花钻提高 2～3 倍，生产率提高 2 倍以上。群钻的 3 个尖顶，可改善钻削时的定心性，提高钻孔精度。根据不同性质的材料群钻又有多种型号，但"月牙槽"和"窄横刃"仍是各种群钻的基本特点。

图 15.1 群钻

通过前面铸造、锻压和焊接等工艺方法，获得了成形的零件，通常这些成形的零件只是毛坯，其几何形状、尺寸和表面粗糙度等方面还不能达到零件图样规定的技术要求。因此，必须对零件的毛坯再进行进一步加工——切削加工。

切削加工是指利用切削刀具从工件(毛坯)上切去多余的材料，以获得几何形状、尺寸、加工精度和表面粗糙度都符合零件图样要求的加工过程。切削加工可分为钳工和机械加工两大类。

钳工常用的加工方法有划线、锯割、锉削、刮削、钻孔、铰孔、攻丝、套螺纹、錾切、研磨、抛光、机械装配和设备修理等。

机械加工是在机床上利用机械对工件进行加工的切削加工方法。其基本形式有车、钻、镗、铣、刨、拉、插、磨、珩磨、超精加工和抛光等。通常所说的切削加工就是指机械加工。

钳工加工的缺点主要有生产效率低、劳动强度大、对工人技术水平要求高。随着加工技术的现代化，越来越多的钳工加工工作已被机械加工所取代，同时，钳工自身也在逐渐机械化。但由于钳工加工的灵活、方便，使其在装配和修理工作中，仍是比较简便和经济的加工方法，在单件、小批生产中也仍占有一定的比重。

15.1 切削运动和切削用量

15.1.1 切削运动

在切削加工中，获得所需表面形状，并达到零件的尺寸要求，是通过切除工件上多余的材料来实现的。切除多余材料时工件和刀具之间的相对运动，称为切削运动。图 15.2 所示为车、钻、刨、铣、磨、镗削等切削运动。

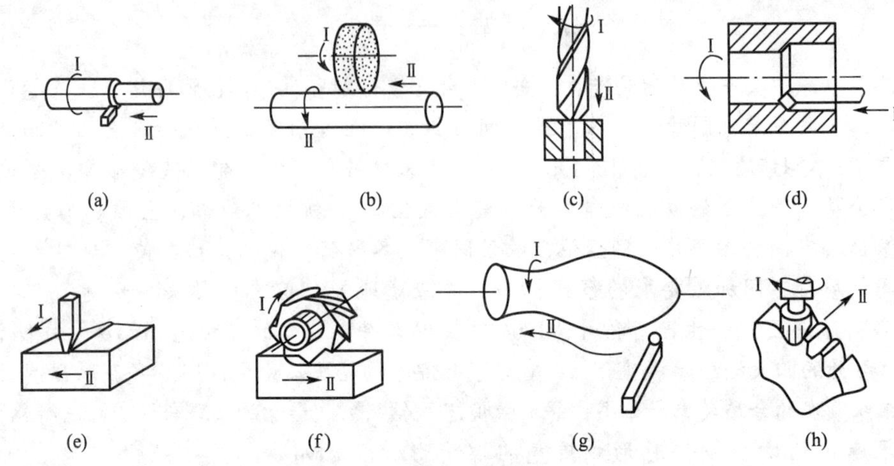

图 15.2　各种切削加工的工作运动

(a) 车外圆面；(b) 磨外圆面；(c) 钻孔；(d) 车床上镗孔；
(e) 刨平面；(f) 铣平面；(g) 车成形面；(h) 铣成形面

根据切削运动在切削加工中的作用不同，可分为主运动和进给运动。

1. 主运动

图 15.2 中Ⅰ是主运动，它是直接切除工件上的切削层，使之转变为切屑的基本运动。通常，其速度较高，所消耗的功率较大。在切削加工中，主运动只有一个，可以是旋转运动，也可以是往复直线运动。如图 15.2 中，车削时(a)、(d)、(g)工件的旋转运动、磨削时(b)砂轮的旋转运动以及牛头刨床刨削时(e)刨刀的往复直线运动等，都是主运动。

2. 进给运动

图 15.2 中Ⅱ是进给运动，它是不断地把切削层投入切削，以逐渐切出整个工件表面的运动。在切削运动中，其速度较低，所消耗的功率很小。在切削加工中，可能有一个或一个以上的进给运动。通常，进给运动在主运动为旋转运动时是连续的；在主运动为直线运动时是间歇的。如图 15.2，车削(a)、(d)和磨削(b)主运动是旋转运动，其进给运动(车刀的纵向直线运动、磨削工件的旋转及纵向直线运动)是连续的；刨削(e)主运动是直线运动，其进给运动(工件的横向直线运动)是间歇的。

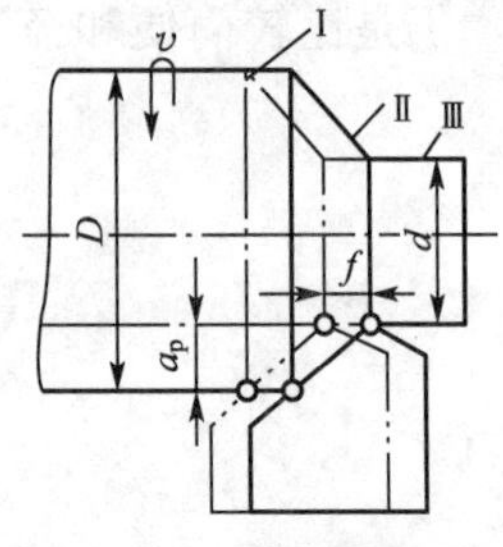

图 15.3　切削过程中工件上的表面

15.1.2　切削用量

如图 15.3 的车削外圆和刨平面所示，刀具和工件相对运动过程中，在主运动和进给运动作用下，工件表面的一层金属不断被刀具切下转变为切屑，从而加工出所需要的工件新表面。因此，被加工的工件上形成 3 个表面：待加工表面，工件上即将切去切屑的表面；已加工表面，工件上已经切去切屑的表面；加工表面（切削表面)，刀刃正在切削着的表面，即待加工表面与已加工表面之间的过渡表面。

在切削加工过程中，需要针对不同的工件材料、工件结构、加工精度、刀具材料和其他技术经济要求，来选定适宜的切削速度 V、进给量 f 和背吃刀量 a_p 值。切削速度、进给量和背吃刀量称之为切削用量的 3 要素。

1. 切削速度 V

切削速度是切削加工时刀具切削刃上的某一点相对于待加工表面在主运动方向上的瞬时速度。简单地说，就是切削刃选定点相对于工件的主运动的瞬时速度(线速度)。切削速度的单位通常是 m/s 或 m/min。如车削、钻削、铣削切削速度的计算公式为

$$V=\frac{\pi Dn}{60\times 1000}$$

式中：D——工件待加工表面的直径(车削)或刀具的最大直径(钻削、铣削等)(mm)；

n——工件或刀具每分钟的转数(r/min)。

2. 背吃刀量 a_p

指工件上待加工表面与已加工表面之间的垂直距离，也就是刀刃切入工件的深度，也叫吃刀深度，单位为 mm。如车削外圆时(图 15.3)，背吃刀量的计算公式为

$$a_p=(D-d)/2$$

式中：D——工件待加工表面直径(mm)；

d——工件已加工表面直径(mm)。

3. 进给量 f

刀具(或工件)沿进给运动方向相对工件的位移量，用工件(或刀具)每转或每行程的位移量来表述，也叫走刀量，单位是 mm/r 或 mm/str。进给速度 V_f 切削刃上选定点相对工件的进给运动的瞬时速度。

$$V_f=f\cdot n$$

进给量 f 与切削深度 a_p 之乘积称为切削横截面的公称横截面积，其大小对切削力和切削温度有直接的影响，因而其直接关系到生产率和加工质量的高低。

15.2 切削刀具的基本知识

金属切削过程中，直接完成切削工作的是刀具，而刀具能否胜任切削工作，主要由刀具切削部分的合理几何形状与刀具材料的物理、机械性能决定。

1. 刀具切削部分的结构要素

切削刀具的种类繁多，结构各异，但是各种刀具的切削部分的基本构成是一样的。其中外圆车刀是最基本、最典型的刀具，其他各种刀具(如刨刀、钻头、铣刀等)切削部分的几何形状和参数，都可视为以外圆车刀为基本形态而按各自的特点演变而成。

普通外圆车刀的构造如图 15.4 所示。其由刀体和刀头(也称切削部分)两部分组成。刀体是车刀在车床上定位和夹持的部分。刀头一般有 3 个表面、2 个刀刃和 1 个刀尖组成，

可简称为三面、两刃、一尖。

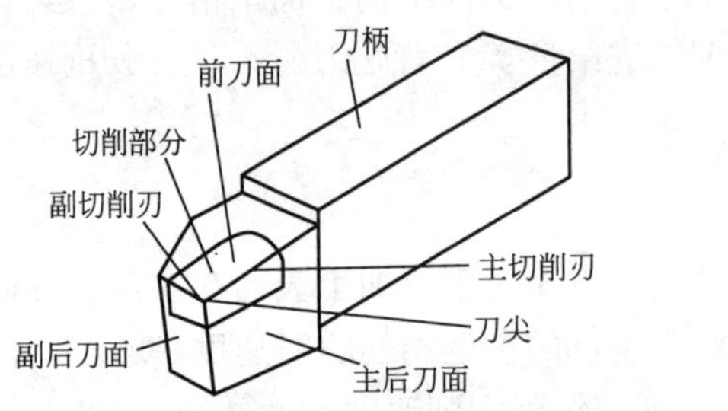

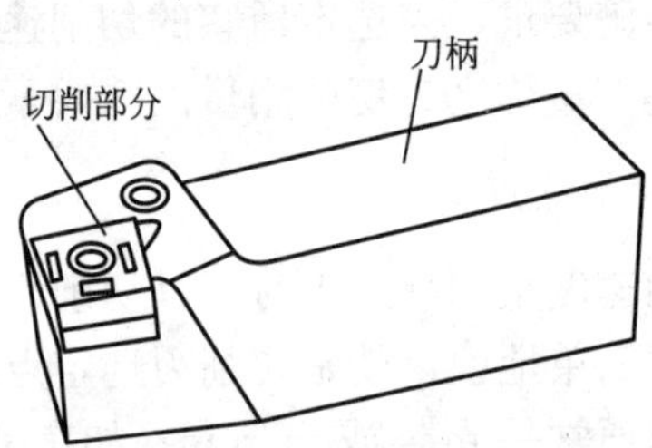

图 15.4　外圆车刀切削部分的组成

1) 3 个表面

(1) 前刀面：切削时刀具上切屑流过的表面。

(2) 主后刀面：切削时刀具上与加工表面相对的表面。

(3) 副后刀面：切削时刀具上与已加工表面相对的表面。

2) 2 个刀刃

(1) 主切削刃：前刀面与主后刀面的交线，在切削过程中承担主要的切削工作。

(2) 副切削刃：前刀面与副后刀面的交线，在切削过程中参与部分切削工作，最终形成已加工表面，并影响已加工表面粗糙度的大小。

3) 1 个刀尖

刀尖：主切削刃与副切削刃的交点，但其并非绝对尖锐，为了增加刀尖的强度和刚度，常做成一段小圆弧或直线，也称过渡刃。

前刀面、主后刀面和副后刀面的倾斜程度将直接影响刀具的锋利与切削刃口的强度。

2. *刀具的材料*

在切削加工时，刀具切削部分与切屑、工件相互接触的表面上承受了很大的压力和强烈的摩擦，刀具在高温下进行切削的同时，还承受着切削力、冲击和振动，因此要求刀具切削部分的材料应具备高硬度、高耐磨性、足够的强度和韧性、耐热性等。为了便于刀具制造，要求刀具材料有较好的可加工性，包括锻、轧、焊接、切削加工、可磨削性和热处理特性等。刀具材料种类很多，常用的有碳素工具钢、合金工具钢、高速钢、硬质合金、陶瓷、金刚石(天然和人造)和立方氮化硼等。当今，用得最多的刀具材料为高速钢和硬质合金。常用刀具材料的主要特性和用途见表 15-1。

表 15-1　常用刀具材料的主要特性和用途

种类	常用牌号	硬度/HRA	抗弯强度/GPa	热硬性/℃	相对价格	相对切削成本	工艺性能	用途
优质碳素工具钢	T8A～T16A	81～83	2.16	200	0.3	1.91	可冷热加工成形，刃磨性好	用于手动工具，如锉刀、锯条
合金工具钢	9SiCr CrWMn	81～83.5	2.35	250～300			可冷热加工成形，刃磨性好，热处理变形小	用于低速成形刀具，如丝锥、铰刀

（续）

种类	常用牌号	硬度/HRA	抗弯强度/GPa	热硬性/℃	相对价格	相对切削成本	工艺性能	用途
高速钢	W18Cr4V W6Mo5Cr4V2	82～87	1.96～4.41	550～600	1	1	可冷热加工成形，刃磨性好，热处理变形小	用于中速及形状复杂刀具，如钻头
硬质合金	YG8，YG3 YT5，YT30	89～93	1.08～2.16	800～1000	10	0.27	粉末冶金成形，多镶片使用，性较脆	用于高速切削刀具，如车刀、铣刀

3. 刀具结构

如图 15.5 所示，车刀按结构分类有整体式、焊接式、机夹式和可转位式 4 种型式。它们各自的特点与常用场合见表 15-2。

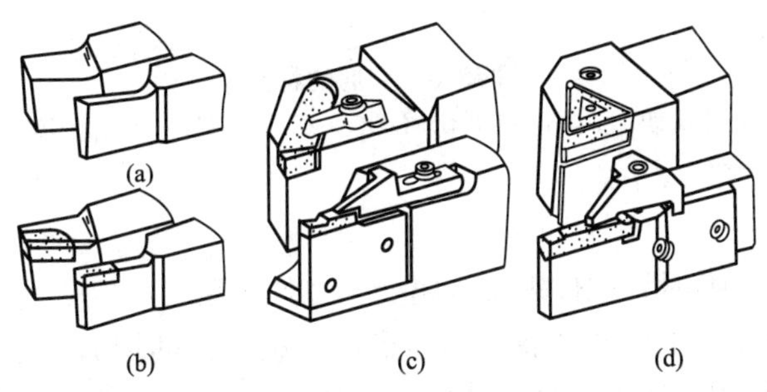

图 15.5 刀具的结构类型

(a) 整体式；(b) 焊接式；(c) 机夹重磨式；(d) 可转位式

表 15-2 车刀结构类型、特点与常用场合

名称	特点	适用场合
整体式	用整体高速钢制造，刃口较锋利，但价高的刀具材料消耗较大	小型车床或加工有色金属
焊接式	焊接硬质合金或高速钢于预制刀柄上，结构紧凑、刚性好、灵活性大。但硬质合金刀片经过高温焊接和刃磨，易产生内应力和裂纹	各类车刀
机夹式	避免了焊接式的缺陷，刀杆利用率高。刀片可集中精确刃磨，使用灵活。但刀具设计制造较为复杂	外圆、端面、镗孔、割断、螺纹车刀。大刃倾角、小后角刨刀等
可转位式	不焊接、刃磨，刀片可快换转位，生产率高。可使用涂层刀片，断屑效果好。刀具已标准化，方便选用和管理	大中型车床，特别适用自动、数控车床与加工中心等

15.3　金属切削过程

15.3.1　切屑的形成及其类型

金属切削过程实质上是工件表层金属受到刀具挤压后，金属层产生变形、挤裂而形成切屑的过程。由于被加工材料性质和切削条件的不同，切屑形成的过程和切屑的形态也不相同。

根据切削层金属的变形特点和变形程度不同，切屑可分为 4 类，如图 15.6 所示。

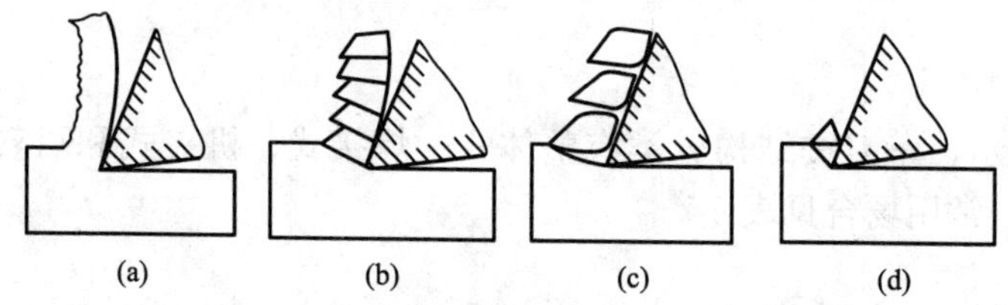

图 15.6　切屑的种类

(a) 带状切屑；(b) 挤裂切屑；(c) 单元切屑；(d) 崩碎切屑

1. 带状切屑

加工塑性材料(如钢)时，工件表层金属受到刀具挤压后产生塑性变形，在尚未完全挤裂之前，刀具又开始挤压下一层金属，因而形成连续不断的切屑。这种切屑的内表面(靠近刀具的一面)是光滑的，外表面呈毛茸状。用较高的切削速度和较薄的切削厚度加工塑性材料时，容易形成这种切屑。形成带状切屑时切屑变形小，切削力波动小，加工表面光洁。

2. 挤裂(节状)切屑

其外表面有明显的挤裂纹，裂纹较深，呈锯齿状，内表面有时也形成裂纹，这是因为节状切屑在塑性变形过程中滑移量较大造成的。用较低的切削速度、较大的切削厚度加工中等硬度的钢料时，容易得到这种切屑。由于切削过程中切削力波动大，因而加工表面粗糙度较大。

3. 单元(粒状)切屑

采用小前角或负前角，以极低的切削速度和大的切削厚度切削塑性金属(伸长率较低的结构钢)时，会产生这种切屑。产生单元切屑时，切削过程不平稳，切削力波动较大，已加工表面质量较差。

4. 崩碎切屑

切削铸铁等脆性材料时，被切材料在弹性变形后，未经塑性变形就产生脆断而形成碎块。切削过程中切削力集中在切削刃附近，降低刀具寿命。且切削力波动较大，加工表面也较粗糙。

切屑类型是由材料特性和变形的程度决定的，加工相同塑性材料，采用不同加工条件，可得到不同的切屑。如在形成节状切屑情况下，进一步减小前角，加大切削厚度，就可得到粒状切屑；反之，则可得到带状切屑。生产中常利用切屑类型转化的条件，得到较为有利的切屑类型。

15.3.2　切削力

切削力是切削过程中为克服被切金属的变形抗力和刀具与工件、刀具与切屑之间的摩擦力所需的力。它对工件的加工质量、刀具的磨损和生产率有着重要的影响。

如图 15.7 的车外圆所示，作用在车刀上的切削力 F 指向刀具的右下方。为了便于测量和分析它的影响，常将切削力 F 沿 x，y，z 3 个方向分解成 3 个互相垂直的分力。

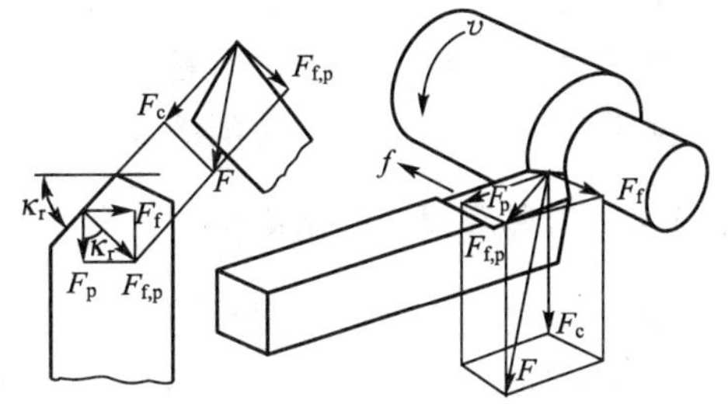

图 15.7　切削力的分解

切向力 F_c：又称主切削力，与切削速度方向平行。

径向力 F_p：与进给方向垂直。

轴向力 F_f：与进给方向平行。

3 个分力中，F_c最大，也是消耗功率最多的切削力(约占机床总功率的 90%以上)，它是计算机床动力及机床、夹具的强度和刚度的依据，也是选择刀具几何角度和切削用量的依据。作用在工件上的径向力 F_p，使工件产生弹性弯曲变形，从而产生了加工误差，特别在加工细长工件时尤为明显。图 15.8(a)和(b)分别显示在车细长轴时和内圆磨削时，由于径向力产生的加工误差。

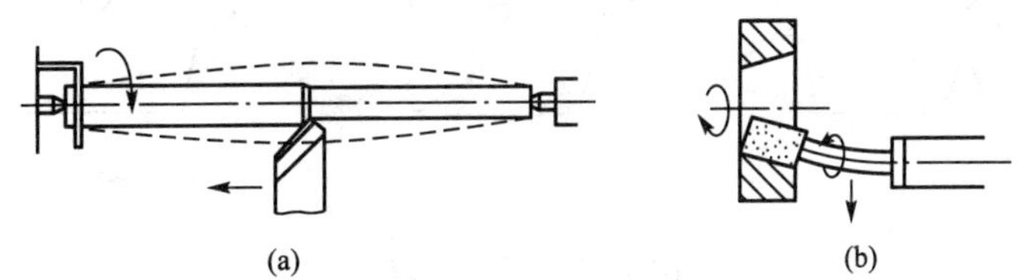

图 15.8　切削力加工精度的影响

(a) 细长轴加工时的受力变形；(b) 磨孔时磨头轴的受力变形

轴向力 F_f作用于机床的进给机构上，是机床进给机构强度验算的依据。

切削力的大小与工件材料的性能、切削用量和刀具几何角度等因素有关。材料的强度、硬度越高，变形抗力越大，则切削力越大；切削深度和进给量增大使切削层面积增大，切削力也增大；使用切削液，可减小切屑与刀具、刀具与工件之间的摩擦，因而降低切削力。

15.3.3　切削热

切削过程中，切削层金属的变形及前刀面与切屑、后刀面与工件之间的摩擦所消耗的功，绝大部分转变为切削热。

切削热产生后，就向切屑、工件、刀具及周围介质(空气、切削液)传散。传入各部分的比例取决于工件及刀具材料、刀具的几何角度、切削速度和加工方式等。例如，不用切削液切削钢件时，50%～86%由切屑带走，10%～40%传入车刀，3%～9%传入工件，1%传入空气。传入工件的热使工件温度升高而发生变形，影响加工精度。特别是细长工件和薄壁件更为显著。传入刀具的热量虽然比例不大，但刀具体积小，因而温度高，加速了刀具的磨损。

为了降低切削温度、减少摩擦和刀具磨损、提高生产率和工件表面质量，生产中常使用切削液。常用的切削液有苏打水、乳化液和矿物油等。苏打水和乳化液冷却能力强，但润滑作用小，通常用于钢材的粗加工；矿物油的润滑作用大，但冷却能力弱，一般用于钢材的精加工。

铸铁由于组织中含有大量石墨，能起润滑作用，故一般不用切削液；硬质合金刀具由于热硬性高，一般也不用切削液。

15.3.4　刀具磨损及耐用度

在切削过程中，由于刀具前、后刀面都处在摩擦力和切削热的作用下，因而产生了磨损。正常磨损时，其磨损形式如图15.9所示。*KT*表示前刀面磨损的月牙洼深度，*VB*表示主后刀面磨损的高度。

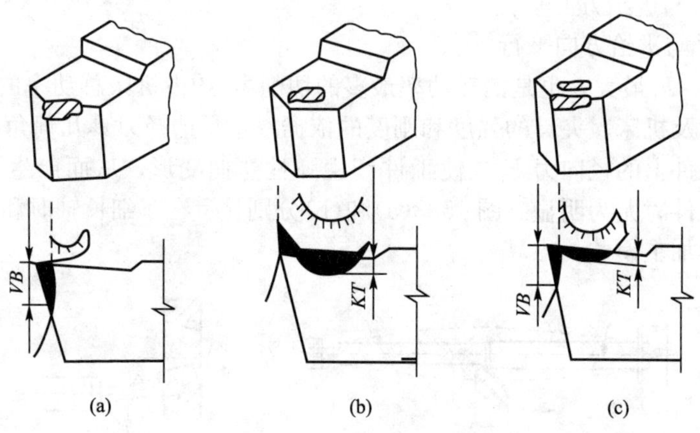

图15.9　车刀的磨损

(a) 后刀面磨损；(b) 前刀面磨损；(c) 前后刀面同时磨损

刀具磨损到一定的程度后，就应及时重磨；否则就会增加机床的动力消耗，降低工件的加工精度和表面质量，甚至还会使刀头烧坏或崩断。刀具磨损的限度一般以主后刀面的磨损高度*VB*作为标准，这个标准称为磨损极限。但在实际加工中，很难经常观察和测量刀具磨损是否到了磨损极限，为此，用规定刀具的切削时间作为限定刀具磨损量的衡量标准，于是便有了刀具耐用度的概念。

刀具耐用度是指刀具在两次刃磨之间的实际切削时间(min)。合理的耐用度通常是根据工序成本最低的观点来测定的经济耐用度。不同的刀具规定不同的耐用度。例如，硬质合金焊接车刀的耐用度规定为60min，高速钢钻头的耐用度定为80～120min，硬质合金端铣刀的耐用度定为120～180min，齿轮刀具的耐用度定为200～300min。

影响刀具耐用度的因素很多，其中以切削速度影响最大。当切削速度增大时，耐用度大大降低。虽然因提高切削速度减少了切削时间，但却因降低了耐用度而大大增加了换刀和磨刀时间，生产率反而下降。为此，生产上常限定某一合理的切削速度，以保证规定的耐用度，从而使生产率最高、单件成本最低。

在单件、小批生产中，工人则根据工件表面粗糙度、加工中是否出现异常现象(如切削力增加、出现振动等)来决定刀具是否需要重磨。

15.3.5 工件材料的切削加工性概念

对工件材料进行切削加工的难易程度称为材料的切削加工性。通常认为，良好的切削加工性应该是：刀具的耐用度高，加工表面质量易于保证，消耗功率低，断屑问题易于解决等。

材料的切削加工性主要取决于它们的机械、物理性能。一般地说，材料的强度、硬度越高，切削力越大，切削温度越高，刀具的磨损也越快，因而切削加工性差。其次，塑性大的材料，切削时变形和摩擦都比较严重，刀具易磨损，断屑也较困难，故切削加工性也差。切削脆性材料时，因切削力小，切削加工性较好。但若材料太脆，容易产生崩碎切屑，切削力和切削热集中在主切削刃附近，也容易导致刀具磨损加快。

材料的导热性对切削加工性也有较大的影响。导热性好的材料，大部分切削热由切屑带走，传到工件上的热散出也快，有利于提高刀具的耐用度和减小工件的热变形，故切削加工性好。

碳素结构钢中，高碳钢的强度、硬度较高，低碳钢的塑性、韧性较高，这些都给切削加工带来不利的影响；而中碳钢由于强度、硬度和塑性、韧性适中，故切削加工性好。不锈钢因韧性大、切削变形大、不易断屑，加之导热性差，故切削加工性不好。通过热处理可以改善材料的切削加工性。例如，高碳钢的球化退火和低碳钢的正火等。

灰铸铁因其强度和塑性低，加之组织中含有大量石墨，有润滑作用，故切削加工性好。

15.4 常用机械传动方式

机床常用的机械传动方式有带传动、齿轮传动、蜗轮蜗杆传动、齿轮齿条传动和丝杠螺母传动等 5 种，见表 15－3。

表 15－3 机械传动方式及其符号

名称	图形	符号	名称	图形	符号
平带传动			三角带传动		
齿轮传动			蜗轮蜗杆 传动		
齿轮齿条 传动			整体螺母 传动		

1. 带传动

带传动有平带传动和三角带传动两种。在机床传动中，绝大多数采用三角带传动。

带传动的优点是传动平稳、结构简单、制造维护方便；过载时，带打滑，不致损坏机器。缺点是由于打滑而不能保证准确的传动比。常用于轴间距离较大的传动。

2. 齿轮传动

齿轮传动是机床上应用最多的一种传动方式。齿轮的种类很多，有直齿轮、斜齿轮、圆锥齿轮等，最常用的是直齿圆柱齿轮。齿轮传动中，主动轮转过一个齿，被动轮也转过一个齿。因此，齿轮传动的传动比等于主动轮齿数与被动轮齿数之比。两者的旋转方向相反。

齿轮传动的优点是结构紧凑、传动比准确、传动效率高。缺点是制造复杂，精度不高时，传动不平稳，有噪声。

3. 蜗轮蜗杆传动

蜗轮蜗杆传动中，蜗杆是主动件，蜗轮是被动件。蜗轮蜗杆传动比为蜗轮的齿数与蜗杆上螺旋的头数之比。由于蜗轮的齿数比蜗杆上螺旋的头数大得多，因此，蜗轮蜗杆传动可得到较大的减速比，常用于减速机构中。

蜗轮蜗杆传动平稳、结构紧凑、噪声小，但传动效率低。

4. 齿轮齿条传动

在传动中，当齿轮为主动件时，可将旋转运动变为直线运动；当齿条为主动件时，可将直线运动变为旋转运动；若齿条固定不动，则齿轮在齿条上滚动，车床上的纵向进给即通过这种方式实现的。

5. 丝杠螺母传动

常用于机床进给运动的传动机构中，将旋转运动变为直线运动。若将螺母沿轴向剖分成两半，即形成对开螺母，可随时闭合和打开，从而使运动部件运动或停止。车削螺纹时的纵向进给运动即采用这种方式。

丝杠螺母传动平稳、无噪声，但传动效率低。

思　考　题

(1) 何谓切削用量？钻和刨削时的切削用量是如何表示的？

(2) 常用刀具的材料有哪几类？各适用于制造哪些刀具？

第16章 切削加工工艺

了解C6132普通车床的组成和各部分作用，车削加工特点及范围；初步了解铣、刨、拉、钻、镗、磨削加工的工艺特点和应用范围；了解外圆面、孔、平面加工的工艺方法选用。

知识要点	能力要求
车削加工	了解C6132车床的组成和各部分作用，掌握车削加工特点及应用范围
铣、刨、拉、钻、镗、磨削加工	理解铣、刨、拉、钻、镗、磨削加工方法的特点及应用范围
常见表面加工	基本掌握工件常规表面的加工方法

导入案例

瓦特—威尔金森—气缸加工

1776 年，瓦特(Watt J)成功地制成第 1 台新的蒸汽机，如图 16.1 所示，遇到的最大困难是汽缸的镗孔加工。由于加工方法落后，汽缸与活塞之间空隙较大，漏气严重，而无法推广应用。1775 年铁器制造商威尔金森(Wilkinson J)成功研制了用于炮管加工的钻孔机，并可以加工直径达 72mm 的内孔，使误差不超过 1mm。他将钻孔机改为卧式镗床，用于加工瓦特蒸汽机的汽缸内表面，实现了汽缸内孔的精度要求。自汽缸加工关键工艺攻克后，蒸汽机作为一种新型动力装置，真正走上了历史的舞台。

图 16.1　蒸汽机

16.1　车削加工

车削是指在车床上用车刀进行切削加工。车削的主运动是工件的旋转运动，进给运动是刀具的移动，所以车床适合加工各种零件上的回转表面。

16.1.1　普通车床的组成

车床是机械制造厂中不可缺少的加工设备之一，在各种类型的车床中，以普通车床的应用最多，其数量约占车床总台数的 60%左右。

现以 C6132 普通车床(图 16.2)为例，介绍它们的基本组成部分。

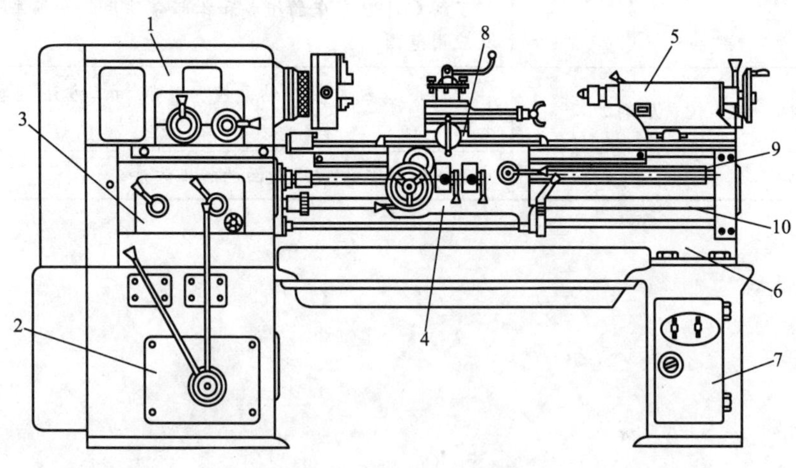

图 16.2　C6132 普通车床的组成

1—主轴箱；2—变速箱；3—进给箱；4—溜板箱；5—尾架；6—床身；7—床腿；8—刀架；9—丝杠；10—光杠

1. 主轴箱

主轴箱里面装有主轴，将变速箱运动经皮带轮、主轴变速机构传递给主轴。在主轴箱前面有若干手柄，用以操纵箱内的变速机构，使主轴得到若干种不同转速的主运动。

2. 变速箱

变速箱里面装有变速机构(由一些轴、齿轮以及离合器等组成)，电动机转速经变速后，得到多种输出转速。

3. 进给箱

进给箱里面装有进给运动变速机构，进给箱前面的手柄用以改变进给运动的进给量。主轴的旋转运动经挂轮箱传到进给箱后，分别通过光杠或丝杠的旋转运动传出。

4. 溜板箱

溜板箱作用是把光杠或丝杠的旋转运动变为刀架的纵向或横向直线运动。溜板分为大溜板、中溜板和小溜板 3 部分。大溜板安装在床身上靠外边的导轨上，可沿其纵向移动；中溜板装在大溜板顶面的燕尾导轨上，可以做横向移动；小溜板装在中溜板的转盘导轨上，可以转动±90°，并可做手动移动，但行程较短。

5. 尾架

尾架装在床身导轨的右端，可沿导轨纵向移动。尾架套筒的锥孔中可安装后顶尖以支承较长工件的一端；也可以安装钻头、扩孔钻、铰刀等刀具来加工内孔。

6. 床身和床腿

床身和床腿是车床的基础零件。它们在切削时要保证足够的刚度，以便用来支承主轴箱、进给箱、光杠和丝杠等各部件，并保持稳定性。床身和床腿上面有两组直线度、平面度和平行度都很高的导轨，溜板和尾架可以分别沿其上做平行于主轴轴线的纵向移动。

普通车床主轴轴线到床身导轨平面的高度叫中心高，中心高的两倍即为工件最大车削直径，它是车床的主要参数。如车床 C6132 中的 32(机床主参数)表示该机床工件最大车削 320mm 直径。

7. 刀架

刀架紧固在小溜板上，一般可同时安装 4 把车刀，扳动刀架手柄可以快速换刀。

8. 丝杠

丝杠转动由进给箱传来，经开合螺母移动溜板箱，从而带动刀架做车削螺纹的纵向进给。为了保持丝杠的精度，仅在车削螺纹时采用丝杠带动。

9. 光杠

光杠把进给箱的进给运动传给溜板箱，并由此获得刀架的纵向、横向所需进给量的自动进给，一般用于车削外圆、端面等。

16.1.2 C6132 车床的传动

C6132 车床的传动系统如图 16.3 所示。

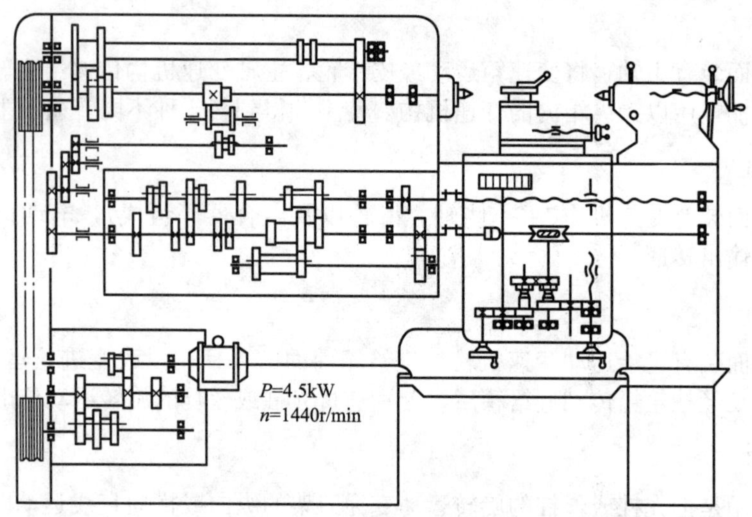

图 16.3　C6132 车床的传动系统

1. 主运动传动

主运动是由电动机至主轴之间的传动系统来实现，主轴共有 12 级转速。

该车床的最高转速为 1980r/min，最低转速为 45r/min。主轴的反转是通过电动机的反转来实现的。

2. 进给运动传动

车床的进给运动是从主轴开始，通过反向机构、挂轮、进给箱和溜板箱的传动机构，使刀架做纵向、横向或车螺纹进给。无论是一般车削，还是车螺纹，进给量都是以主轴(工件)每转一周，刀具移动的距离来计算。

3. 传动路线

从电动机到机床主轴或刀架之间的运动传递称为传动路线，图 16.4 为 C6132 车床的传动路线示意框图。

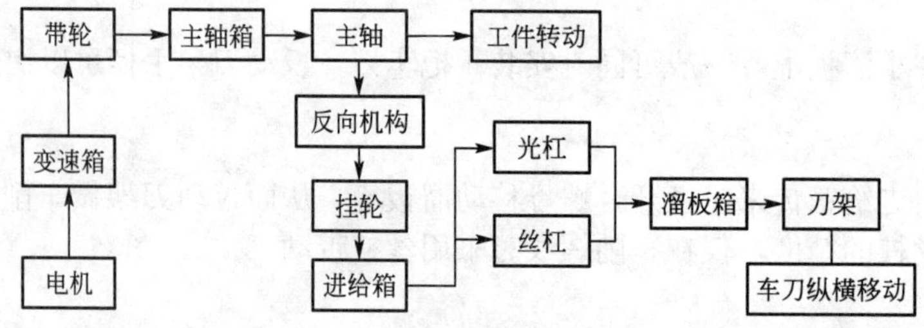

图 16.4　C6132 车床的传动路线示意框图

16.1.3　车床常用附件

为了满足各种车削工艺的需要，车床常配备各种附件以备选用。

1. 三爪卡盘

三爪卡盘是车床最常用的夹具之一。如图 16.5 所示，三爪卡盘适宜夹持圆形和正六边形截面的工件，能自动定心，装夹方便迅速，但夹紧力较小，定心精度不高，一般为 0.05～0.15mm。

2. 四爪卡盘

四爪卡盘如图 16.6 所示，卡盘体内的 4 个卡爪互不关联，用各自的丝杆调整。四爪卡盘夹紧力较大，但安装工件时需进行找正，比较费时。四爪卡盘用于装夹外形不规则的工件或较大的工件。

3. 花盘

形状复杂、无法在卡盘上安装的工件可用花盘安装(图 16.7)。利用弯板、螺钉将工件固定在盘面上，加工前需仔细找正并加平衡块。

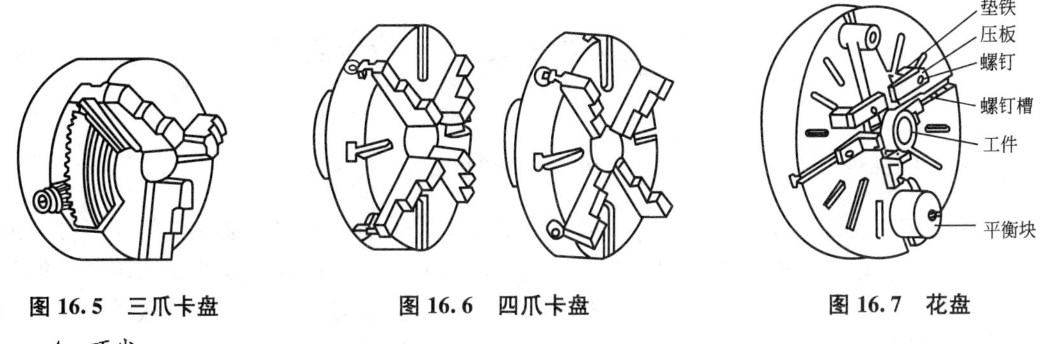

图 16.5　三爪卡盘　　图 16.6　四爪卡盘　　图 16.7　花盘

4. 顶尖

长轴类工件加工时，一般都用顶尖安装(图 16.8)。粗加工常采用一端以卡盘夹持另一端用顶尖支撑；当工件精度要求较高或加工工序较多时，一般采用双顶尖安装。顶尖安装的定位精度较高，即使多次安装与调头，仍能保持轴线的位置不变。

5. 心轴

加工带孔的盘套类工件的外圆和端面时，常先将内孔精加工后用心轴安装，然后一起安装在两尖顶之间进行加工(图 16.9)，采用心轴装夹容易保证各表面的相互位置精度，但要求孔的加工精度较高，孔与心轴的配合间隙要小。

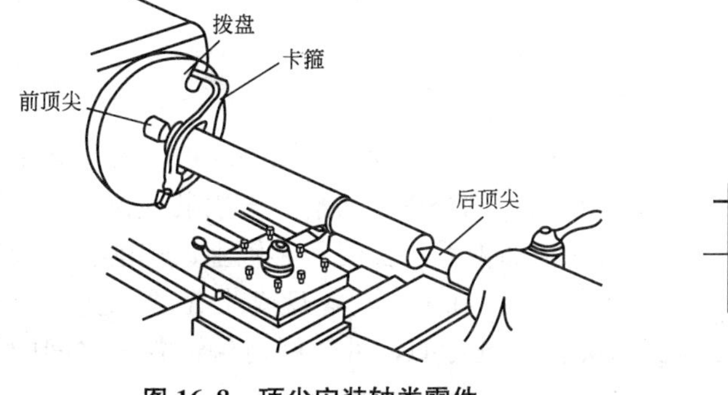

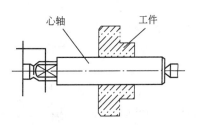

图 16.8　顶尖安装轴类零件　　图 16.9　心轴安装工件

16.1.4 车床的加工范围

车床能完成多种加工，主要包括钻中心孔、钻孔、镗孔、铰孔、车内锥面、车端面、车环槽、切断、车螺纹、滚花、车外锥面；各种轴类、套类和盘类等零件上的回转表面，如车外圆、车成形面、攻丝等，如图 16.10 所示。

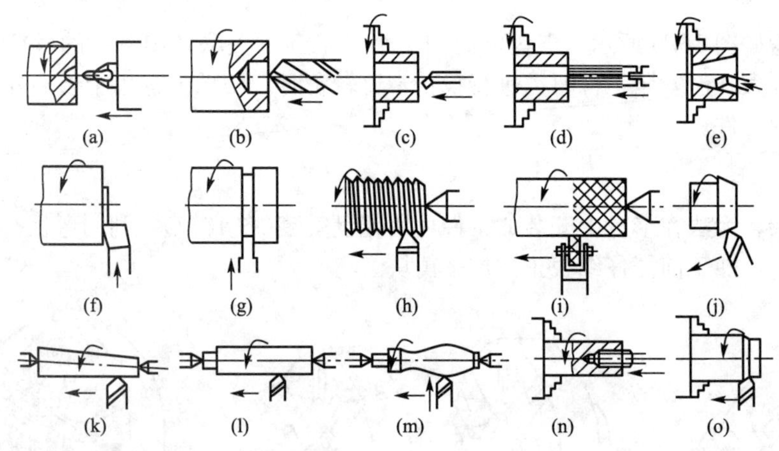

图 16.10 车床加工

车削中工件旋转形成主切削运动，刀具沿平行于旋转轴线方向运动时，就在工件上形成内、外圆柱面；刀具沿与轴线相交的斜线运动，就形成锥面；利用装在车床尾架上的刀具，可以进行内孔加工。仿形车床或数控车床上，可以控制刀具沿着一条曲线进给，则形成一特定的旋转曲面。车削还可以加工内外螺纹面、端平面及滚花等。

普通车削加工的经济精度为 IT8～IT7，表面粗糙度为 Ra12.5～1.6μm。精细车时，精度可达 IT6～IT5，粗糙度可达 Ra0.8～0.4μm。车削的生产率较高，切削过程比较平稳，刀具较简单。

16.1.5 车削的工艺特点

1. 车削生产率高

车刀结构简单，制造、刃磨、安装方便，车削工作一般是连续进行的，当刀具几何形状和背吃刀量 a_p、进给量 f 一定时，车削切削层的截面积是不变的，因此切削过程较平稳。从而提高了加工质量和生产率。

2. 易于保证轴、盘、套等类零件各表面的位置精度

在一次装夹中车出短轴或套类零件的各加工面，然后切断(图 16.11 (a))；利用中心孔将轴类工件装夹在车床前后顶尖间，装夹调头车削外圆和台肩，多次装夹保证工件旋转轴线不变(图 16.11 (b))；将盘套类零件的孔精加工后，安装在心轴上，车削各外圆和端面，保证与孔的位置精度要求(图 16.11 (c))。工件在卡盘、花盘或花盘-弯板上一次装夹中所加工的外圆、端面和孔，均是围绕同旋转线进行的，可较好地保证各面之间的位置精度。

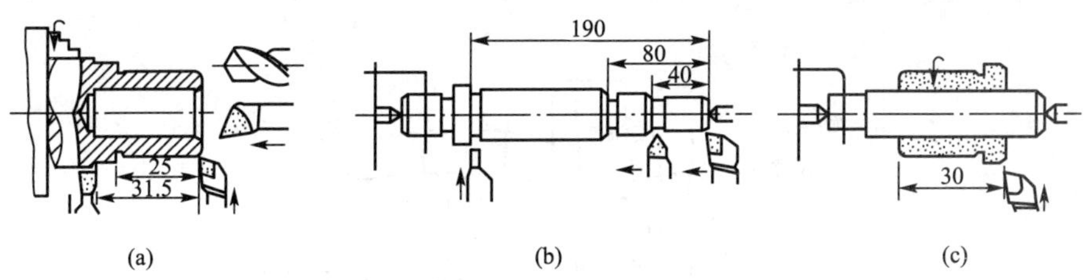

图 16.11　保证位置精度的车削方法

3. 适用于有色金属零件的精加工

当有色金属的零件要求较高的加工质量时，若用磨削，则由于硬度偏低而造成砂轮表面空隙堵塞，使加工困难，故常用车、铣、刨、镗等方法进行精加工。

4. 加工的材料范围广泛

硬度在 30HRC 以下的钢料、铸铁、有色金属及某些非金属(如尼龙)，可方便地用普通硬质合金或高速车刀进行车削。淬火钢以及硬度在 50HRC 以上的材料属难加工材料，需用新型硬质合金、立方氮化硼、陶瓷或金刚石车刀车削。

16.1.6　其他车床

为了满足被加工零件的大小、形状以及提高生产率等各种不同的要求，除普通车床外还有许多其他类型的车床，如立式车床、六角车床、自动车床、仿形车床、数控车床、落地车床等，尽管这些车床与普通车床的外观和结构有所不同，但其基本原理是一样的。下面简要介绍立式车床和六角车床。

1. 立式车床

立式车床的外形结构如图 16.12 所示。底座的圆形工作台上有四爪卡盘，用来安装工件并带动工件一起绕垂直轴旋转。在工作台后侧有立柱，立柱上有横梁和可装 4 把车刀的侧刀架，它们都能沿着立柱的导轨上下移动，侧刀架可进行水平方向进给。横梁上的垂直刀架可在横梁上做水平和垂直进给运动，其上有 5 个装刀位置的转塔，可转成不同的角度使刀架做斜向进给。

由于立式车床的工作台是在水平面内旋转的，因此对于重型工件，其装夹和调整都比较方便，而且刚性好、切削平稳。立式车床几个刀架可以同时工作，进行多刀切削，生产率高，缺点是排屑困难。

立式车床主要用来加工直径大、长度短的工件，如大型带轮、齿轮和飞轮等。可以加工内外圆柱面、圆锥面、端面和成形回转表面等。

2. 六角车床

六角车床(图 16.13)与普通车床相似，结构上的主要区别是没有丝杠和尾架，而是在尾架的位置上装有一个可以纵向进给的六角刀架(又称转塔刀架)，其上可以装夹一系列的刀具。加工过程中，六角刀架周期性地转位，将不同的刀具依次转到加工位置，顺序地对工件进行加工。每个刀具的行程距离都由行程挡块加以控制，以保证工件的加工精度。工件的装夹有专门的送料夹紧机构，操作方便、迅速，可以大大节省时间，提高生产率。

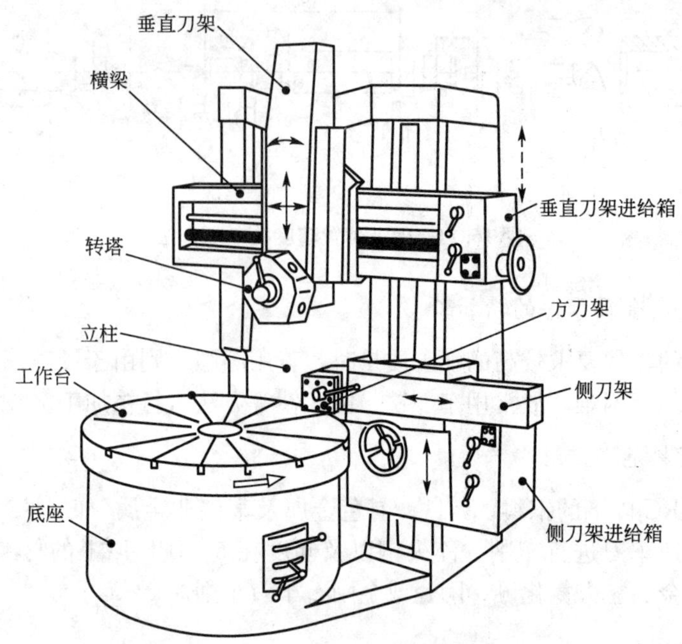

图 16.12 立式车床的外形结构

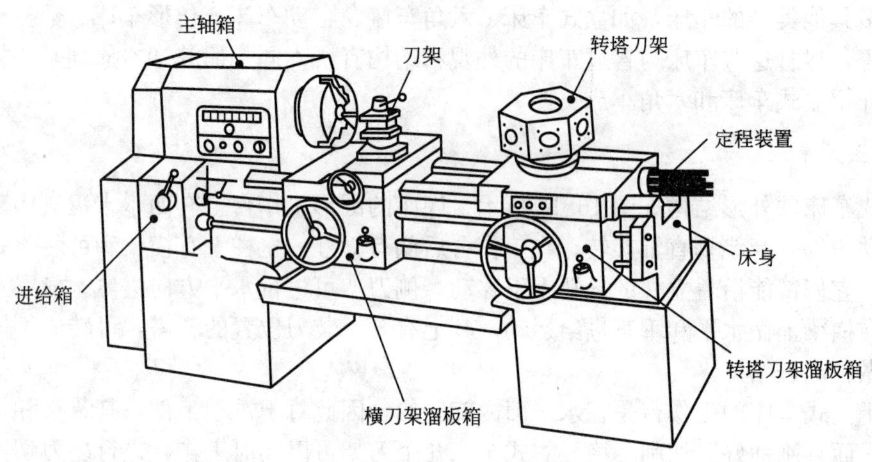

图 16.13 六角车床

六角车床能完成普通车床的各种加工工作，广泛用于成批生产中加工轴套、台阶轴以及其他形状复杂的工件。由于没有丝杠，所以只能用丝锥和板牙进行内外螺纹的加工。图 16.14 为六角车床加工螺纹套筒的例子，其加工顺序如下。

1) 用方刀架上的车刀加工

(1) 车外圆。

(2) 车端面。

2) 用六角刀架上的刀具加工内孔

(1) 钻中心孔。

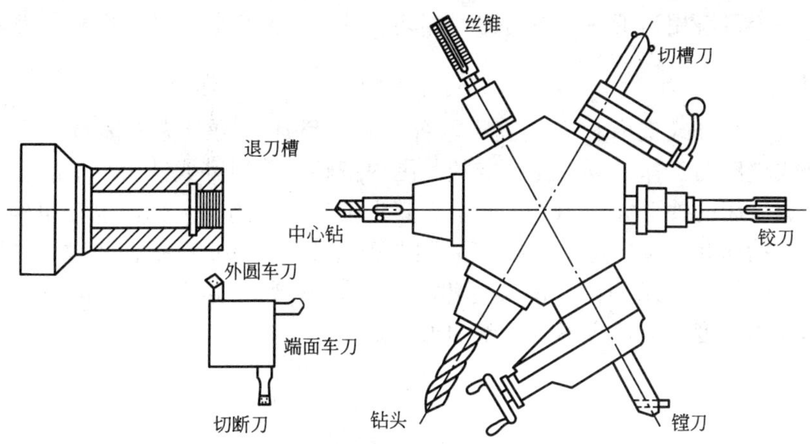

图 16.14　螺纹套筒在六角车床上的加工

(2) 钻孔至全深。

(3) 镗螺纹孔。

(4) 铰孔。

(5) 镗螺纹退刀槽。

(6) 攻丝。

3) 用方刀架上的切断刀将加工好的工件自棒料上切下

16.2　铣、刨、拉、钻、镗、磨削加工

16.2.1　铣削加工

在铣床上用铣刀加工工件的方法称为铣削，它是平面加工的主要方法之一。铣削时，铣刀旋转做主运动，工件做直线进给运动。

1. 铣刀

铣刀由刀齿和刀体两部分组成。刀齿分布在刀体圆周面上的铣刀称圆柱铣刀，它又分为直齿圆柱铣刀和螺旋齿圆柱铣刀两种(图 16.15)。由于直齿圆柱铣刀切削不平稳，现一般皆用螺旋齿圆柱铣刀。端铣刀是用端面和圆周面上的刀刃进行切削的，它又分为整体式端铣刀和镶齿式端铣刀两种(图 16.16)。镶齿式端铣刀刀盘上装有硬质合金刀片，加工平面时可进行高速切削，为生产上广泛采用。

直齿圆柱铣刀

螺旋齿圆柱铣刀

图 16.15　圆柱铣刀

整体式端铣刀

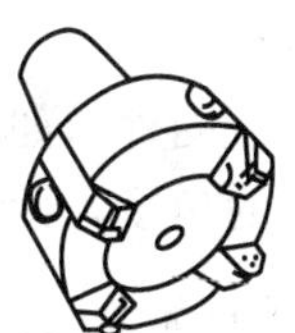

镶齿式端铣刀

图 16.16　端铣刀

铣刀的每个刀齿相当于一把单刃刀，其切削部分几何角度及其作用与车刀类似。

2. 铣床

常用的铣床有卧式铣床和立式铣床两种，卧式铣床又可分为万能铣床和普通铣床两种。万能卧式铣床的工作台可以在一定的范围内偏转，普通卧式铣床则不能。

万能卧式铣床的外形如图 16.17 所示。其主轴是水平的。主轴由电动机经装置在床身内的变速箱传动而获得旋转运动。铣刀紧固在刀杆上，刀杆的一端夹紧在主轴的锥孔内，另一端支持于横梁上的吊架内。吊架可沿横梁导轨移动。横梁亦可沿床身顶部的导轨移动，调整其伸出长度，以适应不同长度的刀杆。

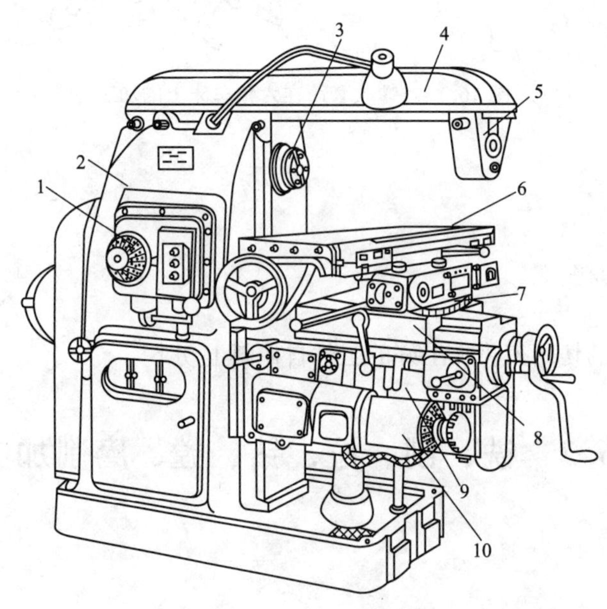

图 16.17　万能卧式铣床的外形

1—主轴变速机构；2—床身；3—主轴；4—悬梁；
5—刀杆支架；6—工作台；7—回转盘；8—床鞍；
9—升降台；10—进给变速机构

工件安装在工作台上，工作台可在转台的导轨上做纵向进给运动，转台还能连同工作台一起在横向溜板上做±45°以内的转动，以使工作台做斜向进给运动。横向溜板在升降台的导轨上做横向进给运动。升降台连同其上的横向溜板、转台及工作台沿床身的导轨做垂直进给运动。

立式铣床的外形如图 16.18 所示，它的主轴垂直于工作台面。立铣头还可以在垂直面内偏转一定的角度，使主轴对工作台倾斜成一定的角度来加工斜面。

3. 铣削的加工范围

铣削时，工件可用压板螺钉直接装夹在工作台上，也可用平口钳、分度头和 V 形铁直接装夹在工作台上。在成批大量生产中，也广泛使用各种专用夹具。

在铣床上可以加工平面、斜面、各种沟槽、成形面和螺旋槽。图 16.19 为在铣床上常见的铣削方式。

由于铣刀是多齿刀具，铣削时同时有几个刀齿进行切削，主运动是连续的旋转运动，切削速度较高，铣削生产率较高，是平面的主要加工方法。特别在成批大量生产中，一般平面都采用端铣铣削。

铣削的经济加工精度一般可达 IT9～IT8 级，表面粗糙度 Ra 值为 6.3～1.6μm。用高速精细铣削，加工精度可达 IT6 级，表面粗糙度 Ra 值达 0.8μm。

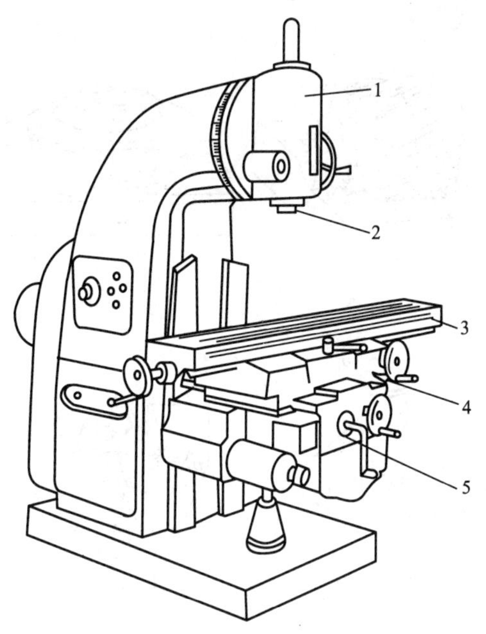

图 16.18 立式铣床的外形

1—立铣头；2—主轴；3—工作台；4—床鞍；5—升降台

16.2.2 刨削加工

在刨床上用刨刀加工工件的方法称为刨削。刨床类机床有牛头刨床、龙门刨床、插床等，主要用于加工各种平面和沟槽。加工时，工件或刨刀做往复直线主运动，往复运动中进行切削的行程称为工作行程，返回的行程称为空行程，为了缩短空行程时间，返回时的速度高于工作行程的速度。刨床具有 2～3 个进给运动，运动方向都与主运动方向垂直，并且都是在前一空行程结束、下一工作行程之前进行的，进给运动的执行件为刀具或工作台。

1. 牛头刨床加工

刨削较小的工件时，常使用牛头刨床(图 16.20)。床身 4 的顶部有水平导轨，由曲柄摇杆机构或液压传动带着滑枕 3、刀架 1 沿导轨做往复主运动。横梁 5 可连同工作台 6 沿床身上的导轨上、下移动调整位置。刀架可在左、右两个方向调整角度以刨削斜面，并能在刀架座的导轨上做进给运动或切入运动。刨削时，工作台及其上面安装的工件沿横梁上的导轨做间歇性的横向进给运动，用于加工各种平面和沟槽。

2. 龙门刨床加工

大型、重型工件上的各种平面和沟槽加工时，需使用龙门刨床。龙门刨床也可以用来同时加工多个中、小型工件。图 16.21 为龙门刨床的外形，与牛头刨床不同的是工作台带着工件做直线的主运动，刨削垂直面时两个侧刀架可沿立柱做间隙垂直进给，刨削水平面时两个垂直刀架可在横梁上作间隙横向进给运动。各个刀架均可扳转一定的角度以刨削斜面。

3. 插床加工

插床(图 16.22)实质上是立式刨床。与牛头刨床相同，插床也是由刀具的往复直线运动进行切削的，它的滑枕 2 带着刀具做垂直方向的主运动，进给运动为工件的间隙移动或

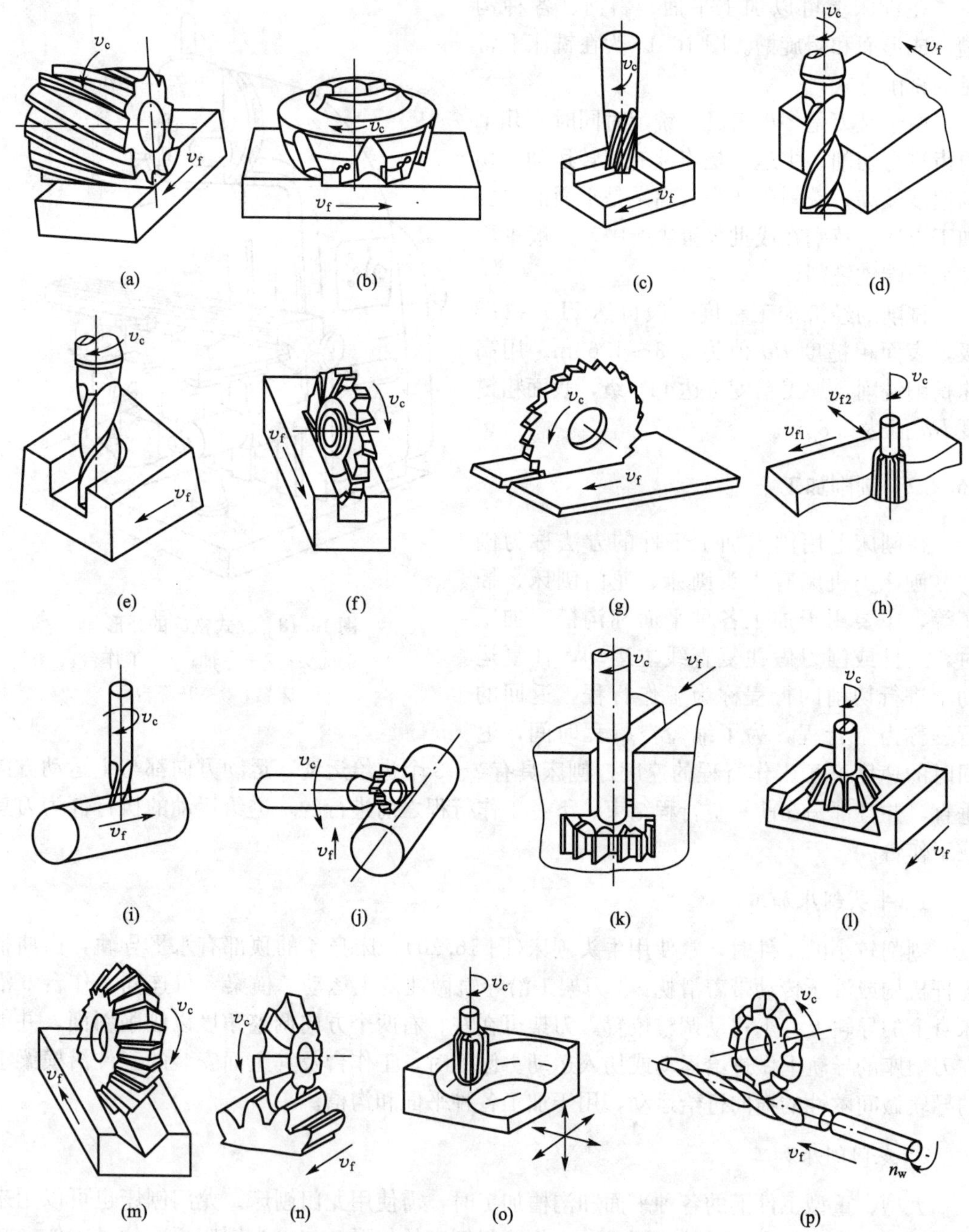

图 16.19　铣床上常见的铣削方式

(a) 铣平面；(b) 铣平面；(c) 铣台阶面；(d) 铣平面；(e) 铣沟渣；(f) 铣沟渣；(g) 切断；(h) 铣曲面；(i) 铣键渣；(j) 铣键渣；(k) 铣 T 形渣；(l) 铣燕尾槽；(m) 铣 V 形槽；(n) 铣成形面；(o) 铣型腔；(p) 铣螺旋面

转动。床鞍 6 和溜板 7 可分别作横向及纵向的进给运动。圆工作台 1 可由分度装置 5 转动，在圆周方向做分度运动或进给运动。插床主要用来在单件小批生产中加工键槽(图 16.23)、孔内的平面或成形表面。

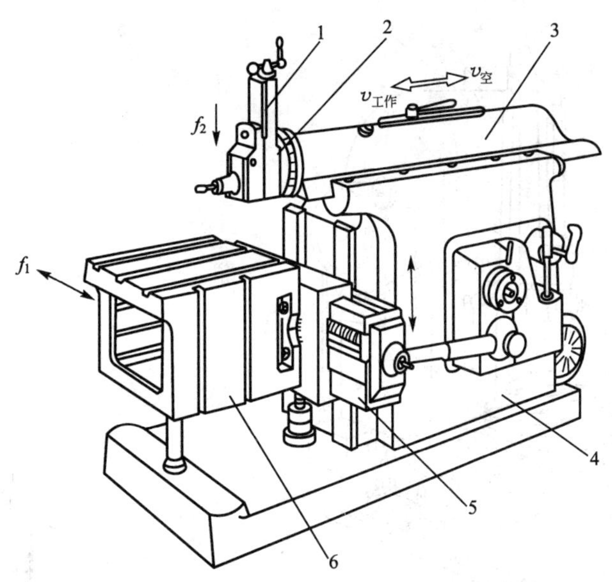

图 16.20　牛头刨床外形图

1—刀架；2—转盘；3—滑枕；4—床身；5—横梁；6—工作台

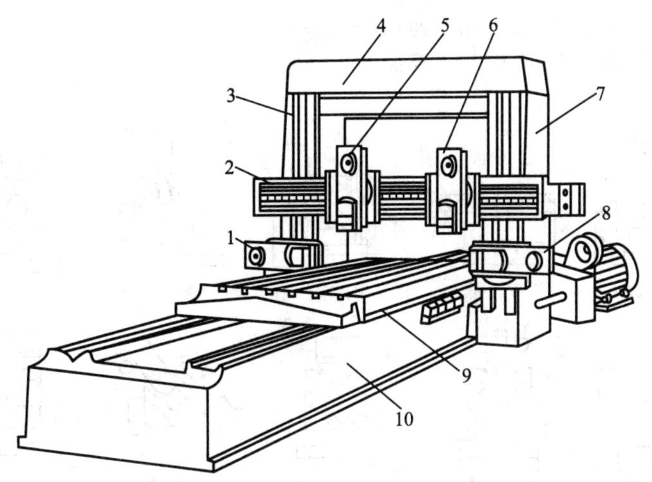

图 16.21　龙门刨床外形图

1、8—左、右侧刀架；2—横梁；3、7—立柱；4—顶梁；
5、6—垂直刀架；9—工作台；10—床身

4. 刨削加工范围

刨削的加工范围如图 16.24 所示。

刨削是单刃刀具，刨削回程时不进行切削，刨刀切入时有较大的冲击力和换向时产生的惯性力，限制了切削速度的提高，但在狭长平面的加工中生产率高于铣削。刨削设备简单、通用，常适用于单件、小批生产及修配加工。在不通孔的键槽加工中，插削是唯一的加工方法。

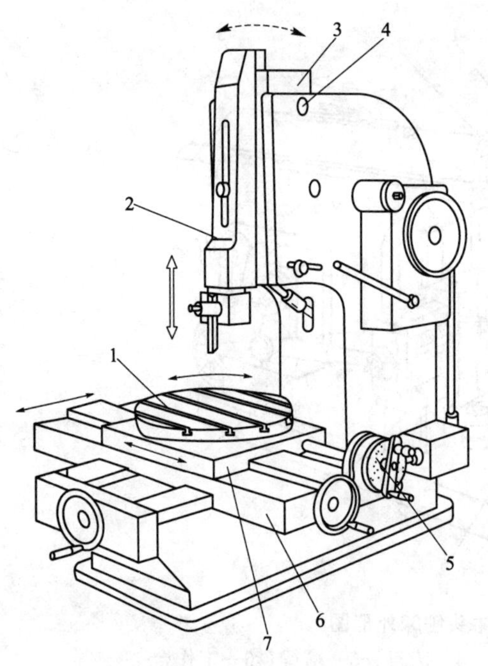

图 16.22　插床

1—圆工作台；2—滑枕；3—滑枕导轨座；4—销轴；
5—分度装置；6—床鞍；7—溜板

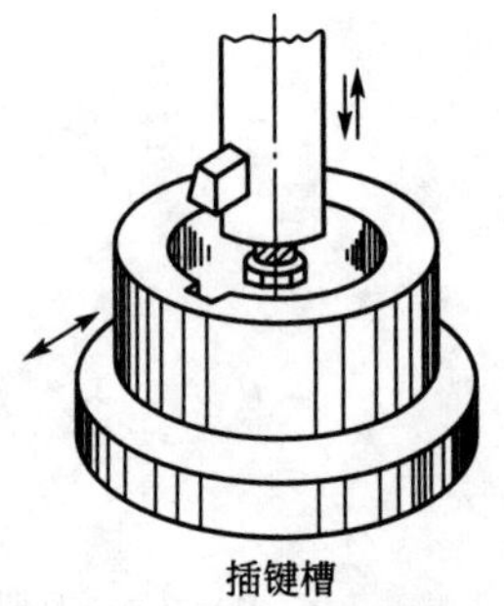

图 16.23　插削键槽示意图

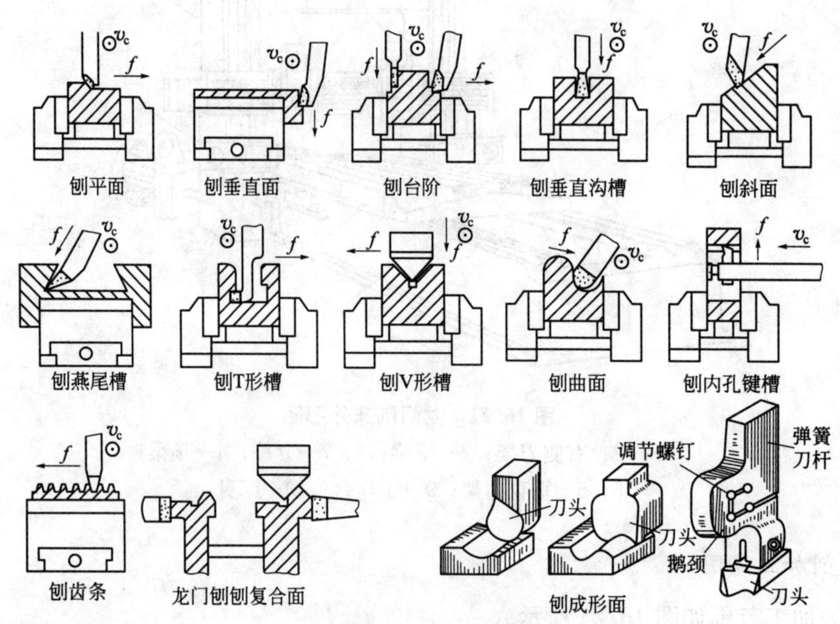

图 16.24　刨削的加工范围

刨削加工经济精度 IT9～IT8，最高达 IT6。表面粗糙度 Ra 值为 6.3～1.6μm，最高达 0.8μm。

16.2.3　拉削加工

在拉床上用拉刀加工工件叫做拉削(图 16.25)。从切削性质上看，拉削近似刨削。拉刀的切削部分由一系列高度依次增加的刀齿组成。拉刀相对工件做直线移动(主运动)时，拉刀的每一个刀齿依次从工件上切下一层薄的切屑(进给运动)。当全部刀齿通过工件后，即完成工件的加工。

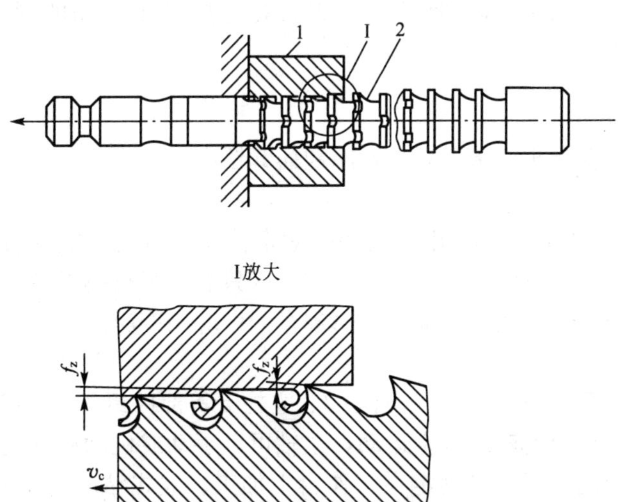

图 16.25　拉削加工

在拉床上可加工各种孔、键槽或其他槽、平面、成形表面(图 16.26)等。拉削的加工质量较好，加工精度可达 IT9～IT7，表面粗糙度 Ra 值一般为 1.6～0.8μm。

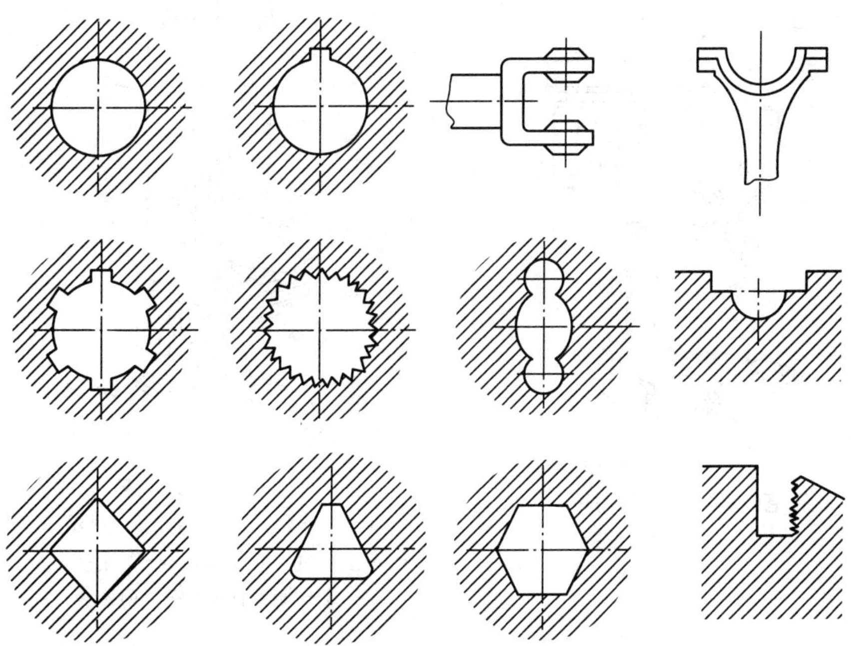

图 16.26　适于拉削的典型表面

拉床只有一个主运动，结构简单、工作平稳、操作方便，可加工各种截面的通孔，也可以加工平面和沟槽，一次行程能完成粗精加工，生产率极高。但拉刀结构复杂，价格昂贵，且一把拉刀只能加工一种尺寸的表面，故拉削主要用于大批量生产。

16.2.4 钻床加工

大多数零件都有孔的加工，钻床是孔加工的主要设备。在车床上加工孔时工件旋转，刀具进给，而钻床上加工孔时工件不动，刀具在做旋转主运动的同时，也做直线进给运动。

1. 钻床

钻床的主要类型有台式钻床、立式钻床和摇臂钻床。

1) 台式钻床

机床外形如图 16.27，主轴用电动机经一对带传动，刀具用主轴前端的夹头夹紧，通过齿轮齿条机构使主轴套筒做轴向进给。台式钻床只能加工较小工件上的孔，但它的结构简单，体积小，使用方便，在机械加工和修理车间中应用广泛。

2) 立式钻床

立式钻床由底座 7、工作台 1、进给箱 3、立柱 5 等部件组成(图 16.28)。刀具安装在主轴的锥孔内，由主轴带动做旋转主运动，主轴可以手动或机动做轴向进给。工件用工作台上的虎钳夹紧，或用压板直接固定在工作台上加工。立式钻床的主轴中心线是固定的，必须移动工件使被加工孔的中心线与主轴中心线对准。所以，立式钻床只适用于在单件、小批生产中加工中、小型工件。

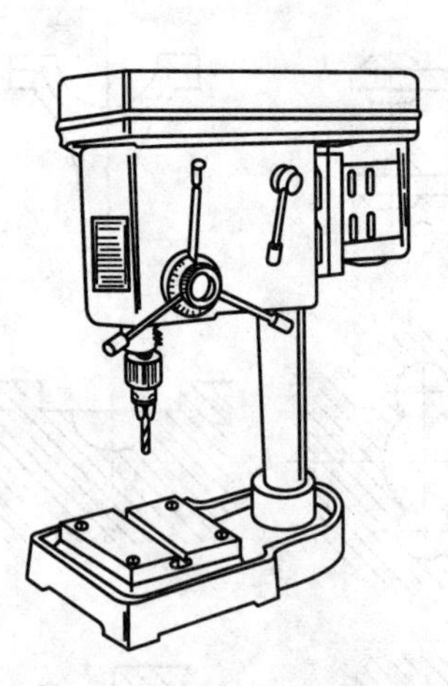

图 16.27 台式钻床

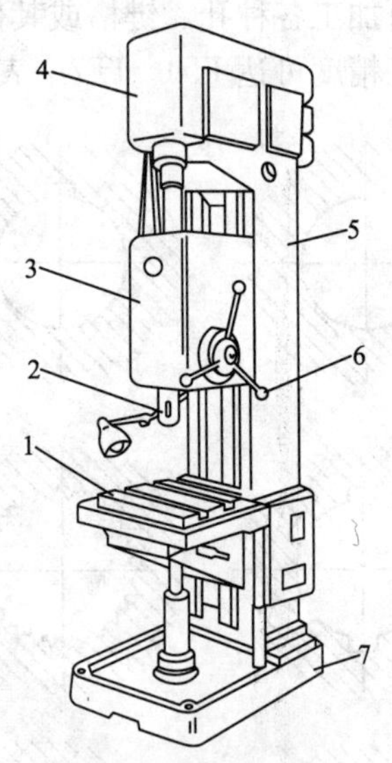

图 16.28 立式钻床

1—工作台；2—主轴；3—进给箱；4—变速箱；5—立柱；6—操纵手柄；7—底座

3) 摇臂钻床

摇臂钻床(图 16.29)的主要部件有底座、立柱、摇臂、主轴箱和工作台，适用于在单件和成批生产中加工较大的工件。加工时，工件安装在工作台或底座上。立柱分为内、外两层，内立柱固定在底座上，外立柱连同摇臂和主轴箱可绕内立柱旋转摆动，摇臂可在外立柱上做垂直方向的调整，主轴箱能在摇臂的导轨上做径向移动，使主轴与工件孔中心找正。主轴的旋转运动及主轴套筒的轴向进给运动的开停、变速、换向、制动机构，都布置在主轴箱内。

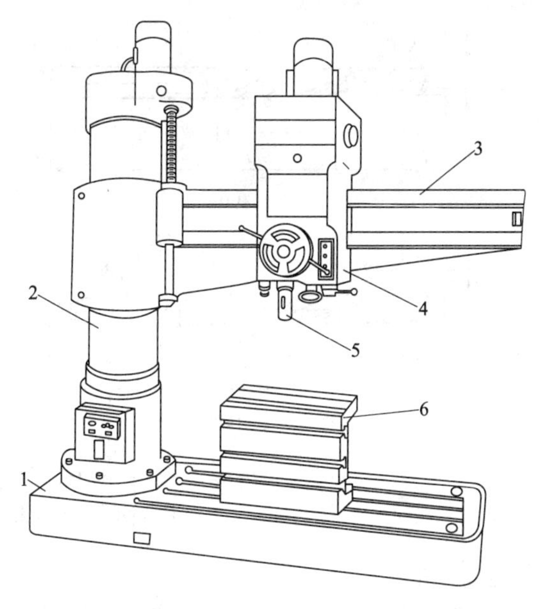

图 16.29　摇臂钻床

1—底座；2—立柱；3—摇臂；4—主轴箱；5—主轴；6—工作台

2. 钻床工作

1) 钻孔

用钻头在实体材料上加工出孔，称为钻孔。麻花钻是钻孔时所用的刀具，如图 16.30 所示。麻花钻前端为切削部分，有两个对称的主切削刃，两刃之间的夹角称为顶角，两主后面在钻头顶部的交线称横刃。钻削时，作用在横刃上的轴向力很大。导向部分有两条刃带和螺旋槽。刃带的作用是引导钻头，螺旋槽的作用是向孔外排屑和输进切削液，如图 16.31 所示。由于钻削时切削热不易消散，切屑排出困难，钻孔只能作为孔的粗加工。钻孔加工精度一般为 IT12 级，表面粗糙度 Ra 值为 12.5μm。

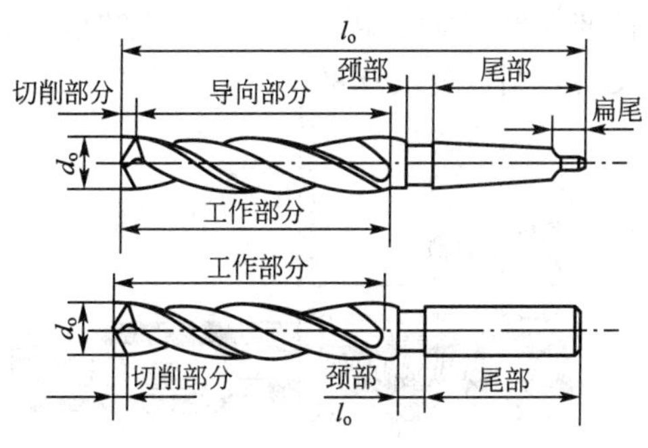

图 16.30　麻花钻

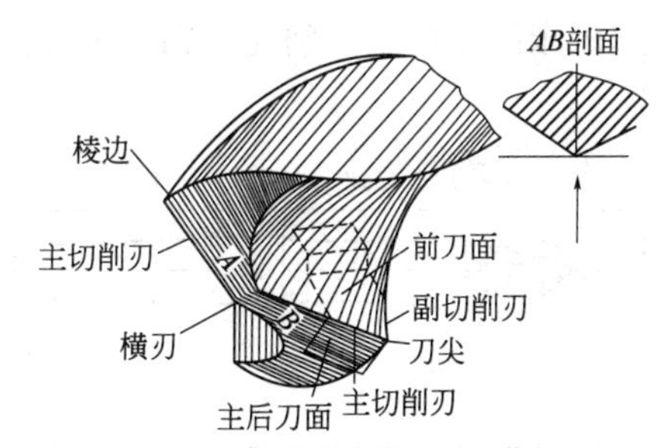

图 16.31　麻花钻的切削部分

2) 扩孔

把工件上已有的孔进行扩大的工序，称为扩孔。扩孔用的刀具是扩孔钻，它的形状基本上与麻花钻相似，如图 16.32 所示，所不同的是：扩孔钻有较多的切削刃(3～4 刃)，没有横刃，由于刀刃棱边较多，所以有较好的导向性，切削也比较平稳。因此扩孔质量比钻孔高，尺寸精度一般可达 IT10～IT9，表面粗糙度 Ra 值可达 3.2μm，常用于孔的半精加工或铰前的预加工。

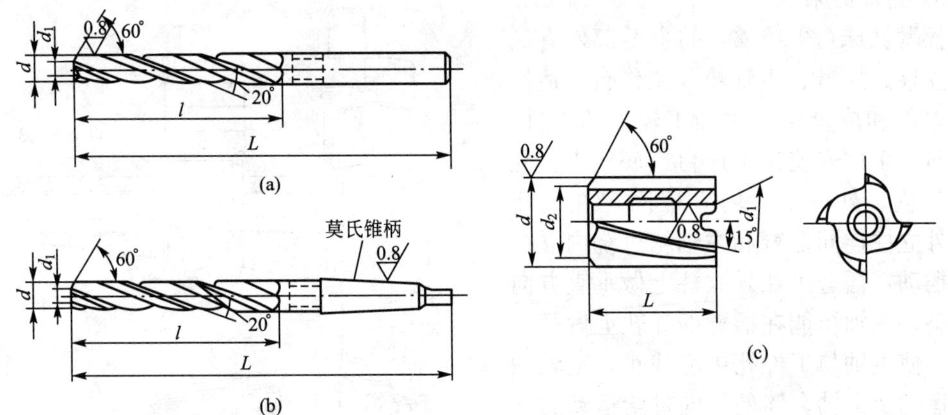

图 16.32　扩孔钻

(a) 直柄式；(b) 锥柄式；(c) 套式

3）铰孔

铰孔是在钻孔或扩孔之后进行的一种孔的精加工工序。铰刀(图 16.33)是一种尺寸精确的多刃刀具，形状类似扩孔钻，它有更多的切削刃和较小的顶角，铰刀的每个切削刃上的负荷显著地小于扩孔钻。由于切屑很薄，并且孔壁经过铰刀的修光，所以铰出的孔既光洁又精确，尺寸精度可达 IT8～1T6，表面粗糙度 Ra 值可达 0.8～0.2μm。铰孔只能提高孔本身的尺寸和形状精度，但不能提高孔的位置精度。

铰刀有手铰刀和机铰刀两种，手铰刀为直柄，工作部分较长；机铰刀多为锥柄，可装在钻床或车床上铰孔，也可以手工操作。

4）攻丝

攻丝也称攻螺纹，是用丝锥在光孔内加工出内螺纹的方法。丝锥的结构如图 16.34 所示，它是一段开了槽的外螺纹，由切削部分、校准部分和柄部组成。在钻床上攻丝时，柄部传递机床的扭矩，切削完毕钻床主轴需立即反转，用以退出丝锥。

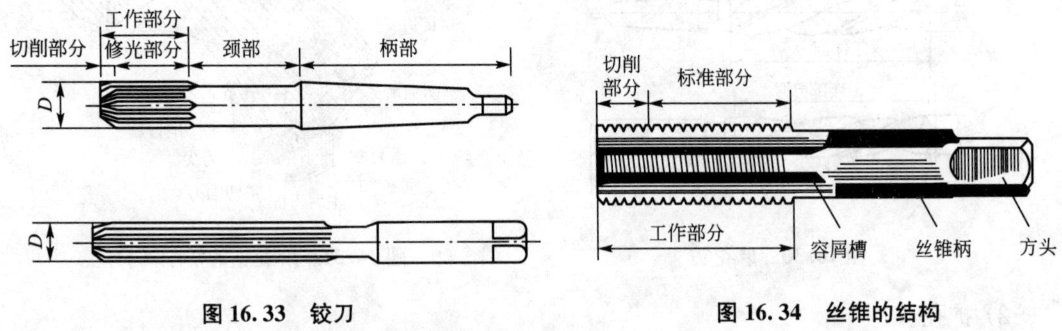

图 16.33　铰刀　　　　**图 16.34　丝锥的结构**

与攻丝相对应的工艺是用板牙在圆杆表面上切出完整的螺纹，称为套扣。所用工具称板牙，通常不在钻床完成。如图 16.35 所示，板牙形状似螺母，其上有数个排屑孔以构成切削刃。板牙的两面都有切削部分，可任选一面套扣。

图 16－36 是钻床加工的几种典型工艺。

16.2.5　镗床加工

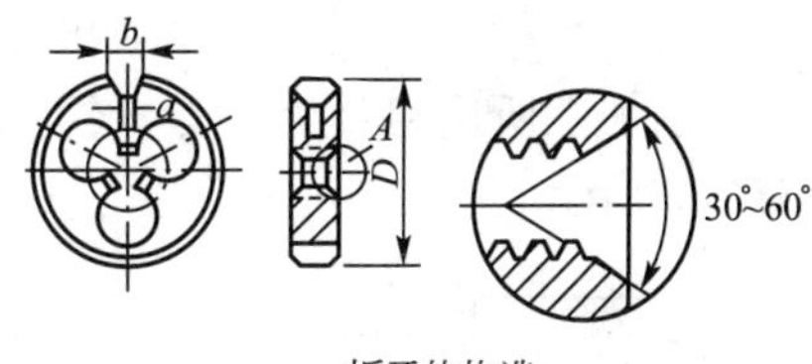

图 16.35　板牙

利用钻、扩、铰及车床上镗等方法加工孔只能保证孔本身的形状尺寸精度。而对于一些复杂工件(如箱体、支架等)上有若干同轴度、平行度及垂直度等位置精度要求的孔(称为孔系)，上述加工方法难以完成，必须在镗床上加工。镗床可保证孔系的形状、尺寸和位置精度。

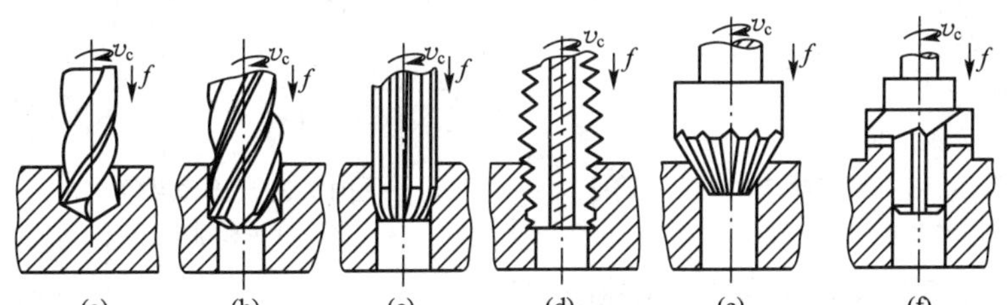

图 16.36　钻床加工的几种典型工艺

(a) 钻孔；(b) 扩孔；(c) 铰孔；(d) 攻螺纹；(e) 锪孔；(f) 锪平面(孔的端面)

1. 镗床

图 16.37 为卧式镗床示意图。工件安装在工作台上，工作台可做横向和纵向进给，并能旋转任意角度。镗刀装在主轴或转盘的径向刀架上，通过主轴箱可使主轴获得旋转主运动、轴向进给运动，主轴箱还可沿立柱导轨上下移动。主轴前端的锥孔可安装镗杆。若镗杆伸出较长，可支承在尾座上，以提高刚度。为了保证加工孔系的位置精度，镗床主轴箱和工作台的移动部分都有精密刻度尺和读数装置。

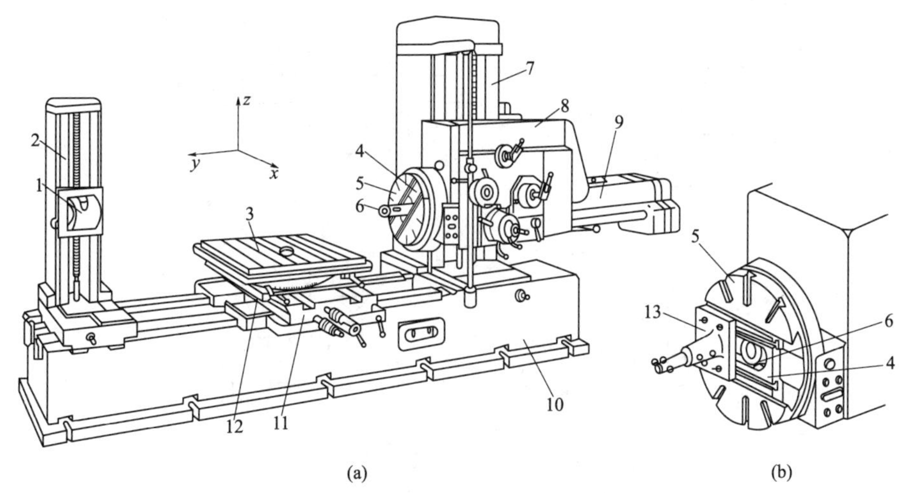

图 16.37　卧式镗床示意图

1—支架；2—后立柱；3—工作台；4—径向刀架；5—平旋盘；
6—镗轴；7—前立柱；8—主轴箱；9—后尾筒；10—床身；
11—下滑座；12—上滑座；13—刀座

2. 镗刀

镗削加工所用刀具为镗刀，镗刀分单刃镗刀和浮动镗刀片两种结构形式，如图 16.38、图 16.39 所示。

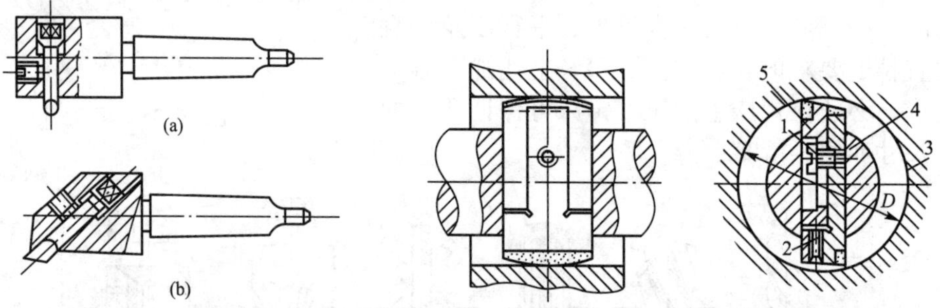

图 16.38　单刃镗刀

(a) 镗通孔；(b) 镗盲孔

图 16.39　浮动镗刀片

1、2—螺钉；3—工件；4—镗杆；5—镗刀片

单刃镗刀的结构与车刀类似，在镗削加工中适应性较广，一把镗刀可加工直径不同的孔，孔的尺寸由操作保证，并可修正上一工序造成的轴线歪曲、偏斜等缺陷。但单刃镗刀刚性差、切削用量小、生产率较低，一般用于单件小批生产。

浮动镗刀片在镗杆上不固定，工作时，它插在镗杆的矩形孔内，并能沿镗杆径向自由滑动，由两个对称的切削刃产生的切削力自动平衡其位置。浮动镗刀片的尺寸可用螺钉调整，镗孔时因刀具由孔本身定位，故不能纠正原有孔的轴线歪斜只适于精镗。浮动镗刀片是双刃切削，操作简便，故生产率较高。但刀具成本较单刃镗刀高，因此常用于批量生产。

3. 镗床工作

在镗床上可进行一般孔的钻、扩、铰、镗外，还可以车端面、车外圆、车螺纹、车沟槽、铣平面等(图 16.40)。对于较大的复杂箱体类零件，镗床能在一次装夹中完成各种孔和

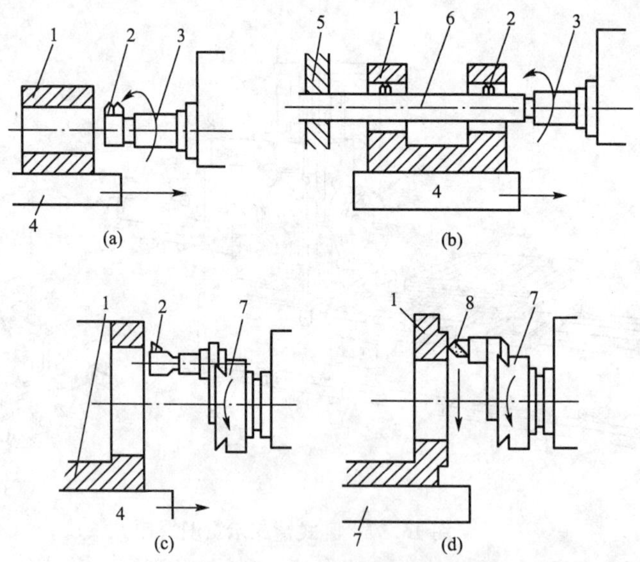

图 16.40　卧式镗床工作

(a) 镗孔；(b) 镗同轴孔；(c) 镗大孔；(d) 镗端面

1—工件；2—镗刀；3—主轴；4—工作台；5—镗杆支承；6—镗杆；7—转盘；8—端面镗刀

箱体表面的加工，并能较好地保证其尺寸精度和形状位置精度，这是其他机床难以胜任的。

镗削加工精度可达 IT6，表面粗糙度 *Ra* 值最高为 1.6～0.8μm。

16.2.6　磨削加工

磨削是精加工工序，余量一般为 0.1～0.3mm，加工精度高(一般可达 IT6～IT5)，表面粗糙度小(*Ra*0.8～0.2μm)。磨削中砂轮担任主要的切削工作，所以可加工特硬材料及淬火工件，但磨削速度高，切削热很大，为避免工件烧伤、退火，磨削时需要充分的冷却。磨削适于加工各种表面，包括外圆、内孔、平面、花键、螺纹和齿形磨削(图 16.41)。

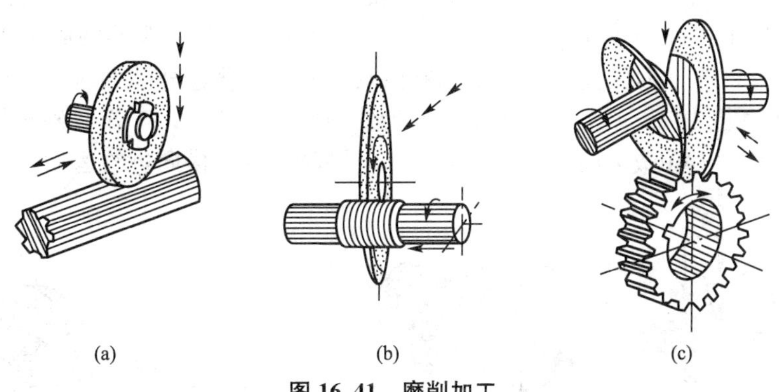

图 16.41　磨削加工

(a) 花键磨削；(b) 螺纹磨削；(c) 齿形磨削

1. 平面磨削

磨削平面是在平面磨床上进行的，图 16.42 为平面磨床的外形图。磨削时，砂轮的高速旋转是主切削运动，机床的其他运动分别为纵向、横向(圆周)和垂直进给运动，工件一般用磁力工作台直接安装。

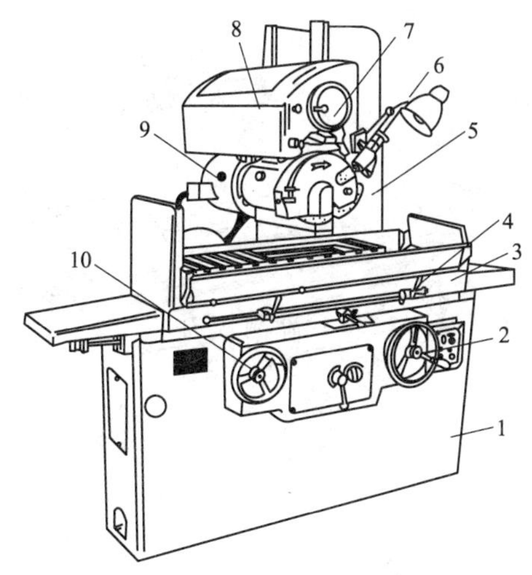

图 16.42　平面磨床的外形图

1—床身；2—垂直进给手轮；3—工作台；4—行程挡块；
5—立柱；6—砂轮修整器；7—横向进给手轮；
8—拖板；9—磨头；10—驱动工作台手轮

磨平面可分为周磨和端磨两种(图 16.43)。

周磨法是用砂轮的圆周面磨削平面。砂轮与工件接触面积小，工件发热量少，砂轮磨损均匀，所以加工质量较高，但生产率相对较低，适用于精磨。

端磨法是用砂轮的端面磨削平面。砂轮与工件的接触面积相对较大，冷却液又不易浇注到磨削区内，故工件的发热量大，且砂轮端面各点的线速度不同，造成磨损不均匀，所以加工质量较周磨为低，但生产率高，故适用于粗磨。

2. 外圆磨削

外圆磨削可以在普通外圆磨床、万能外圆磨床以及无心外圆磨床上进行。

在外圆磨床上可以磨削工件的外圆柱面及外圆锥面，在万能外圆磨床上不仅能磨削内、外圆柱面及外圆锥面，而且能磨削内锥面及平面。在普通外圆磨床或万能外圆磨床上磨外圆时，通常用顶尖装夹工件。图 16.44 为外圆磨削示意图，工作时砂轮的高速旋转运动为主切削运动，工件做圆周、纵向进给运动，同时砂轮做横向进给运动。

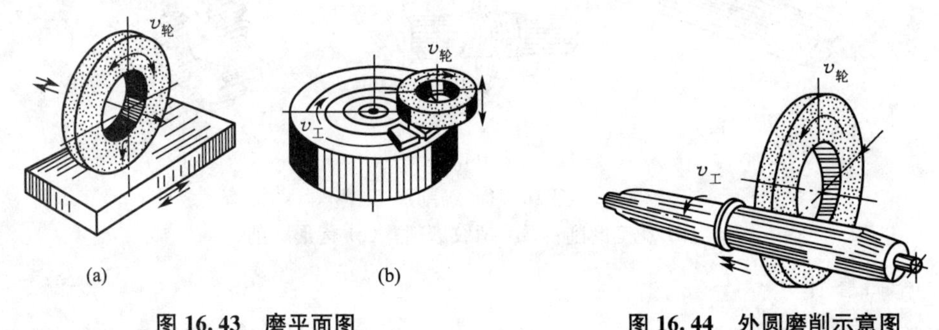

图 16.43　磨平面图

(a) 周磨；(b) 端磨

图 16.44　外圆磨削示意图

外圆磨床由床身、工作台、头架、尾架和砂轮架等部件组成(图 16.45)。

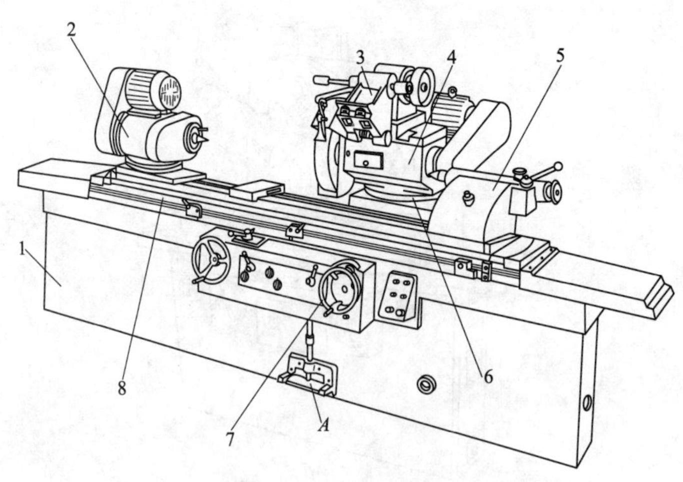

图 16.45　万能外圆磨床

1—床身；2—头架；3—内圆磨具；4—砂轮架；5—尾架；6—滑鞍；7—手轮；8—工作台；A—脚踏操纵板

在无心外圆磨床上磨削外圆的工艺方法称无心外圆磨(图 16.46)。磨削时，工件不用顶尖支承，而置于磨轮和导轮之间的托板上，磨轮与导轮同向旋转以带动工件旋转并磨削工件外圆。导轮轴线倾斜所产生的轴向分力使工件产生自动的轴向位移。无心外圆磨自动化程度高、生产率高，适于磨削大批量的细长轴及无中心孔的轴、套、销等零件。

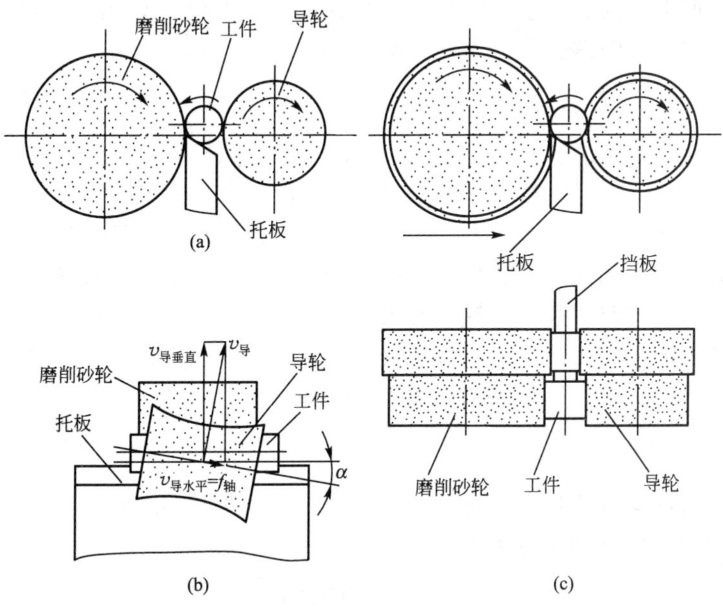

图 16.46　无心外圆磨床磨削示意图

3. 内圆磨削

磨内圆可在普通内圆磨床、万能外圆磨床上完成。如图 16.47 所示，由于砂轮及砂轮杆的结构受到工件孔径的限制，其刚度一般较差，且磨削条件也较外圆为差；故其生产率相对较低，加工质量也不如外圆磨削。顺便指出：万能外圆磨床兼有普通外圆磨床和普通内圆磨床的功能，故尤其适于磨削内外圆同轴度要求很高的工件。

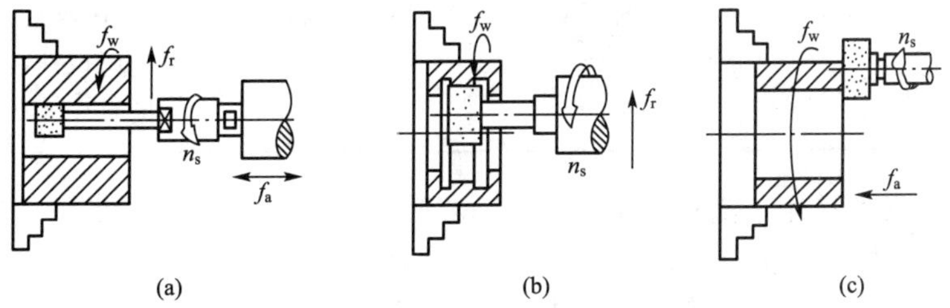

图 16.47　普通内圆磨床的磨削方法

16.3　常见表面加工方法

在实际生产中，一个零件或其某个表面，一般不是在一台机床用一种工艺方法就可完成的，往往要经过一些工艺过程才能完成。多种多样的零件无论是复杂的还是简单的，其形状大多由外圆面、内圆面(孔)、平面或成形面等构成。下面介绍这些表面加工的工艺方法。

16.3.1　外圆面加工

外圆表面是轴类、盘类、套类零件以及外螺纹、外花键、外齿轮等坯件的主要表面。外圆面加工在零件加工中占有十分重要的地位。

1. 外圆表面的技术要求

尺寸精度：包括外圆的直径及外圆面长度两个方面的尺寸精度。

形状精度：包括圆度、轴线或素线的直线度、圆柱度等。

位置精度：包括同一回转轴线上不同直径外圆或外圆与内圆的同轴度、不在同一回转轴线上两个外圆面轴线的平行度、外圆轴线对端面或其他基准间的垂直度等。

表面质量：通常主要有表面粗糙度要求。

此外，毛坯成形及其质量要求，工件材料及其热处理要求，重要零件的关键工序工艺参数选择等均在不同程度上影响外圆面的加工过程。

2. 外圆加工方案

外圆面的主要加工方法是车削和磨削，少量有特殊要求的外圆面也可能用到光整或精密加工，外圆表面常用的加工方案见表 16-1。

表 16-1　外圆表面常用的加工方案

加工方案	尺寸公差等级	表面粗糙度 $Ra/\mu m$	适用范围
粗车	IT13～IT11	25～12.5	常用于加工一般硬度的各种金属和某些非金属材料的工件。对难加工材料应采用新型刀具材料的车刀
粗车—半精车	IT10～IT9	6.3～3.2	
粗车—半精车—精车	IT8～IT6	1.6～0.8	
粗车—半精车—磨削	IT8～IT7	0.8～0.4	可用于淬火和不淬火钢件、铸铁件，不宜加工韧性大的有色金属件
粗车—半精车—粗磨—精磨	IT6～IT5	0.4～0.2	

外圆加工方案的选用，简述如下。

(1) 粗车：一般只作为外圆的预加工，很少用作终加工。

(2) 粗车—半精车：用于零件上非配合表面，或不重要的配合表面。

(3) 粗车—半精车—精车：主要用于以下情况：①铝合金、铜合金等有色金属外圆面加工；②在单件小批生产中，希望在车床一次装夹中车削外圆、端面和孔，以保证它们之间的位置精度的盘、套类零件的外圆。

(4) 粗车—半精车—磨削：用于加工较高精度的或需要淬火的轴类和套类零件的外圆。

(5) 粗车—半精车—粗磨—精磨：用于加工更高精度的轴类和套类零件的外圆以及作为精密加工前的预加工。

16.3.2　孔加工

孔也是零件的主要组成表面之一。孔除具有与外圆面相应的技术要求外，某些孔间或孔与基准间还有位置精度的要求。

1. 孔的加工特点

常规孔加工中，由于受到孔径限制，刀具刚度差，加工时散热、冷却、排屑条件差，测量也不方便，因此，在精度相同的前提下，孔加工要比外圆困难些。为了便于工件装夹和孔的加工，保证加工质量和提高生产率，常需根据零件的结构类型、孔在零件上所处的部位以及孔与其他表面的位置精度等条件进行机床的选择。

2. 孔加工机床

图 16.48 为常用零件上孔的类型及适合加工的机床。可见，孔加工的设备有钻床、镗床、铣床、车床、拉床、磨床等，除了上述设备相应的工艺方法外，还有铰孔、珩磨、研磨及内孔挤压等工艺方法。

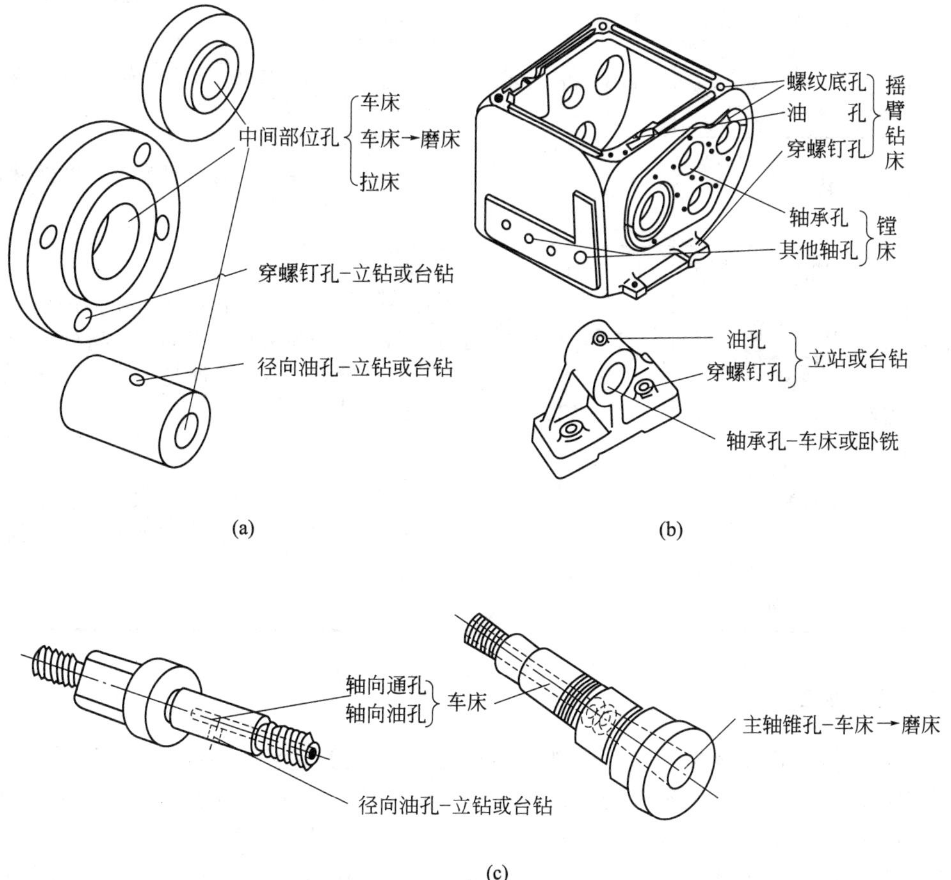

图 16.48　常用零件上孔的类型及适合加工的机床

(a) 盘套类零件；(b) 支架、箱体类零件；(c) 轴类零件

3. 孔加工方案

在孔的加工中，除了要考虑孔的结构及该孔处于零件的部位正确选择机床外，加工方案还需依据孔径的大小、表面精度、表面粗糙度、工件材料、热处理要求以及加工批量等因素进行选择，加工方案详见表 16－2。

表 16－2　孔加工方案

<table>
<tr><th>类别</th><th>加工方案</th><th>尺寸公差等级</th><th>表面粗糙度 Ra/μm</th><th colspan="2">适用范围</th></tr>
<tr><td>钻削类</td><td>钻</td><td>ITl3～IT11</td><td>25～12.5</td><td colspan="2">用于任何批量生产中，工件实体部位的孔加工，常用于 Φ50 以下孔的加工</td></tr>
<tr><td rowspan="4">铰削类</td><td>钻—铰</td><td>IT8～IT7</td><td>3.2～1.6</td><td>常用于 φ10 以下</td><td rowspan="3">用于中批生产的一般孔以及单件小批生产的细长孔。可加工不淬火的钢件、铸铁件和有色金属件</td></tr>
<tr><td>钻—扩—铰</td><td>IT8～IT7</td><td>1.6～0.8</td><td rowspan="2">孔径 φ10～φ100</td></tr>
<tr><td>钻—扩—粗铰—精铰</td><td>IT7～IT6</td><td>0.8～0.4</td></tr>
<tr><td>粗镗—半精镗—铰</td><td>IT8～IT7</td><td>1.6～0.8</td><td colspan="2">用于中批生产中 φ30～φ100 铸、锻孔的加工</td></tr>
<tr><td>拉削类</td><td>钻—拉或粗镗—拉</td><td>IT8～IT7</td><td>1.6～0.4</td><td colspan="2">用于大批大量生产，工件材料同铰削类</td></tr>
<tr><td rowspan="3">镗削类</td><td>(钻)—粗镗—半精镗</td><td>IT10～IT9</td><td>6.3～3.2</td><td colspan="2" rowspan="3">多用于单件小批生产中加工除淬火钢外的各种钢件、铸铁件和有色金属件。大批大量生产利用镗模</td></tr>
<tr><td>(钻)—粗镗—半精镗—精镗</td><td>IT8～IT7</td><td>1.6～0.8</td></tr>
<tr><td>粗镗—半精镗—浮动镗</td><td>IT8～IT7</td><td>1.6～0.8</td></tr>
<tr><td rowspan="2">镗磨类</td><td>(钻)—粗镗—半精镗—磨</td><td>IT8～IT7</td><td>1.6～0.8</td><td colspan="2" rowspan="2">用于淬火钢、不淬火钢及铸铁件的孔加工，不宜磨削韧性大的有色金属件</td></tr>
<tr><td>(钻)—粗镗—半精镗—粗磨—精磨</td><td>IT7～IT6</td><td>0.8～0.4</td></tr>
</table>

16.3.3　平面加工

平面是箱体、机座及板块状零件的主要表面，也是其他绝大多数零件不可缺少的表面。平面按加工位置可分为水平面、垂直面、斜面和端面。平面的技术要求有平面度、直线度、平行度、垂直度、对称度、跳动公差和尺寸公差及表面粗糙度等。

平面的普通加工方法有车削、铣削、刨削、拉削、磨削等。选择加工方法时，需依据平面的大小、表面精度、表面粗糙度、工件材料、热处理要求以及加工批量等因素进行合理选择。表 16－3 是平面的加工方案。

表 16 - 3　平面的加工方案

加工方案	直线度/(mm/m)	尺寸公差等级	表面粗糙度 Ra/μm	适用范围
粗车—精车	0.04～0.08		3.2～1.6	一般用于车削工件的端面
粗铣或粗刨		IT13～IT11	25～12.5	加工不淬火钢、铸铁和有色金属件的平面。刨削多用于单件小批生产，拉削用于大批大量生产
粗铣—精铣	0.08～0.12	IT10～IT7	6.3～1.6	
粗刨—精刨	0.04～0.12	IT10～IT7	6.3～1.6	
粗铣(刨)—拉	0.04～0.1	IT9～IT7	3.2～0.4	
粗铣（刨)—精铣(刨)—磨	0.01～0.02	IT6～IT5	0.8～0.2	淬火及不淬火钢、铸铁的中小型零件的平面
粗铣(刨)—精铣(刨)—导轨磨	0.007～0.01	IT6～IT5	0.8～0.2	磨削各种导轨面

16.3.4　成形面加工

具有成形面的零件在机械中应用也很多，如机床操作手柄、凸轮、模具型腔、螺纹齿轮等(图 16.49)。

成形面加工通常采用两种形式：用成形刀具加工(图 16.50)；使工件与刀具间产生满足加工要求的相对切削运动进行加工(图 16.51)。

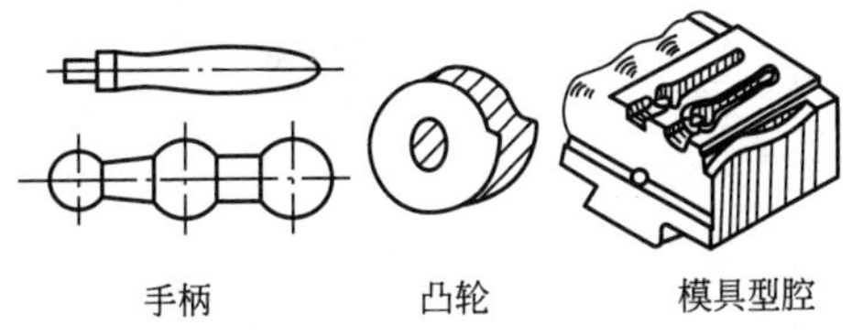

图 16.49　常见的成形面

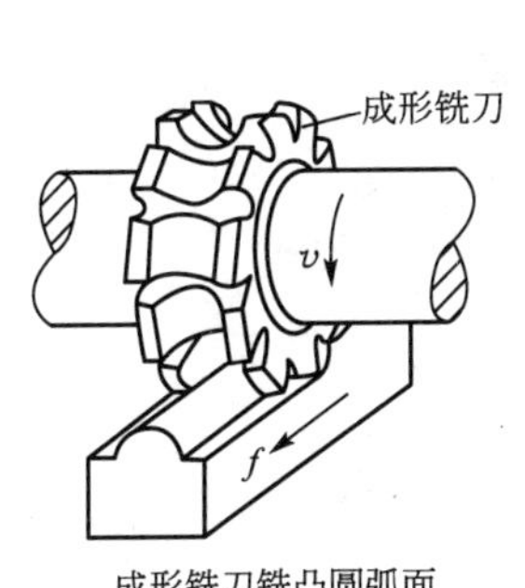

图 16.50　成形铣刀加工成形面

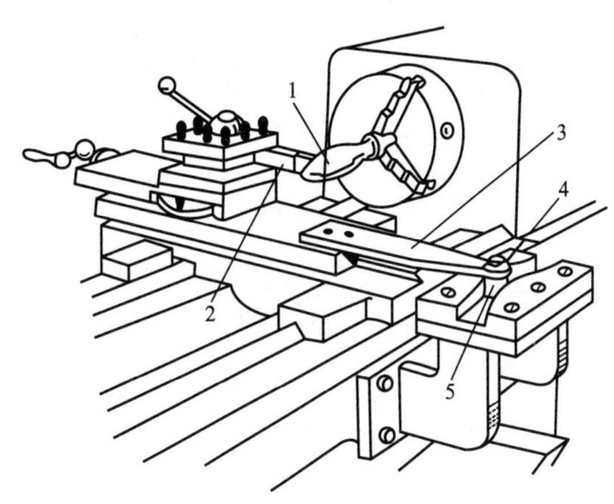

图 16.51　靠模车成形面

1—工件；2—车刀；3—拉板；4—紧固件；5—滚柱

用成形刀具加工生产率高、操作简单，但刀具刃磨复杂，且工作主切削刃不宜太长。

工件与刀具间相对切削运动一般由靠模进行控制。

通用机床常采用机械式靠模加工成形面，专用机床则常采用液压靠模、电气靠模，后两者因靠模针与靠模的接触力极小，从而可使靠模的制造过程简化，故在成形面加工中应用较多。

单件或小批生产精度要求不高的成形面可用手控或划线-手控的方式进行加工，随后亦可安排修研工序使精度得到一定程度的提高。

成形面加工除在一定程度上应用通用设备外，较多地采用专用设备，如仿形机床、螺纹机床、齿轮机床等。随着各种数控机床的发展，许多较复杂、精度要求较高、批量不大的成形面加工变得越来越方便，可靠、经济。

思 考 题

(1) 比较车床钻孔和钻床钻孔的不同。

(2) 车床镗孔和镗床镗孔有什么不同？

第17章 先进制造技术简介

了解常用先进制造工艺技术及其特点和应用范围；了解现代制造业的自动化技术；认识先进制造理论、管理技术与生产模式。

知识要点	能力要求
先进制造工艺技术	了解特种加工、超高速切削、快速原形制造等技术特点和应用
制造自动化技术	初步认识CNC技术、工业机器人、柔性制造、计算机集成制造系统等现代制造自动化新技术，理解各类技术的特点及应用
先进制造理论、管理技术与生产模式	初步认识精益生产、并行工程、敏捷制造、网络化制造等先进的制造、管理与生产模式

导入案例

虚拟制造(VM)

虚拟制造(Virtual Manufacturing)又叫拟实制造，如图17.1所示，是20世纪80年代后期美国首先提出来的一种新思想，它是利用信息技术、仿真技术、计算机技术等对现实制造活动中的人、物、信息及制造过程进行全面的仿真，以发现制造中可能出现的问题，在产品实际生产前就采取预防措施，使得产品一次性制造成功，以达到降低成本、缩短产品开发周期、增强企业竞争力的目的。在虚拟制造中，产品从初始外形设计、生产过程的建模、仿真加工、模型装配到检验整个的生产周期都是在计算机上进行模拟和仿真的，不需要实际生产出产品来检验模具设计的合理性，因而可以减少前期设计给后期加工制造带来的麻烦，更可以避免模具报废的情况出现，从而达到提高产品开发的一次成品率、缩短产品开发周期、降低企业的制造成本的目的。

为了降低劳动强度、提高产品质量和提升市场变化的响应能力，制造自动化成为人们长期追求的目标。随着机械、电子、控制、通信、材料及管理等科学技术的不断进步，制造自动化水平越来越高。

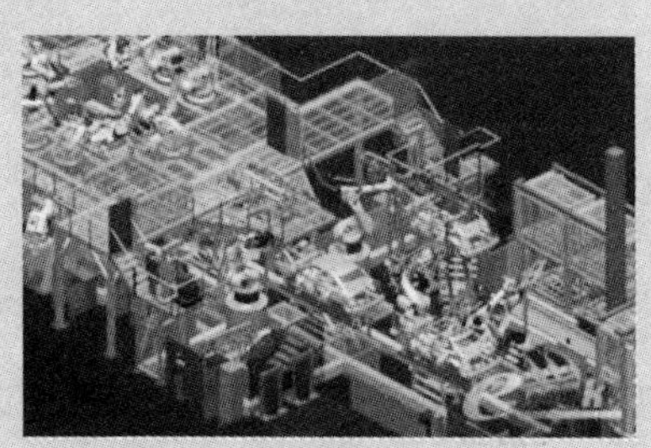

图17.1　虚拟制造

先进制造技术“AMT”是传统制造技术不断吸收机械、电子、信息、材料、能源和现代管理技术的成果，并将其综合应用于产品设计、加工、检测、管理、销售、使用、服务的机械制造全过程，以实现优质、高效、低耗、清洁、灵活生产，提高对动态多变的市场的适应能力和竞争能力的制造技术的总称。主要内容包括先进制造工艺技术、制造自动化技术和先进制造生产模式。

17.1　先进制造工艺技术

17.1.1　特种加工

近几十年来，随着科学技术的发展，各种新材料、新结构、形状复杂的精密机械零件大量涌现，对机械制造业提出了一系列迫切需要解决的新问题。例如，各种难切削材料的加工问题；形状复杂、尺寸庞大或微小结构制造；薄壁、弹性零件的精密加工，等等。对此，采用传统加工方法十分困难，甚至无法实现。特种加工方法是将电、声、光、热、磁以及化学等能量或将其组合施加在工件的被加工部位上，从而实现材料的去除、变形、改性、镀覆等操作，达到零件的相应技术要求。这些非传统加工方法统称为特种加工。

特种加工一般按能量形式和作用原理进行如下分类：①电能与热能作用方式有：电火花成形与穿孔加工(EDM)、电火花线切割加工(WEDM)、电子束加工(EBM)和等离子体加工(PAM)；②电能与化学能作用方式有：电解加工(ECM)、电铸加工(ECM)和刷镀加工；③电化学能与机械能作用方式有：电解磨削(ECG)、电解珩磨(ECH)；④声能与机械能作用方式有：超声波加工(USM)；⑤光能与热能作用方式有：激光加工(LBM)；⑥电能与机械能作用方式有：离子束加工(IM)；⑦液流能与机械能作用方式有：水射流切割(WJC)、磨料水喷射加工(AWJC)和挤压珩磨(AFH)。此外还有一些属于表面工艺，如电解抛光、化学抛光、电火花表面强化、镀覆、离子束注入掺杂等。

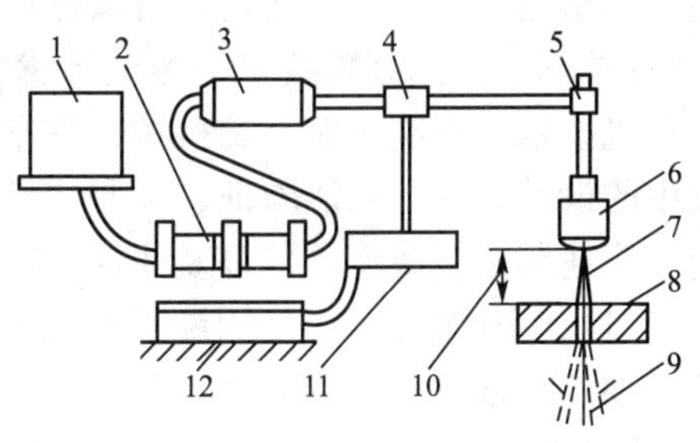

图 17.2 水喷射加工装置示意图

1—带过滤器的水箱；2—水泵；3—储液蓄能器；4—控制器；5—阀；6—蓝宝石喷嘴；7—射流束；8—工件；9—排水口；10—压射距离；11—液压系统；12—增压器

例如近年来发展应用很快的水喷射加工即为一种特种加工方式。水喷射加工装置由下列部分组成，如图 17.2 所示：①超高压水射流发生器；②磨料混合和液流处理装置；③喷嘴；④数控三维切割机床；⑤外围设备等。水喷射可以加工金属、非金属(石材、玻璃)、木材与纸制品、塑料制品、织物与革制品等。切削的切缝宽度约 0.5mm，切出表面的粗糙度 Ra 为 12.5μm，切割精度达±0.05mm。

17.1.2 超高速切削

超高速切削是近年来发展起来的一种集高效、优质和低耗于一身的先进制造工艺技术。超高速切削是指采用超硬材料刀具和能可靠地实现高速运动的高精度、高自动化、高柔性的制造设备，以极大地提高切削速度来达到提高材料切除率和加工质量的现代制造加工技术。其显著标志是使被加工塑性金属材料在切除过程中的剪切滑移速度达到或超过某一域限值，开始趋向最佳切除条件，使被加工材料切除所消耗的能量、切削力、刀具磨损、加工表面质量等明显优于传统切削，加工效率也大大高于传统切削。

对于不同加工方法和不同加工材料，超高速切削的切削速度各不相同。通常认为超高速切削各种材料的切削速度范围为：铸铁为 900～5000m/min；钢为 600～3000m/min；铝合金为 2000～7500m/min。就加工工种来说，超高速切削的车削速度为 700～7000m/min；铣削速度为 300～60000m/min；钻削速度为 200～1100m/min；磨削速度为 150m/s 以上。

超高速切削用刀具材料要求强度高，耐热性能好。常用的刀具材料有：带涂层的硬质合金刀具、陶瓷刀具、立方氮化硼(CBN)或聚晶金刚石(PCD)刀具。试验表明，在同等情况下，其寿命往往比常规速度下的刀具寿命还要长。

超高速机床是实现超高速切削的前提条件和关键因素。超高速切削对机床的主要要求如下：①高速主轴是高速切削的首要条件，电主轴是高速主轴单元的理想结构。轴承可采用高速陶瓷滚动轴承和磁浮轴承。②快速反应的数控伺服系统和进给部件，采用多头螺纹行星滚柱丝杠代替目前的滚珠丝杠，或采用直线伺服电动机。③采用高压大流量喷射冷却系统。④有一个“三刚”(静刚度、动刚度、热刚度)特性都很好的机床支承件，如用聚合物混凝土，即“人造花岗岩”制成的超高速机床的床身或立柱。

17.1.3 快速原型制造技术(RPM)

RPM 技术是一种快速产品开发和制造的技术，利用光、电、热等手段，通过固化、烧结、粘结、熔结等方式，将材料逐层或逐点堆积，形成所需的制件。它综合应用CAD/CAM技术、数据处理技术、测试传感技术、激光技术等多种机械电子技术、材料技术和计算机技术，在航空航天、机械、汽车、电子、医疗等领域得到了广泛应用。用于产品开发中的设计评价、功能验证、可制造性和可装配性检验、非功能性样品制作、快速模具制造、快速制造金属型零件以及快速反求工程等。RPM技术主要方法有以下几种。

(1) 光固化法(SL)使用液态光敏树脂为成形材料，计算机控制光束按零件的分层截面信息逐点扫描树脂表面，使树脂薄层产生光聚合反应而硬化，形成零件的一个薄层，如图17.3所示。接着，工作台下移一层，再次扫描，又在原固化层上产生新的一个薄层，如此反复，直至零件制造完毕。

(2) 迭层法(LOM)在基板上铺一层箔材(如箔纸)，计算机控制CO_2激光器按分层信息切出轮廓，并将多余部分切成碎片去除，然后再铺一层箔材，用热辊辗压，粘结在前一层上，再用激光器切割该层形状。如此反复，直至加工完毕，如图17.4所示。

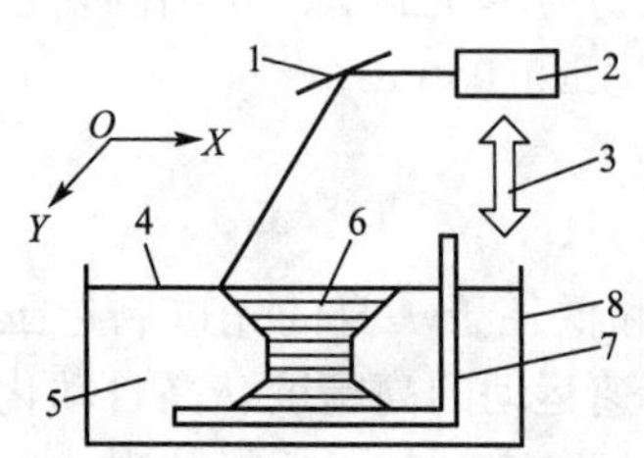

图17.3　光固化法成形原理

1—扫描镜；2—激光器；3—Z轴升降台；4—树脂表面；5—光敏树脂；6—零件；7—托；8—树脂槽

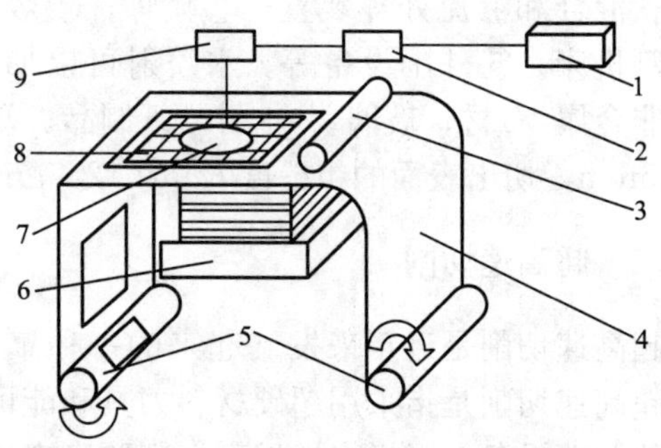

图17.4　迭层法成形原理

1—激光器；2—光电系统；3—加热辊；4—纸料；5—滚筒；6—工作平台；7—零件；8—边角料；9—X/Y扫描系统

(3) 烧结法(SLS)将粉末材料(塑料、金属粉、蜡粉等)预热，用辊子铺平，计算机控制CO_2激光器按分层信息有选择地烧结粉末材料，如图17.5所示。一层完成后再重复作下一层烧结，直至零件成形，最后去掉多余粉末。

(4) 熔融沉积法(FDM)成形过程中喷头喷出的熔融材料(ABS、尼龙或石蜡等)在工作台带动下，按截面形状铺在底板上，逐层加工，直至零件加工完毕，如图17.6所示。

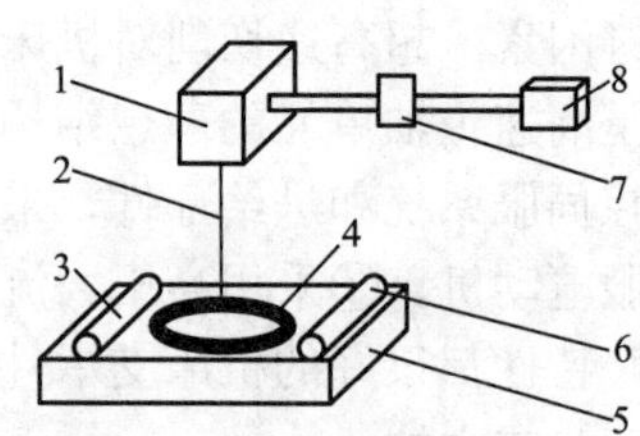

图17.5　烧结法成形原理

1—扫描镜；2—激光束；3—铺粉装置；4—零件；5—Z轴升降台；6—刮平辊子；7—透镜；8—激光器

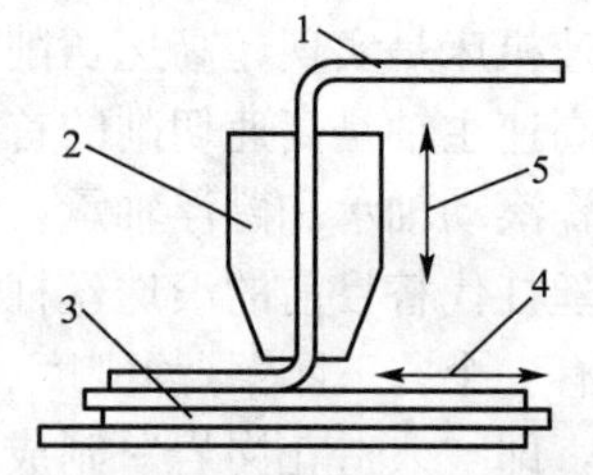

图17.6　熔融沉积法成形原理

1—丝材；2—加热头；3—零件；4—X/Y驱动；5—Z向进给

17.2　制造自动化技术

17.2.1　CNC 技术

数控技术是指用数字化信号(记录在媒介上的数字信息及数字指令)对设备运行及其加工过程进行控制的一种自动化技术。如果一台设备(如切削机床、锻压机械、切割机、绘图机等)实现其自动工作的命令是以数字形式来描述的，则称其为数控设备。传统的数控系统的核心数字控制装置，是由各种逻辑元件、记忆元件组成的随机逻辑电路，采用固定接线的硬件结构，数控功能是由硬件来实现的，这类数控系统称之为硬件数控，也称为 NC 数控系统。随着半导体技术、计算机技术的发展，微处理器和微型计算机功能增强，价格下降，数字控制装置已发展成为计算机数字控制装置，即所谓的 CNC 装置，它由软件来实现部分或全部数控功能。这类数控系统称之为软件数控，也称为 CNC 数控系统。

CNC 系统是由程序、输入输出设备、计算机数字控制装置、可编程控制器(PLC)、主轴控制单元及速度控制单元等部分组成，如图 17.7 所示。

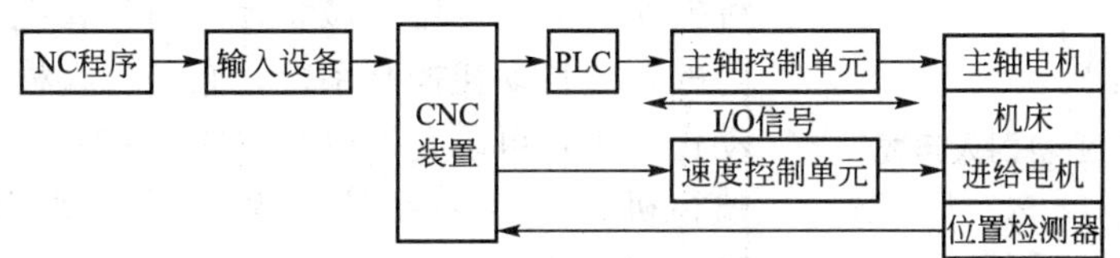

图 17.7　CNC 系统的组成框图

现代 CNC 系统往往包含一台微型计算机或采用多微处理机体系结构，它们都具有高度的柔性，逻辑控制、几何数据处理以及程序的执行由 CPU 统一管理。CNC 系统主要的特点有：①由于微型计算机的应用，减少了硬件，增加了设备的可靠性；②不依赖于硬件而独立使用，可用于不同种类的机床；③改变控制功能比较容易；④后置处理以软件方式实施；⑤编码转换器允许采用不同编码的数控程序(EIA 或 ISO 编码)；⑥插补程序使零件编程变得简便；⑦可以监测和修正刀具磨损；⑧CNC 系统与用户界面友好。

计算机数控技术是机械、电子、自动控制理论、计算机和检测技术密切结合的机电一体化高新技术，是实现制造过程自动化的基础，是自动化柔性系统的核心。

计算机数控技术向高速化、高精度化、多功能化、多轴控制、智能化、模块化、小型化及开放式结构方向发展。以 32 位 CPU 为核心的 CNC 系统具有极快的数值处理能力，能同时实现几个过程的闭环控制以及完成高阶计算任务，其应用使得数控系统的输入、译码、计算、输出等环节都是在高速下完成，并可提高 CNC 系统的分辨率及实现连续小程序段的高速、高精度加工。现代 CNC 系统具有多种监控、检测及补偿功能，很强的通信功能、自诊断功能，具有丰富的图形功能和自动程序设计功能，便于实现人机对话及高级故障诊断技术。CNC 系统为用户提供了强大的联网能力，便于数控编程、加工一体化及柔性自动化系统联网，扩大数控系统的应用范围。现代数控系统智能化的发展，目前主要体现在以下一些方面：工件自动检测、自动定心，刀具破损检测及自动更换备用刀具；刀具寿命及刀具收存情况管理；负载监控；数控管理；维修管理；采用前馈控制实时补偿矢动量的功能；依据加工时的热变形，对滚珠丝杠等的伸缩进行实时补偿。总线式、模块化结构的 CNC 装置，采用多微处理机、多主总线体系结构。模块化有利于用户的需要，可构成最大或最小系统。对于技术功能和接口方面的柔性是由结构式软件模块来保证的。标准化硬件模块和专用的可规划软件模块的发展趋势已扩大到驱动装置及控制和驱动之间数字化匹配领域。德国的 SINUMERIK840D 系统，主控组件选用 386D 或 486DX，具有 1～4 个通道，可实现直线与圆弧、螺旋线、5 轴螺旋线、圆柱及样条插补等功能，并有多种校正及补偿功能，体积仅为 50mm×316mm×207mm。新一代数控系统体系结构向开放式系统发展。CNC 制造商、系统集成者、用户都希望“开放式的控制器”，能够自由地选择 CNC 装置、驱动装置、伺服电动机、应用软件等数控系统的各个构成要素，并能采用规范的、简便的方法将这些构成要素组合起来。

17.2.2　工业机器人 IR

工业机器人 IR(Industrial Robot)是整个制造系统自动化的关键环节之一，是机电一体化的高技术产物。工业机器人是一种可以搬运物料、零件、工具或完成多种操作功能的专用机械装置；由计算机控制，是无人参与的自主自动化控制系统；它是可编程、具有柔性的自动化系统，可以允许进行人机联系。工业机器人一般由执行机构、控制系统、驱动系统 3 部分组成，如图 17.8 所示。

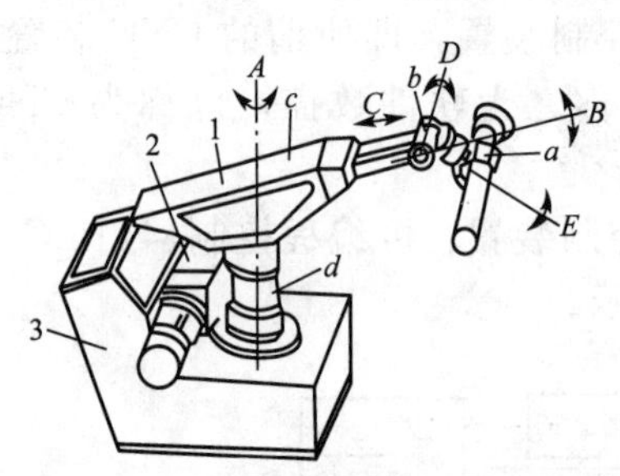

图 17.8　工业机器人组成

1—执行机构；2—控制系统；3—驱动系统

1. 执行机构

执行机构是一种具有和人手臂相似的动作功能，可在空间抓放物体或执行其他操作的机械装置，通常包括机座 d、手臂 c、手腕 b 和末端执行器 a。末端执行器是机器人直接执行工作的装置，安装在手腕或手臂的机械接口上，根据用途可分为机械式、吸附式和专用工具(如焊枪、喷枪、电钻和电动螺纹拧紧器等)3 类。

2. 控制系统

控制系统用来控制工业机器人按规定要求动作，大多数工业机器人采用计算机控制。这类控制系统分成决策级、策略级和执行级 3 级。决策级的功能是识别环境、建立模型，将作业任务分解为基本动作序列；策略级将基本动作变为关节坐标协调变化的规律，分配给各关节的伺服系统；执行级给出各关节伺服系统的具体指令。

3. 驱动系统

驱动系统是按照控制系统发出的控制指令将信号放大，驱动执行机构运动的传动装置。常用的有电气、液压、气动和机械等 4 种驱动方式。除此之外，机器人可以配置多种传感器(如位置、力、触觉、视觉等传感器)，用以检测其运动位置和工作状态。

工业机器人的分类方法很多，一般按照下列情况分类。

(1) 按坐标形式分：直角坐标式(3 个直线坐标)、圆柱坐标式(一个回转轴和二个直线坐标)、极坐标式(二个回转轴和一个直线坐标)、关节式(3 个回转轴)。

(2) 按控制方式分：点位控制和连续轨迹控制。

(3) 按驱动方式分：电力驱动、液压驱动和气压驱动机器人。

(4) 按信息输入方式分：人操作机械手、固定程序机器人、可变程序机器人、程序控制机器人、示教再现机器人和智能机器人。

(5) 现有工业机器人主要用于机械制造、汽车工业、金属加工、电子工业、塑料成形等行业。从功能上看，这些应用领域涉及机械加工、搬运、工件及工夹具装卸、焊接、喷漆、装配、检验和抛光修正等。除此之外，机器人在核能、海洋和太空探索、军事、家庭服务等领域的应用越来越广泛。随着材料技术、精密机械技术、传感器技术、微电子及计算机技术、人工智能技术的迅猛发展，机器人技术也在不断地发展。

17.2.3　柔性制造系统(FMS)

柔性制造系统是由数控加工设备、物料运储装置和计算机控制系统等组成的自动化制造系统。它包括多个柔性制造单元，能根据制造任务或生产环境的变化迅速进行调整，以适应多品种、中小批量生产。

FMS(Flexible Manufacturing System)主要由加工系统(数控加工设备，一般是加工中心)、物料系统(工件和刀具运输及存储)以及计算机控制系统(中央计算机及其网络)组成。

1. 加工系统

加工系统包括由两台以上的数控机床、加工中心或柔性制造单元以及其他的加工设备所组成，例如测量机、清洗机、动平衡机和各种特种加工设备等。

2. 物料系统

物料系统包括自动化立体仓库、传送带、自动导引小车、工业机器人、上下料托盘、交换工作台等机构，能对刀具、工夹具、工件和原材料等物料进行自动装卸、完成工序间的自动传送和运储。

3. 计算机控制系统

能够实现对 FMS 的运行控制、刀具管理、质量控制，以及 FMS 的数据管理和网络通信。

FMS 还包括刀具监控和管理系统、冷却系统、切屑系统等附属设备。

FMS 的基本工作方式是：各个制造单元沿着中央物料运送系统分布。运料小车将一个特定的零件送到所需的制造单元时，相应的机器人将其拾取并将它安装在制造单元的某台 CNC 机床上进行自动加工；加工后，机器人会把零件返回到运料小车上，送至下一个 CNC 机床或制造单元上，如此重复，直至零件加工完成；机器人卸下零件，送到自动检测站，检测合格后，送到立体仓库。各个制造单元之间的协调和零件的流程控制均在计算机控制系统的统一管理下完成。

按照制造系统的规模、柔性和其他特征，FMS 有以下不同的应用形式：柔性制造单元 FMC、柔性制造系统 FMS、柔性制造线 FML 和柔性制造工厂 FMF(又称自动化工厂 FA)。图 17.9 为典型的柔性制造系统。

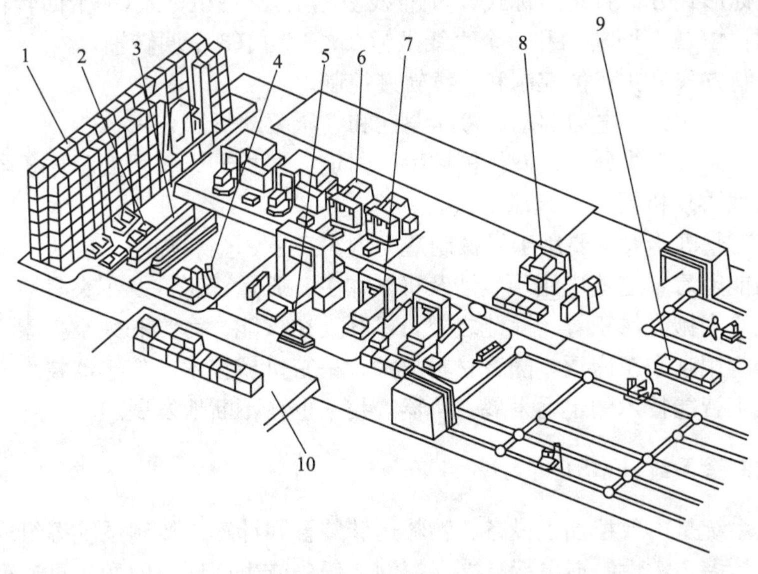

图 17.9　典型的柔性制造系统

1—自动仓库；2—装卸站；3—托盘站；4—检验机器人；5—自动小车；
6—卧式加工中心；7—立式加工中心；8—磨床；9—组装交付站；10—计算机控制室

FMS 的主要特点为：设备利用率高，提高产品制造的柔性或灵活性，缩短制造产品的准备时间，减少工厂的库存，提高产品质量和生产率，大幅度降低中小批生产零件的成本。

17.2.4　计算机集成制造系统(CIMS)

CIMS(Computer Integrated Manufacturing System)是一种概念、一种哲理，它指出在制造企业中将从市场分析、经营决策、产品设计，经过制造过程各环节，最后到销售和售后服务，包括原材料、生产和库存管理、财务资源管理等全部运营活动，在一种全局集成规划指导下，在更充分发挥人的集体智慧和合作精神的氛围中，关联起来集合成一个整体，逐步实现全企业的计算机化。其目的是实现企业内更短的设计生产周期，改善企业经营管理，适应市场的迅速变化，获得更大经济效益。CIMS 哲理很快被制造业接受，并演变成一种可以实现的先进生产模式——计算机集成制造系统(CIMS)。它是应用现代管理技术、制造技术、信息技术、自动化技术、系统工程技术于一体的系统工程。CIMS 并不等于全盘自动化，CIMS 的核心在于集成，是人、技术和经营 3 大方面的集成，以便在信息和功能集成的基础上使企业组成一个统一的整体，保证企业内的工作流程、物质流和信息流畅通无阻。

CIMS 在我国的研究、开发与应用取得了重大进展，得到了国际同行的认可。清华大学、华中科技大学的 CIMS 工程研究中心和北京第一机床厂 CIMS 工程分别获得美国制造工程师学会(SME)的 CIMS 应用开发“大学领先奖”和“工业领先奖”。目前应用 CIMS 的工厂覆盖了机械、电子、航空、航天、石油、化工、纺织、轻工、冶金、邮电等行业。

CIMS 的基本组成如图 17.10 所示。

1. 管理信息系统

管理信息系统是 CIMS 的神经中枢，指挥与控制着其他各个部分有条不紊地工作。它通常包括预测、经营决策、各级生产计划、生产技术准备、销售、供应、财务、成本、设备、工具、人力资源等各项管理信息功能模块。

2. 工程设计自动化系统

包含产品的概念设计、工程与结构分析、详细设计、工艺设计以及数控编程等，即通常所说的 CAD、CAPP、CAM 3 大部分。CAD/CAPP/CAM 的集成化是 CIMS 的重要性能指标，可以通过产品数据管理(PDM)实现。其目的是使产品开发活动更高效、更优质、更自动地进行。

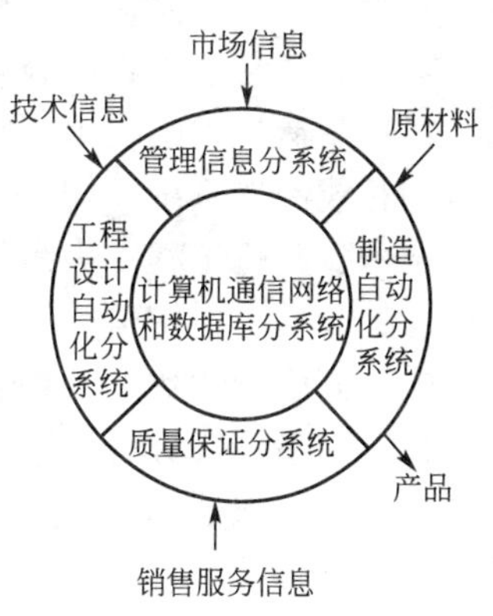

图 17.10 CIMS 的基本组成

3. 制造自动化系统

通常由 CNC 机床、加工中心、FMC 或 FMS 等组成。制造自动化系统是在计算机的控制与调度下，按照 NC 代码将一个个毛坯加工成合格的零件并装配成部件以至成品，完成管理部门下达的任务，并将制造现场的各种信息实时地或经过初步处理后反馈到相应部门，以便及时地进行调度和控制。

4. 质量保证系统

主要采集、存储、评价与处理存在于产品生命周期的各个阶段中与质量有关的大量数据，利用这些信息有效地促进质量的提高，实现产品的高质量、低成本，提高企业的竞争力。它包括质量决策、质量检测、质量评价、质量信息综合管理与反馈控制等功能。

5. 数据库系统

它是支持 CIMS 各系统并覆盖企业全部信息的数据库系统，它在逻辑上是统一的，在物理上可以是分布的，以实现企业信息共享和信息集成。

6. 计算机通信网络

计算机网络技术是 CIMS 重要的信息集成工具。通过计算机通信网络将物理上分布的 CIMS 各个功能分系统的信息联系起来，支持资源共享、分布处理、分层递阶和实时控制。

CIMS 的集成已经从原先企业内部的信息集成和功能集成，发展为以并行工程为代表的过程集成和以敏捷制造为代表的企业集成。CIMS 除了具有柔性化和集成化特性，还将向智能化方向发展。

17.2.5 智能制造(IM)

智能制造(IM)(Intelligent Manufacturing)是指利用计算机模拟制造专家的分析、判断、推理、构思和决策等智能活动，并将这些智能活动与智能机器有机地融合起来，将其贯穿应用于整个制造企业的各个子系统，以实现整个制造企业经营运作的高度柔性化和高度集成化，从而取代或延伸制造环境中专家的部分脑力劳动，并对制造业专家的智能信息进行收集、存储、完善、共享、继承和发展。

智能制造是人工智能技术和制造技术结合的产物，它以取代人的部分智能性脑力劳动，实现制造过程的自组织能力和制造环境的全面智能化为目标。智能制造包括智能制造技术和智能制造系统。智能制造系统是综合应用人工智能技术、信息技术、自动化技术、制造技术、并行工程、生命科学、现代管理技术和系统工程理论与方法，在国际标准化和互换性的基础上，使整个企业制造系统中的各个子系统分别智能化，并使制造系统成为网络集成、高度自动化的一种制造系统。

智能制造系统具有以下特征。

(1) 自组织能力各组织单元能够依据工作任务的需要，自行组成一种最佳结构，按最优的方式运行，完成任务后，该结构自行解散，并在下一个任务中集结成新的结构。

(2) 自律能力即收集与理解环境信息和自身的信息，并进行分析判断和规划自身行为的能力。

(3) 自学和自维护能力能以原有的专家知识为基础，在实践中不断进行学习，完善系统的知识库。同时，还能对系统故障进行自我诊断、排除和修复。

(4) 人机一体化一方面突出人在制造系统中的核心地位，同时在智能机器的配合下，能更好地发挥人的潜能，使人机之间表现出一种相互理解、相互协作的关系，人和机在不同的层次上各显其能，优势互补，相辅相成。

(5) 虚拟现实人机结合的新一代智能界面，使得可用虚拟手段智能地表现现实，它是智能制造的一个显著特征。

(6) 智能集成在强调各子系统智能化的同时，更注重整个制造系统的智能集成。它包括了经营决策、采购、产品设计、生产计划、制造装配、质量保证和市场销售等各子系统，并把它们集成为一个整体，实现整体的智能化。

17.3 先进制造理论、管理技术与生产模式

17.3.1 精益生产(LP)

20世纪80年代初，日本的汽车、家电等产品占领了美国和西方发达国家的市场，为了剖析日本经济腾飞的奥秘，美国麻省理工学院负责实施了一项关于国际汽车工业的研究计划，其结果表明，造成日本与世界各国在汽车工业发展上的差距的根本原因在于采用了由丰田汽车公司创造的新生产方式，这种生产方式被称为精益生产(LP)(Lean Production)。精益生产方式引起了欧美等发达国家以及许多发展中国家的极大兴趣。精益生产的核心内容是准时制生产方式(JIT)，该种方式通过看板管理，成功地制止了过量生产，从而彻底消除产品制造过程中的浪费，实现生产过程的合理性、高效性和灵活性。

精益生产是在JIT生产方式、成组技术GT以及全面质量管理TQC的基础上逐步完善的，构成了一个以LP为屋顶，以JIT、GT、TQC为支柱，以并行工程CE和小组化工作方式为基础的模式，如图17.11所示，其主要特征有以下几个。

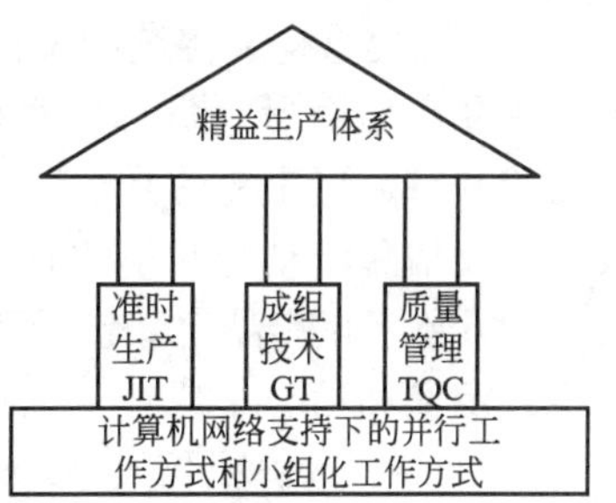

图 17.11　精益生产的体系构成

(1) 以用户为“上帝”：主动与用户保持密切联系，面向用户，通过分析用户的消费需求来开发新产品。产品适销、价格合理、质量优良、供货及时、售后服务到位等。

(2) 以人为中心：大力推行以班组为单位的生产组织形式，班组具有独立自主的工作能力，发挥职工在企业一切活动中的主体作用，培养奋发向上的企业精神，赋予职工在自己工作范围内解决生产问题的权利。

(3) 以“精简”为手段：精简组织机构，精简岗位与人员，降低加工设备的投入总量，简化生产制造过程，采用准时和看板方式管理物料，减少物料的库存量。

(4) 项目组和并行设计项目组由不同部门的专业人员组成，以并行设计方式开展工作，该小组全面负责一个产品的开发和生产，包括产品设计、工艺设计、编写预算，生产准备及投产等，并根据实际情况调整原有设计和计划。

(5) 准时供货方式：某道工序在必要时才向上工序提出供货要求，准时供货使外购件的库存量和在制品数达到最小。保证准时供货能够实施，必须与供货企业建立良好的合作关系。

(6)“零缺陷”工作目标：精益生产所追求的目标不是“尽可能好一些”，而是“零缺陷”，即最低的成本、最好的质量、无废品、零库存与产品的多样性。

17.3.2　并行工程(CE)

传统产品制造的“产品设计，工艺设计，计划调度，生产制造”工作方式是顺序进行的，设计与制造脱节，一旦制造出现问题，就要修改设计。使整个产品开发周期很长，新产品难以很快上市。面对着激烈的市场竞争，1986 年美国提出了并行工程(CE)(Concurrent Engineering)的概念，即：“并行工程是集成地、并行地设计产品及其相关的各种过程(包括制造过程和支持过程)的系统方法。这种方法要求产品开发人员在设计一开始就考虑产品整个生命周期中从概念形成到产品报废处理的所有因素，包括质量、成本、进度计划和用户要求。”并行设计将产品开发周期分解成多个阶段，各个阶段间有部分相互重叠，如图 17.12 所示。

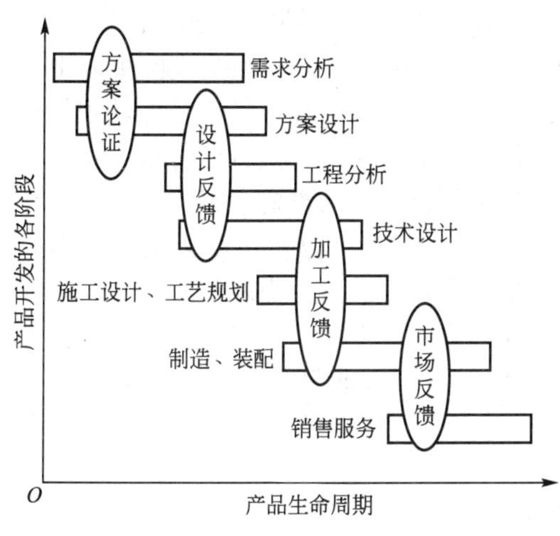

图 17.12　并行设计过程

并行工程是充分利用现代计算机技术、现代通信技术和现代管理技术来辅助产品设计的一种工作方法。它站在产品全生命周期的高度，打破传统的部门分割、封闭的组织模式，强调参与者的协同工作，重视产品开发过程的重组、重构。并行工程又是一种集成产品开发全过程的系统化方法。并行工程的关键有以下 4 点。

(1) 产品开发队伍重构将传统的部门制或专业组转变成以产品为主线的多功能集成产品开发团队(IPT)。IPT 被赋予相应的职责权利，对所开发的产品对象负责。

(2) 过程重构从传统的串行产品开发流程转变成集成的、并行的产品开发过程，并强调企业在产品生命周期的全过程中实现信息集成、功能集成和过程集成。并行过程不仅是活动的并行，更主要的是下游过程在产品开发早期参与设计过程；另一个方面则是过程的改进，使信息流动与共享的效率更高。

(3) 数字化产品定义包括两个方面：数字化产品模型和产品生命周期数据管理；数字化工具定义和信息集成，如面向工程的设计(DFX)、CAD/CAE/CAPP/CAM、产品数据管理(PDM)、计算机仿真技术(如加工、装配过程仿真、生产计划调度仿真)等。

(4) 协同工作环境，用于支持 IPT 协同工作的网络与计算机平台。并行工程自提出以来，受到国内外学术界、工业界和政府部门的重视。它是一种新的产品开发模式，对并行工程影响最大的是精益生产中组织方式和 CIMS 的信息集成。并行工程可以缩短产品开发周期，降低成本，增强企业的市场竞争能力，它适用于产品开发周期长、复杂程度高、开发成本高的行业。并行工程在国外航空、航天、机械、计算机、电子、汽车、化工等工业中的应用越来越广泛，取得了显著的效益。

17.3.3　敏捷制造(AM)

美国为了夺回被日本、西欧和世界其他国家所占领的市场，巩固其在世界经济中的霸主地位，重振经济雄风，把希望寄托在 21 世纪的制造业上。1991 年在国防部的资助下，美国里海大学发表了具有划时代意义的《21 世纪制造企业发展战略》报告，提出了敏捷制造(AM)(Agile Manufacturing)新概念。敏捷制造指的是制造企业能够把握市场机遇，及时动态地重组生产系统，在最短的时间内向市场推出有利可图的、用户认可的、高质量的产品。

敏捷制造的目标是要实现企业间的集成，敏捷制造的核心问题是组建动态联盟(又称虚拟企业)。动态联盟是充分利用现代通信技术把地理位置上分开的两个或两个以上的成员公司(盟员)组成在一起的一种有时限(非固定化)的，相互依赖、信任、合作的组织，通过竞争被核心公司(盟主)吸收加入。为了共同的利益，每个成员只做自己特长的工作。把各成员的专长、知识和信息集成起来，以最短响应时间和最少的投资为目标，来满足用户的需求。为了确保市场竞争的胜利，动态联盟正式运行前必须分析该联盟的组合是否最优，将来的运作是否协调，并对动态联盟的运行效益和风险做出正确评价。

计算机集成制造、计算机建模与仿真、虚拟制造技术、企业经营过程重构、快速原型制造、网络技术、并行工程与协同工作环境、ERP、人工智能等是实现敏捷制造的关键技术。

17.3.4　网络化制造

网络化制造指的是：面对市场机遇，针对某一市场需要，利用以互联网(Internet)为标志的信息高速公路，灵活而迅速地组织社会制造资源，把分散在不同地区的现有生产设备资源、智力资源和各种核心能力，按资源优势互补的原则，迅速地组合成一种没有围墙的、超越空间约束的、靠电子手段联系的、统一指挥的经营实体——网络联盟企业，以便快速推出高质量、低成本的新产品。采用网络化制造能提高我国制造资源的利用率，实现我国制造资源的共享，提高企业对市场的反应速度，增强我国制造业的国际竞争力。

实施网络化制造技术的行为主体是网络联盟，网络联盟企业必须以客户为中心。网络联盟的生命周期按时序大致划分为：面对市场机遇时的市场分析、资源重组分析、网络联盟组建设计、网络联盟组建实施、网络联盟运营、网络联盟终止。

网络化制造的关键技术：①制造企业信息网络；②快速产品设计和开发网络；③由独立制造岛组成的产品制造网络；④全面质量管理和用户服务网络；⑤电子商务网络；⑥制造工程信息的通信。

在网络联盟全寿命周期内，所涉及的实施技术涵盖了以下几方面：组织管理与运营管理技术；资源重组技术；网络与通讯技术；信息传输、处理与转换技术；等等。由于网络化制造是建立在以互联网为标志的信息高速公路的基础上，因此必须建立和完善相应的法律、法规框架与电子商务环境，建立国家制造资源信息网，形成信息支持环境。国家制造资源信息网应具有：企业开发能力、设备能力、技术财富、智力资源和业务经验等核心能力的信息，以及对这些核心能力的评价功能，使得全国制造业企业都可访问该信息网，并通过评价功能，协助企业更容易地选择和确定合作伙伴，实现高效地组建网络联盟，快速地响应市场。

信息技术正在推动制造业技术的、组织的变革。广大企业已逐渐认识到，面对信息时代的到来，企业结构将发生变化，采用网络化制造模式将有助于提高企业的竞争力。

17.3.5 企业资源计划(ERP)

物料需求计划 MRP(Material Requirement Planning)是应用计算机来计算物料需求和制订生产计划的一种方法，使企业的物资计划与控制取得了极大的成功，并在应用中得到发展，成为制造业全面的生产管理系统——制造资源计划 MRPⅡ(Manufacturing Resources Planning)主要是面向企业内部资源全面计划管理。随着市场竞争的进一步加剧，企业竞争空间与范围的进一步扩大，具有有效利用和管理整体资源的管理思想的企业资源计划 ERP(Enterprise Resource Planning)随之产生。

ERP 是基于计算机技术和管理科学的最新发展，从理论和实践两方面提供企业整体经营管理的解决方案。它是在 MRPⅡ的基础上扩展了管理范围，建立新的结构，把客户需求和企业内部的制造活动，以及供应商的制造资源整合在一起，体现了完全按用户需求制造的思想，并吸收了准时生产 JIT、全面质量管理 TQC 等的管理思想，扩展了管理信息系统的范围。除了传统 MRPⅡ系统的制造、财务、销售、分销、人力资源管理等功能外，还集成了质量管理、决策支持等功能，并支持互联网、企业内部网和外部网及电子商务等。它根据市场的需求对企业内部和其供应链上各环节的资源进行全面规划、统筹安排和严格控制，以保证人、财、物、信息等各类资源得到充分、合理的利用，从而达到提高生产效率、降低成本、满足顾客需求、增强企业竞争力的目的。

对于企业来说，管理思想是 ERP 的灵魂，ERP 的实施过程必须考虑对企业的管理改造和流程优化。只有这样，企业的管理信息化才能从根本入手，否则，即使是优秀的 ERP 产品，缺乏管理改造的实施也只能是空中楼阁。

ERP 也在不断地发展，其作用从传统 ERP 的资源优化和业务处理扩展到利用企业间协作运营的资源信息，并且不仅仅是电子商务模式的销售和采购；从注重企业内部流程管理发展到外部联结；由物流、资金流、信息流管理扩展到客户流、知识流的有效配置、控制和管理。系统结构是面向 Web 和面向集成设计的，同时是开放的、组件化的。数据处理方式是面向分布在整个商业社区的业务数据进行处理的。另外，ERP 也朝智能化方向发展。ERP 将许多先进的管理如敏捷制造(AM)、精益生产(LP)、并行工程(CE)、供应链管理(SCM)、客户关系管理(CRM)、知识链管理(KCM)、全面质量管理(TQC)和产品协作商务(CPC)等体现在 ERP 软件系统中，成为崭新的现代制造企业的管理手段。

思　考　题

(1) 简述先进制造技术的概念与涉及的主要内容。

(2) 简述 FMS 的组成与分类。

参 考 文 献

[1] 崔令江，郝滨海. 材料成形技术基础 [M]. 北京：机械工业出版社，2003.

[2] 姚福生. 先进制造技术 [M]. 北京：清华大学出版社，2002.

[3] 王隆太. 先进制造技术 [M]. 北京：机械工业出版社，2003.

[4] 陶治. 材料成形技术基础 [M]. 北京：机械工业出版社，2002.

[5] 翟封祥，尹志华. 材料成形工艺基础 [M]. 哈尔滨：哈尔滨工业大学出版社，2003.

[6] 梁戈，时惠英. 机械工程材料与热加工工艺 [M]. 北京：机械工业出版社，2006.

[7] 罗继相，王志海. 金属工艺学 [M]. 武汉：武汉理工大学出版社，2009.

[8] 刘新佳，姜方，姜世杭. 工程材料 [M]. 北京：化学工业出版社，2006.

[9] 谭毅，李敬锋. 新材料概论 [M]. 北京：冶金工业出版社，2004.

[10] 居毅，姚建华，全小平. 机械工程导论 [M]. 杭州：浙江科学技术出版社，2003.

[11] 繁东黎，徐跃明，佟晓辉. 热处理技术数据手册 [M]. 北京：机械工业出版社，2006.

[12] 胡亚民. 材料成形技术基础 [M]. 重庆：重庆大学出版社，2002.

[13] 刘胜青. 工程训练 [M]. 成都：四川大学出版社，2002.

[14] 戴枝荣，张远明. 工程材料 [M]. 2 版. 北京：高等教育出版社，2006.

[15] 机械工程师手册编委会. 机械工程师手册 [M]. 北京：机械工业出版社，2007.

[16] 张辽远. 现代加工技术 [M]. 北京：机械工业出版社，2002.

[17] 明兴祖. 数控加工技术 [M]. 北京：化学工业出版社，2002.

[18] 熊中实，吕芳斋. 常用金属材料实用手册 [M]. 北京：中国建材工业出版社，2001.

[19] 朱张校，郑明新. 工程材料 [M]. 北京：清华大学出版社，2001.

[20] 柴建国，路春玲. 机械制图 [M]. 北京：高等教育出版社，2008.

[21] 戴时超，周建军. 现代工程制图教程 [M]. 杭州：浙江科学技术妯版社，2004.

[22] 李澄，吴天生，闻百桥. 机械制图 [M]. 北京：高等教育出版社，2008.

[23] 石品德，潘周光，曹小荣. 机械制图 [M]. 北京：北京工业大学出版社，2007.

[24] 梁红英，梁红玉. 工程材料与热成形工艺 [M]. 北京：北京大学出版社，2005.

[25] GBT 3505—2009 产品几何技术规范(GPS)表面结构轮廓法术语、定义及表面结构参数，中华人民共和国国家标准，中国国家标准化管理委员会，2009.

[26] GBT 131—2006 产品几何技术规范(GPS)技术产品文件中表面结构的表示法，中华人民共和国国家标准，中国国家标准化管理委员会，2007.

[27] GBT 10610—2009 产品几何技术规范(GPS)表面结构轮廓法评定表面结构的规则和方法，中华人民共和国国家标准，中国国家标准化管理委员会，2009.

[28] GBT 700—2006 碳素结构钢，中华人民共和国国家标准，中国国家标准化管理委员会，2007.

[29] GBT 1591—2008 低合金高强度结构钢，中华人民共和国国家标准，中国国家标准化管理委员会，2009.

[30] GB T221—2008 钢铁产品牌号表示方法，中华人民共和国国家标准，中国国家标准化管理委员会，2009.

北京大学出版社教材书目

序号	书　　名	标准书号	主　　编	定价	出版日期
1	机械设计	978-7-5038-4448-5	郑　江，许　瑛	33	2007.8
2	机械设计	978-7-301-15699-5	吕　宏	32	2009.9
3	机械设计	978-7-301-17599-6	门艳忠	40	2010.8
4	机械设计	978-7-301-21139-7	王贤民，霍仕武	49	2012.8
5	机械设计	978-7-301-21742-9	师素娟，张秀花	48	2012.12
6	机械原理	978-7-301-11488-9	常治斌，张京辉	29	2008.6
7	机械原理	978-7-301-15425-0	王跃进	26	2010.7
8	机械原理	978-7-301-19088-3	郭宏亮，孙志宏	36	2011.6
9	机械原理	978-7-301-19429-4	杨松华	34	2011.8
10	机械设计基础	978-7-5038-4444-2	曲玉峰，关晓平	27	2008.1
11	机械设计基础	978-7-301-22011-5	苗淑杰，刘喜平	49	2012.12
12	机械设计课程设计	978-7-301-12357-7	许　瑛	35	2012.7
13	机械设计课程设计	978-7-301-18894-1	王　慧，吕　宏	30	2011.5
14	机电一体化课程设计指导书	978-7-301-19736-3	王金娥　罗生梅	35	2012.1
15	机械工程专业毕业设计指导书	978-7-301-18805-7	张黎骅，吕小荣	22	2012.5
16	机械创新设计	978-7-301-12403-1	丛晓霞	32	2010.7
17	机械系统设计	978-7-301-20847-2	孙月华	32	2012.7
18	机械设计基础实验及机构创新设计	978-7-301-20653-9	邹旻	28	2012.6
19	TRIZ 理论机械创新设计工程训练教程	978-7-301-18945-0	蒯苏苏，马履中	45	2011.6
20	TRIZ 理论及应用	978-7-301-19390-7	刘训涛，曹　贺等	35	2011.8
21	创新的方法——TRIZ 理论概述	978-7-301-19453-9	沈萌红	28	2011.9
22	机械工程基础	978-7-301-21853-2	潘玉良，周建军	34	2013.2
23	机械 CAD 基础	978-7-301-20023-0	徐云杰	34	2012.2
24	AutoCAD 工程制图	978-7-5038-4446-9	杨巧绒，张克义	20	2011.4
25	工程制图	978-7-5038-4442-6	戴立玲，杨世平	27	2012.2
26	工程制图	978-7-301-19428-7	孙晓娟，徐丽娟	30	2012.5
27	工程制图习题集	978-7-5038-4443-4	杨世平，戴立玲	20	2008.1
28	机械制图(机类)	978-7-301-12171-9	张绍群，孙晓娟	32	2009.1
29	机械制图习题集(机类)	978-7-301-12172-6	张绍群，王慧敏	29	2007.8
30	机械制图(第 2 版)	978-7-301-19332-7	孙晓娟，王慧敏	38	2011.8
31	机械制图	978-7-301-21480-0	李凤云，张　凯等	36	2013.1
32	机械制图习题集(第 2 版)	978-7-301-19370-7	孙晓娟，王慧敏	22	2011.8
33	机械制图	978-7-301-21138-0	张　艳，杨晨升	37	2012.8
34	机械制图习题集	978-7-301-21339-1	张　艳，杨晨升	24	2012.10
35	机械制图与 AutoCAD 基础教程	978-7-301-13122-0	张爱梅	35	2011.7
36	机械制图与 AutoCAD 基础教程习题集	978-7-301-13120-6	鲁　杰，张爱梅	22	2010.9
37	AutoCAD 2008 工程绘图	978-7-301-14478-7	赵润平，宗荣珍	35	2009.1
38	AutoCAD 实例绘图教程	978-7-301-20764-2	李庆华，刘晓杰	32	2012.6
39	工程制图案例教程	978-7-301-15369-7	宗荣珍	28	2009.6
40	工程制图案例教程习题集	978-7-301-15285-0	宗荣珍	24	2009.6
41	理论力学	978-7-301-12170-2	盛冬发，闫小青	29	2012.5
42	材料力学	978-7-301-14462-6	陈忠安，王　静	30	2011.1
43	工程力学(上册)	978-7-301-11487-2	毕勤胜，李纪刚	29	2008.6
44	工程力学(下册)	978-7-301-11565-7	毕勤胜，李纪刚	28	2008.6
45	液压传动	978-7-5038-4441-8	王守城，容一鸣	27	2009.4

46	液压与气压传动	978-7-301-13179-4	王守城，容一鸣	32	2012.10
47	液压与液力传动	978-7-301-17579-8	周长城等	34	2010.8
48	液压传动与控制实用技术	978-7-301-15647-6	刘　忠	36	2009.8
49	金工实习指导教程	978-7-301-21885-3	周哲波	30	2013.1
50	金工实习(第 2 版)	978-7-301-16558-4	郭永环，姜银方	30	2012.5
51	机械制造基础实习教程	978-7-301-15848-7	邱　兵，杨明金	34	2010.2
52	公差与测量技术	978-7-301-15455-7	孔晓玲	25	2011.8
53	互换性与测量技术基础(第 2 版)	978-7-301-17567-5	王长春	28	2010.8
54	互换性与技术测量	978-7-301-20848-9	周哲波	35	2012.6
55	机械制造技术基础	978-7-301-14474-9	张　鹏，孙有亮	28	2011.6
56	机械制造技术基础	978-7-301-16284-2	侯书林　张建国	32	2012.8
57	机械制造技术基础	978-7-301-22010-8	李菊丽，何绍华	42	2013.1
58	先进制造技术基础	978-7-301-15499-1	冯宪章	30	2011.11
59	先进制造技术	978-7-301-20914-1	刘　璇，冯　凭	28	2012.8
60	机械精度设计与测量技术	978-7-301-13580-8	于　峰	25	2008.8
61	机械制造工艺学	978-7-301-13758-1	郭艳玲，李彦蓉	30	2008.8
62	机械制造工艺学	978-7-301-17403-6	陈红霞	38	2010.7
63	机械制造工艺学	978-7-301-19903-9	周哲波，姜志明	49	2012.1
64	机械制造基础(上)——工程材料及热加工工艺基础(第 2 版)	978-7-301-18474-5	侯书林，朱　海	40	2013.2
65	机械制造基础(下)——机械加工工艺基础(第 2 版)	978-7-301-18638-1	侯书林，朱　海	32	2012.5
66	金属材料及工艺	978-7-301-19522-2	于文强	44	2011.9
67	金属工艺学	978-7-301-21082-6	侯书林，于文强	32	2012.8
68	工程材料及其成形技术基础	978-7-301-13916-5	申荣华，丁　旭	45	2010.7
69	工程材料及其成形技术基础学习指导与习题详解	978-7-301-14972-0	申荣华	20	2009.3
70	机械工程材料及成形基础	978-7-301-15433-5	侯俊英，王兴源	30	2012.5
71	机械工程材料	978-7-5038-4452-3	戈晓岚，洪　琢	29	2011.6
72	机械工程材料	978-7-301-18522-3	张铁军	36	2012.5
73	工程材料与机械制造基础	978-7-301-15899-9	苏子林	32	2009.9
74	控制工程基础	978-7-301-12169-6	杨振中，韩致信	29	2007.8
75	机械工程控制基础	978-7-301-12354-6	韩致信	25	2008.1
76	机电工程专业英语(第 2 版)	978-7-301-16518-8	朱　林	24	2012.10
77	机械制造专业英语	978-7-301-21319-3	王中任	28	2012.10
78	机床电气控制技术	978-7-5038-4433-7	张万奎	26	2007.9
79	机床数控技术(第 2 版)	978-7-301-16519-5	杜国臣，王士军	35	2011.6
80	自动化制造系统	978-7-301-21026-0	辛宗生，魏国丰	37	2012.8
81	数控机床与编程	978-7-301-15900-2	张洪江，侯书林	25	2012.10
82	数控铣床编程与操作	978-7-301-21347-6	王志斌	35	2012.10
83	数控技术	978-7-301-21144-1	吴瑞明	28	2012.9
84	数控加工技术	978-7-5038-4450-7	王　彪，张　兰	29	2011.7
85	数控加工与编程技术	978-7-301-18475-2	李体仁	34	2012.5
86	数控编程与加工实习教程	978-7-301-17387-9	张春雨，于　雷	37	2011.9
87	数控加工技术及实训	978-7-301-19508-6	姜永成，夏广岚	33	2011.9
88	数控编程与操作	978-7-301-20903-5	李英平	26	2012.8
89	现代数控机床调试及维护	978-7-301-18033-4	邓三鹏等	32	2010.11
90	金属切削原理与刀具	978-7-5038-4447-7	陈锡渠，彭晓南	29	2012.5
91	金属切削机床	978-7-301-13180-0	夏广岚，冯　凭	28	2012.7
92	典型零件工艺设计	978-7-301-21013-0	白海清	34	2012.8
93	工程机械检测与维修	978-7-301-21185-4	卢彦群	45	2012.9
94	特种加工	978-7-301-21447-3	刘志东	50	2013.1
95	精密与特种加工技术	978-7-301-12167-2	袁根福，祝锡晶	29	2011.12
96	逆向建模技术与产品创新设计	978-7-301-15670-4	张学昌	28	2009.9
97	CAD/CAM 技术基础	978-7-301-17742-6	刘　军	28	2012.5

98	CAD/CAM 技术案例教程	978-7-301-17732-7	汤修映	42	2010.9
99	Pro/ENGINEER Wildfire 2.0 实用教程	978-7-5038-4437-X	黄卫东，任国栋	32	2007.7
100	Pro/ENGINEER Wildfire 3.0 实例教程	978-7-301-12359-1	张选民	45	2008.2
101	Pro/ENGINEER Wildfire 3.0 曲面设计实例教程	978-7-301-13182-4	张选民	45	2008.2
102	Pro/ENGINEER Wildfire 5.0 实用教程	978-7-301-16841-7	黄卫东，郝用兴	43	2011.10
103	Pro/ENGINEER Wildfire 5.0 实例教程	978-7-301-20133-6	张选民，徐超辉	52	2012.2
104	SolidWorks 三维建模及实例教程	978-7-301-15149-5	上官林建	30	2009.5
105	UG NX6.0 计算机辅助设计与制造实用教程	978-7-301-14449-7	张黎骅，吕小荣	26	2011.11
106	Cimatron E9.0 产品设计与数控自动编程技术	978-7-301-17802-7	孙树峰	36	2010.9
107	Mastercam 数控加工案例教程	978-7-301-19315-0	刘　文，姜永梅	45	2011.8
108	应用创造学	978-7-301-17533-0	王成军，沈豫浙	26	2012.5
109	机电产品学	978-7-301-15579-0	张亮峰等	24	2009.8
110	品质工程学基础	978-7-301-16745-8	丁　燕	30	2011.5
111	设计心理学	978-7-301-11567-1	张成忠	48	2011.6
112	计算机辅助设计与制造	978-7-5038-4439-6	仲梁维，张国全	29	2007.9
113	产品造型计算机辅助设计	978-7-5038-4474-4	张慧姝，刘永翔	27	2006.8
114	产品设计原理	978-7-301-12355-3	刘美华	30	2008.2
115	产品设计表现技法	978-7-301-15434-2	张慧姝	42	2012.5
116	CorelDRAW X5 经典案例教程解析	978-7-301-21950-8	杜秋磊	40	2013.1
117	产品创意设计	978-7-301-17977-2	虞世鸣	38	2012.5
118	工业产品造型设计	978-7-301-18313-7	袁涛	39	2011.1
119	化工工艺学	978-7-301-15283-6	邓建强	42	2009.6
120	构成设计	978-7-301-21466-4	袁涛	58	2013.1
121	过程装备机械基础	978-7-301-15651-3	于新奇	38	2009.8
122	过程装备测试技术	978-7-301-17290-2	王毅	45	2010.6
123	过程控制装置及系统设计	978-7-301-17635-1	张早校	30	2010.8
124	质量管理与工程	978-7-301-15643-8	陈宝江	34	2009.8
125	质量管理统计技术	978-7-301-16465-5	周友苏，杨　飒	30	2010.1
126	人因工程	978-7-301-19291-7	马如宏	39	2011.8
127	工程系统概论——系统论在工程技术中的应用	978-7-301-17142-4	黄志坚	32	2010.6
128	测试技术基础(第 2 版)	978-7-301-16530-0	江征风	30	2010.1
129	测试技术实验教程	978-7-301-13489-4	封士彩	22	2008.8
130	测试技术学习指导与习题详解	978-7-301-14457-2	封士彩	34	2009.3
131	可编程控制器原理与应用(第 2 版)	978-7-301-16922-3	赵　燕，周新建	33	2010.3
132	工程光学	978-7-301-15629-2	王红敏	28	2012.5
133	精密机械设计	978-7-301-16947-6	田　明，冯进良等	38	2011.9
134	传感器原理及应用	978-7-301-16503-4	赵　燕	35	2010.2
135	测控技术与仪器专业导论	978-7-301-17200-1	陈毅静	29	2012.5
136	现代测试技术	978-7-301-19316-7	陈科山，王燕	43	2011.8
137	风力发电原理	978-7-301-19631-1	吴双群，赵丹平	33	2011.10
138	风力机空气动力学	978-7-301-19555-0	吴双群	32	2011.10
139	风力机设计理论及方法	978-7-301-20006-3	赵丹平	32	2012.1

相关教学资源如电子课件、电子教材、习题答案等可以登录 www.pup6.com 下载或在线阅读。

扑六知识网(www.pup6.com)有海量的相关教学资源和电子教材供阅读及下载(包括北京大学出版社第六事业部的相关资源)，同时欢迎您将教学课件、视频、教案、素材、习题、试卷、辅导材料、课改成果、设计作品、论文等教学资源上传到 pup6.com，与全国高校师生分享您的教学成就与经验，并可自由设定价格，知识也能创造财富。具体情况请登录网站查询。

如您需要免费纸质样书用于教学，欢迎登陆第六事业部门户网(www.pup6.cn)填表申请，并欢迎在线登记选题以到北京大学出版社来出版您的大作，也可下载相关表格填写后发到我们的邮箱，我们将及时与您取得联系并做好全方位的服务。

扑六知识网将打造成全国最大的教育资源共享平台，欢迎您的加入——让知识有价值，让教学无界限，让学习更轻松。